失效机理分析与对策

上海材料研究所　王　荣　编著

机 械 工 业 出 版 社

本书在介绍了失效分析基本内容的基础上，全面系统地介绍了断裂失效、腐蚀失效和磨损失效的机理，并对各种失效提出了有针对性的预防对策。其中，断裂失效部分包括过载断裂、脆性断裂、蠕变断裂、低熔点金属致脆断裂、氢脆型断裂和疲劳断裂的失效机理分析和对策等，腐蚀失效部分包括均匀腐蚀、局部腐蚀、流动诱导腐蚀、应力腐蚀开裂和腐蚀疲劳的失效机理分析和对策等，磨损失效部分包括黏着磨损、磨粒磨损、腐蚀磨损、微动磨损、冲蚀和气蚀磨损、疲劳磨损的失效机理和对策等。本书将现代失效机理和传统的经典理论相结合，将各种失效机理模型化或公式化，用实际检测中拍摄到的图片印证失效机理，使失效分析工作有理、有据、有源，实用性和针对性强。

本书可供失效分析工作者阅读使用，也可作为企业质量管理人员、司法机构的技术人员，以及相关专业在校师生的教材或参考书。

图书在版编目（CIP）数据

失效机理分析与对策/王荣编著. —北京：机械工业出版社，2020.6
（2024.6重印）
ISBN 978-7-111-65602-9

Ⅰ.①失…　Ⅱ.①王…　Ⅲ.①失效分析　Ⅳ.①TB114.2

中国版本图书馆 CIP 数据核字（2020）第 081524 号

机械工业出版社（北京市百万庄大街22号　邮政编码100037）
策划编辑：陈保华　责任编辑：陈保华　王永新
责任校对：陈　越　封面设计：马精明
责任印制：郜　敏
北京富资园科技发展有限公司印刷
2024 年 6 月第 1 版第 4 次印刷
184mm×260mm·17.25 印张·427 千字
标准书号：ISBN 978-7-111-65602-9
定价：69.00 元

电话服务　　　　　　　　　网络服务
客服电话：010-88361066　　机 工 官 网：www.cmpbook.com
　　　　　010-88379833　　机 工 官 博：weibo.com/cmp1952
　　　　　010-68326294　　金 书 网：www.golden-book.com
封底无防伪标均为盗版　　　机工教育服务网：www.cmpedu.com

前　言

失效机理分析是对失效的内在本质、必然性和规律性的研究，是人们对失效性质认识的理论升华和提高，是失效分析的精髓，是预防再失效的金钥匙。机械失效学起步较晚，其包含的学科比较多，涉及的内容比较繁杂，虽然人们对有些失效机理的研究比较深入，但更多的失效机理还处于研究过程之中，已经取得的一些成果也都具有明确的条件限制。例如，目前公认的钝化理论就有两种，这两种理论都认为由于在金属表面生成了一层极薄的钝化膜，因而阻碍了金属的溶解，只是这层钝化膜的存在还仅停留在假设阶段，使用现有的仪器和手段还不能予以证明。还有，人们对许多失效机理还知之甚少，如Cr-Mo系列钢（如42CrMo）的淬火裂纹总是沿晶型的，而其他类型钢的淬火裂纹却基本上都是穿晶型的原因；又如钢的沿晶疲劳断裂机理、金属的微生物腐蚀机理等。

无论失效分析如何分类，断裂、腐蚀和磨损始终是失效分析研究的重点。相对于单一的断裂失效，腐蚀和磨损的失效机理往往更复杂一些。有些类型的腐蚀（如冲刷腐蚀）和某种类型的磨损（如腐蚀磨损），其失效机理在本质上是一致的，只是在不同的失效分类中，强调的重点不同而已。在磨损失效中，既存在断裂问题（或微断裂问题），也存在断裂后新鲜断裂面的氧化腐蚀问题，也许还存在残余应力和环境问题等，这就导致了磨损失效的机理更为复杂。由于磨损的影响因素较多，磨损过程中也经常掺杂着其他类型的失效形式，这也导致了对磨损失效的分类始终无法统一。

本书对目前较为公认的断裂失效、腐蚀失效和磨损失效的机理进行了系统的归纳和整理，并对各种失效提出了有针对性的预防对策，其中不乏作者自己在多年实践与研究过程中的一些观点，希望能对从事材料应用和失效分析的工作者有所启迪和帮助。

感谢北京普瑞赛斯仪器有限公司在本书出版中给予的支持。

本书引用和参考了许多专家、学者的有关资料和论著，在此向他们致以诚挚的谢意！

由于作者水平有限，书中难免会有一些错误和不足之处，欢迎广大读者批评指正。

王　荣

目　　录

第 1 章

失效分析的基本内容

失效分析起源于 20 世纪中叶，到了 20 世纪后期已发展成为一门较为成熟的学科——机械失效学。材料和失效问题密切相关。随着国民经济的快速发展，各种新材料、新工艺不断涌现，人们对未知世界的认知也越来越多，新材料和新工艺也带来了新的失效问题，失效分析所涉及的领域和范围更为宽广，应用技术更为先进，分析手段更为丰富，机理研究更为深入。可以说，失效分析已经渗透到国民经济建设的方方面面，它和人们的日常生活，甚至生命财产息息相关。

机械装备整体同时失效的情况很少见，一般都是由某个构件先期失效，进而导致装备整体失效。在进行失效事故分析中，除要分析整体装备运行状况外，一般更注重于具体失效构件的分析，也就是要对肇事失效件展开深入细致的失效分析。通过失效分析，可以确定失效的性质，找出失效的原因，明确失效的机理，制定出失效的预防对策，从而可以提高设备的服役寿命。

1.1 失效分析的分类和诊断

1.1.1 失效分析的分类方式

当各类机械产品或其构件、元件丧失其应有的功能时，则称该产品或构件、元件失效。功能的丧失大多发生在使用过程中，也可能发生在制造、运输等过程中。

为了能分门别类地解决各种类型的金属构件失效系统工程问题，有必要对金属构件的失效进行分类。

机械装备的失效分类方法有两种，即广义的失效分类和狭义的失效分类。广义的失效分类若根据 GB/T 2900.99—2016《电工术语 可信性》的规定，按失效原因、失效急速程度、失效影响程度、失效责任等方面列出了 22 条失效条目。狭义的失效分类主要是从技术观点、质量管理的观点和经济法的观点进行分类。按技术观点进行分类，便于对失效进行机理研究、分析诊断和采取预防对策；按质量管理的观点进行分类，便于管理和反馈；按经济法的观点进行分类，便于事后处理。

从失效分析的技术观点进行分类主要是按失效模式和失效机理分类。失效模式是指失效的外在宏观表现形式和规律，一般可理解为失效的性质和类型。失效机理则是引起失效的微观上的物理、化学变化过程和本质。按失效模式和失效机理相结合对失效进行分类就是宏观与微观相结合、由表及里地揭示失效的物理本质和过程，因而它是一种重要分类方法。

机械装备的失效分类见表 1-1，各种失效机理之间的连线表示它们之间的交互作用。需要指出的是，单一模式或单一机理的失效较少见。大多数的失效都是多因素、多种失效机理及复杂模式的"复合型失效"。

在按失效分析的技术观点分类中，还有人按失效零件或部件的类型和引起失效的工艺环节分类。前者便于应用于机械零部件的可靠性设计和评估，后者则有利于机械零部件的质量控制。

表 1-1 失效按技术观点分类

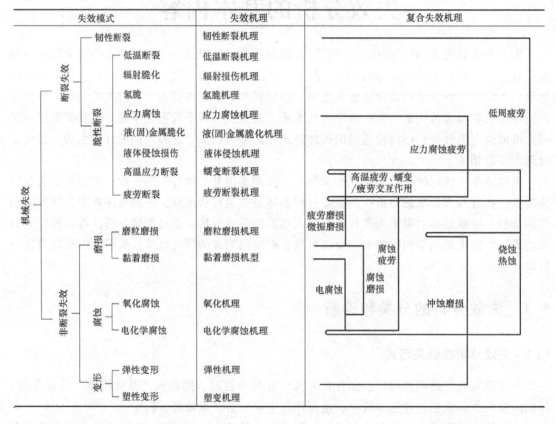

1.1.2 失效形式

失效形式按失效模式及失效机理分类，一般分为：变形失效、断裂失效、腐蚀失效、磨损失效以及功能失效等。

1. 变形失效

金属构件在外力作用下产生形状和尺寸的变化称为变形。当变形量超过设计要求时，则称为变形失效。在非高温条件下，变形失效又可分为弹性变形失效（变形过量或丧失弹性功能）和塑性变形失效（变形过量）。在高温条件下发生的变形失效则称为蠕变失效或热松弛失效。

2. 断裂失效

金属构件在应力作用下，材料分离为互不相连的两个或两个以上部分的现象称为断裂。断裂失效按分析需要有多种分类方法，见表 1-2。

金属材料的断裂过程一般要经历三个阶段：裂纹萌生、裂纹失稳扩展以及断裂。其中裂纹启动萌生的内、外原因是失效分析的研究重点。

表 1-2　断裂失效分类一览表

分类方法	断裂类型
断裂前变形程度	韧性断裂、脆性断裂
造成断裂的应力类型	正断、切断
断裂过程中裂纹扩展路径	沿晶断裂、穿晶断裂、混晶断裂
载荷性质及应力产生原因	疲劳断裂、环境敏感断裂(应力腐蚀、氢脆等)
微观断裂机制	解理断裂、沿晶(或弱化区)断裂、韧窝断裂、疲劳断裂、蠕变断裂等

3. 腐蚀失效

金属构件表面因发生化学或电化学反应，或者由于物理腐蚀而引起损伤，并使其丧失原设计功能的现象称为腐蚀失效。金属的腐蚀是一个复杂的损伤累积过程，按不同的分类原则可分为不同的腐蚀类型，常用的分类方法见表 1-3。

表 1-3　金属腐蚀常用的分类方法

分类原则		腐蚀类型
腐蚀历程		化学腐蚀、电化学腐蚀、物理腐蚀
腐蚀环境条件	工业介质腐蚀	酸碱盐腐蚀、硫化氢腐蚀、氢腐蚀、冷却水腐蚀等
	自然环境腐蚀	大气腐蚀、海水腐蚀、土壤腐蚀等
腐蚀形貌	全面腐蚀	均匀腐蚀、腐蚀(较)均布表面、构件厚度逐步变薄
	局部腐蚀	点蚀、缝隙腐蚀、晶间腐蚀、应力腐蚀、腐蚀疲劳、磨损腐蚀等

4. 磨损失效

金属构件相互接触并做相对运动，在接触应力作用下，由于物理和化学作用，造成表面金属迁移，使表面形状、尺寸、组织及性能发生变化的过程称为磨损。构件组成机械后总存在相对运动和相对磨损，且往往是一个逐渐发展的过程。当磨损使构件丧失原设计功能时则称为磨损失效。

构件磨损是一个复杂的过程，涉及接触表面的状态、环境介质、载荷特性、运动特性等各方面因素；同一磨损过程往往可能存在互不相关的几方面机理。因此，磨损失效类型至今仍无统一的分类方法。目前一般按磨损机理将磨损分为：黏着磨损失效、磨粒磨损失效、腐蚀磨损失效、疲劳磨损失效、冲蚀磨损失效以及微动磨损失效等。

5. 功能失效

功能件丧失其原设计功能时则称其为功能失效，如形状记忆合金失去记忆功能，但其并未发生断裂、变形、磨损和腐蚀。

本书主要研究断裂失效、腐蚀失效和磨损失效的机理与对策。

1.1.3　失效诊断

1. 失效模式的诊断

失效模式按其所定义的范围、属性和参量，可分为一级失效模式、二级失效模式、三级失效模式等。失效模式的诊断可分为定性诊断和定量诊断。一般来说，定性诊断是模式诊断的基础和前提，定量诊断则是模式诊断的深入和发展。定性诊断的技术和方法主要用于一级失效模式的诊断，而定量诊断技术和方法则主要用于二级或三级失效模式的诊断。定性诊断技术和方法主要是依据失效残骸的分析，特别是肇事件的宏观断口分析结果进行判定，而定量诊断的技术和方法则需要根据应力分析和失效模拟的结果进行判断。可以看出，如何根据失效事故的具体情况，合理地选用定性和定量的技术和方法，并且根据单一的和综合的判据，对失效的一级、二级甚至三级模式进行正确的适时诊断，是失效分析工作者应该认真总结和提高的问题。

一般来说，对各种典型的失效模式的诊断，特别是对各种典型的一级失效模式的诊断并不困难。一般只要根据单一的诊断判据（如宏观断口）就可以得出一级失效模式的诊断结论。失效模式诊断的难点在于对过渡的、多因素作用的、非典型的二级、三级失效模式的正确和适时的诊断。例如，单就疲劳断裂失效而言，介于韧性断裂和疲劳断裂之间的、脆性断裂（特别是沿晶脆性断裂）和疲劳断裂之间的低周疲劳断裂失效的诊断；超高强度钢（特别是宏观断口疲劳特征不明显时）的疲劳断裂失效的诊断；铸造合金的疲劳断裂失效的诊断，腐蚀疲劳断裂和疲劳断裂断口之间的区分诊断；腐蚀扩展，包括应力腐蚀扩展和腐蚀疲劳扩展的区分诊断；板材（或板式构件），特别是薄板的低周疲劳诊断等。由于多种原因引起的 20 多种二级脆性断裂失效模式的区别和正确诊断，还很少有人对其进行系统的研究。因此，失效分析工作者，如果要不断提高的自己的诊断水平，就应该对过渡的、多因素作用的、非典型的二级或三级失效模式的正确和适时诊断技术和方法做深入和系统的研究。

在失效模式的诊断中，人们常依据自己的经验或根据已有的断口、裂纹、金相图谱，但是已有的多种图谱，特别是断口图谱和案例集，多数是"特征诊断"式的，它们只能说明什么材料、什么状态，在什么环境（包括应力、温度、气氛）下断裂断口的特征形貌。到目前为止，还很少有图谱给出当条件系统变化时特征形貌的规律性变化知识，例如当材料的力学性能系统变化时，或应力系统变化时，或温度系统变化时，或零件形状系统变化时，或介质参数系统变化时，特征断口形貌有规律的变化情况。这说明，当前断口分析技术和方法，虽然已经有一些定量分析的研究工作，例如材料界的前辈钟群鹏院士带领的团队对金属疲劳断口的物理数学模型及其定量反推分析做了一些有益的探索和研究，这是一个好的开端，但是从总体上讲，失效分析主要还处在定性分析阶段。因此，努力把断口分析的技术和方法提高到定量分析的理性阶段，这更是失效分析工作者面前的重要任务之一。

在失效模式诊断中综合诊断技术和方法的应用，特别是应力分析和失效模拟技术和方法的综合应用，虽然对一般的失效分析来说，有时它们是辅助性的与引证性的，并不是必须进行的，但是对重要的失效事故分析和预防而言，有时却是十分必要的，特别是对失效结论有争议的情况下。当前已有越来越多的失效分析工作者在具体的失效分析案例研究中，重视应用综合诊断技术和方法，但是这方面的实践和研究还不够系统和深入。

对于失效模拟实验中的力学模型的设计、介质环境条件的模拟、力学参数的加速、断裂数据的当量关系，以及模拟断口和实际断口（或对腐蚀、磨损失效来说，模拟表面和实际表面）的对比分析技术和失效模拟实验的有效性和可靠性分析等方面的问题，还有待针对不同类型的失效模式进行认真和深入的研究，这样才能真正发挥失效模拟技术和方法在失效模式诊断中的价值和作用。

2. 失效原因的诊断

失效原因是指酿成失效事故的直接关键因素。失效原因也可分为一级失效原因，二级失效原因，甚至三级失效原因。一级失效原因，一般指酿成该失效事故（或事件）的肇事失效件失效的直接关键因素处于投付使用过程中的哪个阶段或工序，可以分为设计原因、制造原因、使用原因、环境原因、老化原因等。二级失效原因是指一级失效原因中的直接关键环节，如设计原因中又可分为设计原则、设计思路和方案、结构形状和受力计算、选材和力学性能等次级原因。失效原因的诊断是失效分析和预防的核心和关键，它不仅是失效预防的针对性和有效性的重要前提和基础，而且它常与酿成失效事件的责任部门和人员相联系。因此，对失效原因诊断应该特别强调其科学性和公正性。

3. 失效机理的诊断

失效机理的诊断是指对失效的内在本质、必然性和规律性的研究，它是人们对失效性质认识的理论升华和提高。常把应力、温度、气氛介质等作为影响失效的外因；而把材料的成分、组织、缺陷、性能和它们的表现当作影响失效的内因。失效的机理学就是内因和外因共同作用而最终导致失效事件发生的热力学、动力学和机构学，即失效内在的必然性和固有的规律性。一个失效事件，在失效机理尚未揭示的情况下就得出其失效模式和原因的诊断结论意见，很可能是不牢靠的，或者是不科学的，并有可能造成误判。因此，失效机理的诊断或研究是十分重要的，而且，只有揭示失效的必然性和规律性，才能真正做到对同类失效事件的有效预防，做到举一反三和亡羊补牢。

失效机理诊断的基础是对失效机理的研究。失效机理的研究可以分为宏观失效机理的研究（即失效的热力学和动力学研究）和微观失效机理的研究（即失效的微观机制理论和模型的研究）。按照研究尺度的大小，微观失效机理的研究又可分为细观尺度、分子尺度和原子尺度的研究。失效机理的研究采用的方法可以分为定性的方法和定量的方法，定量的方法又可分为确定性方法和概率型（或模糊型）方法。失效机理研究所采用的模型按所属学科分为理化模型和物理数学模型，并可进一步细分为力学模型、物理模型、化学模型、材料学模型、数学模型以及它们联合作用的复合模型，具体的有：界限模型与耐久模型、应力强度干涉模型、反应论模型、失效率模型、最弱环节模型与串联模型、绳子模型与并联模型、比例效应模型、退化模型或损伤积累模型等。由此可以看出，失效机理的定量研究的内容和范围十分广阔和充实。

近些年来，人们在失效机理的研究方面做了大量的工作，并取得了长足的进展和提高，但是深入程度和系统性仍显得不足，对很多失效机理仍是一知半解。例如，对氢脆机理的研究就有不同的门派，他们可以解释的现象都具有局限性，直至目前还没有一个能够解释所有氢脆现象的理论诞生。再如，人们对疲劳裂纹的萌生机制和扩展规律还很不清楚，正如英国R. A. Smith 教授指出的"抗疲劳的设计仍然是一个挑战性的问题，我们对材料中局部小区域内的缺陷和对复杂环境中作用载荷的大小都缺乏精确的了解，所以材料的疲劳失效还会出现。虽然火车轴发生疲劳失效的事故已经很少了，但 1985 年日本航空公司波音 747 大型宽体客机的失效事故警告我们，我们防止材料疲劳失效的知识和能力仍然是有限的。"因此，未来的材料疲劳研究的重点问题之一是疲劳的基本过程、规律和机理问题。

1.2　失效分析的方法

失效分析的方法有很多，常用的失效分析方法有两类：一类是以残骸（零件）为对象；一类是以安全系统工程为对象，它以失效系统（设备、装置）为范畴。前者以物理、化学的方法为主，着眼于"微观"；后者则以统计、图表和逻辑的方法为主，立足于"宏观"。

1.2.1　残骸分析法

通常意义上说的失效分析是以失效的残骸为研究对象，对引起失效的直接原因进行分析，即狭义的失效分析。这种分析一般在出现失效事故后进行，即属于事后的失效分析。

1. 残骸分析法的特点

残骸分析法是从物理、化学的角度对失效零件进行分析的方法。如果认为零件的失效是由于零件广义的失效抗力小于广义的应力，而应力则与零件的服役条件有关，所以失效残骸分析法总是以服役条件、断口特征和失效的抗力指标为线索的。

零件的服役条件大致可以划分为静载荷、动载荷和环境载荷，以服役条件为线索就是要找到零件的服役条件与失效模式和失效原因之间的内在联系。但是，实践表明，同一服役条件下，可能产生不同的失效模式；同样，同一种失效模式，也可能在不同的服役条件下产生。因此，以服役条件为线索进行失效残骸的失效分析，只是一种初步的入门方法，它只能起到缩小分析范围的作用。

断口是断裂失效分析重要的证据，它是残骸分析断裂"信息"的重要来源之一。但是在一般情况下，断口分析必须辅以残骸失效抗力来进行分析，才能对断裂的原因做出确切的结论。

以失效抗力指标为线索的失效分析思路，关键是在搞清楚零件服役条件的基础上，通过残骸的断口分析和其他理化分析，找到造成失效的主要失效抗力指标，并进一步研究这一主要失效抗力指标与材料成分、组织和状态的关系。通过材料工艺改进，提高这一主要的失效抗力指标，最后进行模拟试验或直接进行使用验证，以达到预防失效的目的。

2. 残骸分析法的试验和检测技术

机械失效分析中使用的试验和检测技术范围很广，从常规的材料理化检验（材料力学性能试验、金相检验、微观组织和结构分析、化学成分分析等）技术、断口分析技术、应力测试技术，到现代电子显微分析技术、各种谱仪分析技术、痕迹分析技术、有限元应力计算技术、试验模拟技术等。

关于失效诊断技术的研究，涉及应该采用什么样的仪器设备和技术方法，例如为了进行失效残骸的材质分析，可以采用许多物理、化学的测试方法，包括无损检测法、金相分析法、断口分析法、化学成分分析法、力学性能测试等，在各类分析方法中又可分为若干种具体方法。失效诊断技术的研究就要在了解各类方法的基本原理、优缺点和应用范围的基础上，指导失效分析工作者选用正确的方法获得必要而充分的信息、资料和数据作为失效诊断的有力依据。由此可见，失效诊断技术的研究不应把注意力放在各种方法的理论或仪器的具体构造细节上去，而应注意各种方法的优缺点、应用范围，以及用于同一目的、不同方法之间横向比较和正确选用上。

1.2.2 安全系统工程分析法

安全系统工程分析法属于失效预防技术的领域，侧重于研究失效诊断的逻辑思维或推理判断的方法和程序，它一般应包括逻辑推理、判断、模糊数学的判断和计算机在失效诊断方面的应用等，其中失效形式及影响因素法（FMEA 法），失效模式及影响危险度分析法（FMECA 法）、失效树法（FTA 法）、现象树法（ETA 法）、特性因素法等应用较多。失效诊断思路研究的目的和任务就是要完善、发展和推广应用上述各种逻辑诊断思路。在大量失效事故经验教训的基础上，对引起失效的原因进行总结分类，提出改进和预防措施。

1.3 失效分析中的常见误区

1.3.1 滥用失效分析概念

失效分析有很强的生产应用背景，与国民经济建设有着极其密切的关系。如果是一个新研发的产品在使用过程中出现了失效，并导致了较为严重的后果，那么在失效原因尚未找到之前，整个新产品的生产线就有可能停止。如果是一台重要的设备在服役过程中，由于某个关键构件发生了失效而致使设备无法正常运转，那么在没有找到构件失效的根本原因之前，也不能够轻易地用备用件替代，以免再次发生失效。有些重要设备停运一天就有可能带来几百万元的经济损失，在这种情况下，失效分析就显得异常的迫切，此时，一些不太规范的检测结构会乘虚而入，滥用失效分析的概念，结果使事故方蒙受更大的经济损失。

进入 21 世纪后，太阳能光伏发电产业发展迅速，多晶硅作为该产业链的前端产品供不应求。2013 年春节放假期间，笔者曾接到一个电话，一个生产多晶硅的化工企业，其生产线上的主反应塔的换热管发生了泄漏而被迫停产，需要尽快找到换热管泄漏失效的根本原因。后经进一步的现场勘查和事故调查得知，该企业的主反应塔上的换热管曾发生过一次泄漏失效，企业为了节省时间，当时并未对其进行失效分析，而是将原来的普通碳钢换热管替换为耐蚀性较好的 304（美国牌号，相当于 06Cr19Ni10）不锈钢换热管，但维修好的换热器在使用不久后却再次发生了泄漏失效，生产又被迫停下来。此时，生产企业才决定对该泄漏失效的换热管做失效分析，有一家检测机构得知此消息后立即承诺可对其进行失效分析。由于生产企业比较着急，也未对该检测机构做过多的调查了解，就委托该检测机构对泄漏的换热管做了失效分析。但当生产企业拿到"失效分析报告"后却感到茫然，不知道后面该怎么办。原来这家检测机构的"失效分析报告"实际上只是对泄漏的换热管做了化学成分分析和拉伸试验，对于泄漏失效的原因给出了多种可能性推测，实际上，这不是一份规范的"失效分析报告"。

随着我国经济的进一步发展，国家对检测结构的政策越来越宽，很多企业或高校的实验室都取得了 CNAS 认证，可对外出具合法的检测报告。但失效分析不同于常规的理化检测，需要检测机构具备多种检测手段和分析技术，要求检测人员具备丰富的专业知识和责任心，并具有综合分析问题的能力。一些规模较小的实验室，技术力量较为薄弱，往往在不满足做失效分析业务的情况下，滥用失效分析概念，并用较低的费用或其他承诺承接失效分析业务，结果就出现了上述情况。

1.3.2　产品质量鉴定和失效原因

有些检测机构的人员分工较细，对失效件也不做失效（或事故）调查，分析内容基本相同，并把检测项目分给不同的技术人员去做。写报告的人往往不参与具体的检测活动，也不了解具体的失效情况和分析取样情况。他们的失效分析报告实际上是汇总各项检测结果，并将其与产品的技术要求做比对，然后做出一些"符合性"的判断，当发现了某个指标不合格时，就认为找到了失效的原因，这是不严谨的做法。该做法实际上是在做产品质量鉴定，但事实上，很多失效原因都和产品质量关系不大。产品质量鉴定和失效分析的含义不同。产品质量鉴定是对失效件进行检测，并将检测结果和失效件的技术要求进行比对，以判断产品质量是否符合要求；失效分析是以找到失效的根本原因为目的，会针对不同的失效情况制定出相应的分析方案和检测项目，也可能不只限于材料方面，必要时还包括现场勘查、事故调查、断口分析、痕迹分析和受力分析等。产品质量合格并不代表产品就不出现失效，相反，产品质量不合格，也不一定就会出现早期失效，两者之间没有必然的因果关系。

表 1-4 列出了材料的理化性能和失效之间的关系。

表 1-4　材料的理化性能和失效之间的关系

理化性能	断裂失效	腐蚀失效	磨损失效
力学性能	敏感	较不敏感	敏感
化学成分	较不敏感	敏感	较不敏感
金相组织	敏感	较不敏感	敏感

1.3.3　非金属夹杂物的作用

钢中的非金属夹杂物，主要由炼钢时由于一系列物化反应所形成的各种夹杂物组成。钢中的非金属夹杂物一般简称为夹杂物，可根据夹杂物的化学成分、塑性、来源，以及形态和分布进行分类，不同标准有不同的分类方法。GB/T 10561 把钢中非金属夹杂物分为 A、B、C、D 和 DS 五大类，其中又把 A 类~D 类按夹杂物的粗、细（宽度或直径）分为两类，并用字母 e 表示粗系的夹杂物。夹杂物的级别在 3.0 级以下时，可由评级图比对获取；当超过 3.0 级后，需按标准中给出的公式进行计算获取。

非金属夹杂物的存在破坏了钢基体的连续性，使钢组织的不均匀性增大。一般来说，钢中非金属夹杂物会对钢的性能产生不良影响，如降低钢的塑性、韧性和疲劳性能，使钢的冷热加工性能乃至物理性能变坏等。有的失效分析工作者在进行失效分析时，非常在意夹杂物，一旦在断口上发现了夹杂物，就会认为失效是由夹杂物引起的。这种做法是不严谨的。在具体分析过程中，一定要客观地分析夹杂物对失效的影响。

例如，一个材料为 42CrMo 的船用柴油机连杆大头，在热处理淬火过程中发生了较高比例的开裂失效，开裂情况基本相同，开裂起源于端部的机加工表面，裂纹面平行于连杆大头的最大截面。金相分析发现，A 类夹杂物级别较高，为 3.0 级；断口分析时发现开裂源区存在聚集分布的 A 类夹杂物。开放于零件表面的较严重的 A 类夹杂物类似于许多"微裂纹"，存在较大的应力集中。淬火时在较大的热处理应力作用下，A 类夹杂物充当了裂纹源，引发了淬火开裂。此时，连杆大头开裂失效的原因就和 A 类夹杂物有着直接的关系。但在另一起失效案例中发现，虽然失效件的 A 类夹杂物级别较高，但其变形方向和疲劳断裂面相垂直，这时失效原因就不能过分地强调 A 类夹杂物所起的作用。

在实际失效分析过程中，发现由非金属夹杂物引起的失效主要有以下两种情况。

（1）TiN 类夹杂物　当钢中加入与氮亲和力较大的元素时就会形成氮化物夹杂，如 AlN、TiN、ZrN、VN、NbN 等。TiN 是钢中较常出现的一种硬而脆的非金属夹杂物，在光学显微镜下呈淡黄色的方形或棱角形，其尖角处存在较大的应力集中。对一些强度或硬度较高、厚度又较薄的构件，脆性夹杂物的相对尺寸会增大，往往是构件产生失效的起源。例如，某气象卫星减压器膜片材料为 1Cr18Ni9Ti（不锈钢旧牌号），规格为 φ60mm（外径）× 0.20mm（厚度）。该膜片出厂前经检验未发现缺陷，组装后在进行地面测试过程中发现裂纹。失效分析结果表明，开裂起源于 TiN 类非金属夹杂物，性质为共振所导致的双向弯曲疲劳开裂。TiN 类夹杂物在冷变形过程中致使临近的基体材料产生了微裂纹，或因其棱角处存在应力集中，诱发了疲劳裂纹源，最终导致疲劳开裂。在另一例钢丝线径为 φ0.12mm 的钢绳断裂失效分析中，发现疲劳断裂起源于钢丝表层的菱形凹坑。金相检验发现，钢丝中存在较大尺寸的 TiN 类夹杂物，其形状尺寸和疲劳源区的菱形凹坑接近。分析认为，断口上的菱形凹坑是 TiN 类夹杂物脱落后留下的，可以判断该脆性夹杂物是导致钢绳线材发生疲劳断裂的主要原因。

（2）D 类夹杂物　D 类夹杂物的形态呈颗粒状，应力集中程度相对较不明显，单个的 D 类夹杂物一般不会引起断裂失效。但当大量的 D 类夹杂物聚集到一起，形成夹渣类缺陷，其对材料的分割作用和应力集中程度就会大大增加，此时 D 类夹杂物的作用就要另当别论。例如，某风电机组上的输出齿轮轴材料为 18CrNiMo7-6（德国渗碳钢牌号），在热处理喷丸和加工后发现有六件开裂（精车前发现两件，精车后发现三件，另一件在精磨后开裂），裂纹形态基本相同，均呈纵向开裂。该输出齿轮轴加工制造过程为：锻造—粗车—无损检测—滚齿—渗碳—淬、回火—喷丸—精车—精磨。

通过理化检验结果可知，开裂的输出齿轮轴化学成分和渗碳层深度、表面硬度等均符合技术要求；断裂源处、断口处金相组织和远离断口的基体一致，均为回火马氏体，未见明显增、脱碳和其他异常现象；根据宏观开裂面分析和 SEM 形貌分析可知，开裂源位于距离表面 25.58mm 处，为内裂；开裂源处存在一条 3.73mm（长）×（0.16~0.17）mm（宽）的呈轴向密集分布的颗粒状异物，经 EDS 能谱分析为氧化铝类夹杂物。由此可见，该聚集分布的颗粒状氧化铝类夹杂物是导致输出齿轮轴开裂的主要原因。

由于非金属夹杂物是材料本身的一种属性，在宏观范围内其分布是均匀的，所以对于同批次材料，由夹杂物引起的失效往往占较高的比例。夹杂物是否是引起断裂失效的原因，关键是看断裂源是否由夹杂物引起，而不是一旦在断口上发现了夹杂物，就断言其是导致断裂失效的原因。

有一份关于一个重载齿轮断齿的失效分析报告，将失效原因归结为一个尺寸为 34μm 的 A 类非金属夹杂物。解读该失效分析报告后可知，失效的重载齿轮失效形式为断齿，断裂源位于齿根，断裂性质为疲劳断裂。仔细查看报告中提及的非金属夹杂物的 EDS 分析结果，发现其谱图中 S 的 X 射线计数较高，但却无 Mn 的计数谱线。由此可见，分析者所说的"A 类夹杂物"（MnS）属于判断失误，应该是断口上的污染物。非金属夹杂物在材料中是比较常见的，尺寸为 34μm 的 A 类夹杂物按照 GB/T 10561 评级，也只能达到细系的级别。该齿

轮外形尺寸为 $\phi600mm\times400mm$，和齿根部位的过渡圆弧、磨齿时留下的加工刀痕等薄弱环节相比，其对疲劳裂纹源萌生所起的作用都要小得多。显然，该失效分析没有抓住问题的关键，而是刻意夸大了夹杂物的作用，更何况断口上看到的还不是夹杂物。

1.3.4   魏氏组织的影响

魏氏组织是在钢的二次结晶过程中形成的。亚共析钢在共析转变发生之前，先在奥氏体中析出铁素体。这种铁素体常常在奥氏体晶界先形核，然后通过大量碳原子的扩散和铁原子的自扩散而长大，这些原子的扩散条件也决定了晶体的长大方式。当钢的冷却是以非常缓慢的速度通过 GS 线温度，或奥氏体晶粒足够小时，铁素体核心就以接近平衡状态的方式结晶，结果在奥氏体晶界上形成网状铁素体；相反，当钢的冷却是以很快的速度通过 GS 线温度，或奥氏体晶粒粗大时，铁素体会以插入奥氏体晶粒内部的方式出现，并逐渐成为片状或长条状，即形成了魏氏组织。铁素体的这种结晶取向使原子扩散距离缩短，有利于铁素体的快速形成。

魏氏组织的形成条件可归纳为：①晶粒粗大；②碳的质量分数在 0.12% ~ 0.50% 之间，碳含量越低，越易形成魏氏组织；③冷却速度适中。

在一般情况下，魏氏组织的存在使钢的塑性、冲击韧性下降，特别是冲击韧性下降得较多。为此，许多从事失效分析的工作者，当他们在失效件上观察到魏氏组织时，就认为找到了失效的根本原因。但问题的真相到底如何，早在 1979 年 12 月，由当时的国防工办和原冶金部组织了钢厂、使用单位、科研单位和高等院校近 20 个单位，成立了"深冲弹钢魏氏组织"攻关组，除攻关组进行了联合试验外，各成员单位按分工又各自进行了多项试验。在得出大量试验数据后，各参与单位发表了有关魏氏组织的形成、力学性能、断裂及精细结构等方面的文章 22 篇，最终共同得出了有关魏氏组织的结论。

1）相同奥氏体温度情况下，快冷呈魏氏组织试样比慢冷呈铁素体+珠光体试样有更低的韧脆转变温度、更大的韧性储备和较高的冲击韧性。

2）奥氏体化后以较快速度冷却形成针状铁素体时，伴随而来的是沿晶的析出物较少、铁素体细化组织均匀和珠光体呈细片状。因此，在某些情况下，魏氏组织可以提高钢的冲击韧性。

3）当深冲钢受冲击载荷时，首先在沿晶分布的析出物旁边产生微孔，相邻微孔的连接成为裂纹。裂纹沿解理面穿过铁素体，在针状铁素体中部沿针的长轴扩展，同珠光体相遇时，裂纹受到较大阻力。

4）过热形成的粗晶降低钢的冲击韧性，但魏氏组织在某些情况下可改善钢的冲击韧性，不能把过热组织和魏氏组织等同看待。

从以上研究结论看出，在某些情况下，魏氏组织可以提高钢的冲击韧性。因此，在具体的失效分析中，一定要客观地评价魏氏组织对断裂失效所起的作用，更不能将别的金相组织误判为魏氏组织，并夸大其危害作用。

2011 年 8 月 1 日，某化工企业发生了毒气泄漏事故，造成周边村庄几百人生病住院和企业停产，直接经济损失达 1000 万元以上。经过事后调查和分析，造成该次事故的直接原因是一台富气离心压缩机变速箱齿轮断齿。该大、小齿轮的材质均为 35CrMoVA，大齿轮外形尺寸为 $\phi567mm\times250mm$，小齿轮外形尺寸为 $\phi167mm\times220mm$，调质后做渗氮处理，渗氮层深度要求 0.35~0.70mm。

事故发生后，企业将失效的大、小齿轮委托某高校的材料学院做失效分析。分析结论为：失效原因是热处理工艺不当，金相组织中出现了魏氏组织。压缩机生产厂方对此结论不予认可，后经法院出面协调，委托上海材料研究所对其做了失效分析。该次失效分析结果表明：小齿轮断裂性质为疲劳断裂；大齿轮为过载型一次性断裂。宏观观察和剖面金相分析结果表明，小齿轮齿根部位在渗氮处理后经过了磨削加工，其残留渗氮层深度为 0.17mm，低于 0.35~0.70mm 的图样技术要求，导致疲劳强度降低；磨削造成齿根处过渡圆弧半径变得更小，增大了该部位的应力集中程度。齿轮服役时，齿根承受最大的弯矩，容易在此萌生疲劳裂纹源。小齿轮局部发生疲劳断裂后，其齿形变得不完整，部分齿冲击大齿轮的局部齿面，因应力集中而发生变形或断裂。

再仔细阅读该高校的失效分析报告时，发现所谓的"魏氏组织"实际上为保留了原马氏体位相的回火索氏体组织，这是齿轮正常的调质态金相组织。由此可见，该报告将大、小齿轮断齿失效的原因归结为魏氏组织本身就是错误的，更何况看到的还不是魏氏组织。

1.4　失效预防

1.4.1　失效预防技术及其进展

失效预防是失效分析的最终目的和成果。一个失效事故（或事件）的分析和研究，没有提出失效预防对策是不完整的。失效预防技术就其所属学科而言，可以分为力学的、化学的、物理的、材料的和管理的技术；就其过程来说，一般可以分为采用预防失效的相关工程技术，安全法规或标准的制定或修订，失效分析和预测预防数据库的建立、发展、完善和应用。

在诸多的失效预防技术和方法中，最多的还是采用相关的工程技术和方法来预防，下面将着重介绍我国在失效预防中采用较多的表面防腐和表面强化技术和方法方面的进展。

表面防腐和表面强化技术和方法是表面工程的一部分。表面工程是 20 世纪末迅速发展起来的新兴学科。表面工程是经表面预处理后，通过表面涂覆、表面改性或多种表面技术复合处理，改变固体金属表面或非金属表面的形态、化学成分和组织结构，以获得所需要的表面性能的系统工程。由于材料的失效（例如磨损、腐蚀、高温氧化、疲劳断裂等）往往自表面开始，所以根据需要采用表面防腐和表面强化技术，改善材料（构件）的表面性能，将有效地延长其使用寿命，节约资源，提高生产力，减少环境污染。

表面防腐和表面强化技术和方法主要有：表面喷涂技术，包括氧乙炔火焰喷涂、等离子喷涂、塑料粉末喷涂和其他特种喷涂等；表面电沉积技术，包括电镀、电刷镀、化学镀、转化膜技术等；表面黏涂技术，包括表面涂层、黏涂、胶黏等；表面强化技术，包括表面真空熔结、表面渗层（渗碳、渗氮等）、激光表面强化、电火花表面强化、气相沉积、离子注入、表面喷丸强化等。我国在上述表面技术的诸多方面进行了深入的研究和大量的工程应用，并取得了很大的效益。

失效预防的理论、技术和方法要达到科学性、有效性、可靠性和经济性等目标，还要进行更多、更系统和更加深入的研究，并通过其他科学的知识和成果的移植，逐步建立其学术体系，促进机械装备失效预防进入良性循环，进而发挥其杠杆作用，从一个侧面来推动我国科学技术的进步和国民经济的可持续发展。

1.4.2　失效预防的实施

失效预防技术是失效分析的重要内容之一，它和失效诊断结论的准确性紧密相关，是建立在大量失败基础上的一门科学。可以认为，机械装备的失效预防是从失效分析入手，着眼于成功和进步的科学；是从过去入手，着眼于未来和发展的科学。广义的失效预防倾向于管理系统控制，是以失效系统为范畴，以统计、图表和逻辑推理为主导，侧重于"宏观"控制。狭义的失效预防以构件残骸为对象，以物理、化学的分析方法为主导，着眼于"微观"机理研究，更倾向于实验技术，并和具体的构件失效紧密关联。

大多数失效预防工作都是在有失效先例的情况下采取的后续措施，有时也称失效事后处理，它涉及多种专业技术、管理制度和法规、标准。对于专业技术方面的失效预防，根据事态的紧迫程度，可将其分为被动预防和主动预防。

1. 被动预防

被动预防是紧随失效事故之后的事后处理。失效事故往往会产生连锁反应，会带来较大的经济损失和社会影响。当失效事故发生后，首先要做的就是如何控制事态的继续发生，如何把失效造成的损失降到最低。这些工作往往都需要在较短的时间内完成，而且往往是被动的，一般遵循以下程序：

1）向使用部门反馈，还要向设计部门或制造部门反馈。在失效原因未明确之前，应暂停使用原产品，必要时要对服役中的同类产品实施召回或者停产处理。

2）做深入细致的失效分析，找到事故产生的根本原因。

3）对发生失效的系统进行检修，确认无法修复的部分要进行更换，对可以修复的部分进行维修，完成维修后还要对其进行全面检测和安全评估。

4）对正在运行中的同类机械系统进行检修，一般要求采用无损检测方法，最好在现场甚至在运行过程当中"动态"进行，对存在隐患的系统或机械构件要进行修复或更换。

2. 主动预防

（1）失效分析图　通过对大量同类机械构件的失效分析，确定其失效的特征参量，建立其失效分析图，达到控制失效的目的，这是工程上常用的有效方法之一。根据不同的失效特征参数，可以将其分为断裂分析图、比值分析图（RAD）、失效评定图、失效区域图、蠕变断裂机制图和疲劳机制图等。

（2）状况监测和控制　状况监测和控制是对正在运行中的设备或系统的工作状况进行监视、测试和控制，以便实时掌握设备的运行状况，预测设备的可靠性和剩余寿命。状况监测和控制的参量一般选择那些对设备或系统退化敏感的、对失效有预测能力和容易观测的参数，它可以是应力、温度、压力、电参量、振动参量、声参量、污染参量、性能参量等。采用多参量监控系统和计算机监控系统，进一步提高了状况监控的直观性和可靠性。若监测发现异常，则要对其原因、部位、危险程度等进行识别和评价，并采取应急的修正措施等。

（3）定期检修制度　对设备或系统做定期检查，结合以往的失效历史，对发生失效频次较高的构件和系统的薄弱环节要做重点检查。重大项目的定期大修，车辆、舰船的年检或例行检查等都是非常有效的失效预防措施，一旦出现异常，应及时采取预防措施，避免失效事故的发生。

1.4.3　失效预防技术展望

机械装备的失效预防越来越显示出它的生命力和潜力，已取得了比较完整的工作经验和显著的社会经济效益。具体表现为：

1）它正从各行业工程化研究发展到跨行业、跨学科的理论化、基础化和综合化的研究。

2）从考虑材料在简单服役条件下的状态发展到分析材料（构件）在复杂服役条件下损伤演化机制。

3）从失效机理的定性研究发展到利用各种数学物理模型和现代实验技术为基础的定量分析。

4）从一般的断口分析发展到无损检测、失效诊断、安全评估、寿命预测、事故预防、寿命的控制、定寿、延寿的全过程的研究。

5）从一种简单实用的事故分析技术向一门分支学科——失效学方向发展，正处于感性向理性转变的重要时刻。

总之，我国失效分析工作者应继续努力，为我国机械装备失效分析和失效预防事业的发展共同奋斗。

参 考 文 献

[1]　王荣. 失效分析应用技术 [M]. 北京：机械工业出版社，2019.

[2]　师昌绪，钟群鹏，李成功. 中国材料工程大典：第 1 卷 [M]. 北京：化学工业出版社，2005.

[3]　任颂赞，叶剑，陈德华. 金相分析原理及技术 [M]. 上海：上海科学技术文献出版社，2012.

[4]　王荣，巴发海，李晋，等. 大型空气压缩机曲轴断裂失效分析 [J]. 内燃机，2007（2）：21-24.

[5]　王荣. 气象卫星减压器膜片开裂原因分析 [J]. 失效分析与预防，2009，4（4）：209-212.

[6]　王荣. 机械装备的失效分析（续前）　第 8 讲　失效分诊断与预防技术（4）[J]. 理化检验（物理分册），2018，54（6）：402-410.

[7]　吴佳峻. 18CrNiMo7-6 钢齿轮轴开裂失效分析 [J]. 理化检验（物理分册），2017，53（9）：671-674.

[8]　李文成. 关于魏氏组织 [J]. 物理测试，2007，25（4）：11.

[9]　王荣. 机械装备的失效分析（待续）　第 1 讲　现场勘查技术 [J]. 理化检验（物理分册），2016，52（6）：361-369.

[10]　段丽萍，刘卫军，钟培道，等. 机械装备缺陷、失效及事故的分析与预防 [M]. 北京：机械工业出版社，2015.

[11]　王荣. 机械装备的失效分析（续前）　第 8 讲　失效分诊断与预防技术（6）[J]. 理化检验（物理分册），2018，54（10）：716-725.

第 2 章

断裂失效机理分析与对策

2.1 引言

断裂是机械装备失效的主要形式之一。断裂包含了韧性断裂和脆性断裂。在所有的断裂失效事故中,脆性断裂失效的危害性最大,也是失效分析中最常见的断裂形式。这是因为导致脆性断裂的应力一般都比较低,断裂时经常无任何预兆,不容易被人们发现,往往会产生突发事件,也可能带来重大的经济损失,甚至人员伤亡。自 20 世纪以来,桥梁、船舶、压力容器、管道、球罐、热电站发电设备的汽轮机和发电机转子以及其他设备均曾发生过脆性断裂事故。随着现代工业的发展,焊接结构的大型化、钢结构截面增大以及高强度钢的应用等,均使得脆性断裂问题更加凸显出来。经过一代又一代的材料工作者的不懈努力,对于各种断裂的机理及其评价方法、预测预防等方面的研究工作均取得了较大进展,特别是断裂力学的发展,为工程结构的脆性断裂定量估算提供了依据,对工程结构的断裂失效及其预测预防工作具有非常重要的作用和意义。

2.2 断裂性能评价

对于材料断裂的研究,人们最早是从对材料的常规力学性能检测开始的。

金属力学性能试验方法是检测和评定冶金产品质量的重要手段之一,包括静拉伸性能试验、冲击试验、恒载荷拉伸和慢应变拉伸试验等。其目的主要是了解各种材料在不同状态下的强度指标及其影响因素,以便在产品设计和使用中作为参考依据,避免产品出现早期断裂失效。

2.2.1 在拉伸载荷作用下的断裂评价

拉伸试验是力学性能检测中应用最广泛的试验方法之一。试验中的弹性变形、塑性变形、断裂等各阶段真实地反映了材料抵抗外力的全过程。拉伸试验是在应力状态为单轴、温度恒定,以及应变速率为 $10^{-4} \sim 10^{-2} \mathrm{s}^{-1}$ 的条件下进行的。它具有简单易行,试样便于制备等特点。通过拉伸试验可以得到材料的基本力学性能指标,如弹性模量、泊松比、屈服强度、规定塑性延伸强度、规定总延伸强度、抗拉强度、断后伸长率、断面收缩率、应变硬化指数和塑性应变比等,它们是反映金属材料力学性能的重要参数。另外,高温拉伸试验也可以测定材料的强度和塑性指标,并分析该材料在高温下的失效情况。而低温拉伸试验不但可以测定材料在低温下的强度和塑性指标,而且还可以用来评定材料在低温下的脆性。

拉伸试验所得到的材料强度和塑性性能数据，对于产品的设计和选材、新材料的研制、材料的采购和验收、产品的质量控制、设备的安全评估等都具有非常重要的应用价值和参考价值，在有些场合下还可以直接用拉伸试验的结果作为判据。例如，进行强度计算时，材料零件所承受的应力要小于屈服强度，否则会因塑性变形过量而导致破坏。材料的强度越高，能承受的外力就越大，产品所用的材料也就越少。又如，断后伸长率和断面收缩率越大的材料，其冲压、轧制和锻造的塑性也越大，反之，塑性就越小。此外，拉伸试验数据还和其他

的力学性能数据有着经验关系。例如，热轧软钢的抗拉强度 R_m 与布氏硬度 H_B 之间的关系式为 $R_m \approx 3H_B$，与纯弯曲疲劳强度极限 σ_{-1} 之间关系式为 $\sigma_{-1} = (0.4 \sim 0.5)R_m$ 等。

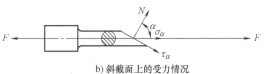

a) 轴向受力情况

b) 斜截面上的受力情况

图 2-1　斜截面上的应力

1. 应力及应变

（1）应力分析　将试样视为杆状构件，如图 2-1a 所示，在未受到外力作用时，杆件内部的化学键（内力）使其维持一定的力学平衡状态。

当杆件受到轴向外拉力 F 作用后，由于力的传递，使得杆件内部的受力情况发生变化。按照平衡方程，杆件任意斜截面上的内应力可表示为

$$\sigma_\alpha = \frac{F}{S_0}\cos^2\alpha \qquad (2\text{-}1)$$

$$\tau_\alpha = \left(\frac{1}{2}\right)\frac{F}{S_0}\sin2\alpha \qquad (2\text{-}2)$$

式中，S_0 为试样原始截面；α 为斜截面法向与杆件轴向的夹角；σ_α 为斜截面上的正应力；τ_α 为斜截面上的切应力。

当研究杆件横截面上的正应力时（即轴向拉伸），令 $\alpha = 0°$，代入式（2-1）、式（2-2）得到

$$\sigma_\alpha = \frac{F}{S_0} = \sigma \qquad (2\text{-}3)$$

$$\tau_\alpha = 0 \qquad (2\text{-}4)$$

另外，由式（2-2）还可知：当 $\alpha = 45°$ 时，斜截面上的切应力最大，其数值为

$$\tau_\alpha = \sigma/2 \qquad (2\text{-}5)$$

此时，它与斜截面上的正应力相等。

（2）工程应力与工程应变　在具体应用中，拉伸力 F 与试样原始截面 S_0 的比值定义为工程应力 σ，即

$$\sigma = \frac{F}{S_0} \qquad (2\text{-}6)$$

拉伸过程中，试样长度方向特定标距 L 下的伸长量 ΔL 与标距 L 的比值定义为工程应变 ε，即

$$\varepsilon = \frac{\Delta L}{L} \qquad (2\text{-}7)$$

2. 拉伸时的物理现象

等截面杆件试样在拉伸试验时，宏观上可以看到试样被逐渐均匀的拉长，然后在某一等截面处变细，直到在该处断裂。上述过程一般可以分解为弹性变形、滞弹性变形、屈服前微塑性变形、屈服变形、均匀塑性变形、局部塑性变形 6 个阶段。用材料试验机上的记录装置，以力为纵坐标，伸长量为横坐标，记录力-变形曲线。

以 Q345 钢材的拉伸试验为例，其力-变形曲线如图 2-2 所示，对图上各阶段的特征分述如下：

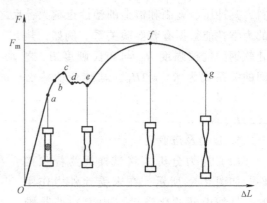

图 2-2　Q345 钢材拉伸试验的力-变形曲线

（1）弹性变形阶段（*Oa*）　在这个阶段中，试样的变形是弹性的，并且外力与伸长是成正比例的直线关系，即伸长与载荷之间服从胡克定律。如果在试验过程中卸除拉力，则试样的伸长变形会消失，试样的标距部分可以恢复到原来的长度，不产生残余伸长。

（2）滞弹性变形阶段（*ab*）　在弹性变形阶段中，外力与伸长成正比例的直线关系并不能一直保持下去，一旦外力超过曲线上 *a* 点，正比例关系就被破坏了。拉伸图上的 *ab* 段就是弹性变形中的非线性阶段，即滞弹性变形，此时试样的变形仍然是弹性的。此阶段很短，一般不容易观察到。

（3）屈服前微塑性变形阶段（*bc*）　在这个阶段，试样开始出现连续均匀的微小塑性变形。这种变形的特征是在卸除拉力后试样的伸长不会完全消失。这一阶段也很短，而且不容易与滞弹性变形阶段准确区分。

（4）屈服变形阶段（*cde*）　在此阶段，试样受拉伸外力的作用产生了较大的塑性变形。在开始阶段由于屈服变形的不连续导致了力值的突然下降（线段 *cd*）。随着拉伸时间的延续，试样伸长急剧增加，但载荷却在小范围内波动，如果忽略这一波动，拉伸图上可见一水平线段 *de*。该阶段对应的外力即为屈服力（对应的屈服强度可分为上、下屈服强度，分别以 R_{eH} 和 R_{eL} 表示）。这种拉力不增加而变形仍能继续增加的现象，其起始点宏观上可以看作金属材料从弹性变形到塑性变形的一个明显标志。

（5）均匀塑性变形阶段（*ef*）　屈服阶段结束后，必须进一步增加外力才能使试样继续被拉长。这一阶段中，金属变形具有另一种特点，即随着变形量的增加材料不断被强化，这种现象称为应变硬化。表现在拉伸图上就是 *ef* 段的不断上升。在此阶段中，试样的某一部分产生了塑性变形，虽然这一部分截面积减小，但变形强化的作用阻止了塑性变形在此处继续发展，此时由于力的传递使塑性变形推移到试样的其他部位。这样，变形和强化交替进行，就使得试样各部分产生了宏观上均匀的塑性变形。

（6）局部塑性变形阶段（*fg*）　在拉力的继续作用下，由于均匀塑性变形的强化能力跟不上变形量，终于在某个截面上产生了局部的大量塑性变形，致使该截面积快速缩小，产生了缩颈现象。此时虽然外力不断下降，但由于缩颈部位面积迅速减小，因此缩颈处的实际应力仍在不断增长，缩颈部位的材料继续被拉长，直至被拉断。出现局部塑性变形的开始点 *f* 所对应的力 F_m 为试样在拉伸过程中所能承受的最大外力（对应的抗拉强度用 R_m 表示）。

图 2-2 中横坐标、纵坐标的数值均与
试样的几何尺寸有关，因此只能反映特定
试样的力学性能。将力-变形曲线图中的纵
坐标力 F 除以试样的横截面积 S_0，横坐标
变形 ΔL 除以试样的原始等截面长度 L_0，
则可以得到该种材料的应力-应变（σ-ε）
曲线（见图 2-3）。它与试样的几何尺寸无
关，在工程上可以代表该种材料的力学性
能，也称为工程应力-应变曲线、名义应
力-应变曲线（σ-ε 曲线）或条件应力-应
变曲线，其形状与力-变形曲线完全相同。

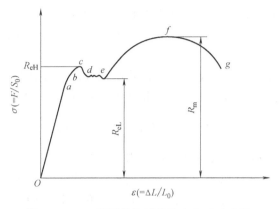

图 2-3　Q345 钢材拉伸试验的应力-应变曲线

不同材料在拉伸时所表现出的物理现象和力学性能不尽相同，它们有着不同的应力-应
变曲线。

几种常见金属材料的应力-应变曲线如图 2-4 所示。

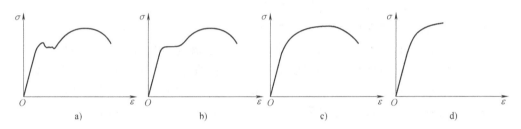

图 2-4　不同材料拉伸的应力-应变曲线

图 2-4a 是低碳钢（例如 Q235）的 σ-ε 曲线。它有锯齿状的屈服阶段，分为上、下屈
服，均匀塑性变形后产生缩颈，然后试样断裂。

图 2-4b 是中碳钢（例如 Q345）的 σ-ε 曲线。它有屈服阶段，但波动微小，几乎成一直
线，均匀塑性变形后产生缩颈，然后试样断裂。

图 2-4c 是淬火后低、中温回火钢及冷轧板、不锈钢、钛合金、铜合金、铝合金等材料
的 σ-ε 曲线。在拉伸过程中，它无明显可见的屈服阶段，试样产生均匀塑性变形并缩颈后断
裂。

图 2-4d 是部分铸铁、淬火钢等脆性材料的 σ-ε 曲线。它不仅无屈服阶段，而且只产生
少量均匀塑性变形后就突然断裂。灰铸铁（片状石墨的影响）、铸造铝合金（共晶硅的影
响）等材料的脆性较大，在实际拉伸时塑性指标很小，往往只考察其强度指标。高硬度的
轴承钢采用标准试样拉伸时很难获得其真实的抗拉强度，试样会从夹持的螺纹部位断裂，或
者从夹持的过渡圆弧处断裂（硬度高，韧性差，应力集中严重）。对这类材料，工程设计时
往往会用硬度指标来考察其主要性能。

2.2.2　在冲击载荷作用下的断裂评价

许多机器零件在服役时往往会受到冲击载荷的作用，如汽车行驶通过道路上的凹坑，飞
机起飞和降落及金属压力加工（锻造、模锻）等。为了评定金属材料传递冲击载荷的能力，

揭示金属材料在冲击载荷作用下的力学行为，也需要进行相应的力学性能试验。

冲击载荷与静载荷的主要区别在于加载速率不同。加载速率是指载荷施加于试样或机件时的速率，用单位时间内应力增加的数值表示。由于加载速率提高，形变速率也随之增加，因此可用形变速率间接地反映加载速率的变化。形变速率是单位时间内的变形量。变形量有绝对变形量与相对变形量两种表示方法，因此形变速率有绝对形变速率与相对形变速之分，后者应用较为广泛。相对形变速率又称应变速率，用 $\dot{\varepsilon}$ 表示，$\dot{\varepsilon}=\dfrac{\mathrm{d}e}{\mathrm{d}t}$（$e$ 为真应变）。由此可见，应变速率是单位时间内应变的变化量。

现代机器中，各种不同机件的应变速率范围为 $10^{-6}\sim10^{6}\mathrm{s}^{-1}$。如静拉伸试验的应变速率为 $10^{-5}\sim10^{-2}\mathrm{s}^{-1}$，冲击试验的应变速率为 $10^{2}\sim10^{4}\mathrm{s}^{-1}$。实践表明，应变速率在 $10^{-4}\sim10^{-2}\mathrm{s}^{-1}$ 内，金属材料的力学性能没有明显变化，可按静载荷处理。当应变速率大于 $10^{-2}\mathrm{s}^{-1}$ 时，金属材料的力学性能将发生显著变化，这就必须考虑由于应变速率增大而带来力学性能的一系列变化。

如同降低温度一样，提高应变速率将使金属材料的变脆倾向增大，因此冲击力学性能试验方法可以揭示金属材料在高应变速率下的脆断趋势。

1. 冲击载荷下金属材料的变形和断裂特点

在冲击载荷下，由于载荷的能量性质使整个承载系统（包括机件）承受冲击吸收能量因此机件及与机件相连物体的刚度都直接影响冲击过程的持续时间，从而影响加速度和惯性力的大小。由于冲击过程持续时间很短而测不准确，机件在冲击载荷下所受的应力难以按惯性力计算机件内的应力，所以通常是假定冲击吸收能量全部转换成机件内的弹性能，再按能量守恒法计算。

弹性变形是以声速在介质中传播的。在金属介质中声的传播速度是相当快的，如在钢中为 4982m/s，而普通摆锤冲击试验时绝对变形速度只有 $5\sim5.5\mathrm{m/s}$，这样，冲击弹性变形总能紧跟上冲击外力的变化，因而应变速率对金属材料的弹性行为及弹性模量没有影响。但是，应变速率对塑性变形、断裂及有关的力学性能却有显著的影响。

在冲击载荷下，作用于位错上的应力在瞬时急剧升高，结果位错运动速率增加。位错运动速率增加将使派纳力（即晶格阻力，是在理想晶体中仅存在一个位错运动时所克服的阻力，用 $\tau_{\mathrm{p-n}}$ 表示）增大。位错宽度及其能量与位错运动速率有关。位错运动速率越大，则其能量越大，宽度越小，故派纳力越大，结果滑移临界切应力增大，金属产生附加强化，此即应变速率硬化现象。

由于冲击载荷下应力水平比较高，将使许多位错源同时开启，结果抑制了单晶体中的易滑移阶段的产生和发展。此外，冲击载荷还增加位错密度和滑移系数目，出现孪晶，减小位错运动自由行程平均长度，增加点缺陷浓度。上述因素均使金属材料在冲击载荷作用下塑性变形难以充分进行。显微观察时可以发现，在静载荷下，塑性变形比较均匀地分布在各个晶粒中；而在冲击载荷下，塑性变形则比较集中在某些局部区域，这反映了塑性变形是极不均匀的。这种不均匀的情况也限制了塑性变形的发展，导致屈服强度（和流变应力）、抗拉强度提高，且屈服强度提高的较多，抗拉强度提高的较少，如图 2-5 所示。

材料塑性和应变速率之间无单值依存关系。在大多数情况下，缺口试样冲击试验时的塑性比类似静载试验的要低。在高速变形下，某些金属可能显示较高塑性，如密排六方金属爆炸成形就是如此。

塑性或韧性随应变速率增加而变化的特征与断裂方式有关。例如：在一定加载规范和温度下，如果材料产生正断，则此时断裂应力变化不大，塑性随应变速率增加而减小；如果材料产生切断，则断裂应力随应变速率提高而显著增加，塑性可能不变，也可能提高。

2. 冲击试验

为了显示加载速率和缺口效应对金属材料韧性的影响，需要进行缺口试样冲击试验，测定材料的冲击吸收能量。冲击吸收能量是材料在冲击载荷作用下吸收塑性变形功和断裂功的能力。

缺口试样冲击试验原理如图 2-6 所示。

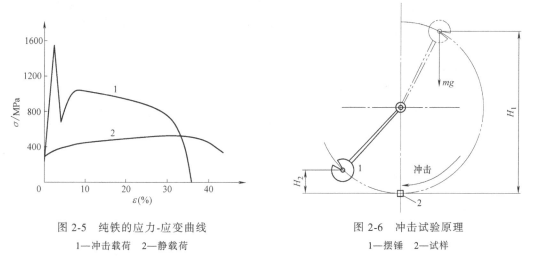

图 2-5　纯铁的应力-应变曲线　　　　　　图 2-6　冲击试验原理
1—冲击载荷　2—静载荷　　　　　　　　　1—摆锤　2—试样

试验是在摆锤式冲击试验机上进行的。将试样水平放在试验机支座上，缺口位于冲击相背方向。然后将具有一定质量 m 的摆锤抬至一定高度 H_1，使其获得一定势能 mgH_1。释放摆锤冲断试样，摆锤的剩余能量为 mgH_2，则摆锤冲断试样失去的势能为 $mgH_1 - mgH_2$，此即为试样变形和断裂所消耗的功，称为冲击吸收能量，单位为 J。

冲击试验标准试样是 U 型缺口或 V 型缺口试样，分别称为夏比（Charpy）U 型缺口试样和夏比 V 型缺口试样，测得的冲击吸收能量分别记为 KU 或 KV。

KU 或 KV 除以冲击试样缺口底部截面积所得之商，称为冲击韧度，也是度量材料冲击韧性的一种力学性能指标，用 a_{KU} 或 a_{KV} 表示。国内一些材料性能数据仍在沿用这个指标的试验结果，但现行的冲击试验标准中已经取消了该指标。

测量球墨铸铁或工具钢等脆性材料的冲击吸收能量，常采用 10mm×10mm×55mm 的无缺口冲击试样。

冲击吸收能量的大小并不能真正的反映材料的韧脆程度，因为缺口试样冲击吸收能量并非完全用于试样变形和破断，其中有一部分功消耗于试样掷出、机身振动、空气阻力以及轴承与测量机构中的摩擦消耗等。金属材料在一般摆锤冲击试验机上试验时，这些功是忽略不计的。但当摆锤轴线与缺口中心线不一致时，上述功耗比较大。因此，在不同试验机上测得的冲击吸收能量值彼此可能相差 10%~30%。

同一材料不仅在不同冲击试验机上测得的冲击吸收能量值不同，即使在同一试验机上进行冲击试验，缺口形状和尺寸不同的试样、有缺口试样和无缺口试样、非标准试样和标准试样，测得的冲击吸收能量值也不相同，不存在换算关系，不能直接对比。因此，查阅国内外材料性能数据，评定材料脆断倾向时，要注意冲击试验的条件。

虽然冲击吸收能量不能真正代表材料的韧脆程度，但由于它们对材料内部组织变化十分敏感，而且冲击试验方法简便易行，所以仍被广泛采用。冲击试验主要用途有以下两点：

1）控制原材料的冶金质量和热加工后的产品质量，即将冲击吸收能量值作为质量控制指标使用。通过测量冲击吸收能量和对冲击试样进行断口分析，可揭示原材料中的夹渣、气泡、严重分层、偏析以及夹杂物超标等冶金缺陷；检查过热、过烧、回火脆性等锻造或热处理缺陷。

2）根据系列冲击试验（低温冲击试验）可测得冲击吸收能量值与温度的关系曲线，从而测定材料的韧脆转变温度。据此可以评定材料的低温脆性倾向，供选材时参考或用于抗脆断设计。设计时，要求机件的服役温度高于材料的韧脆转变温度。

3. 其他力学性能试验方法

传统的金属力学性能试验方法除上述的拉伸试验和冲击试验外，还有落锤试验、硬度试验、压缩试验、弯曲试验、扭转试验、剪切试验，以及疲劳试验等。在这些试验当中，除硬度试验外，其余试验的结果都可能产生试样的断裂或开裂，可以直接得到导致材料断裂（开裂）的力学性能指标，对这些试样的断口或开裂面进行研究，对于机械装备构件的失效分析也同样具有非常重要的意义。

2.3　断裂力学基础

断裂是机件（包括构件）的一种最危险失效形式，尤其是脆性断裂，极易造成安全事故和经济损失。为了防止断裂失效，传统的力学强度理论引入了安全系数 n，根据材料的规定塑性延伸强度 $R_{p0.2}$，用强度储备方法确定机件工作应力 σ，即

$$\sigma \leqslant \frac{R_{p0.2}}{n} \tag{2-8}$$

然后再考虑到机件的一些结构特点（存在缺口等）及环境温度的影响，根据材料使用经验，对塑性、韧性及缺口敏感度等安全性指标提出附加要求。据此设计的机件，按理不会发生塑性变形和断裂，应该是安全可靠的。但实际情况往往并非如此，如高强度、超高强度钢的机件，中低强度钢的大型、重型机件（如火箭壳体、大型转子、船舶、桥梁、压力容器等）等经常在屈服强度以下发生低强度脆性断裂。

大量断裂事例分析表明，上述机件的低应力脆断是由宏观裂纹（工艺裂纹或使用裂纹）扩展引起的。例如，1950 年，美国北极星导弹固体燃料发动机壳体在试发射时就发生了爆炸。壳体材料是超高强度钢 D6AC，屈服强度为 1400MPa，按传统力学安全设计，常规性能都符合设计要求。事后检查发现，壳体破坏是由一个深度为 0.1~1mm 的裂纹扩展引起的。由于裂纹破坏了材料的均匀连续性，改变了材料内部应力状态和应力分布，所以机件的结构性能就不再相似于无裂纹的试样性能，传统力学强度理论已不再适用。因此，需要研究新的强度理论和新的材料性能评定指标，以解决低应力脆断问题。

断裂力学就是在这种背景下发展起来的一门新型断裂强度科学。它是固体力学近代发展

的一个新分支，是研究固体强度的一门科学。它研究的对象是材料，具体地说是材料的断裂现象和断裂规律，而首先是从低应力脆性断裂的研究开始的。它运用的手段主要是数学力学的分析方法和带裂纹试样的断裂试验两个方面。在理论分析和实验验证的基础上，断裂力学建立了分析问题和解决问题的方法，形成了断裂学科从理论实验到应用的完整体系。

断裂力学的历史发展可以概括为：20 世纪 40 年代提出问题（大量低应力脆性破坏事故的发生），50 年代打下基础（由 A. A. Griffth 和 G. R. Irwin 奠基的线弹性断裂力学分析方法），60 年代进入工程应用，解决了许多带裂纹构件的安全评定问题。

2.3.1　线弹性条件下的断裂韧度

大量断口分析表明，金属机件（或构件）的低应力脆断断口没有宏观塑性变形痕迹。由此可以认为，裂纹在断裂扩展时，其尖端附近总是处于弹性状态，应力和应变应该呈线性关系。因此，在研究低应力脆断的裂纹扩展问题时，可以应用弹性力学理论，从而构成了线弹性断裂力学。线弹性断裂力学分析裂纹体断裂问题有两种方法：一种是应力应变分析方法，考虑裂纹尖端附近的应力场强度，得到相应的断裂 K 判据；另一种是能量分析方法，考虑裂纹扩展时系统能量的变化，建立能量转化平衡方程，得到相应的断裂 G 判据。从这两种分析方法中，分别得到断裂韧度 K_{IC} 和 G_{IC}，其中 K_{IC} 是最常用的断裂韧度指标，其应用较为广泛。

1. 裂纹扩展的基本形式

由于裂纹尖端附近的应力场强度与裂纹扩展类型有关，所以首先讨论裂纹扩展的基本形式。

根据外加应力与裂纹扩展面的取向关系，裂纹扩展有三种基本形式，如图 2-7 所示。

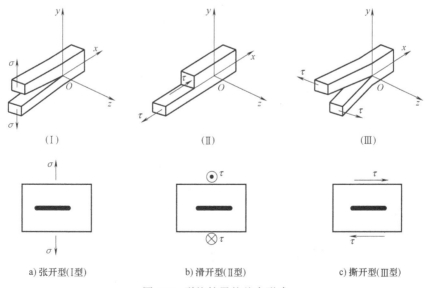

图 2-7　裂纹扩展的基本形式

（1）张开型（Ⅰ型）裂纹扩展　如图 2-7a 所示，拉应力垂直作用于裂纹扩展面，裂纹沿作用力方向张开，沿裂纹面扩展，如轴的横向裂纹在轴向拉力或弯曲力作用下的扩展，容器纵向裂纹在内压力下的扩展等。

（2）滑开型（Ⅱ型）裂纹扩展　如图2-7b所示，切应力平行作用于裂纹面，而且与裂纹线垂直，裂纹沿裂纹面平行滑开扩展，如花键根部裂纹沿切向力的扩展。

（3）撕开型（Ⅲ型）裂纹扩展　如图2-7c所示，切应力平行作用于裂纹面，而且与裂纹线平行，裂纹沿裂纹面撕开扩展，如轴的纵、横裂纹在扭矩作用下的扩展。

实际裂纹的扩展并不局限于这三种形式，往往是它们的组合，如Ⅰ-Ⅱ型、Ⅰ-Ⅲ型、Ⅱ-Ⅲ型复合形式。在这些不同的裂纹扩展形式中，以Ⅰ型裂纹扩展最危险，容易引起脆性断裂。因此，在研究裂纹体的脆性断裂问题时，总是以这种裂纹为对象。

2. 应力强度因子 K_{I} 及断裂韧度 K_{IC}

对于Ⅰ型裂纹试样，在拉伸或弯曲时，其裂纹尖端附近处于复杂的应力状态，最典型的是平面应力和平面应变这两种应力状态。前者出现在薄板中，后者则在厚板中出现。

（1）裂纹尖端附近应力场　由于裂纹扩展是从其尖端开始向前进行的，所以应该分析裂纹尖端的应力、应变状态，建立裂纹扩展的力学条件。G. R. Irwin（欧文）等人对Ⅰ型裂纹尖端附近的应力、应变进行了分析，建立了应力场、位移场的数学解析式。

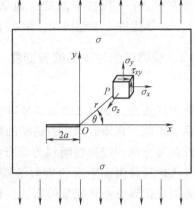

图 2-8　具有Ⅰ型穿透裂纹无限大板的应力分析

如图2-8所示假设有一无限大板，其中有 $2a$ 长的Ⅰ型裂纹，在无限远处作用有均匀的拉应力 σ，应用弹性力学可以分析裂纹尖端附近的应力场、位移场。如用极坐标表示，则各点（r，θ）的应力分量、位移分量可以近似的表达如下：

应力分量：

$$
\begin{cases}
\sigma_x = \dfrac{K_{\mathrm{I}}}{\sqrt{2\pi r}}\cos\dfrac{\theta}{2}\left(1-\sin\dfrac{\theta}{2}\sin\dfrac{3\theta}{2}\right) \\[2mm]
\sigma_y = \dfrac{K_{\mathrm{I}}}{\sqrt{2\pi r}}\cos\dfrac{\theta}{2}\left(1+\sin\dfrac{\theta}{2}\sin\dfrac{3\theta}{2}\right) \\[2mm]
\sigma_z = \nu(\sigma_x+\sigma_y) \qquad （平面应变） \\[2mm]
\sigma_z = 0 \qquad （平面应力） \\[2mm]
\tau_{xy} = \dfrac{K_{\mathrm{I}}}{\sqrt{2\pi r}}\sin\dfrac{\theta}{2}\cos\dfrac{\theta}{2}\cos\dfrac{3\theta}{2}
\end{cases}
\tag{2-9}
$$

位移分量（平面应变状态）：

$$
\begin{cases}
u = \dfrac{1+\nu}{E}K_{\mathrm{I}}\sqrt{\dfrac{2r}{\pi}}\cos\dfrac{\theta}{2}\left[2(1-\nu)+\sin^2\dfrac{\theta}{2}\right] \\[3mm]
v = \dfrac{1+\nu}{E}K_{\mathrm{I}}\sqrt{\dfrac{2r}{\pi}}\sin\dfrac{\theta}{2}\left[2(1-\nu)-\cos^2\dfrac{\theta}{2}\right]
\end{cases}
\tag{2-10}
$$

式中，ν 为泊松比；E 为弹性模量；u、v 分别为沿 x 和 y 方向的位移分量。

以上二式是近似表达式，越接近裂纹尖端，其精度越高，所以它们最适合于 $r \ll a$ 的情况。

由式（2-9）可知，在裂纹延长线上，$\theta = 0$，则

$$\begin{cases} \sigma_y = \sigma_x = \dfrac{K_{\mathrm{I}}}{\sqrt{2\pi r}} \\ \tau_{xy} = 0 \end{cases} \tag{2-11}$$

由此可见，在 x 轴上裂纹尖端区的切应力分量为零，拉应力分量最大，裂纹最易沿着 x 轴方向扩展。

（2）应力强度因子 K_{I}　式（2-9）表明，裂纹尖端区域各点的应力分量除了决定其位置（r，θ）外，尚与应力强度因子 K_{I} 有关。对于某一确定的点，其应力分量就由 K_{I} 决定。因此，K_{I} 的大小直接影响应力场的大小；K_{I} 越大，则应力场各应力分量也越大。这样，K_{I} 就可以表示应力场的强弱程度，故称为应力强度因子。下角标注"Ⅰ"表示Ⅰ型裂纹。同理，K_{II}、K_{III} 分别表示Ⅱ型和Ⅲ型裂纹的应力强度因子。

由式（2-9）还可以看出，当 $r \to 0$ 时，各应力分量都以 $r^{-1/2}$ 的速率趋近于无限大，表明裂纹尖端处应力是奇点，应力场具有 $r^{-1/2}$ 阶奇异性，故使 K_{I} 具有场参量的特性。

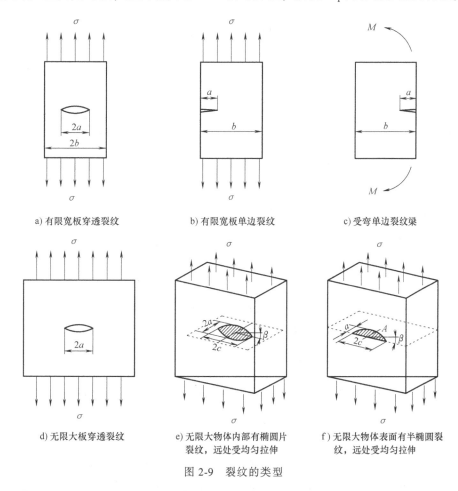

a) 有限宽板穿透裂纹　　　b) 有限宽板单边裂纹　　　c) 受弯单边裂纹梁

d) 无限大板穿透裂纹　　e) 无限大物体内部有椭圆片　　f) 无限大物体表面有半椭圆裂纹，远处受均匀拉伸　　　　裂纹，远处受均匀拉伸

图 2-9　裂纹的类型

裂纹的类型如图 2-9 所示，各种情况下的应力强度因子 K_{I} 分述如下：

1）有限宽板穿透裂纹（见图 2-9a）附近的 K_{I} 为

$$K_{\mathrm{I}} = \sigma\sqrt{\pi a}\, f\left(\frac{a}{b}\right)$$

2）有限宽板单边直裂纹（见图 2-9b）附近的 K_{I} 为

$$K_{\mathrm{I}} = \sigma\sqrt{\pi a}\, f\left(\frac{a}{b}\right)$$

当 $b \gg a$ 时，$K_{\mathrm{I}} = 1.12\sigma\sqrt{\pi a}$。

3）受弯单边裂纹梁（见图 2-9c）附近的 K_{I} 为

$$K_{\mathrm{I}} = \frac{6M}{(b-a)^{3/2}}\left(\frac{a}{b}\right)$$

4）无限大板穿透裂纹（见图 2-9d）附近的 K_{I} 为

$$K_{\mathrm{I}} = \sigma\sqrt{\pi a}$$

5）无限大物体内部有椭圆片裂纹，远处受均匀拉伸（见图 2-9e），在裂纹边缘上任意一点的 K_{I} 为

$$K_{\mathrm{I}} = \frac{\sigma\sqrt{\pi a}}{\Phi}\left(\sin^2\beta + \frac{a^2}{c^2}\cos^2\beta\right)^{1/4}$$

Φ 是第二类椭圆积分

$$\Phi = \int_0^{\pi/2}\left(\cos^2\beta + \frac{a^2}{c^2}\sin^2\beta\right)^{1/2}\mathrm{d}\beta$$

6）无限大物体表面有半椭圆裂纹，远处受均匀拉伸（见图 2-9f），A 点的 K_{I} 为

$$K_{\mathrm{I}} = \frac{1.1\sigma\sqrt{\pi a}}{\Phi}$$

$$\Phi = \int_0^{\pi/2}\left(\cos^2\beta + \frac{a^2}{c^2}\sin^2\beta\right)^{1/2}\mathrm{d}\beta$$

综合上述各种裂纹的 K_{I} 的表达，可得 I 型裂纹的应力强度因子的一般表达式为

$$K_{\mathrm{I}} = Y\sigma\sqrt{\pi a} \tag{2-12}$$

式中，Y 为裂纹形状系数，是一个量纲为一的量，一般 $Y = 1 \sim 2$。

由式（2-12）可见，K_{I} 是一个决定于 σ 和 a 的复合力学参量。不同的 σ 与 a 的组合，可以获得相同的 K_{I}。a 不变时，σ 增大可使 K_{I} 增大；σ 不变时，a 增大也可使 K_{I} 增大；σ 和 a 同时增大时，也可使 K_{I} 增大。

K_{I} 的量纲为 [应力]×[长度]$^{1/2}$，其单位为 $\mathrm{MPa \cdot m^{1/2}}$ 或 $\mathrm{N \cdot mm^{-3/2}}$。

同理，对于 II、III 型裂纹，其应力强度因子的表达式为

$$K_{\mathrm{II}} = Y\tau\sqrt{\pi a} \tag{2-13}$$

$$K_{\mathrm{III}} = Y\tau\sqrt{\pi a} \tag{2-14}$$

（3）断裂韧度 K_{IC} 和断裂 K 判据　既然 K_{I} 是决定应力场强弱的一个复合力学参量，就可将它看作是推动裂纹扩展的动力，以建立裂纹失稳扩展的力学判据和断裂韧度。

当 σ 和 a 单独或共同增大时，K_{I} 和裂纹尖端各应力分量也随之增大。当 K_{I} 增大达到临界值时，也就是在裂纹尖端足够大的范围内应力达到了材料的断裂强度，裂纹便失稳扩展

而导致材料断裂。这个临界或失稳状态的 K_I 值记作 K_{IC} 或 K_C，称为断裂韧度。K_{IC} 为平面应变下的断裂韧度，表示在平面应变条件下材料抵抗裂纹失稳扩展的能力。K_C 为平面应力断裂韧度，表示在平面应力条件下材料抵抗裂纹失稳扩展的能力。它们都是 I 型裂纹的材料断裂韧度指标，但 K_C 值与试样厚度有关。当试样厚度增加，使裂纹尖端达到平面应变状态时，断裂韧度趋于一稳定的最低值，即为 K_{IC}，它与试样厚度无关，而是真正的材料常数。在临界状态下所对应的平面应力，称为断裂应力或裂纹体断裂强度，记作 σ_C；对应的裂纹尺寸称为临界裂纹尺寸，记作 a_C。三者的关系为

$$K_{IC} = Y\sigma_C \sqrt{\pi a_C} \tag{2-15}$$

由此可见，材料的 K_{IC} 越高，则裂纹体的断裂应力或临界裂纹尺寸就越大，表明难以断裂。因此，K_{IC} 表示材料抵抗断裂的能力。

应该指出，K_I 和 K_{IC} 是两个不同的概念。两者的区别和 σ 与 σ_s 的区别相似。我们知道金属材料在拉伸试验时，当应力 σ 增大到临界值 σ_s 时，材料发生屈服，这个临界应力值称为屈服点。同样，当应力强度因子 K_I 增大到临界值 K_{IC} 时，材料发生断裂，这个临界值 K_{IC} 称为断裂韧度。因此，K_I 和 σ 对应，都是力学参量，只和载荷及试样尺寸有关，而和材料无关；而 K_{IC} 和 σ_s 对应，都是材料性能指标，只和材料成分、组织结构有关，而和载荷及试样尺寸无关。

K_C 或 K_{IC} 的量纲及单位和 K_I 相同，常用的单位为 $MPa \cdot m^{1/2}$ 或 $N \cdot mm^{-3/2}$。

根据应力强度因子和断裂韧度的相对大小，可以建立裂纹失稳扩展而发生脆性断裂的断裂 K 判据，由于平面应变断裂最危险，通常就以 K_{IC} 为标准建立，即 $K_I \geq K_{IC}$，或

$$Y\sigma\sqrt{\pi a} \geq K_{IC} \tag{2-16}$$

裂纹体在受力时，只要满足上述条件，就会发生脆性断裂。反之，即使存在裂纹，若 $K_I < K_{IC}$ 或 $Y\sigma\sqrt{\pi a} < K_{IC}$，也不会断裂，这种情况称为破损安全。

断裂判据式（2-16）是工程上很有用的关系式，它将材料断裂韧度同机件（或构件）的工作应力及裂纹尺寸的关系定量地联系起来，因此可以直接用于设计计算，如用以估算裂纹体的最大承载能力 σ、允许的裂纹尺寸 a，以及用于正确选择机件材料、优化工艺等。

同理，II、III 型裂纹的断裂韧度为 K_{IIC}、K_{IIIC}，断裂判据为：$K_{II} \geq K_{IIC}$，$K_{III} \geq K_{IIIC}$。

（4）裂纹尖端塑性区　从理论上讲，按 K_I 建立的脆性断裂判据，$K_I \geq K_{IC}$，只适用于线弹性体，即只适用于弹性状态下的断裂分析。其实，金属材料在裂纹扩展前，其尖端附近总要先出现一个或大或小的塑性变形区（塑性区或屈服区），这和缺口前方存在塑性区很相似。因此，在塑性区内的应力与应变之间就不再是线性关系，上述 K_I 表达式则不适用。求出这个塑性区的形状和尺寸，对于断裂力学的测试和应用都有特别重要的意义。为确定裂纹尖端塑性区的形状和尺寸，就要建立符合塑性变形临界条件（屈服判据）的函数表达式 $r = f(\theta)$。

由材料力学可知，通过一点的主应力 σ_1、σ_2、σ_3 和 x、y、z 方向的各应力分量的关系为

$$\begin{cases} \sigma_1 = \dfrac{\sigma_x + \sigma_y}{2} + \sqrt{\left(\dfrac{\sigma_x - \sigma_y}{2}\right)^2 + \tau_{xy}^2} \\[3mm] \sigma_2 = \dfrac{\sigma_x + \sigma_y}{2} - \sqrt{\left(\dfrac{\sigma_x - \sigma_y}{2}\right)^2 + \tau_{xy}^2} \\[3mm] \sigma_3 = \nu(\sigma_1 + \sigma_2) \end{cases} \tag{2-17}$$

将式（2-9）的应力分量代入（2-17），求得裂纹尖端任一点 $P(r, \theta)$ 的主应力

$$\begin{cases} \sigma_1 = \dfrac{K_I}{\sqrt{2\pi r}}\cos\dfrac{\theta}{2}\left[1+\sin\dfrac{\theta}{2}\right] \\[2mm] \sigma_2 = \dfrac{K_I}{\sqrt{2\pi r}}\cos\dfrac{\theta}{2}\left[1-\sin\dfrac{\theta}{2}\right] \\[2mm] \sigma_3 = 0 \qquad （平面应力） \\[2mm] \sigma_3 = \dfrac{2\nu K_I}{\sqrt{2\pi r}}\cos\dfrac{\theta}{2} \quad （平面应变） \end{cases} \tag{2-18}$$

将式（2-18）代入 Mises（米塞斯）屈服判据 $\left[(\sigma_1-\sigma_2)^2+(\sigma_2-\sigma_3)^2+(\sigma_3-\sigma_1)^2=2\sigma_s^2\right.$，式中，$\sigma_1$、$\sigma_2$、$\sigma_3$ 为主应力，$\sigma_1>\sigma_2>\sigma_3$] 整理合并后得到

$$\begin{cases} r = \dfrac{1}{2\pi}\left(\dfrac{K_I}{\sigma_s}\right)^2\left[\cos^2\dfrac{\theta}{2}\left(1+3\sin^2\dfrac{\theta}{2}\right)\right] \qquad （平面应力） \\[3mm] r = \dfrac{1}{2\pi}\left(\dfrac{K_I}{\sigma_s}\right)^2\left[(1-2\nu)^2\cos^2\dfrac{\theta}{2}+\dfrac{3}{4}\sin^2\dfrac{\theta}{2}\right] \qquad （平面应变） \end{cases} \tag{2-19}$$

式（2-19）为塑性区边界曲线方程，其图形如图 2-10 所示。由该图可见，不管是平面应力或平面应变的塑性区，都是沿着 x 方向的尺寸最小，消耗的塑性变形能也最小，所以裂纹就容易沿 x 方向扩展。这和式（2-11）的结论是一致的。

为了说明塑性区对裂纹在 x 方向扩展的影响，就将沿 x 方向的塑性区尺寸定义为塑性区宽度。其值可令 $\theta=0$，由式（2-19）求得

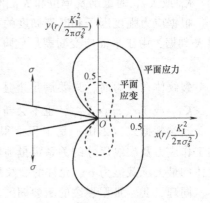

图 2-10 裂纹尖端附近塑性区的形状尺寸

$$\begin{cases} r_0 = \dfrac{1}{2\pi}\left(\dfrac{K_I}{\sigma_s}\right)^2 \qquad （平面应力） \\[3mm] r_0 = \dfrac{(1-2\nu)^2}{2\pi}\left(\dfrac{K_I}{\sigma_s}\right)^2 \qquad （平面应变） \end{cases} \tag{2-20}$$

将式（2-18）代入 Tresca（屈雷斯加）判据 $(\sigma_1-\sigma_2=\sigma_s)$ 得到 x 轴上的塑性区宽度与式（2-20）相同，但描述塑性区形状的方程不同。若取 $\nu=0.3$，则由式（2-20）可以看出，平面应变的塑性区比平面应力的小得多，前者仅为后者的 1/6。因此，平面应变是一种最硬的应力状态，其塑性区最小。

3. 裂纹扩展能量释放率 G_I 及断裂韧度 G_{IC}

从能量转化角度讨论断裂能量判据，并进一步理解断裂韧度的物理意义。

（1）裂纹扩展时的能量转化关系　在绝热条件下，设有一裂纹体在外力作用下扩展，外力做功为 ∂W。这个功一方面用于系统弹性应变能的变化 ∂U_e；另一方面因裂纹扩展 ∂A 面积，用于消耗塑性功 $\gamma_p \partial A$ 和表面能 $2\gamma_s \partial A$（γ_p 为裂纹扩展单位面积消耗塑性功，γ_s 为裂纹表面能），因此，裂纹扩展时的能量转化关系为

$$\begin{cases} \partial W = \partial U_e + (\gamma_p + 2\gamma_s)\,\partial A \\ \partial W - \partial U_e = (\gamma_p + 2\gamma_s)\,\partial A \\ -(\partial U_e - \partial W) = (\gamma_p + 2\gamma_s)\,\partial A \end{cases} \tag{2-21}$$

上式等号右端是裂纹扩展 ∂A 面积所需要的能量，是裂纹扩展的阻力；等号左端是裂纹扩展 ∂A 面积系统所提供的能量，是裂纹扩展的动力。

（2）裂纹扩展能量释放率 G_I　　根据工程力学，系统势能等于系统的应变能减外力功，或等于系统的应变能加外力势能，即 $U = U_e - W$，U 为系统的势能。因此，式（2-21）左端是系统势能变化的负值，表示裂纹扩展时，系统势能是下降的。

通常，我们把裂纹扩展单位面积时系统释放势能的数值称为裂纹扩展能量释放率，简称为能量释放率或能量率，并用 G 表示，对于 I 型裂纹为 G_I，即

$$G_I = \frac{-\partial U}{\partial A} \tag{2-22}$$

式中，G_I 的量纲为 [能量]×[面积]$^{-1}$，常用单位为 $MJ \cdot m^{-2}$。

如果裂纹体的厚度为 B，裂纹长度为 a，则式（2-22）可写成

$$G_I = -\frac{1}{B}\frac{\partial U}{\partial a} \tag{2-23}$$

当 $B = 1$ 时，上式变为

$$G_I = -\frac{\partial U}{\partial a} \tag{2-24}$$

此时，G_I 为裂纹扩展单位长度时系统势能的释放率。因为从物理意义上讲，G_I 是使裂纹扩展单位长度的原动力，所以又称 G_I 为裂纹扩展力，表示裂纹扩展单位长度所需的力。这个力和位错运动所受的力一样，也是组态力。在这种情况下，G_I 的单位为 $MN \cdot m^{-1}$。

既然裂纹扩展的动力为 G_I，而 G_I 为系统势能 U 的释放率，那么在确定 G_I 时就必须知道 U 的表达式。

由于裂纹可以在恒载荷 F 或恒位移 δ 条件下扩展，在弹性条件下可以证明，在恒载荷条件下系统势能 U 等于弹性应变能 U_e 的负值；而在恒位移条件下，系统势能 U 就等于弹性应变能 U_e。因此，上述两种情况下的 G_I 的表达式为

$$\begin{cases} G_I = \frac{1}{B}\left(\dfrac{\partial U_e}{\partial a}\right)_F & \text{（恒载荷）} \\[2mm] G_I = -\frac{1}{B}\left(\dfrac{\partial U_e}{\partial a}\right)_\delta & \text{（恒位移）} \end{cases} \tag{2-25}$$

根据 A. A. Griffith（格雷菲斯）断裂强度的裂纹理论，其模型属于恒位移条件，裂纹长度为 $2a$，且 $B = 1$，在平面应力条件下，弹性应变能 $U_e = \dfrac{-\pi\sigma^2 a^2}{E}$；在平面应变条件下，弹性应变能 $U_e = \dfrac{-(1-\nu^2)\pi\sigma^2 a^2}{E}$。由式（2-25）得

$$\begin{cases} G_I = -\left[\dfrac{\partial U_e}{\partial(2a)}\right]_\delta = -\dfrac{\partial}{\partial(2a)}\left(\dfrac{-\pi\sigma^2 a^2}{E}\right) = \dfrac{\pi\sigma^2 a}{E} & \text{（平面应力）} \\[3mm] G_I = \dfrac{(1-\nu^2)\pi\sigma^2 a}{E} & \text{（平面应变）} \end{cases} \tag{2-26}$$

由此可见，G_{I} 和 K_{I} 相似，也是应力 σ 和裂纹长度 a 的复合参量，只是它们的表达式和单位不同而已。

（3）断裂韧度 G_{IC} 和断裂 G 判据　由于 G_{I} 是以能量释放率表示的复合力学参量，是裂纹扩展的动力，因此也可由 G_{I} 建立裂纹失稳扩展的力学条件。由式（2-26）可知，σ 和 a 单独或共同增大，都会使 G_{I} 增大。当 G_{I} 增大到某一临界值时，G_{I} 能克服裂纹失稳扩展的阻力，则裂纹失稳扩展断裂。将 G_{I} 的临界值记作 G_{IC}，也称断裂韧度（平面应变断裂韧度），表示材料阻止裂纹失稳扩展时单位面积所消耗的能量，其单位与 G_{I} 相同。在 G_{IC} 下对应的平面应力为断裂应力 σ_{c}；对应的裂纹尺寸为临界裂纹尺寸 a_{c}。它们之间的关系由式（2-26）得

$$G_{\mathrm{IC}} = \frac{(1-\nu^2)\pi\sigma_{\mathrm{c}}^2 a_{\mathrm{c}}}{E} \tag{2-27}$$

这样，就将断裂韧度 G_{IC} 同断裂应力 σ_{c} 及临界裂纹尺寸 a_{c} 的关系定量地联系起来了。同样，在平面应力条件下的断裂韧度为 G_{C}。

根据 G_{I} 和 G_{IC} 的相对大小关系，也可建立裂纹失稳扩展的力学条件，即断裂 G 判据为 $G_{\mathrm{I}} \geqslant G_{\mathrm{IC}}$。

与 K_{I} 和 K_{IC} 的区别一样，G_{IC} 是材料的性能指标，只和材料成分、组织结构有关；而 G_{I} 则是力学参量，主要取决于应力和裂纹尺寸。

（4）G_{IC} 和 K_{IC} 的关系　尽管 G_{I} 和 K_{I} 的表达式不同，但它们都是应力和裂纹尺寸的复合力学参量，其间互有联系。例如具有穿透裂纹的无限大板，其 K_{I} 和 G_{I} 可分别表示为

$$K_{\mathrm{I}} = \sigma\sqrt{\pi a}$$

$$G_{\mathrm{I}} = \frac{(1-\nu^2)\sigma^2\pi a}{E}$$

比较两式，可得到平面应变条件下 G_{I} 和 K_{I}、G_{IC} 和 K_{IC} 的关系式为

$$\begin{cases} G_{\mathrm{I}} = \dfrac{(1-\nu^2)}{E}K_{\mathrm{I}}^2 \\[2mm] G_{\mathrm{IC}} = \dfrac{(1-\nu^2)}{E}K_{\mathrm{IC}}^2 \end{cases} \tag{2-28}$$

由于 G_{I} 和 K_{I} 之间存在上述关系，所以 K_{I} 不仅可以度量裂纹尖端区应力场强度，而且可以度量裂纹扩展时系统势能的释放率。

2.3.2　弹塑性条件下的断裂韧度

弹塑性断裂力学要解决两个方面的任务。一个任务是工程上广泛使用的中、低强度钢的 σ_{s} 低，K_{IC} 又高，对中小型机件而言，其裂纹尖端塑性区尺寸较大，接近甚至超过裂纹尺寸，已属于大范围屈服；有时塑性区尺寸甚至布满整个韧带宽度（$W-a$），导致裂纹扩展前韧带已整体屈服，如压力容器接管处、焊接件拐角处，这些由于应力集中和残余应力较高而屈服的高应变区，就属这种情况。此时，较小裂纹也会扩展而断裂。对这类弹塑性裂纹扩展的断裂，用应力强度因子修正已经无效，而要借助弹塑性断裂力学来解决。

另一个任务是如何实测中、低强度钢的平面应变断裂韧度 K_{IC}。对于中、低强度钢制

造的大截面零件（如汽轮机叶轮、转子、船体等），虽然裂纹尖端塑性区较大，但是零件尺寸也较大，故相对塑性区尺寸比较小，仍可用 K_{IC} 进行断裂分析。但若要测定材料的 K_{IC}，试样尺寸必须很大，才能满足平面应变状态，而且也难于在一般试验机上试验。因此，需要发展弹塑性断裂学，用小试样测定材料在弹塑性条件下的断裂韧度，再换算成 K_{IC} 值。

弹塑性断裂力学的任务之一，就是要提炼一个既能定量描述裂纹尖端应力-应变场强度，又便于理论计算和实验测定的参量。弹塑性断裂力学常用的研究方法有 J 积分法和 COD 法。前者是由 G_I 延伸而来的一种断裂能量判据，后者是由 K_I 延伸而来的断裂应变判据。

1. J 积分及断裂韧度 J_{IC}

J 积分有两种定义和表达式：一是线积分；二是形变功差率。J. R. Rice（赖斯）对受载裂纹体的裂纹周围（见图 2-11）的系统势能 U 进行了线积分，得到了如下等式：

$$G_I = -\frac{\partial U}{\partial a} = \int_{\Gamma}\left(\omega \mathrm{d}y - \frac{\partial \boldsymbol{u}}{\partial x}\boldsymbol{T}\mathrm{d}s\right) \tag{2-29}$$

式中，Γ 为积分路线，由裂纹下表面任一点绕裂纹尖端区域逆时针走向裂纹上表面任一点止构成；ω 为 Γ 所包围体积内的应变能密度（$\omega = \int \sigma_{ij}\mathrm{d}\varepsilon_{ij}$）；$\boldsymbol{u}$ 为位移矢量；$\boldsymbol{T}$ 为应力矢量；$\mathrm{d}s$ 为沿 Γ 的弧长增量；x、y 为垂直裂纹前沿的直角坐标。

式（2-29）就是在线弹性条件下 G_I 的线积分表达式。在弹塑性条件下，如果将应变能密度改成弹塑性应变能密度，也存在式（2-29）等号右端的线积分，赖斯称其为 J 积分，即

$$J = \int_{\Gamma}\left(\omega \mathrm{d}y - \frac{\partial \boldsymbol{u}}{\partial x}\boldsymbol{T}\mathrm{d}s\right) \tag{2-30}$$

在线弹性条件下，$J_I = G_I$，J_I 为 I 型裂纹线积分。

赖斯还证明，在小应变条件下，J 积分和路线 Γ 无关（即沿路线 Γ 或路线 Γ' 积分值是不变的）。因此，我们可以把 Γ 取得很小，小到仅包围裂纹尖端。此时，因裂纹表面 $\boldsymbol{T}=0$，所以 J 积分值反映了裂纹尖端区的应变能，即应力应变集中程度。

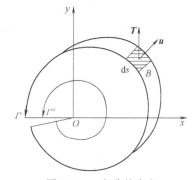

图 2-11　J 积分的定义

在证明 J 积分与路线 Γ 无关时，要求应力与应变之间有一一对应关系（如此，ω 才有确定的物理意义）。对于弹性材料，这个关系是确定存在的；而对于弹塑性材料，由于塑性变形是不可逆的，只有在单调加载、不发生卸载时，应力与应变之间才有一定的对应关系，才存在 J 积分与路线无关。

J 积分也可以用形变功差率的形式表达。

在线弹性条件下，$J_I = G_I = -\frac{1}{B}\times\left(\frac{\partial U}{\partial a}\right)$，$J_I$ 与 G_I 完全相同。同样可以证明，在弹塑性小应变条件下，J_I 也可以用此式表示，但其物理概念与 G_I 不同。在线弹性条件下，$-\frac{\partial U}{\partial a}$ 表示含有裂纹尺寸为 a 的试样，裂纹尺寸扩展为 $a+\Delta a$ 后系统势能的释放率。而在弹塑性条件下，因为不允许卸载，裂纹扩展就意味着卸载，所以 $-\frac{\partial U}{\partial a}$ 是表示裂纹尺寸分别为 a 和

$(a+\Delta a)$ 的两个等同试样，在加载过程中的势能差 ΔU 与裂纹长度差值 Δa 之比率，即所谓的形变功差率（见图2-12）。正是这样，通常 J 积分不能处理裂纹的连续扩展问题，其临界值对应点只是开裂点，而不一定是最后失稳断裂点。

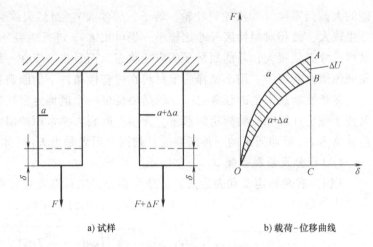

a) 试样　　　　　　　　b) 载荷-位移曲线

图 2-12　J 积分的形变功差率的意义

在平面应变条件下，J 积分的临界值 J_{IC} 也称断裂韧度，但它是表示材料抵抗裂纹开始扩展的能力，其单位与 G_I 相同，也是 $MN \cdot m^{-1}$ 或 $MJ \cdot m^{-2}$。

根据 J 和 J_{IC} 的相互关系，可以建立 J 判据

$$J_I \geqslant J_{IC} \tag{2-31}$$

只要满足上式，机件（或构件）就会开裂。

当我们测出 J_{IC} 后，还可以借助式（2-32）间接换算出 K_{IC} 以代替大试样的 K_{IC}，然后再按 K 判据去解决中、低强度钢大型件的断裂问题，即

$$K_{IC} = \sqrt{\frac{EJ_{IC}}{1-\nu^2}} \tag{2-32}$$

2. 裂纹尖端张开位移及断裂韧度 δ_C

由于裂纹尖端的实际应变量较小，难以精确测量，于是提出用裂纹尖端张开位移量来间接表示应变量的大小。如图2-13所示，设一中、低强度钢无限大板中有 I 型穿透裂纹，在平均应力 σ 作用下裂纹两端出现塑性区 ρ。裂纹尖端因塑性钝化不增加其长度 $2a$，但却沿着 σ 方向张开，其张开位移 δ 即称为 COD（Crack Opening Displacement）。

在大范围屈服条件下，Dugdale（达格代尔）建立了带状屈服模型（即 D-M 模型），导出了 COD 的表达式。

如图2-14所示，设理想塑性材料的无限大薄板中有长为 $2a$ 的 I 型穿透裂纹（这是平面应力问题），在远处作用有平均应力 σ，裂纹尖端的塑性区 ρ 呈尖劈形。假定沿 x 轴将塑性区割开，使裂纹长度由 $2a$ 变为 $2c$。但在割面上、下方代之以压应力 σ_s，以阻止裂纹张开。于是该模型就变为在 (a, c) 和 $(-a, -c)$ 区间作用有压应力 σ_s，在无限远处作用有均匀拉应力 σ 的线弹性问题。通过计算得到 A、B 两点的裂纹张开位移，即 COD 的表述式为

$$\delta = \frac{8\sigma_s a}{\pi E} \text{lnsec}\left(\frac{\pi\sigma}{2\sigma_s}\right) \tag{2-33}$$

将上式用级数展开，则得

$$\delta = \frac{8\sigma_s a}{\pi E}\left[\frac{1}{2}\left(\frac{\pi\sigma}{2\sigma_s}\right)^2 + \frac{1}{12}\left(\frac{\pi\sigma}{2\sigma_s}\right)^4 + \frac{1}{45}\left(\frac{\pi\sigma}{2\sigma_s}\right)^6 + \cdots\right]$$

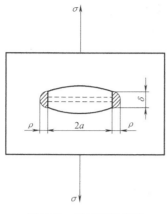

图 2-13　裂纹张开位移

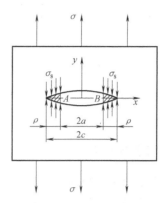

图 2-14　带状屈服模型

当 σ 较小时（$\sigma \ll \sigma_s$），$\left(\dfrac{\pi\sigma}{2\sigma_s}\right)$ 高次方根很小，可以忽略，只取第一项得

$$\delta = \frac{\pi\sigma^2 a}{E\sigma_s} \qquad (2\text{-}34)$$

在临界条件下

$$\delta_C = \frac{\pi\sigma_c^2 a_c}{E\sigma_s} \qquad (2\text{-}35)$$

δ_C 也是材料的断裂韧度，但它是表示材料阻止裂纹开始扩展的能力。因为大量试验表明，只有选择开裂点作为临界点所测出的 δ_C 才是与试样几何尺寸无关的材料性能，并可以根据 δ 和 δ_C 的相对大小关系，建立断裂 δ 判据

$$\delta \geqslant \delta_C \qquad (2\text{-}36)$$

δ 和 δ_C 的量纲为［长度］，单位为 mm。一般钢材的 δ_C 大约为零点几到几毫米。

δ 判据和 J 判据一样，都是裂纹开始扩展的断裂判据，而不是裂纹失稳扩展的断裂判据。

根据式（2-36），如果已知材料的 δ_C、σ_s 和 E，并已知构件中的裂纹尺寸 a 后，就可算出含裂纹薄壁构件的开裂应力 σ_c，或已知 δ_C、σ_s 和 E 和外加应力 σ，确定允许存在的裂纹长度 a_c。

式（2-34）、式（2-35）是在小范围屈服条件下获得的。在此种情况下，δ_C 与其他断裂韧度指标之间还可以联系起来。如在平面应力条件下有：

$$\delta_C = \frac{\pi\sigma_c^2 a_c}{E\sigma_s} = \frac{K_C^2}{E\sigma_s} = \frac{G_C}{\sigma_s} \qquad (2\text{-}37)$$

在平面应变条件下，由于裂纹尖端区金属材料的硬化作用，以及裂纹尖端区存在三向应力状态，上式变为

$$\delta_C = \frac{(1-\nu^2)}{nE\sigma_s}K_{IC}^2 = \frac{G_{IC}}{n\sigma_s} \qquad (2\text{-}38)$$

式中，n 为关系因子，$n = 1 \sim 2$。裂纹尖端为平面应力状态时，$n = 1$；裂纹尖端为平面应变状态时，$n = 2$。

由此可见，在小范围屈服条件下，断裂韧度 δ_C 可以和 K_C（K_{IC}）、G_C（G_{IC}）互相换算，而且用它们建立的断裂判据是等效的。但在大范围屈服（$\sigma \leqslant 0.6\sigma_s$）条件下，仍然要使用式（2-33）计算 δ（及 δ_C）。如果材料发生了整体屈服（$\sigma = \sigma_s$），则 D-M 模型不能应用。

2.4 断裂形式

2.4.1 裂纹扩展形式

金属断裂就是金属在外加载荷或内应力的作用下，破碎成两部分或更多部分。整个断裂过程一般包含两个阶段：裂纹的产生和裂纹的扩展。

裂纹的产生必须有一裂纹核心，通常它又称为裂纹源。就工程上常见的断裂事故而言，裂纹源往往是构件在制造过程中产生的。例如，机械加工的刀痕，热处理的淬火裂纹，焊接缺陷等；或是材料在冶炼、铸造中自身存在的缺陷，如疏松、夹杂、成分偏析等；也可能是设计缺陷，如截面变化过大、过激、键槽、油孔的位置设计不当，正好处于应力集中处；装配过程和服役使用过程中的损伤、服役环境等也可能使构件产生裂纹源，如应力腐蚀中腐蚀介质的存在，会在金属表面产生腐蚀坑而形成裂纹源。上面这些因素都可能使金属产生裂纹，从而使金属构件破坏。当然，引起构件断裂的因素是多种多样的，而且往往是多个因素联合起来而使构件断裂。

裂纹一旦形成，在应力、环境的作用下，或在应力和环境的联合作用下，便开始缓慢地扩展，又称亚临界扩展。裂纹以三种方式扩展，如图 2-15 所示。

第一种方式：脆性材料或材料在韧脆转变温度以下，当材料存在一定长度的裂纹时，应力一旦达到断裂应力 σ_f，裂纹便快速扩展而不需要再继续增加应力，直到材料断裂，这就是解理断裂，如图 2-15a 所示。

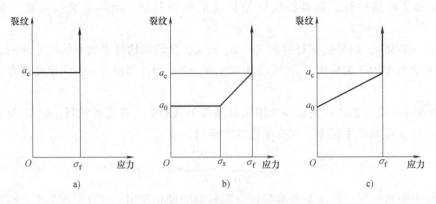

图 2-15　裂纹扩展的三种形式

第二种方式：当材料的脆性较第一种情况小，或在材料的韧脆转变温度以上时，在应力不断提高的情况下（超过 σ_s 以后），原先形成的微裂纹在其顶端形成一系列新的空洞或微裂纹。由于塑性撕裂，使它们扩展并连接，一直扩展到足够大时（达到临界裂纹尺寸时）便作不稳定的快速扩展，直到断裂。这种断裂具有一定的塑性变形量，称作韧性断裂，如图

2-15b 所示。

第三种方式：在恒定载荷或疲劳载荷作用下，裂纹缓慢扩展。当材料受疲劳载荷作用或在静载荷作用下受到腐蚀环境的作用时，经过一定孕育期后，裂纹缓慢扩展，当裂纹扩展到足够长度时（临界尺寸 a_c），便发生快速扩展而使材料断裂，疲劳断裂、静载荷延滞断裂即为这种状况，如图 2-15c 所示。

当裂纹以不同的方式扩展到临界尺寸时，由于此时裂纹前端的应力强度因子 K_I 已达到该材料的断裂韧度 K_{IC}，裂纹便快速扩展（又叫失稳扩展）而使材料断裂，如高强钢、超高强度钢和脆性材料的断裂。对于中低强度钢或韧性较好的材料，则由于裂纹的扩展，使材料承受载荷的有效面积缩小，当缩小到某一临界值时，由于材料不能承受原有载荷而产生断裂。

2.4.2　裂纹表面位移形式

断裂过程中裂纹表面有三种位移形式（见图 2-7），分别对应Ⅰ型、Ⅱ型和Ⅲ型裂纹。

2.4.3　断裂分类

断裂是一个十分复杂的物理和化学过程，因此，对断裂的描述就显得十分复杂，断裂的分类也有多种方法。如 E. R. Parker 认为，断裂按其宏观特征，可用三个术语表示：方式、形态和形貌。方式是指在多晶体材料中裂纹扩展时所取的途径；形态是指断裂前金属的塑性变形量；而形貌则是指肉眼或低倍显微镜（<20×）下的断口上所观察到的现象。而 Burghand 和 Davidsen 则认为，断裂需要从三个方面进行分类：断裂方式、宏观形态、断裂机理。断裂方式是指裂纹走向，可以分成穿晶断裂和沿晶断裂；宏观形态是指断裂前构件的塑性变形量，可以分成韧性断裂和脆性断裂；而断裂机理则是断裂的机制，有解理断裂和疲劳断裂等。

综合以上的分类方法，断裂的分类见表 2-1。

表 2-1　断裂的分类

断裂方式	宏观形态	断裂机理
穿晶断裂 沿晶断裂	韧性断裂 脆性断裂	微孔聚集型断裂 剪切断裂 解理断裂 准解理断裂 疲劳断裂 静载延滞断裂

1. 韧性断裂和脆性断裂

金属材料的断裂按照断裂前发生的塑性变形量分为韧性断裂和脆性断裂。所谓脆性断裂就是金属材料断裂前，几乎没有显著的宏观塑性变形量的断裂。相反，当构件断裂前，材料出现明显的宏观塑性变形的则称为韧性断裂。必须指出，同一材料在不同的条件下可呈现出不同的断裂形式，即在这种条件下，材料可能呈现韧性断裂；但是在另一种条件下，材料可能呈现脆性断裂。韧性断裂与脆性断裂是可以相互转化的。脆性断裂的断后伸长率一般小于5%，断裂具有突发性，往往会引发重大的灾难或事故，是失效分析中最常见的断裂形式。

2. 穿晶断裂和沿晶断裂

在多晶体金属材料中，根据裂纹扩展时所取的途径，可把断裂分成两大类：穿晶断裂和沿晶断裂，如图2-16所示。

（1）穿晶断裂 在多晶体金属材料中，当裂纹扩展时，裂纹穿过晶粒的断裂，叫穿晶断裂，如图2-16a所

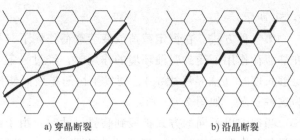

a) 穿晶断裂   b) 沿晶断裂

图 2-16 断裂形式示意图

示。如裂纹通过滑移面滑移或解理面解理，都是属于穿晶断裂。在工程断裂事故中，穿晶断裂占大多数。

（2）沿晶断裂 沿晶断裂又叫晶间断裂，就是裂纹在多晶金属材料中沿晶界扩展，如图2-16b所示。工程上大多数由于环境而引起的断裂，如高温蠕变、应力腐蚀开裂等都有沿晶断裂现象。

在机械装备的失效分析中，沿晶断裂往往与材料本身（如晶界弱化）或环境有关。

2.5 过载断裂

2.5.1 过载断裂的定义及其影响因素

当工作载荷超过金属构件危险截面所能承受的极限载荷时，构件发生的断裂称为过载断裂。过载断裂包含韧性过载断裂和脆性过载断裂。过载断裂的类型除取决于材料的塑性指标外，还与构件的受力方式（如正应力，切应力，扭转应力等）、热处理状态和加载速度有关。

对于金属构件来说，一旦材料的性质确定以后，构件的过载断裂主要取决于两个因素，一是构件危险截面上的正应力，二是截面的有效尺寸。正应力是由外加载荷的大小、方向及残余应力的大小来决定的，并受到构件的几何形状、加工状况（表面粗糙度、尺寸过渡处的曲率半径等）影响。在设计时，为了安全起见，构件的工作应力一般都会大于材料的许用应力，即：$\sigma_{0.2} = n[\sigma]$，其中 $[\sigma]$ 为材料的许用应力，n 为大于1的一个系数，称为安全系数（或保险系数），一般可从设计手册中查出，它包含了构件形状尺寸引起的应力集中和环境因素（氧化、腐蚀、磨损等）的影响。

2.5.2 过载断裂的断口特征

过载断裂的断口宏观观察时其颜色一般都是均匀一致的，断口一般比较粗糙，在没有受到污染和二次损伤时都表现为新鲜断口；微观形貌也是一致的，如韧性断裂一般都是韧窝形貌，脆性断裂则可能是解理、准解理或沿晶等。

判断某个断裂失效构件（零件）是不是过载性质的，不仅看其断口上有无过载断裂的形貌特征，而且要看构件断裂的初始阶段是不是过载性质的断裂。因为对于任何断裂，当初始裂纹经过亚临界扩展，到达某临界尺寸时就会发生失稳扩展。此时的断裂总是过载性质的，其断口上必有过载断裂的形貌特征。但如果断裂的初始阶段不是过载性质的，那么过载

就不是构件断裂的真正原因，因而不属于过载断裂。

2.5.3　韧性断裂

当材料断裂前产生明显的宏观塑性变形时，就称为韧性断裂。韧性断裂属于过载断裂。韧性断裂最典型的特征就是：

1）宏观观察存在明显的塑性变形。

2）断口微观结构为韧窝。

从断裂机理来讲，韧性断裂一般有两种类型：纯剪切断裂和微孔聚集型断裂。

1）纯剪切断裂：仅出现在单晶或非常纯的金属中。

2）微孔聚集型断裂：大部分工程材料的延性断裂都是以此种机理进行的。

2.5.4　穿晶型韧窝断裂

1. 韧窝断口特征及其形成过程

工程材料由于过载而发生韧性断裂时所形成的断口，宏观上为纤维状，其微观形态为韧窝，亦称微坑。图 2-17 为韧窝的扫描电镜图片。可以看到，每一个韧窝（微坑）里面都有一个微小的夹杂物。

断裂面上韧窝的大小、形状、方向及分布可进一步提供金属构件材料及应力状况的信息。因此，显微断口上的韧窝形态对断裂失效的分析是相当重要的。韧窝起初的形成实际上是一个形核的过程。工程材料中或多或少地会存在一些非金属夹杂物或第二相强化，因为它们的成分和结构与基体不同，故其物化性能也和基体不同，它们的界面之间一般为物理结合，甚至存在一定的间隙；同时，由于夹杂物或第二相粒子的塑性变形能力比基体低，因此它们常

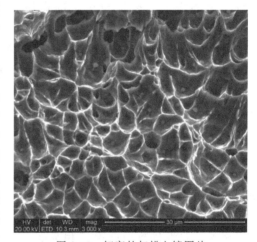

图 2-17　韧窝的扫描电镜图片

会阻止基体的塑性变形，即位错在晶界处堆积，造成应力高度集中，从而使第二相与基体在界面处分离形成微孔。

微孔的形成机理示意图如图 2-18 所示。图 2-18a 表示第二相粒子与基体界面处位错堆积、界面分离而成微孔；图 2-18b 表示此微孔扩展而形成的空洞。

由于微孔的形成，使随后的位错因所受的排斥力下降而容易推向新形成的空洞，使之扩

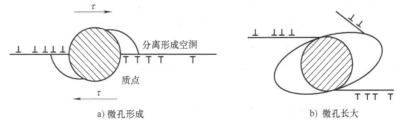

a) 微孔形成　　　　　　　　　　　b) 微孔长大

图 2-18　微孔形成机理示意图

展。随后，在金属滑移和延伸过程中，空洞逐渐连接，最后导致空洞聚集型断裂，如图2-19所示。其过程可描述为：存在杂质（夹杂物或第二相）的材料受拉应力作用→从杂质处萌生空洞→空洞扩展并连接→断开形成韧窝。

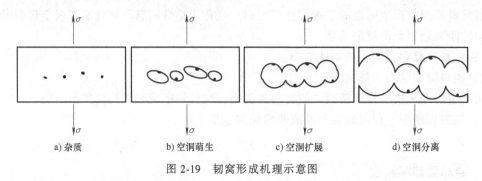

a) 杂质   b) 空洞萌生   c) 空洞扩展   d) 空洞分离

图2-19　韧窝形成机理示意图

2. 影响韧窝断口形态的因素

韧窝的形状特征受一系列因素的影响，其中主要有应力的状态和大小，变形速率，材料本身的性质，第二相粒子的性质、形态、数量及分布，试验温度等，如图2-20所示。

应力的大小和应力状态通过塑性变形影响韧窝深度的变化。例如，在单向拉应力作用下，韧窝的深度较深，其形态几乎呈球形；若在多向拉应力作用下，韧窝的形状则为沿拉伸方向伸长呈椭圆形，而且深度也明显变浅，这是因为容易发生剪切断裂的缘故。这种现象可用在多向拉伸应力下或在缺口处的材料塑性下降来解释。

在实际断口中，韧窝的大小一般是参差不齐的。由图2-20看出，韧窝的大小与其生核的第二相（或夹杂物）的大小密切相关。如果材料中的第二相只有一种，而且分布和尺寸相当，则所形成的韧窝也较均匀。

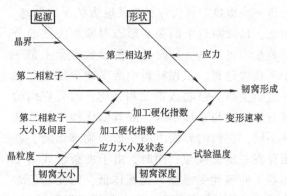

图2-20　影响韧窝形状特征的因素

韧窝的大小与第二相粒子的分布间距有密切关系。因为在金属材料中，一般有不同种类和尺寸的第二相存在，因此，在断口中一般会有多种尺寸的韧窝共存。

除此之外，韧窝尺寸还和材料的形变硬化指数相关，因为扩展到一定尺寸的微孔的连接是靠材料的内部缩颈，还是靠剪切断裂来实现，这取决于材料的变形能力。材料缩颈的难易程度反映出变形硬化指数的大小。通常，材料硬化指数越大，愈难产生缩颈，这时易于通过剪切而连接，结果所形成的韧窝就小而浅。

材料的塑形变形特征与试验温度和应变速率密切相关。随着试验温度升高，韧窝深度增加。

实际上，韧窝的大小和深度往往是相互关联的。在一般情况下可以说韧窝尺寸主要受第二相粒子间距离的影响，而其深度主要受材料变形硬化指数和力学因素的影响。

2.5.5　滑移分离机理

除理想的解理断裂外，金属断裂过程均起始于变形。金属的塑性变形方式主要有滑移、孪生、晶界滑动和扩散蠕变四种。孪生一般在低温下才起作用；在高温下，晶界滑动和扩散蠕变方式较为重要。而在常温下，主要的变形方式是滑移。过量的滑移变形会出现滑移分离，其微观形貌有滑移台阶、蛇形花样、涟波等。

1. 滑移带

金属材料的滑移面与晶体表面的交线成为滑移线，滑移部分的晶体与晶体表面形成的台阶称为滑移台阶。由这些数目不等的滑移线或滑移台阶组成的条带称为滑移带。更确切地说，目前人们将在电镜下分辨出来的滑移痕迹称为滑移带。滑移带中各滑移线之间的区域为滑移层，滑移层宽度在 $5 \sim 50nm$ 之间。随着外力的增加，一方面滑移带不断加宽；另一方面，在原有滑移带之间还会出现新的滑移带。

图 2-21 为在金相显微镜下观察到的滑移线的典型特征，是多系滑移线留下的微观痕迹。

金属材料滑移的一般规律是：

1）滑移方向总是原子的最密排方向。

2）滑移通常在最密排的晶面上发生。

3）滑移首先沿具有最大切应力的滑移系发生。

2. 滑移的形成

金属材料产生滑移的形式是多种多样的，主要有一次滑移、二次滑移、多系滑移、交滑移、滑移碎化、滑移扭折和波状滑移等。

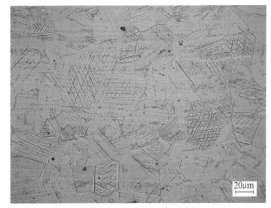

图 2-21　典型的滑移线及滑移带形貌

（1）一次滑移　一次滑移是指单晶材料在拉伸时，只在一组平行晶面的特定晶面上产生的滑移。一次滑移晶体材料在滑移前后晶体的相对位向不变。

（2）多系滑移　多系滑移是指当外力轴同时与几个滑移系的相对取向相同，且外力使这几个滑移系的分切应力同时达到临界值而同时产生的滑移。在多系滑移中，最简单的情况是二次滑移，即在两个不相平行的晶面上，沿两个滑移方向同时产生滑移。

（3）交滑移　交滑移是在两个或两个以上滑移面共同按一个滑移方向的滑移。交滑移有很多滑移面参加滑移，滑移线不再是直线，而可能成弯曲的折线。

（4）滑移碎化　当一个晶粒产生滑移变形时，受到相邻晶粒的束缚而阻止该晶粒的滑移称为滑移碎化。这样，滑动的晶粒随着滑动变形量的增加而产生硬化现象；另一方面，这个晶粒边界的应力场将促进相邻晶粒滑移。与此同时，这个晶粒开动了更多的滑移系来反抗相邻晶粒的阻力，由此产生了多重滑移而引起滑移碎化。

（5）滑移扭折　在晶体材料滑移变形时，有时出现滑移部分的晶体相对于基体旋转了一定的角度，滑移区域的滑移线成 S 形弯曲，称为扭折带。扭折带两端的晶体区域具有不同的取向，但扭折带平面总是大致垂直于主要参与滑移的方向。

（6）波状滑移　晶体材料中不仅有直线型的滑移线或滑移带，还有波状的滑移线或滑移带。尤其是体心立方材料，由于它没有最密排的晶面，所以滑移没有一个确定的晶面，一般可能在几个较密的低指数面滑移，如 {110}、{112}、{123}。而密排方向是 〈111〉，它便是滑移方向，除了产生直线滑移外，还可能产生波状滑移。

3. 滑移分离的断口特征

滑移分离的基本特征是断面倾斜，呈 45°角；断口附近有明显的塑性变形，滑移分离是在平面应力状态下进行的。

滑移分离的主要微观特征是滑移线或滑移带、蛇状花样、涟波花样、延伸区。

在一些塑性特别好的材料断裂时所形成的大韧窝中，有时还可以看到由滑移流变所形成的蛇状、涟波和延伸区等花样。多晶材料在受到较大的塑性变形时产生交滑移，导致滑移面分离，形成起伏弯曲的条纹，通常称为蛇状花样。若变形程度加剧，则蛇形花样因变形而平滑化，形成涟波花样。继续变形，涟波花样进一步平坦化，最后变成没有特征形貌的平坦区域，成为延伸区或平直区。

2.5.6　拉伸应力型过载断裂的断口特征

1. 韧性过载断裂

韧性过载断裂的断口宏观特征与拉伸试验断口极为相似，断裂部位存在明显的塑性变形，断口上一般可以看到三个特征区域：纤维区、放射区和剪切唇。

纤维区位于断裂的起始部位。它是在三向拉伸应力作用下，裂纹做缓慢扩展形成的，断裂起源就在这里。该区域的微观断裂机制是等轴微孔聚集型，断裂面与应力轴垂直。

放射区是裂纹快速扩展区。宏观上可见放射条纹或人字纹。该区域的微观断裂机制为撕裂微孔聚集型，也可能出现微孔及解理的混合断裂机制，断裂面与应力轴垂直。

剪切唇是最后断裂区。此时构件的剩余截面处于平面应力状态，塑性变形的约束较少，断裂基本上由切应力引起，断面相对较为平滑，颜色较暗。该区域的微观断裂机制为滑开微孔聚集型，断裂面与应力轴呈 45°角。

图 2-22 为过载断裂的连杆螺栓断口形貌，其材料为 35CrMoA，最终热处理为调

图 2-22　连杆螺栓及断口形貌

质处理，表面镀铜，在使用中发生了断裂，断裂前螺钉光杆部位外径尺寸为 ϕ14mm，而断裂后螺钉光杆部位最小外颈为 ϕ9mm，断裂部位发生了明显的颈缩塑性变形。

2. 脆性过载断裂

宏观脆性过载断裂失效的断口特征有以下两种情况。

1）拉伸脆性材料：宏观观察时断口为瓷状、结晶状或具有镜面反光特征；在微观上分别为等轴微孔、沿晶正断和解理断裂，断口上一般无三要素。

2）拉伸塑性材料：尺寸较大，内部存在缺陷或明显的应力集中部位，在自身内部的残余应力或外力作用下发生的脆性断裂，其断口中的纤维区很小，放射区占有极大的比例，周边几乎不出现剪切唇，其微观断裂机制为微孔聚集型并兼有解理的混合型断口。

2.5.7　扭转和弯曲过载断裂的断口特征

1. 扭转过载断裂的断口特征

承受扭转应力零件的最大正应力方向与轴向呈 45°角，最大切应力方向与轴向呈 90°角。当发生过载断裂时，断裂的断口与最大应力方向一致。韧性断裂的断面与轴向垂直，脆性断裂的断面与轴向成 45°螺旋状，对于刚性不足的零件，扭转时发生明显的扭转变形。

韧性扭转过载断裂的断口上往往会出现一些与疲劳断口相似的特征，但到底是过载断裂还是疲劳断裂，还要考虑构件的服役过程和受力情况，还要对断口的微观特征做更加深入的分析。

2. 弯曲过载断裂的断口特征

弯曲过载断裂的断口特征总体上来说与拉伸断裂断口相似。由于弯曲时零件的一侧受拉而另一侧受压，因此，断裂时在受拉一侧形成裂纹，并横向扩展直到发生断裂，其断口形态与冲击断口形态一致，但由于加载速率低，相同性质材料的弯曲断口的塑性区要比冲击断口的大。

在弯曲断口上可以观察到明显的放射线或人字花样，借此可以判断断裂源，进一步确定断裂的原因。有些强度较高或脆性较大的材料，其断口上没有用来判断断裂源的特征花样，只能由断裂整体零件的特征来进行分析。

过载断裂的断口特征受材料性质、构件的结构特点、应力状态及环境条件等多种因素的影响。在失效分析时，可根据它们的关系和变化规律，由断口特征推测材料、载荷、结构及环境因素与断裂的情况及影响程度，这对于分析过载断裂失效的原因是十分重要的。

圆形试样在拉伸、扭转与压缩载荷作用下的应力取向与过载断裂的宏观断裂路径如图 2-23 所示。图 2-23a 为纯拉伸下的圆棒。拉应力分量 σ_1 是纵向的，压应力 σ_3 是为横向的，两个切应力 τ 与轴向成 45°。对于塑性材料，切应力引起大量塑性变形，断裂起始于中心部位，并向表面扩展，形成杯突状断口。对于脆性材料，断裂路径（断口）大致与拉力垂直，无明显塑性变形。

在扭转载荷作用下（见图 2-23b），拉应力和压应力与试样轴成 45°且相互垂直，切应力沿轴的纵向与横向。对于塑性材料，一次性过载断口一般出现在直接通过圆筒体的横向剪切面上。虽然表面上有局部的塑性，但零件外形不发生改变，因而很难看出明显的塑性变形，但在平齐的断口上，会显示出旋涡状形貌。脆性材料在一次性过载扭转作用下，断裂发生在与试样轴成 45°并与拉应力分量 σ_1 相垂直的面上，断口外形一般呈螺旋状。在纯扭转中，弹性应力在表面最大，中心处为零。因此，断裂一般起始于表面，结束于中心。有时扭转断口呈纵向劈裂，因为切应力在纵向面和横向面上相等，而纵向面一般是顺着流线方向的，韧性要低于横向。

当圆柱以轴向压缩方式加载时（见图 2-23c），压应力分量 σ_3 是轴向的，拉应力分量则是横向的，切应力与轴成 45°。在这种应力状态下，对于塑性材料，切应力虽然能引起大量塑性变形，但一般不会引起断裂。同时由于两个端面存在摩擦阻力，圆柱体变形并胀大。脆性材料在纯压缩载荷作用下，如果不发生弯曲，将沿着与最大拉应力相垂直的方向断裂，即沿轴的纵向断裂。

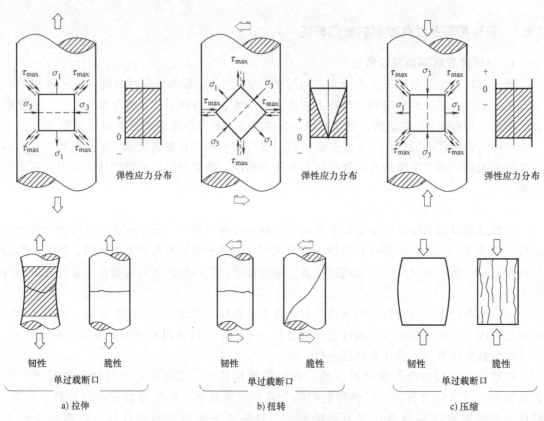

图 2-23　圆形试样在各种载荷作用下的应力取向与断裂路径

σ_1—拉应力　σ_3—压应力　τ—切应力

当试样受弯曲载荷作用时，凸面受拉，应力分布与图 2-23a 相似；凹面受压，应力分布与图 2-23c 相似；而试样的中心应力为零。

不同应力状态下形成的韧窝形状如图 2-24 所示。

2.5.8　过载断裂的判断依据

判断某个断裂失效构件是不是过载断裂，应考虑以下几个方面：

1）断裂部位的形状尺寸和表面粗糙度是否满足设计要求。

2）构件的材料选择及其热处理状态是否和设计图样相一致。

3）断裂部位或其附近是否存在焊接或其他异常现象。

4）断口上是否存在陈旧型老裂纹

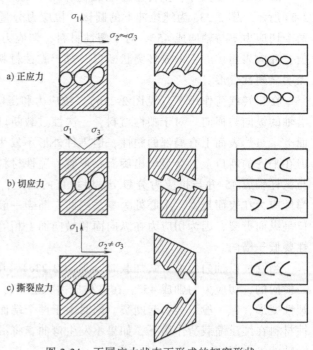

图 2-24　不同应力状态下形成的韧窝形状

或明显的原材料缺陷或加工缺陷。

5）用于评定构件力学性能的试样是否满足标准要求，取样方向和取样位置是否满足图样或其他技术要求。

在具体的失效分析中，若断裂源区存在老裂纹、加工刀痕、磕伤碰伤或其他如气孔、疏松和夹杂等材料缺陷时，尽管绝大部分的断口可能都具有过载型断裂的断口特征，但却不能就此断定它们为过载型断裂失效，还要兼顾断裂部位的形状尺寸、表面粗糙度以及实际工作应力等是否满足设计的技术要求来加以判断。在这种情况下，应明确是由什么缺陷或什么指标不符合技术要求而导致的一次性断裂。判明构件的断裂性质后再客观地分析其失效原因。有时候当影响因素较多时，还必须明确主要原因和次要原因，这跟事故的后续处理以及制定以后的预防措施有关。

例如，在一个建筑工地上由于起吊建筑材料的钢绳发生了断裂，并引起人员伤亡事故，需要对该钢绳进行失效分析。制定的分析程序如下：

1）到达事故现场，勘查吊车的坍塌姿态，当时起吊的物品，滑轮和滚筒上的钢绳，以及钢绳的实际润滑、磨损，是否存在局部损伤和断丝等。

2）通过目击者或录像了解事发现场的过程和周围的情况。

3）获取钢绳的生产合格证和钢绳的使用维护技术要求。

4）对钢绳做质量鉴定。

5）对断裂钢绳做失效分析。

6）给出断裂失效原因。

通过对钢绳的整绳试验，结果表明钢绳质量符合技术要求。

通过对钢绳断头部位的全部钢丝的断口分析，结果表明均为韧窝型断裂，至此可以判定钢绳整体断裂性质为外力作用下的一次性韧性断裂。

现场勘查结果表明，起重机桁架上的三个定滑轮上仅有一个滑轮安装了钢绳。虽然起吊重物未超过起重机的允许提升重量，但原本由三个定滑轮上的六根钢绳共同承载变成了由两根钢绳承载，造成单根钢绳的实际拉伸应力超过了许用应力，发生了过载断裂。可见，造成该起钢绳断裂的根本原因是操作者未执行操作规程，减少了钢绳数量，应该是一起责任事故。

2.5.9　过载断裂的对策

金属材料发生过载断裂时，通常显示一次性过载断裂的特征，其宏观断口与拉伸试验断口极为相似。预防过载断裂失效的主要对策如下：

1）合理选材（韧性材料或脆性材料），提高断裂保险系数。

2）提高材料的纯净度。

3）合理设计零件的形状与尺寸，避免不必要的应力集中。

4）合理设计零件的载荷性质，尽量使用柔性载荷，避免硬状态。三向拉伸为硬状态，三向压缩为柔性状态；快速加载为硬状态，慢速加载为柔性状态。

5）考虑环境因素的影响。例如，有些材料在较高温度或较低温度服役时，其断裂强度都会降低，容易引起一次性过载断裂。

2.6 脆性断裂

2.6.1 脆性断裂现象

随着科学技术和现代工业的发展，脆性断裂越来越凸现出来，主要表现在以下三个方面：

1）工程上越来越多地使用高强度材料和超高强度材料，而这些材料大多是强度高、韧性差、脆性倾向大的材料。

2）工艺技术的改进，大量使用焊接技术代替铆接技术。因为，铆接时构件的止裂作用就消失了，因此，裂纹一旦扩展，便很难止裂。同时，焊接后，焊缝中存在不少不可避免的焊接缺陷和焊接残余应力（靠近焊缝处的残余应力一般是拉伸应力），使焊缝区变成构件的薄弱地区。

3）构件的形状越来越复杂，并出现了大型化、超大型化的构件，使得构件的应力状态十分复杂。

因此，许多构件往往在安装调试、服役过程中就产生脆性断裂。而且，这种断裂往往来得很突然，没有预兆，难以预防，其后果特别严重，所以，工程上又称它为灾难性破坏。

2.6.2 脆性断裂机理

1. 解理断裂

解理断裂是金属在正应力作用下，由于原子结合键的破坏而造成的沿一定的晶体学平面（即解理面）快速分离的过程。解理断裂是脆性断裂的一种机理，属于脆性断裂，但并不是脆断的同义语，有时解理可以伴有一定的微观塑性变形。解理面一般是表面能量最小的晶面。常见的解理面见表 2-2。面心立方晶体的金属及合金，在一般情况下，不发生解理断裂。

（1）解理裂纹的萌生与扩展　根据原子键合的能量关系，可以推算出理想晶体沿解理面断裂的理论强度为

$$\sigma_{\mathrm{m}} = \left(\frac{E\gamma_{\mathrm{s}}}{a_0}\right)^{\frac{1}{2}} \tag{2-39}$$

式中，σ_{m} 为理论断裂强度或断裂应力；γ_{s} 为裂纹表面能；E 为弹性模量；a_0 为原子晶面间距。

粗略估算时，可取 $\gamma_{\mathrm{s}} = 0.01Ea_0$，则 $\sigma_{\mathrm{m}} = 0.1E$。

表 2-2　常见的解理面

晶系	材料	主解理面	次解理面
体心立方晶体	Fe,W,Mn	{100}	{110}
密排六方晶体	Zn,Mg,Cd,α-Ti	{0001}	{11$\bar{2}$4}
金刚石型晶体	Si	{111}	/
离子晶体	NaCl	{100}	{110}

Fe、Al、Cu 的 E 值分别为 2.14×10^5 MPa、7.2×10^4 MPa 及 1.21×10^5 MPa。因此，它们的断裂强度分别为 21400MPa、7200MPa 及 12100MPa。金属的实际断裂强度远低于该值。其原因有三方面：一是由于材料中存在着裂纹和缺口，裂纹尖端严重应力集中；二是存在着弱化平面，这些弱化平面的原子结合键被杂质或特定的外部腐蚀介质所削弱；三是如在较低的温度下先发生塑性变形，由于温度低，滑移难，滑移受到限制，应力集中不能松弛。

1）解理裂纹形核的位置：解理裂纹核大都萌生于有界面存在的地方及位错易于塞积的地方。例如晶界、亚晶界、孪晶界、杂质及第二相界面。

2）解理裂纹的萌生：解理裂纹萌生的模型有位错单向塞积、位错双向塞积、位错交叉滑移和刃型位错合并等。它们都是建立在解理形核之前存在变形这一前提下。塑性变形过程是滑移过程，即位错在滑移面上滑动，从位错源不断释放出位错，位错不断向前移动，这样就产生塑性变形。如果在滑移面前方遇到障碍就造成位错塞积。随着塞积数量的增多，在塞积处产生的弹性应力集中不断加大。如果此时能继续发生塑性变形，应力集中可以被松弛掉；如果不产生塑性变形，由于应力集中的进一步加大而导致裂纹的萌生。

除位错塞积机制外，还有位错反应机制。该机制认为，在适当的条件下，伯氏矢量较小的位错相互反应生成伯氏矢量较大的位错，大位错像楔子一样塞入解理面，将其劈开。

3）解理裂纹的扩展：解理裂纹形成后能否扩展至临界长度，不仅取决于应力大小和应力状态，而且还取决于材料的性质和环境介质与温度等因素。

（2）解理断裂的形貌特征　解理断裂区通常呈典型的脆性状态，不产生宏观塑性变形。小刻面是解理断裂断口上比较典型的宏观特征。

解理断口上的"小刻面"即为结晶面，呈无规则取向。当断口在强光下转动时，可见到闪闪发光的特征。图 2-25 为解理断口上见到的小刻面特征。在多晶体中，由于每个晶粒的取向不同，尽管宏观断口表面与最大拉伸应力方向垂直，但在微观上，每个解理"小刻面"并不都是与拉应力方向垂直。实际上解理"小刻面"内部，断裂也很少沿着单一的晶面发生解理。在多数情况下，裂纹要跨越若干个相互平行的位于不同高度上的解理面。如果裂纹沿着两个平行的解理面发展，则在二者交界处形成台阶。

典型的解理断口微观形貌的重要特征有解理台阶、河流花样、舌状花样、鱼骨状花样、扇形花样及瓦纳线等，如图 2-26 所示。图 2-26 中 A 区域及 B 区域河流花样中的每条支流，都是解理台阶。弄清解理台阶的特征及其形成过程，对于理解与解释解理断裂的主要微观特征——河流花样，是非常重要的。所有这些解理特征花样，都是局部发生微观塑性变形形成的。理论上的解理断裂是沿着一个解理面断开，其断口的电子金相形貌应是一个理想的平坦面。但由于实际晶体总是存在缺陷，因此这种理想的完整晶体是难得到的。

1）解理台阶：解理台阶形成的途径主要有以下两种。

① 解理裂纹与螺位错相交截而形成台阶。

设晶体内存在一个螺位错，当解理裂纹沿解理面扩展时，与螺位错交截，产生一个高度为伯氏矢量的解理台阶，如图 2-27 所示。图 2-27a 表示裂纹 AB 向螺位错 CD 扩展；图 2-27b 表示裂纹与螺位错 CD 交割，形成台阶 S，台阶 S 的位相与裂纹线 AB 垂直，而与裂纹扩展方向基本一致。解理台阶在裂纹扩展过程中，要发生合并与消失或台阶高度减小等变化，如图 2-28 所示。其中图 2-28a 表示具有相反方向的解理台阶，合并后解理台阶消失；图 2-28b 表示具有相同方向的解理台阶，合并后解理台阶增大。

图 2-25 解理断口上的小刻面

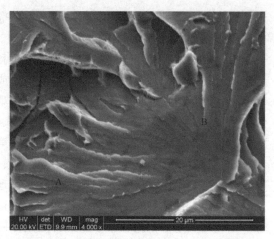

图 2-26 典型的解理断口微观形貌特征
A—解理台阶　B—河流花样

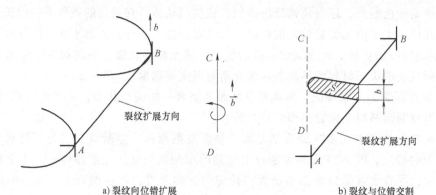

a) 裂纹向位错扩展　　　　　　　　　b) 裂纹与位错交割

图 2-27 解理台阶的形成过程示意图

② 通过二次解理形成台阶。

两个相互平行、但处于不同高度上的解理裂纹在扩展过程中可通过二次解理相互连接，形成解理台阶，如图 2-29 所示。

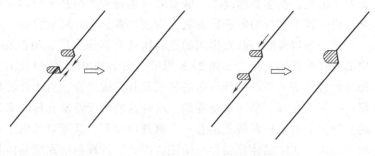

a) 异号台阶汇合　　　　　　　　b) 同号台阶汇合

图 2-28 解理台阶相互汇合示意图

2) 河流花样：河流花样是解理断口中最典型和最常见的特征花样之一。河流花样是由解理台阶组成的。在解理裂纹扩展过程中，众多的解理台阶相互汇合，结果形成河流花样。图 2-30 为河流花样形成示意图。可见，在河流上游为许多小支流（同向的小解理台阶），相互汇合后形成较大的支流（更大的台阶）。显然，河流的流向就是裂纹扩展方向，这对裂纹走向分析是有意义的。

由于实际金属材料是多晶体，存在晶界和亚晶界，当解理裂纹穿过晶界时，会使解理断裂出现复杂的情况。现分述如下：

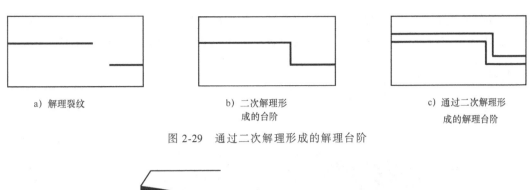

a) 解理裂纹　　　　　　　b) 二次解理形　　　　　　c) 通过二次解理形
　　　　　　　　　　　　　成的台阶　　　　　　　　　成的解理台阶

图 2-29　通过二次解理形成的解理台阶

图 2-30　河流花样形成示意图

① 解理断裂穿过扭转晶界，将使河流激增。扭转晶界两侧的晶体以晶界为其公共面，旋转了一个小角度。当裂纹从晶界的一侧向另一侧扩展时，因解理面的位向与原解理面之间存在小角度位向差，裂纹不能简单地越过晶界，而每次重新形核，裂纹将沿若干组新的互相平行的解理面扩展，而使台阶激增，形成为数众多的河流。

② 裂纹与小角度倾斜晶界相交时，河流可连续地穿过晶界，河流不发生激增。

③ 当裂纹穿过普通大角度晶界时，由于晶界上存在螺位错和刃位错，相邻晶粒的位向差很大，因而也会出现大量的河流，河流台阶的高度差也较大。

解理裂纹除与晶界交截会使河流发生形貌改变之外，还会因裂纹在扩展过程中的暂时停歇后又重新启动而使河流激增。因为在停歇过程中，裂纹前端产生大量的螺位错。一般说来，只要解理裂纹不太快，螺位错有足够的时间移动到裂纹前端，就可产生此种现象。位错运动的速度与应力及温度有关，所以，降低裂纹前端的扩展速度或提高温度，促进螺位错的运动，均有利于河流的形成。

3）舌状花样：舌状花样（见图 2-31）也是在解理断口上常见的典型特征花样之一，如图 2-31a 所示。解理舌状花样的形成机制如图 2-31b 所示。图中，与纸面平行的晶面为 {110} 面，孪晶与基体的界面为 {112} 面，它与 {110} 面相垂直。{112} 面与 {110} 面交线为 〈111〉 方向，沿 {100} 面扩展的解理裂纹由 A 发展到 B，与孪晶面 {112} 面相遇，使之改向，沿 {112}〈111〉 方向扩展至 C，这时在主裂纹与二次裂纹之间因应变增大而沿 CD 断开，结果主裂纹又回到 {100} 面，沿 DE 继续扩展。这样在解理面上就形成了局部凸起（或凹下），其形状似舌，故称舌状花样。

4）其他花样。

① 扇形花样：在很多材料中，解理断裂面并不是等轴的，而是沿着裂纹扩展方向伸长，形成椭圆形或狭长形的特征，其外观类似扇形或羽毛形状。在一个晶粒内，河流花样有时不是发源于晶界，而是在晶界附近的晶内起源，河流花样以扇形的方式向外扩展。在多晶体材料中，扇形花样在各个晶粒内可以重复出现。利用扇形花样，也可以判明解理裂纹的裂源及

裂纹的局部扩展方向。图 2-32 所示为扫描电镜下拍摄的解理扇形花样。

② 鱼骨状花样：在解理断口中，有时可以见到类似于鱼骨状花样（见图 2-33）。

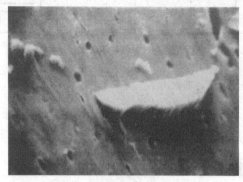
a) SEM形貌,2000×

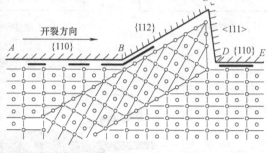
b) 形成机制图

图 2-31　舌状花样

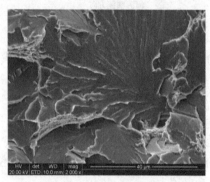
图 2-32　解理扇形花样

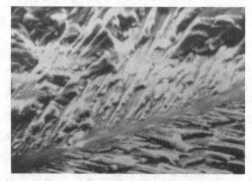
图 2-33　鱼骨状花样，2000×

（3）影响解理断裂的因素　影响解理断裂的因素主要有环境温度，介质，加载速度，材料的晶体结构、显微组织、应力大小与状态等。

1）环境温度直接影响解理裂纹扩展时所吸收的能量的大小，随着温度的降低，解理裂纹扩展时所吸收的能量较小，更容易导致解理断裂。

2）加载速率不同，不仅影响解理裂纹扩展应力的大小，而且还影响材料应变硬化指数。在高应变速率下，有利于解理断裂发生，如图 2-34 所示。由图可以看出，在同一试验温度 T_a 下，加载速率高的 v_2 所对应的冲击吸收能量 KU_2 小于加载速率低的 v_1 所对应的 KU_1。KU_1 为延性断裂，KU_2 则进入脆断区。

3）材料的种类、晶体结构及冶金质量对断裂起着重要的作用。

在通常情况下所遇到的解理断裂，大多数都是属于体心立方和密排六方晶体材料，而面心立方晶体材料只有在特定的条件下才

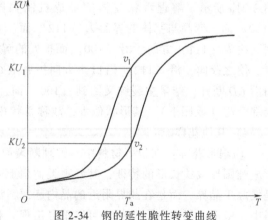
图 2-34　钢的延性脆性转变曲线

发生解理断裂。即使体心立方晶体材料，由于显微组织不同，其解理断裂的形貌特征也不相同。材料的显微缺陷、第二相粒子等分布在解理面上，则有利于解理断裂的发生。如氢集聚在 $\{100\}$ 面，将产生氢的解理断裂。

2. 准解理断裂

准解理断裂是介于解理断裂和韧窝断裂之间的一种过渡断裂形式。准解理断裂的微观形貌除具有解理断裂的基本特征外，尚有明显的撕裂棱线的特征，而且塑性变形的特征较为明显，如图 2-35 所示。准解理的初裂纹源于晶内缺陷处而非晶界，这一点也与解理断裂不同，如图 2-36 所示。

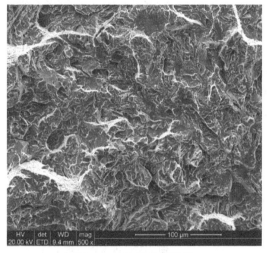

图 2-35　准解理断裂面

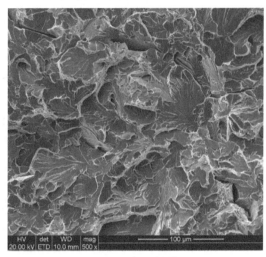

图 2-36　解理断裂面

准解理裂纹形成机理示意图如图 2-37 所示。准解理形成时，首先在不同部位（如回火钢的第二相粒子处），同时产生许多解理裂纹核，然后按解理方式扩展成解理小刻面，最后以塑性方式撕裂，与相邻的解理小刻面相连，形成撕裂棱。

在体心立方金属中准解理断口的断裂小平面亦为 $\{100\}$ 面，即本质上与解理并无差异，但形态上与解理又不完全相同，其主要特征为：

1）准解理裂纹的扩展路程的连续性要比解理裂纹差得多，也有河流花样，但一般短而弯曲，主要由撕裂棱构成且多从小断面中心向四周发散，即准解理裂纹源多在断裂面内部，而解理裂纹源是在解理小平面的边缘，河流特征比较明显。

2）在解理小平面上有许多撕裂棱，它们由许多单独形核的裂纹通过撕裂相互连接而成。

3）准解理小平面的位向并不与基体（体心立方）的解理面 $\{100\}$ 严格对应，相互间并不存在确定的对应关系。

4）在调质钢中，准解理小刻面的尺寸比回火马氏体的尺寸要大得多，它相当于淬火前的原始奥氏体晶粒尺度。

准解理断口宏观形貌比较平整。基本上无宏观塑性或宏观塑性变形较小，呈脆性特征。其微观形貌有河流花样、舌状花样及韧窝与撕裂棱等。

3. 沿晶断裂

（1）沿晶断裂现象　沿晶断裂属于脆性断裂的一种，也称晶间断裂，是多晶材料沿晶粒界面分离，及沿晶界面发生的断裂现象。一般情况下，在等强温度以下，晶界的强度及键合力要高于晶内，为了使裂纹扩展的阻力最小，断裂扩展的路径应是穿晶而不是沿晶。但如果热加工工艺不当，造成杂质元素在晶界富集与沿晶界析出脆性第二相，或因温度过高（加工温度与使用温度）使晶界弱化，或因环境介质沿晶界浸入金属基体等因素出现时，晶界的键合力被严重削弱，往往在低于正常断裂应力的情况下，被弱化的晶界成为断裂扩展的优先通道而发生沿晶断裂。沿晶断裂的路线一般沿着与局部拉应力垂直的晶界进行。

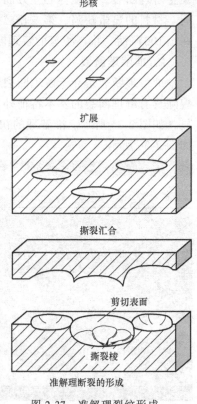

形核

扩展

撕裂汇合

剪切表面

撕裂棱

准解理断裂的形成

图 2-37　准解理裂纹形成机理示意图

构件沿晶断裂的主要类型有：氢脆，氢蚀，应力腐蚀，晶间腐蚀，磨削开裂，锻造开裂，过热过烧，沿晶疲劳断裂（表面渗碳），回火脆性（晶界有析出物），低熔点金属渗入，高温蠕变等。另外还有两种情况也属沿晶断裂范畴。一是沿结合面发生的断裂，如沿焊接结合面发生的断裂；二是沿相界面发生的断裂，如在两相金属中沿两相的交界面发生的断裂。

（2）沿晶断裂的特征及主要类型　沿晶断裂的断口特征为断口在宏观上呈颗粒状，有时能观察到放射条纹，断口微观形貌呈冰糖状。

（3）沿晶断裂的分类　按断面的微观形貌，通常可将沿晶断裂分为以下两类。

1）沿晶韧窝断裂：沿晶韧窝断裂是由晶界沉淀的分散颗粒作为裂纹核，然后以剪切方向形成空洞，最后空洞连接形成的细小韧窝而分离（见图 2-38）。这种沿晶断裂又称微孔聚合型沿晶断裂或沿晶韧断。

2）沿晶脆性断裂：沿晶脆性断裂是指断后的沿晶分离面平滑、干净、无微观塑性变形特征，往往呈现冰糖块形貌（见图 2-39）。这种沿晶断裂又叫沿晶光面断裂或非微孔聚合型沿晶断裂。

回火脆性、氢脆、应力腐蚀、液态金属致脆以及因过热、过烧引起的脆性断裂大都为沿晶光面断裂特征。而蠕变断裂等往往为沿晶韧窝断裂。

沿晶面上具有线痕（鸡爪纹）特征的沿晶断裂形貌是氢脆断裂的典型形貌特征之一，其中晶界面上的线痕（鸡爪纹）是一种撕裂痕迹，为塑性特征（见图 2-40）。

应力腐蚀的断裂面因腐蚀性介质的作用导致了晶界的腐蚀，晶界面往往存在向"核桃纹"或"阶梯状"等特征，而液态金

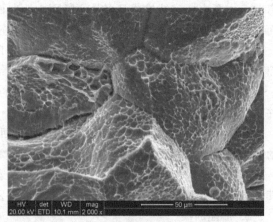

图 2-38　沿晶韧窝断裂（6061 铝合金）

属致脆的沿晶面上一般可以看到致脆的金属残留痕迹，有时在晶界面上还可观察到第二相颗粒，或沿晶界分布的异物等。

沿晶疲劳断裂因渗碳层碳含量高，硬度高，并且在高温渗碳过程中晶界往往容易受到氢损伤，因此渗碳层的疲劳裂纹往往呈沿晶扩展特征，但在晶面上可观察到有解理疲劳和韧窝的混合特征。

实际构件的断裂失效往往影响因素较多，也存在沿晶+穿晶的混合型断裂，如图 2-41 所示。

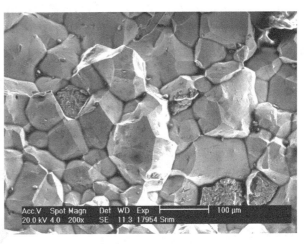

图 2-39　沿晶脆性断裂

（4）沿晶断裂的影响因素　金属学理论通常认为晶界是强化的因素，即晶界的键合力要高于晶内，只有在晶界被弱化时才会产生沿晶断裂。通常情况下造成晶界弱化的基本原因有两个方面，一方面是材料本身的原因，另一方面是环境或高温的促进作用。

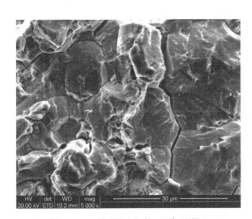

图 2-40　晶界面上的"鸡爪纹"

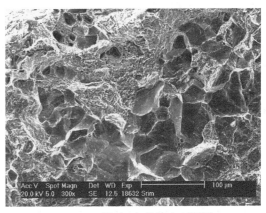

图 2-41　沿晶+穿晶混合型断裂

1）材料因素。

① 晶界沉淀相引起的沿晶断裂。

这类沿晶断裂是由沿晶界分布的夹杂物或第二相沉淀所引起的，晶界上的沉积析出相通常是不连续的，呈球状、棒状或树枝状，有时覆盖面可达 50% 以上的晶界面积（见图 2-42a），晶界沉淀相越多，断裂应力越低。

在钢的热处理过程中，如奥氏体化加热温度过高（如接近 1300℃）时，钢中的 MnS 夹杂会溶入固溶体中，在随后的缓慢冷却中，细小的硫化物在原奥氏体晶界上析出，使晶界强度下降，导致沿晶开裂。用铝脱氧的钢中含有较多的氮化铝，当从高于 1300℃ 温度慢冷，氮化铝夹杂在奥氏体晶界上沉淀，导致韧性降低，产生沿晶脆断。马氏体时效钢的热脆现象，主要由钛的碳氮化合物在晶界沉淀析出所引起。热作模具钢（如 4Cr5MoSiV1）若热处理工艺不当，碳化物也会沿晶界析出；不锈钢中若碳含量过高，或热处理工艺不当，或使用温度不合适时碳化物（如 $4Cr_{23}C_6$）均会沿晶界析出，导致沿晶断裂。

夹杂物或第二相沿晶界分布，会降低晶粒之间的结合强度，在外力作用下往往会发生沿晶脆性开裂（见图 2-42b）。

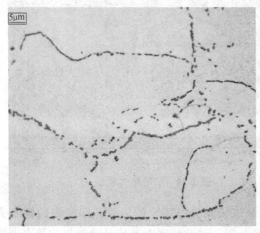

a) 显微组织观察时晶界上存在碳化物　　　　　　b) 断口观察时晶面上的碳化物

图 2-42　碳化物形貌

② 第二相颗粒影响。

钢中夹杂物、碳化物等第二相颗粒对钢的脆性有重要影响，但其脆性影响程度取决于第二相颗粒尺寸大小、形状、分布、第二相性质及其与基体结合力等特性。

第二相颗粒尺寸对钢的脆断应力有明显影响。在碳-锰钢中碳化物颗粒大小对低温脆性影响的研究结果中表明，脆断应力与最大碳化物颗粒直径的平方根成反比，随着碳化物颗粒细化，钢的脆性断裂抗力提高。第二相颗粒大小对脆断裂纹成核和扩展是有影响的，大的碳化物颗粒容易使脆断裂纹成核，而小颗粒的碳化物则起细晶强化的作用。在基体上细小的氧化物或碳化物分布能阻止裂纹扩展，可提高裂纹扩展抗力。因此，细小的第二相颗粒将有利于钢的低温脆性的改善。

第二相颗粒的形状对钢脆性有一定影响。球状碳化物韧性较好，拉长的硫化物的韧性比板状硫化物好，球状碳化物共析钢的韧性比片状碳化物优越。

第二相颗粒间的距离对钢脆性也有一定的影响。随着第二相颗粒间平均距离 dt 值的增加，钢断裂韧度 K_{IC} 值升高。

③微量有害元素的影响。

钢中或多或少的会存在硫、磷、砷、锡、铅、锑等元素以及氮、氧、氢等气体。它们的出现对钢的脆性起促进作用，也称其为钢中的有害元素。微量有害元素对钢断裂韧度的影响见表 2-3。

锡对钢的低温脆性起有害作用，随着锡含量增加，在冲击吸收能量与温度的曲线中最高能量位置降低，而脆性转变温度显著升高。

钢中磷含量增加会使晶界断裂应力降低，脆性转变温度升高。

钢中磷的质量分数在 0.1% 以上会引起晶界断裂应力降低，随着磷含量增加，钢的脆性转变温度升高，但是随着钢中锰与碳之比的增加，磷的有害作用减小，可显著地降低脆性转

表 2-3　微量有害元素对钢的 K_{IC} 的影响

钢纯度	微量有害元素（%）								回火温度/℃	晶界断面积（%）	K_{IC}/(N/mm$^{3/2}$)	
	S	P	As	Sb	Sn	O	H	N			实验值	计算值
工业	0.0085	0.024	0.025	0.006	0.02	0.0032	<0.0001	0.0074	200	56	121	142
									405	72	136	146
工业	0.025	0.016	0.03	0.006	0.019	0.0015	<0.0001	0.0043	200	50	129	155
									405	67	136	155
高纯	0.004	0.004	0.0025	<0.001	<0.005	0.0002	0.0001	0.0005	200	5	218	206
									405	0	260	252
高纯	0.003	0.002	0.002	<0.001	0.001	0.0005	0.0001	0.0003	200	4	255	222
									405	1.5	265	283

变温度。锰与碳之比高的钢中随磷含量的增加，其脆性转变温度升高倾向减小，磷元素对钢断裂韧度的影响见表 2-4。

表 2-4　S、P 对钢的 K_{IC} 的影响

S（%）	P（%）	a_K/(J/cm^2)	K_{IC}(N/mm$^{3/2}$)
0.004	0.013	6.4	226
0.005	0.017	5.6	197
0.014	0.014	6.6	157
0.011	0.019	5.4	176
0.005	0.036	5.8	171
0.001	0.043	3.9	146

一般认为，微量有害元素使钢在低温发生脆性的原因是由于这些元素偏聚于晶界，降低晶界表面能，使晶界抗力减小，从而产生晶界断裂。微量有害元素的存在往往使金属由解理断裂转变为晶界的脆性断裂，同时降低脆断应力，它所产生的这些效应可间接说明对晶界起有害作用。由于微量有害元素的偏析，导致脆性裂纹起源于晶界，并沿晶界扩展，直至断裂。

④ 杂质元素在晶界偏聚造成沿晶脆断。

杂质元素在晶界上偏聚造成晶界弱化，主要有元素周期表中的Ⅳ、Ⅴ、Ⅵ族的主族元素，如 Si、Ge、Sn、N、P、As、Bi、S、Se、Te 等。低合金钢的第二类回火脆性是杂质元素偏聚导致晶界弱化的一个典型实例，合金钢在回火后慢冷或在 375~560℃ 保温产生晶界弱化和沿晶断裂，其机理是由于在回火过程中，杂质元素向晶界处扩散而偏聚，导致晶界弱化所致。

另外，某些低熔点金属元素在晶界的偏聚也可引起沿晶脆断，如铜脆、镉脆、锌脆等。

2）环境因素。

① 环境介质侵蚀而引起的沿晶断裂。

这类断裂主要有高强度钢的氢脆、应力腐蚀断裂等。

② 高温环境下的沿晶断裂。

常见的高温下引起的沿晶开裂主要有焊接热裂纹、磨削裂纹、蠕变断裂等。

对于蠕变断裂，在等强度温度（晶界强度和晶内强度相等时的温度）以上产生沿晶断

裂；在等强度温度以下由于外应力较大，断裂时间短，常为穿晶断裂。

2.6.3 脆性断裂理论

1. 能量理论

早在 1921 年 A. A. Griffith 就已提出了脆性断裂的能量理论。这个理论是以裂纹开始扩展时释放的弹性变形能和裂纹新表面形成所需功之间平衡为基础的。他假定在无限宽平板上存在长度为 $2a$ 的椭圆形裂纹，在垂直于裂纹方向上作用着均匀拉伸应力。在外载荷作用下裂纹开始扩展的必要条件为：形成新裂纹能量（W_s）是由开裂后释放出来的弹性变形能（W_e）所提供的。由此两者组成的总能量（F）为

$$F = W_e + W_s \tag{2-40}$$

弹性变形能量为

$$W_e = \frac{\pi a^2 \sigma^2}{E} \tag{2-41}$$

平板单位厚度裂纹扩展时表面能为

$$W_s = 4\gamma a \tag{2-42}$$

$$F = \frac{\pi a^2 \sigma^2}{E} + 4\gamma a \tag{2-43}$$

若裂纹延伸，总能量必须随裂纹的增加而降低。当平衡状态时：

$$\frac{\partial F}{\partial a} = 0 \tag{2-44}$$

由此得平面应力状态开裂条件：

$$\sigma = \sqrt{\frac{2\gamma E}{\pi a}} \tag{2-45}$$

式中，σ 为临界应力；γ 为表面能（J/m^2）；E 为弹性模量；a 为裂纹长度的一半（mm）。

式（2-45）就是 Griffith 公式。它表明：当释放的弹性变形能大于形成新表面所需功时，则裂纹扩展开始。由式（2-45）可知，预存裂纹愈大，则其开始扩展所需应力愈小。

Griffith 公式有一定的局限性，它只适用于完全脆性材料（如玻璃），而裂纹扩展时不存在塑性变形。金属发生脆性断裂时是伴随着一定程度的塑性变形，为此除了供给形成新裂纹表面所需的能量外，还需供给更多能量来补给在扩展过程中裂纹尖端区的薄层内塑性变形功。Qrowan 对 Griffith 公式做了修正，在 Griffith 公式中添加了塑性功（γ_p），其结果如下

$$\sigma = \sqrt{\frac{2E(\gamma + \gamma_p)}{\pi a}} \tag{2-46}$$

这公式表明，裂纹扩展时材料抗力是决定于弹性表面能与伴随裂纹扩展塑性变形功之和。一般而言，塑性功远远大于表面能（约为 10^3 倍数），即 $\gamma_p \gg \gamma$，则在平面应力状态时式（2-46）成为

$$\sigma = \sqrt{\frac{2E\gamma_p}{\pi a}} \tag{2-47}$$

平面应变状态时为

$$\sigma = \sqrt{\frac{2E\gamma_{p}}{\pi a(1-\nu^{2})}} \qquad (2-48)$$

式中，ν 为泊松比。

塑性变形所需 γ_{p} 成为裂纹扩展时的一个极大的障碍，由此表明 γ_{p} 值大小对金属和合金抵抗脆性断裂影响很大。随着材料的塑性不同，γ_{p} 值也显著不同。在塑性变形过程中需要不断消耗能量，若此时没有足够的外加能量，则裂纹扩展即将被终止。

2. 应力理论

这是传统的脆性断裂理论，在 20 世纪初由 Mesmanger 等人提出：在一定温度条件下，当应力达到不等于屈服应力的临界应力时发生脆性断裂。此后逐渐发展成为应力理论。

图 2-43 表示了脆断应力 σ_{F}、屈服应力 σ_{S} 和约束屈服应力 σ_{cmax} 与温度的关系，随着温度升高，σ_{S} 和 σ_{cmax} 下降速度比 σ_{F} 快。此理论假设 σ_{F} 与 σ_{S} 在 T_{b} 处相交，当温度高于 T_{b} 时呈塑性断裂，而低于 T_{b} 时呈完全脆性断裂，后来又假设即使当温度高于 T_{b}，而试样存在缺口或尖锐裂纹情况下，由于裂纹尖端的三向应力状态而使流变应力升高，直至该应力升高到 σ_{cmax} 曲线为止。σ_{cmax} 曲线与 σ_{F} 曲线相交于 T_{d}，它表示缺口试样塑性断裂和脆性断裂的分界处，在 T_{d} 与 T_{b} 之间材料呈缺口脆性，这是 Mesmanger 的缺口脆性理论，它表明缺口

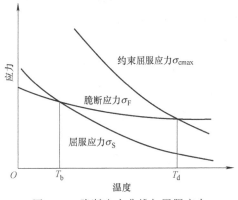

图 2-43　脆断应力曲线与屈服应力曲线相交示意图

的存在使脆性转变温度升高，此时当温度高于 T_{d} 时材料呈塑性断裂。

从工程观点应用此理论，对脆性断裂的某些因素可予以一定的解释。某些因素（如材料结构、变形速度、应力状态和晶粒度等）会使金属屈服强度发生变化，因此，改变了 T_{b} 的位置，从而可解释这些因素对脆断的影响：①材料晶格类型对 σ_{S} 曲线形状影响较大，体心立方晶格对温度敏感性远比面心立方、密排六方晶格大，例如，铁的温度由 18℃ 降低到 −116℃ 时其屈服强度增加 4~6 倍，而在同样温度范围内铝的屈服强度增加较小；②变形速度对脆性有影响，变形速度会使屈服强度增加，也就是使 T_{b} 升高，这将引起脆性断裂在较高温度区发生；③缺口尖锐度对脆性有影响，缺口愈尖锐，则在缺口处应力愈容易增加到 σ_{cmax}，即愈容易使 T_{b} 升高，因此，脆性断裂可在更高温度发生。

苏联的 Иоффе 和日本的 Size（寺沢）分别用实验验证了 Mesmanger 的上述理论，并取得了较好的相符合性。Pellini 进一步发展了 Mesmanger 的此理论，他认为单晶体的解理应力曲线与屈服应力曲线相交于 T_{c}（延性-脆性转变温度）处，随着温度降低由应变诱导解理向应力诱导解理转变，当温度低于 T_{c} 时，在没有引起屈服前应力就达到了解理断裂，此时单晶体的解理断裂是应力诱导的，即是脆性断裂；当温度高于 T_{c} 时晶体首先发生屈服，随应变硬化而逐渐上升到解理应力水平，而产生应变诱导的解理。但在实际工程中所使用的钢材一般都是多晶体，对多晶体材料而言，由于各个晶粒结晶方位不同，因此，各个晶粒的解理面对应力矢量的取向也各不相同，在某一温度下，对应力诱导解理有利取向的一些晶粒首先产生不超越晶界的裂纹，而处于不利取向的另一些晶粒要经应变硬化后才能解理，这种情况

是随温度改变而改变的，如图 2-44 所示是多晶体材料由脆性到延性转变与温度间关系，图中虚线表示多晶体的不稳定性由解理不稳定性应力曲线来确定，而多晶体的延性到脆形转变温度 T_{ec} 比单晶体的 T_c 温度稍低。在低温时对应力诱导解理具有有利取向的晶粒先已分裂，此时由于其他晶粒的塑性也较低，因此，微裂纹就会迅速扩展，并穿过整个晶体而发生脆断，其临界裂纹尺寸等于一个晶粒直径，这就意味着低温时在外力作用下，若有一个晶粒解理，则会导致整个晶体的脆断。当温度升高到转变温度时，大部分或全部晶粒均是应变诱导解理，当应力达到 C_1 和 C_2 水平以前只会出现少量的微观解理，C_2 代表不利取向晶粒在解理前要求有较高的应变硬化量，此时，多晶体内每个晶粒均有其微观解理，这些微观解理必须在突破塑性"阶"后才能相互连接，如图 2-45 所示，即在晶界处以"矫接应变"连接起来。矫接应变就是使微裂纹增长到临界裂纹 a_c 尺寸所需的额外应变增量。随着温度升高，晶粒的塑性继续增加，而微观解理数目减少到很低水平，此时，不会产生解理断裂，即发生完全纤维状断裂。

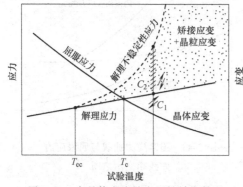

图 2-44　多晶体由脆性向延性转变情况

注：为解理断裂

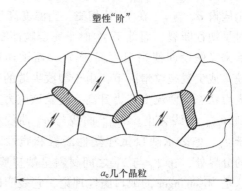

图 2-45　塑性"阶"示意图

解理应力和屈服应力与温度曲线的正确形状，以及这些曲线斜率如何，特别是解理断裂应力曲线斜率等问题还需要继续研究。早期提出的脆断应力曲线是随温度降低而略有升高的，Иоффе 的 NaCl 实验结果表明，脆断应力几乎不随温度改变，而 Pellini 的脆性转变图中，解理应力曲线随温度降低而略有下降。这些是细节问题，关键在于这两条曲线有交叉这个感念，对工程实际应用具有重要意义。

3. 位错理论

许多研究者从位错塞积观点提出了脆断裂纹的成核模型，并对脆断应力做了定量估算。早期 G. Zener（甄纳）提出脆断裂纹在滑移带前端由于位错堆积产生应力集中而形成，Zener 模型表明，形成的裂纹是近似的垂直于滑移面的平面上的。A. H. Cottrell（柯垂耳）重新考虑了一个简单的位错塞积模型，他提出在体心立方晶格材料中，两个起作用的相交滑移面在共同平面（100）上，由于位错塞积产生脆断微裂纹。E. Qrowan（奥罗万）提出裂纹可以在滑移面中以位错多边形排列而产生。此后，A. N. Stroh（斯特罗）、Cottrell、Gilman 等人对这些模型做了定量计算。

（1）Stroh 公式　Stroh 根据 Zener 提出的位错塞积理论，对在滑移带中刃型位错塞积群在滑移带末端所引起的正应力进行了计算，并提出了微裂纹形成的条件表达式，他假定当应力状态满足 Griffith 条件时将产生裂纹。

假定在一个滑移面上产生无数刃型位错，在工作应力作用下位错沿一定方向前进，当遇到障碍（如晶界等）时位错发生塞积而产生应力集中，在位错塞积群附近应力较大，Stroh 发现位错排列与 Griffth 裂纹很类似。位错塞积在晶界上，其排列如图 2-46 所示。

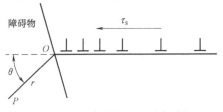

图 2-46　由位错塞积而形成裂纹

如图 2-46 所示，由位错塞积群端部在 OP 方向上的距离 r 处，垂直于 OP 平面的正应力为

$$\sigma = \tau_{\mathrm{S}} \left(\frac{L}{r} \right)^{\frac{1}{2}} f(\theta) \qquad (r \ll L) \tag{2-49}$$

式中，L 为在滑移面上位错占据的长度（μm）；τ_{S} 为滑移面上切应力；$f(\theta)$ 为决定 OP 方向的系数。

在多晶体材料中，有利位置的晶粒首先破裂，破裂开始于接近 $f(\theta)$ 最大值的脆断平面上。当材料处于弹性各向同性时，$\theta = 70.5°$。因此，假定裂纹在 O 点发生，并沿 OP 方向延伸一个距离 a，公式（2-49）的正应力平均值可写为

$$\sigma = \alpha \left(\frac{L}{a} \right)^{\frac{1}{2}} \tau_{\mathrm{S}} \tag{2-50}$$

式中，α 是常数。

将此式代入 Griffith 公式，则得平面应变条件下开裂的切应力

$$\tau_{\mathrm{S}}^2 = \frac{16\gamma G}{\pi (1-\nu) \alpha^2 L} \tag{2-51}$$

以参考文献 [8] 附录 A，估计常数 α 代入式（2-51）得

$$\tau_{\mathrm{S}}^2 = \frac{3\pi\gamma G}{8(1-\nu) L} \tag{2-52}$$

此式不包含裂纹长度 a，而与滑移面上位错占据长度有关。假定在长度为 L 的滑移面上有 n 个位错，则 L 与位错堆积群 n 的关系如下

$$L = \frac{Gbn}{\pi (1-\nu) \tau_{\mathrm{S}}} \tag{2-53}$$

将式（2-53）代入式（2-52）得

$$n = \frac{3\pi^2 \gamma}{8 \tau_{\mathrm{S}} b} \tag{2-54}$$

式中，b 为伯氏矢量。

当位错数 n 达到足够高时，裂纹可在含有塞积的滑移面端产生。

Stroh 公式的假定是有缺陷的，他假定滑移障碍主要是晶界，事实上除了晶界，还有其他因素（如第二相颗粒等），而且晶界并不一定是位错塞积的主要障碍物，否则就难以解释单晶的脆性现象了。Stroh 公式的裂纹形成只决定于切应力 τ_{S}，这个假定与在复杂应力状态下使金属脆性增强的事实不相符合。

（2）Cottrell 模型　Cottrell 指出裂纹形成并不一定是滑移面上位错在晶界塞积的结果。

他提出了两个滑移面相交处位错聚合形成裂纹的双堆积模型，该模型如图2-45所示。(101)和 (10$\bar{1}$) 两个滑移面与 (001) 解理面成45°角相交于 [010] 轴，如图2-47a所示。在 (101) 滑移面上具有伯氏矢量的 $\frac{a}{2}$ [$\bar{1}\bar{1}$11] 位错与在 (10$\bar{1}$) 滑移面上具有伯氏矢量的 $\frac{a}{2}$ [111] 位错相交聚合形成 a [001] 新位错，体心立方晶格中其位错反应如下

$$\frac{a}{2}[\bar{1}\,\bar{1}11]+\frac{a}{2}[111]\rightarrow a[001] \tag{2-55}$$

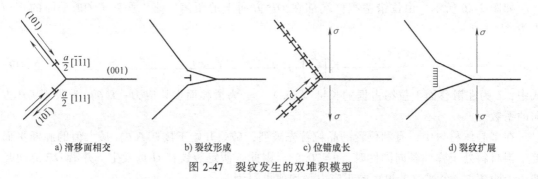

| a) 滑移面相交 | b) 裂纹形成 | c) 位错成长 | d) 裂纹扩展 |

图2-47　裂纹发生的双堆积模型

上述反应所产生的 a [001] 位错是处于 (001) 脆断面一端，与脆断面的刃口相合，沿 (001) 脆断平面形成尖锐的楔形位错列，其作用相当于楔形刀插入脆断平面之间。新的位错形成后使弹性能降低，并相互吸引不断积聚。随着聚合的位错增加、在 (001) 解理面的位移增大，使得具有较大伯氏矢量的位错成为裂纹，最后裂纹沿 (001) 脆断面形成，如图2-47b所示。同时由此产生的裂纹可以由在 (101) 和 (10$\bar{1}$) 滑移面上滑移的位错进入此处成长，如图2-47c所示。

Cottrell用能量观点计算了微裂纹的形成条件，由此求得裂纹成长所需应力的公式。在图2-47c和图2-47d中，长度 d 的两个对称滑移面与工作应力成45°角，每个滑移面到达相交点的位错数为 n，这些位错积聚使裂纹端产生 na 位错（此处 a 为晶格常数）。假设裂纹扩展垂直于工作应力，裂纹长度为 c，产生裂纹能量 W 为

$$W=\frac{n^2a^2\mu}{4\pi(1-\nu)}\ln\left(\frac{4R}{c}\right)+2\gamma c-\frac{\pi(1-\nu)\sigma^2c^2}{8\mu}-\frac{\sigma nac}{2} \tag{2-56}$$

式中，μ 为剪切模量；ν 为泊松比；γ 为表面能 (J/m^2)；R 为位错所产生的应力场有效半径 (μm)；c 为裂纹长度 (mm)；σ 为应力。

式 (2-56) 中第一项是位错应力场能；第二项是裂纹表面能；第三项是工作应力场中裂纹弹性能；第四项是裂纹张开值增加时工作应力所做的功。

现做如下假定

$$C_1=\frac{\mu n^2a^2}{8\pi(1-\nu)\gamma}$$

$$C_2=\frac{8\mu\gamma}{\pi(1-\nu)\sigma^2}$$

$$\left(\frac{C_1}{C_2}\right)^{\frac{1}{2}}=\frac{\sigma na}{8\gamma} \tag{2-57}$$

将上述各项代入式（2-56），则可写为

$$W = 2\gamma \left[C_1 \ln\left(\frac{4R}{c}\right) + c - \frac{c^2}{2C_2} - 2\left(\frac{C_1}{C_2}\right)^{\frac{1}{2}} c \right] \qquad (2-58)$$

能量平衡时 $\frac{\partial W}{\partial c} = 0$，则得

$$c^2 - \left[1 - 2\left(\frac{C_1}{C_2}\right)^{\frac{1}{2}} \right] C_2 c + C_1 C_2 = 0 \qquad (2-59)$$

当工作应力和位错应力两者同时作用时，公式（2-59）可能有两个根，在实际情况下较小裂纹是稳定的，当无实根时裂纹失稳扩展，即

$$\left(\frac{C_1}{C_2}\right)^{\frac{1}{2}} \geq \frac{1}{4} \qquad (2-60)$$

将式（2-60）代入（2-57）就得

$$\sigma na \geq 2\gamma \qquad (2-61)$$

式中，σ 为外加应力；γ 为裂纹表面能（J/m^2）；na 为垂直于（001）平面方向位移。

此公式表明：当外加应力对位错塞积列所做之功等于或大于表面能增加时，则裂纹在两个相交滑移面处形成。

na 值是无法独立测量的，Cottrell 假定：在切应力 $\tau\left(\approx \frac{\sigma}{2}\right)$ 和位错移动时摩擦切应力 τ_i 所组成的有效切应力 $(\tau - \tau_i)$ 作用下，产生一个切应变 $\frac{(\tau - \tau_i)}{\mu}$，并乘以滑移带长度 d 即为切位移，由此近似的决定

$$na = \frac{(\tau - \tau_i)}{\mu} d \qquad (2-62)$$

当 $\tau = \tau_y$（屈服切应力）时发生断裂。假定滑移长度 d 等于晶粒直径，而 τ_y 与晶粒直径 d 的关系如下

$$\tau_y = \tau_i + K_y d^{-\frac{1}{2}} \qquad (2-63)$$

将式（2-63）代入（2-62）就得到

$$na = \frac{K_y d^{\frac{1}{2}}}{\mu} \qquad (2-64)$$

再将（2-64）代入式（2-61），并引入应力状态系数 β，则式（2-61）成为

$$\sigma K_y d^{\frac{1}{2}} = 2\beta\mu\gamma \qquad (2-65)$$

当 $\tau_i = 0$ 时，$K_y = \tau_y d^{\frac{1}{2}} = \frac{\sigma}{2} d^{\frac{1}{2}}$，则式（2-65）可写为

$$\sigma = 2\left(\frac{\beta\mu\gamma}{d}\right)^{\frac{1}{2}} \qquad (2-66)$$

式中，d 是晶粒直径（mm）；β 是应力状态系数，拉伸时 $\beta = 1$、扭转时 $\beta = 2$、缺口根部 $\beta = 1/3$。

这公式基本上是裂纹长度相当于 d 的 Griffith 成长条件公式。

Cottrell 理论是得到某些实验结果支持的。实验证明，铁中裂纹能在（101）滑移面的相交线上形成，同样，在单晶中也能观察到。

Cottrell 理论说明脆断微裂纹核形成与位错的位移有关，此外，还可解释晶粒度对脆性断裂的影响。但该理论没有考虑碳化物对微裂纹形核的影响。

（3）Smith 模型　早期脆断裂纹形成的微观机理是由滑移位错塞积形核模型来说明的，但是这些模型没有考虑微裂纹可以由晶界上的碳化物破碎开始，不能说明脆性第二相对裂纹形核作用的影响。Smith 提出了一个包含位错塞积和晶界上碳化物这两者对裂纹形核影响的模型，如图 2-48 所示。

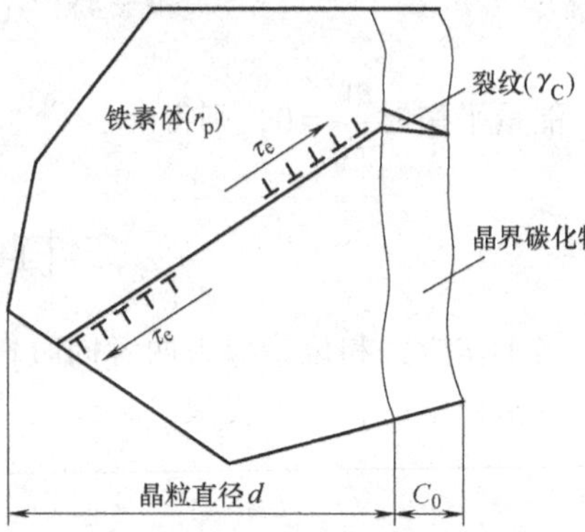

图 2-48　Smith 模型

Smith 考虑了晶界上碳化物对裂纹形核的影响，晶界碳化物上的位错塞积引起有效切应力 τ_e 使碳化物开裂条件是

$$\tau_e = (\tau_s - \tau_i) \geqslant \left[\frac{4E\gamma_C}{\pi(1-\nu^2)d} \right]^{\frac{1}{2}} \tag{2-67}$$

式中，γ_C 为碳化物表面能；d 为晶粒直径（mm）。

当裂纹扩展到附近铁素体晶粒时还需要能量 γ_p，设 $\gamma_p = \gamma_{1} + \gamma_C$，则

$$\tau_e \geqslant \left[\frac{4E\gamma_p}{\pi(1-\nu^2)d} \right] \tag{2-68}$$

Smith 推导了位错塞积情况下在脆性颗粒上微裂纹成核的 Griffith 型的方程式，其推导与 Cottrell 模型推导相类似，从而获得断裂应力 σ_F 与晶粒度和碳化物厚度 C_0 显微组织参数关系，其方程式如下

$$\left(\frac{C_0}{d} \right) \sigma_F^2 + \tau_e^2 \left\{ 1 + \frac{4}{\pi} \left(\frac{C_0}{d} \right)^{\frac{1}{2}} \frac{\tau_i}{\tau_e} \right\}^2 \geqslant \frac{4E\gamma_p}{\pi(1-\nu^2)d} \tag{2-69}$$

式中，σ_F 为断裂应力；τ_e 为有效切应力；τ_i 为位错滑移时摩擦切应力；C_0 为晶界上碳化物厚度（μm）；γ_p 为材料基体中微裂纹传播有关的塑性功；ν 为泊松比。

他假定晶界上碳化物是平板状形成，若 $\tau_e = K_y^S d^{-\frac{1}{2}}$，$K_y^S$ 是屈服切应力 τ_y 与晶粒直径 $d^{-\frac{1}{2}}$ 关系的斜率。代入式（2-69）则得

$$\sigma_F^2 + \frac{(K_y^S)^2}{C_0} \left\{ 1 + \frac{4}{\pi} \sqrt{C_0} \frac{\tau_i}{K_y^S} \right\}^2 \geqslant \frac{4E\gamma_p}{\pi(1-\nu^2)C_0} \tag{2-70}$$

由式（2-70）表明：临界断裂应力仅仅是由显微组织参数决定，C_0 愈大，则 σ_F 愈小，即脆断愈容易发生。假定只考虑晶界碳化物的影响，式（2-70）中左边第二项位错的作用忽略不计，则式（2-70）成为平面应变条件下的 Griffith 方程式

$$\sigma_F \geqslant \left(\frac{4E\gamma_p}{\pi(1-\nu^2)C_0} \right)^{\frac{1}{2}} \tag{2-71}$$

Smith 所获得的软钢脆性断裂标准不能直接应用于碳化物呈球状的钢种，因为他假定晶

界上碳化物是平板状的。裂纹形核的形状对 σ_F 是有影响的。Curry 研究了显微组织对钢的脆性断裂的影响，平板状碳化物和球状碳化物的脆性断裂是有差别的，对这些形状而言，假定球形半径为 r，则提议下列公式：

以扁圆形碳化物形核时

$$\sigma_F = \left(\frac{\rho E \gamma_p}{2(1-\nu^2)r} \right)^{\frac{1}{2}} \tag{2-72}$$

晶界上平板状碳化物形核时

$$\sigma_F = \left(\frac{2E\gamma_p}{\pi(1-\nu^2)r} \right)^{\frac{1}{2}} \tag{2-73}$$

由此可知，裂纹核的形状由平板状向扁圆形转变时，脆性断裂应力增加近 1.6 倍。

由式（2-69）可知，断裂应力与晶界碳化物厚度和晶粒大小有关。同时，晶界上碳化物又随晶粒大小而变化，软钢晶界碳化物厚度与铁素体晶粒关系如图 2-49 所示，由图表明，随着晶粒细化而晶界上碳化物变薄。图 2-50 表示了晶界上碳化物和晶粒直径对脆性断裂影响，在同一个晶粒度情况下，当晶粒直径大于 5 以后，断裂应力随碳化物厚度增加而降低；同样随晶粒度增大而断裂应力降低。

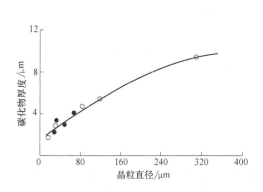

图 2-49　晶界碳化物厚度与铁素体
晶粒的关系

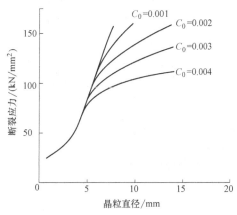

图 2-50　晶界碳化物、晶粒尺寸对断裂
应力的影响

2.6.4　脆性断裂的判断依据

大量的研究证明，脆性断裂具有以下特征：

1）断裂时所承受的工作应力较低。一般低于构件设计时的许用应力。所以，这种断裂又叫低应力脆断。

2）对于中、低强度材料，脆性断裂往往发生在低温和接近于材料的韧脆转变温度的下平台区，而高强度材料则无此现象，即使在常温下，它也可能发生低应力脆断。

3）脆性断裂总是以构件自身存在的缺陷作为断裂"源"的。这种缺陷包括材料内部的夹杂、疏松、构件在加工过程中产生的刀痕、焊接缺陷、淬火裂纹等；也包括设计不当造成的应力集中处以及装配和服役过程中所产生的损伤。

4）构件的尺寸对出现低应力脆断有明显的影响。厚截面和厚板构件，往往容易产生低应力脆断。

5）发生脆性断裂时，裂纹的传播速度极快，因此，无法加以制止。而且发生脆性断裂时，无任何预兆，难以避免，但有的脆性断裂可采用无损探伤定期检测的方法加以监视。

6）冲击载荷有助于低应力脆性断裂的出现。三向应力状态，低温和高应变速率（或高加载速率）都有利于脆性断裂的发生。

7）脆性断裂往往产生许多碎片，断口平齐、光亮，断面往往与正应力垂直。断口附近的断面收缩率很小，一般不超过 3%。脆性断裂断口往往会出现放射状花样。对矩形截面断口，往往会出现人字纹花样，此时，人字纹尖端所指之处即为裂纹源。

2.6.5 脆性断裂的对策

脆性断裂时一般承受的工作用力较低，具有突发性，往往会造成较大的事故。预防脆性断裂的对策主要有：

1）设计时适当增加保险系数。

2）提高材料纯净度。

3）严格控制服役环境，如控制服役温度和腐蚀性介质等。

4）尽量避免在高强度或超高强度状态下使用。

5）合理设计形状和尺寸，防止表面腐蚀或损伤，避免应力集中。

6）避免承受冲击载荷。

7）减小残余内应力，控制焊接或装配造成的拘束应力。如多个构件焊接后彼此之间相互制约，焊接应力无法通过变形释放，会存在较大的焊接拘束应力；同样，多个零件装配式，若位置存在偏离，强行的拉拽或弯曲，都会造成装配时的附加应力。

2.6.6 低温脆性断裂

1. 低温脆性现象

低温脆性是材料屈服强度随温度降低急剧增加（对体心立方金属，是派纳力起主要作用所致）的结果。图 2-51 中，屈服点 σ_s 的变化，即随温度下降而升高，但材料的解理断裂强度 σ_c 却随温度变化很小，因为热激活对裂纹扩展的力学条件 $\left[\sigma_c = \left(\dfrac{2E\gamma_p}{\pi a}\right)^{\frac{1}{2}}\right]$ 没有显著作用，于是两条曲线相交于一点，交点对应的温度即为 T_c，高于 T_c 时，$\sigma_c > \sigma_s$，材料受载后先屈服再断裂，为韧性断裂；低于 T_c 时，外加应力先达到 σ_c，材料表现为脆性断裂。

由于材料化学成分的统计性，韧脆转变温度实际上不是一个温度，而是一个温度区间。

体心立方金属的低温脆性还可能与迟屈服现象有关。迟屈服即对低碳钢施加一高速载荷到高于 σ_s，材料并不立即产生屈服，而需要经过一段孕育期（称为迟屈服时间）才开始塑性变形。在孕育期中只产生弹性变形，由于没有塑性变形消耗能量，故有利于裂纹的扩展，从而易表现为脆

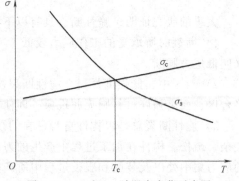

图 2-51 σ_s 和 σ_c 随温度变化示意图

性破杯。

低温脆性对压力容器、桥梁和船舶结构以及在低温下服役的机件是非常重要的。历史上就曾经发生过多起由低温脆性导致的断裂事故，造成了很大损失。

2．韧脆转变温度及其定义

（1）韧脆转变温度的概念　体心立方晶体金属及合金或某些密排六方晶体金属及其合金，特别是工程上常用的中、低强度结构钢（铁素体-珠光体钢），在试验温度低于某一温度 T_c 时，会由韧性状态变为脆性状态，冲击吸收能量明显下降，断裂机理由微孔聚集型转变为穿晶解理型，断口特征由纤维状变为结晶状，这就是低温脆性。转变温度称为韧脆转变温度，也称为冷脆转变温度。T_c 即为材料的延性-脆性转变温度，或韧脆转变温度。面心立方金属及其合金一般没有低温脆性现象，但有实验证明，在 $4.2 \sim 20K$ 的极低温度下，奥氏体钢及铝合金也有冷脆性。高强度的体心立方合金（如高强度钢及超高强度钢）在很宽温度范围内，冲击吸收能量均较低，故韧脆转变不明显。

静拉伸试验、冲击试验都可显示材料低温脆性倾向，测定韧脆转变温度。当温度降低时，材料屈服强度（σ_s 或 $\sigma_{0.2}$）急剧增加，而塑性（A、Z）急剧减小。材料屈服强度急剧升高的温度，或断后伸长率、断面收缩率、冲击吸收能量急剧减小的温度，就是韧脆转变温度 T_c。用拉伸试验测定的 T_c 偏低，且试验方法不方便，故通常还是用缺口试样冲击试验测定 T_c。在低温下进行系列冲击试验，测出试样断裂消耗的功或断裂后塑性变形量或断口形貌（各区所占面积）随温度变化的关系曲线，根据这些曲线求 T_c。

（2）韧脆转变温度的定义

1）按能量法定义 T_c 的方法。

① 当低于某一温度时，金属材料吸收的冲击能量基本不随温度而变化，形成一平台，该能量称为低阶能（见图 2-52）。以低阶能开始上升的温度定义为 T_c，并记为 NDT（Nil Ductility Temperature），称为无塑性或零塑性转变温度。这是无预先塑性变形断裂对应的温度，是最易确定的准则。在 NDT 以下，断口由 100% 结晶区（解理区）组成。

② 高于某一温度，材料吸收的能量也基本不变，出现一个上平台，称为高阶能。以高阶能对应的温度为 T_c，记为 FTP（Fracture Transition Plastic）。高于 FTP 下的断裂，将得到 100% 纤维状断口（零解理断口）。这是一种最保守的定义 T_c 的方法。

③ 以低阶能和高阶能平均值对应的温度定义为 T_c，并记为 FTE（Fracture Transition Elastic）。

2）按断口形貌定义 T_c 的方法。冲击试样冲断后，其断口形貌如图 2-53 所示。

如同拉伸试样一样，冲击试样断口也有纤维区、放射区（结晶区）与剪切唇几部分。有时在断口上还

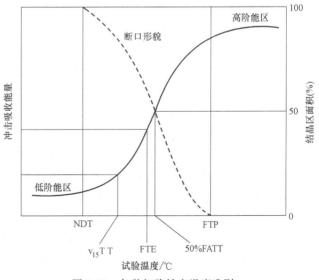

图 2-52　各种韧脆转变温度准则

看到有两个纤维区，放射区位于两个纤维区之间。出现两个纤维区的原因为试样冲击时，缺口一侧受拉伸作用，裂纹首先在缺口处形成，然后向厚度两侧及深度方向扩展。由于缺口处是平面应力状态，若试验材料具有一定塑性，则在裂纹扩展过程中便形成纤维区。当裂纹扩展到一定的深度，出现平面应变状态，且裂纹达到 A. A. Griffith（雷格菲斯）裂纹尺寸时，裂纹快速扩展而形成结晶区。到了压缩区之后，

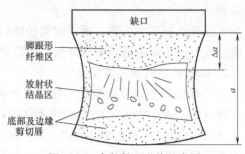

图 2-53　冲击断口形貌示意图

由于应力状态发生变化，裂纹扩展速率再次减小，于是又出现纤维区。

试验证明，在不同试验温度下，纤维区、放射区与剪切唇三者之间的相对面积（或线尺寸）是不同的。当温度下降到某一值时，纤维区面积突然减少，结晶区面积突然增大，材料由韧变脆。通常取结晶区面积占整个断口面积 50% 时的温度为 T_c，并记为 50%FATT（Fracture Appearance Transition Temperature）或 $FATT_{50}$、T_{50}。

50%FATT 反映了裂纹扩展变化特征，可以定性地评定材料在裂纹扩展过程中吸收能量的能力。实验发现，50%FATT 与断裂韧度开始急速增加的温度有较好的对应关系，故得到广泛应用。但此种方法评定各区所占面积受人为因素影响，要求测试人员要有较丰富的经验。

韧脆转变温度 T_c（FTE、50%FATT、NDT 等）也是金属材料的韧性指标，因为它反映了温度对韧脆性的影响。T_c 与 A、Z、A_K、NSR 一样，也是安全性指标，是从韧性角度选材的重要依据之一，可用于抗脆断设计，保证机件服役安全，但不能直接用来设计机件（或构件）的承载能力或截面尺寸。对于低温下服役的机件（或构件），依据材料的 T_c 值可以直接或间接地估计它们的最低使用温度。显然，机件（或构件）的最低使用温度必须高于 T_c，两者之差愈大愈安全。为此，选用的材料应该具有一定的韧性温度储备，即应该具有一定的 Δ 值。Δ=T_0-T_c，Δ 为韧性温度储备，T_0 为材料使用温度。通常，T_c 为负值，T_0 应高于 T_c，故 Δ 为正值，Δ 值取 40~60℃实际上已经足够。为了保证可靠性，对于受冲击载荷作用的重要机件，Δ 取 60℃；不受冲击载荷作用的非重要机件，Δ 取 20℃；中间者取 40℃。

由于定义 T_c 的方法不同，同一材料所得 T_c 也有差异；同一材料，使用同一定义方法，由于外界因素的改变（如试样尺寸、缺口尖锐度和加载速率等），T_c 也要变化。所以，在一定条件下，用试样测得的 T_c，因为和实际结构工况之间无直接联系，不能说明该材料制成的机件一定在该温度下脆断。

3. 韧脆转变温度的测定方法

（1）冲击试验法　采用冲击试验测定材料的韧脆转变温度比较方便易行，但对冲击断口上各区域特征的定量评价与人为因素的影响较大。用拉伸试验测定的材料的韧脆转变温度较实际值低一些，但受人为影响因素较小。

（2）拉伸试验法　除面心立方以外的所有金属材料均属于冷脆金属，低碳钢是典型的冷脆金属。温度对低碳钢力学性能指标及断裂特征的影响如图 2-54 所示。在不同温度做拉伸试验时，低碳钢的断裂形式及韧脆行为发生很大变化。在 A 区为典型的宏观韧性断裂，B 区为微孔型（心部）和解理型（周边）的混合断裂，仍为宏观韧性断裂；在 C 区，也为宏

观韧性断裂，但不形成缩颈，断口为百分之百的解理断裂，即宏观韧性解理；D 区为宏观脆性解理，解理断裂应力与屈服应力重合；E 区也为宏观脆性解理，与 D 区不同的是断口附近的晶粒内可见形变孪晶，前者为滑移变形。由此可见，随着温度的降低，低碳钢的断裂行为发生如下变化：

1）屈服点和断裂正应力随温度降低而显著升高，而塑性指标 ψ_f 逐渐降低。

2）在较低的温度下发生断裂形式的变化，即由微孔型断裂向解理断裂转化。

3）在更低的温度下发生韧脆过渡，即由宏观韧性的微孔型断裂向宏观脆性的解理断裂过渡，在此时的极限塑性趋近于零。这种过渡的临界温度称为脆性转变温度，在图 2-54 中以 T_0 表示。该 T_0 即相当于韧脆转变温度 T_c。

上述特点，对于所有冷脆金属来说，都有类似情况。不同的冷脆金属其断裂形式及韧脆过渡的对应温度相差很大。即使是同一种冷脆金属，因其内部组织结构的不同也存在很大的差别。在进行实际分析时，还必须严格注意断裂构件的不同部位，也就是说，同一个构件上不同部位也有很大差别。例

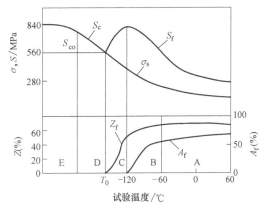

图 2-54 温度对低碳钢拉伸性能的影响

S_c—解理断裂应力 S_f—断裂正应力

σ_s—屈服点 S_{co}—解理断裂临界应力

A_f—断口中纤维区百分数 Z_f—极限断面收缩率

如，对于发生冷脆断裂的焊接结构件，取样试验时必须区分焊接接头部位和远离焊接部位的母材之间的差别。

（3）落锤试验法 普通的冲击试验试样尺寸过小，不能反映实际构件中的应力状态，而且结果分散性大，不能满足一些特殊要求，而采用拉伸试验测得的 T_c 又偏低。为此，20世纪 50 年代初，美国海军研究所 W. S. pellini（派林尼）等人提出了落锤试验方法，用于测定全厚钢板的 NDT，以作为评定材料的性能标准。该试验的试样厚度与实际使用板厚相同，其典型尺寸为 25mm×90mm×350mm、19mm×50mm×125mm 或 16mm×50mm×125mm。因试样较大，试验时需要较大冲击能量，故不能再用一般摆锤式冲击试验机，而必须用落锤击断。

试验时，试样一面堆焊一层脆性合金（长 64mm、宽 15mm，厚 4mm），焊块中用薄片砂轮或手锯割开一个缺口，其宽度 ≤1.5mm，深度为焊块厚度一半，用以诱发裂纹。

试样冷却到一定温度后放在砧坐上，缺口方向朝下，使有焊肉的轧制面向下处于受拉侧，然后落下重锤进行打击。随着试验温度的下降，其力学行为会发生如下变化。

不裂→拉伸侧表面部分形成裂纹，但未发展到一侧或边缘→拉伸侧表面裂纹发展到一侧或两侧边缘→试样断成两部分。一般取拉伸侧表面裂纹发展到一侧边或两侧边的最高温度为 NDT。

落锤试验法的缺点是对脆性断裂不能给予定量评定。因为试验使用动载荷，其结果能否用于静载荷尚需研究。此外，板厚的影响也未考虑。

目前，NDT 已成为低强度钢构件防止脆性断裂设计时的重要依据之一。

4. 低温脆断的条件及影响因素

1）只有冷脆金属才会发生低温脆断。绝大多数的体心立方金属都属于冷脆金属，都具有发生冷脆断裂的可能性。

2）环境温度低于材料脆性转变温度。

3）构件几何尺寸较大，构件处于平面应变状态。

材料的脆性转变温度并不是一个固定的值，材料中的缺陷（微裂纹、缺口、大块夹杂等）、晶粒粗大使脆性转变温度提高。

对于光滑试件，发生韧脆过渡的临界条件为

$$\sigma_s(T_0) = S_c \tag{2-74}$$

而对于裂纹试件，发生韧脆过渡的临界条件为

$$\sigma_s(T_0) = 0.4S_c \tag{2-75}$$

晶粒尺寸对低温脆断的影响是很显著的，材料的脆性转折温度 T_0 与晶粒尺寸 d 之间的关系为

$$T_0 = A - B\ln d^{-1/2} \tag{2-76}$$

由于缺陷的存在或者晶粒粗大，可使材料的冷脆转折温度提高到室温，因而在室温即可发生脆性解理断裂。普通的铸铁件，虽然其硬度不高，基体为塑性很好的铁素体或珠光体，但由于大多数铸铁件铸造后直接使用，其晶粒较为粗大，并含有大量缺陷（片状石墨、粗大的碳化物与空洞等），使冷脆温度显著升高，所以在室温条件下即可发生宏观脆性的解理断裂。

炼钢脱氧方法和除硫、磷的好坏，轧制时终轧温度等工艺因素对钢的低温脆性有较大的影响，因为冶金因素直接影响到钢中非金属夹杂物和气体含量以及钢的晶粒度。

降低终轧温度可得到较细晶粒，从而使脆性转变温度降低。同样，终轧后经正火处理，或者正火处理后在钢中加铌等细化晶粒，均可降低钢的脆性转变温度。另外，增加钢中锰与碳之比高，也可使其脆性转变温度降低。

由于焊接时在焊缝和热影响区易形成粗大组织和缺陷，导致焊接接头部位的冷脆转变温度高于焊接母材的冷脆转变温度。实际分析时，焊接结构的冷脆问题应引起足够重视。

5. 冷脆金属低温脆断的判断依据

（1）宏观特征 典型断口宏观特征为结晶状，并有明显的镜面反光现象。断口与正应力轴垂直，断口齐平，附近无缩颈现象，无剪切唇。断口中的反光小平面（小刻面）与晶粒尺寸相当。马氏体基高强度材料断口有时呈放射状撕裂棱台阶花样。

（2）微观形貌 冷脆金属低温断裂断口的微观形貌具有典型的解理断裂特征，如河流花样、台阶、舌状花样、鱼骨花样、羽毛状花样、扇形花样等。对于一般工程结构用钢，通常所说的解理断裂，主要是在冷脆状态下产生的。马氏体基高强度材料低温脆断的断裂机制为准解理。

（3）低温脆性试验 实际测试失效件的韧脆转变温度，再与实际工作温度比较，若高于实际工作温度则判断为低温脆断，否则可能为其他的原因。

6. 低温脆性的对策

低温脆断的预防对策如下：

1）设计时要合理选材，因为只有冷脆金属才会发生低温脆断。

2）提高材料的纯净度，减小（减少）材料缺陷，避免应力集中。

3）降低钢中 S、P 的含量。

4）使用细晶粒钢。

5）控制环境温度不超过材料的脆性转变温度。

6）合理设计构件的形状尺寸，尽量使构件处于平面应变的服役状态。

2.6.7 回火脆性断裂

1. 回火脆性现象

大多数中、高碳钢淬火后须经过回火处理以提高其韧性。冲击试验表明，许多钢的冲击韧度并不是随回火温度升高而线性升高的。如图 2-55 所示，在两个回火温度区间会出现冲击韧度明显下降的现象，断裂时常出现脆性，该现象称为钢的回火脆性。

（1）第一类回火脆性 发生在较低温度（≈350℃）的脆性称为低温回火脆性或回火马氏体脆性（TME），又称第一类回火脆性，或不可逆回火脆性，即重复回火时不再出现。在空气炉中于 350℃ 左右回火时，机械加工表面会因空气的氧化而呈现蓝色，所以这类回火脆性也称蓝脆，有些钢在焊接后于母材区

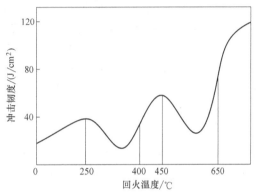

图 2-55 回火温度对钢的冲击韧度的影响

域容易出现。由于这类回火脆性一般发生在高纯度的钢中，与杂质偏聚无关，断裂为穿晶型准解理。产生的原因是存在碳化物转变（ε-相→渗碳体），或者由于板条间残留奥氏体向碳化物的转变，这些板条内或板条间渗碳体型碳化物易成为裂纹形成的通道。

（2）第二类回火脆性 发生在较高温度（≈500℃）的脆性称为高温回火脆性，又称第二类回火脆性。第二类回火脆性与材料的合金元素（Cr，Mn，Mo，Ni，Si）和杂质元素含量（S，P，Sb，Sn，As）及处理的温度有关，断裂为沿晶断裂。这种脆性发生在纯度较低的钢中，与杂质元素向原奥氏体晶界偏聚有关，与在原始奥氏体晶界形成 Fe_3C 的薄壳，或者由于沿原奥氏体晶界杂质元素偏聚及 Fe_3C 析出的共同作用有关，此类回火脆性具有可逆性，即在重新回火时仍会表现出来。

淬火+回火的某些合金钢，低温回火时，回火温度比正常回火温度偏高，易出现第一类回火脆性。如 4340 钢（美国牌号，相当于我国的 40CrNiMoA）在 310℃ 附近有回火脆性，在回火脆性区的断裂机制主要为沿晶断裂和解理断裂，有少量的穿晶断裂。弹簧钢、高合金工具钢回火温度偏低时，也易出现这类回火脆性。调质钢，特别是 Cr、Mn 等合金元素较高的钢材，在高温回火时，常因在脆化温度区间停留时间过长而出现第二类回火脆性。某些合金钢渗氮处理时，也容易出现这类回火脆性。

2. 回火致脆断裂的分析方法

在失效分析时，对于具有产生回火脆性条件，怀疑可能是回火脆性断裂的构件，可取样进行材料回火脆性试验。通过试验可以确定钢材回火脆性的严重程度，选择正确的试验方法是很关键的。

表征材料回火脆性的力学性能指标有 A_K、K_{IC}、S_f 及临界裂纹尺寸的特征参量 a_{sc} 等，能够正确显示材料回火脆性的检验方法有室温拉伸试验法、系列拉伸试验法、低温拉伸试验法、断裂韧度法等。

(1) 室温冲击试验法　将待测钢材加工成缺口冲击试样，淬火并经不同温度回火后，在室温下测试其 A_K 值，可以得到图 2-55 所示的曲线，由此确定材料的回火脆性温度范围和脆化程度，试验温度一般应低于 25℃，过高的试验温度将影响试验结果，甚至显示不出回火脆性。

(2) 系列冲击试验法　将待测钢材加工成缺口冲击试样，在不同温度下测试其 A_K 值，由此确定材料脆性转变的温度。回火脆性的力学本质是钢的脆性转变温度的上移，以致在室温下发生由微孔型宏观延性断裂向沿晶型脆性断裂的过渡现象。将脆化材料的试验结果与同一材料未脆化的脆性转变温度比较，即可确定是否存在回火脆性及其严重程度。

(3) 低温拉伸试验法　低温拉伸试验时能够显示出脆性状态材料所特有的韧塑性显著降低的现象。利用低温拉伸法，测量试样的 S_f 及 Z_f（极限断面收缩率）并与未脆化状态材料的同类指标对比，则可确定材料的回火脆性状态。一般强度指标 $\sigma_{0.2}$（σ_b）不能显示钢的回火脆性。

(4) 断裂韧度法　利用断裂韧度的测试法，测出材料的 K_{IC} 及 a_{sc} 值，也能显示材料的回火脆性。一般来说，回火脆性对室温下的 K_{IC} 值影响并不明显，而裂纹失稳扩展时的特征参量 a_{sc} 值则对回火脆性极为敏感。

由公式

$$K_{IC} = \sigma_c \sqrt{\pi a_c}$$

可知

$$a_c = \frac{1}{\pi}\left(\frac{K_{IC}}{\sigma_c}\right)^2$$

当 $\sigma_c = \sigma_s$ 时，则有

$$a_{sc} = \frac{1}{\pi}\left(\frac{K_{IC}}{\sigma_c}\right)^2 \tag{2-77}$$

所以 a_{sc} 为裂纹失稳扩展时的表征裂纹特征的参量。

必须注意，通常的室温拉伸试验不能显示回火脆性。

拉伸断口特征的对比分析也是确定回火脆性导致断裂的分析方法。一般分析时，需要对同一种材料相同的构件进行分析比对。

3. 回火致脆断裂的影响因素

(1) 化学成分的影响　断裂韧度随回火温度的变化取决于钢的成分，不同钢种其变化规律是不相同的。因为钢种不同，在回火过程中组织变化是各不相同的，而且对回火脆性敏感性也各有差异。

回火温度对钢的断裂韧度有显著影响，超高强度钢 F96 的 K_{IC} 与回火温度关系如图 2-56 所示，由图可知，缓慢冷却时，在 300℃、400℃ 回火时 K_{IC} 很低，它沿晶界断裂呈回火脆性，而在 400~500℃ 回火后 K_{IC} 显著提高。对一般合金结构钢而言，在 400℃ 以后随温度升高而 K_{IC} 值提高，如 40CrNiMoA 钢回火温度 400℃ 以后断裂韧度显著提高，Ni 的质量

分数为 5% 的马氏体钢 K_{IC} 随温度升高而增加。但也有例外的，如为了发挥 20SiMnMoV 低碳马氏体钢优点，采用 200 ~ 250℃ 回火，不仅有高的强度性能，而且有最高的 K_{IC} 值，以后随回火温度的升高，σ_b 和 K_{IC} 值均显著降低。

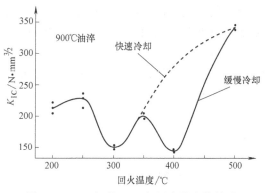

图 2-56　F96 钢的 K_{IC} 与回火温度的关系

（2）微量元素的影响　微量元素使钢的缺口韧性降低，对钢的断裂韧度也会产生有害影响，对于超高强度钢，S、P、Sn、As 等元素使可使其 K_{IC} 降低，特别是 P+Sn，P+S，S+As 等复合存在时，K_{IC} 下降得更为明显。主要原因是这些元素偏析于原始奥氏体晶界，促使晶界表面能降低，从而降低晶界断裂应力，增加了钢的回火脆性，从而降低了钢的断裂韧度。

S 和 P 对钢的断裂韧度起有害作用。随着 S、P 含量增加，钢的 K_{IC} 降低。超高强度钢（如 Cr-Ni-Mo 系列钢）中 S、P 含量增加可使其 K_{IC} 降低，而且 S 的危害比 P 大。但在 GCr15 钢中 S 含量增加有利于 K_{IC} 提高。GCr15 钢是高碳轴承钢，在退火、淬火+回火状态下钢中碳化物数量比 MnS 夹杂物多，而 MnS 对钢的 K_{IC} 影响远次于碳化物的影响。S、P 对钢断裂韧度影响视钢中合金元素而定，一般而言，它是起有害作用的，但在 GCr15 钢中 S 起有益作用。

关于 S、P 降低钢断裂韧度的原因，除了其偏聚于原始奥氏体晶界，促使晶界脆化外，S 形成的 MnS 在基体中成为脆性微裂纹起源核心，使微裂纹成核源增加，导致脆性容易发生。

（3）碳化物的影响　4340 钢经油淬后无碳化物析出，低于 100℃ 回火时出现薄的 ε 碳化物和渗碳体，ε 碳化物大概在 200℃ 分解，300℃ 回火时 ε 碳化物只是有点状痕迹，回火温度高于 300℃ 时薄的 ε 碳化物已不出现，随着回火温度升高仅仅是渗碳体长大。所以，对 4340 钢而言，随着回火温度升高，屈服应力降低，K_{th} 在回火温度为 300℃ 时出现最低值。这主要是薄的 ε 碳化物分解的碳转变为间隙固溶，并偏析于原始奥氏体晶界，间隙的碳与环境氢结合显著地降低了 300℃ 回火时试样的 K_{th} 值。

4. 回火致脆断裂的判断依据

（1）宏观形貌特征　断面结构粗糙，断口呈银白色的结晶状，一般为宏观脆断。但在脆化程度不严重时，断口上也会出现剪切唇。

（2）微观形貌特征　典型微观形貌为沿奥氏体晶界分离形成的冰糖块状。晶粒界面上一般无异常沉淀物，因而有别于其他类型的沿晶断裂。但马氏体回火致脆断裂的解理面上可能出现碳化物第二相质点及细小的韧窝花样，除此之外，在断口上一般可见二次断裂裂纹。

（3）检测韧性指标　出现回火脆性时其断裂韧度会明显降低，在实际分析时也可以采用测试冲击韧度的方法来判断。

5. 回火致脆断裂的对策

回火脆性是材料的固有特性，要避免回火脆性，首先要从设计做起。设计人员必须了解各种材料的回火脆性特性，在选择材料强度范围时，要考虑其回火温度范围。对于有马氏体回火脆性（TME）的材料，要避免在其回火脆性温度范围内回火。对于有回火脆性（TE）的材料，当其实际回火温度高于其回火脆性温度范围时，当回火均温时间完成后，要采取快速冷却的方法使其快速通过回火脆性温度范围。渗氮钢的前处理一般都为调制处理，渗氮温度一般在 500~600℃ 之间，对有些具有回火脆性的渗氮钢，当渗氮过程结束后，也要采取快速冷却的方法使其快速通过回火脆性温度范围，使钢中的有害杂质元素来不及在晶界偏聚，从而避免回火脆性。

2.7 蠕变断裂

2.7.1 蠕变和蠕变失效

固体材料在较长的时间内，在保持外力和温度不变的情况下，应变随时间的延长而增加的现象称为蠕变，由这种蠕变而导致的失效称为蠕变失效。蠕变不同于塑性变形，即便是小于弹性极限的应力，但只要应力作用的时间足够长，就会引起蠕变。

2.7.2 蠕变过程

金属的蠕变过程一般分为三个阶段，可采用蠕变曲线表示，如图 2-57 所示。

第一阶段 I（或 AB 段）：减速蠕变阶段，为非定常蠕变，应变速率随时间的增加而减小。

第二阶段 II（或 BC 段）：恒速蠕变阶段，为定常蠕变，应变速率基本保持常值。

第三阶段 III（或 CD 段）：加速蠕变阶段，应变率随时间而增大，最后材料在 t_r 时刻发生断裂。

一般情况，温度升高或应力增加都会使蠕变速率加快，并缩短达到蠕变断裂的时间。若应力较小或温度较低，则蠕变的第二阶段持续的时间较长，甚至不出现第三阶

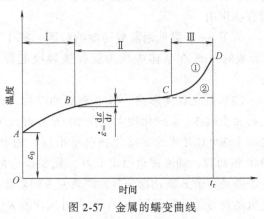

图 2-57 金属的蠕变曲线
①—恒载荷 ②—恒应力

段；若应力较大或温度较高，则蠕变的第二阶段时间较短，甚至不出现，而可能直接发生蠕变断裂。

2.7.3 蠕变断裂类型

金属材料在蠕变过程中可发生不同形式的断裂，按照断裂时塑性变形量大小的顺序，可以将蠕变断裂分为如下类型：

1. 沿晶蠕变断裂

沿晶蠕变断裂是常用高温金属材料（如耐热钢、高温合金等）蠕变断裂的一种主要形式。主要原因是因为在高温、低应力和较长时间作用下，随着蠕变的不断进行，晶界滑动和

晶界扩散比较充分，促进了空洞和裂纹沿晶界形成和发展。图 2-58 为实际检测时观察到的蠕变空洞形貌。

2. 穿晶蠕变断裂

穿晶蠕变断裂主要发生在高应力条件下，其断裂机制与室温条件下的韧性断裂类似，是空洞在晶粒中的夹杂物处形成，并随蠕变进行而扩展、汇合的过程。

3. 延缩性蠕变断裂

延缩性蠕变断裂主要发生在高温（$T>0.6T_m$）条件下。这种断裂过程总伴随着动态再结晶，在晶粒内不断产生细小的新晶粒。由于晶界面积不断增大，空位将均匀分布，从而阻碍空洞的形成和扩展。因此，动态再结晶抑制沿晶断裂。晶粒大小与应变量成反比。

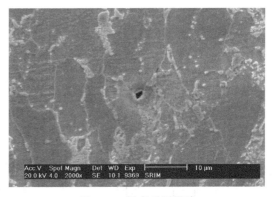

图 2-58　蠕变空洞形貌

注：规格为 φ273mm×9mm，材料为 15CrMoG，管内通过热蒸汽，管外采用保温材料保护。管子正常使用温度 <450℃（一般为 420℃），管内使用压力为 3.5～3.9MPa，设计寿命为 15～20 年，实际使用一年半发生爆裂。

目前，还没有一个通用的蠕变理论可用于解释所有的蠕变现象。对于金属材料，目前的蠕变理论主要有老化理论、强化理论和蠕变后效理论。

2.7.4　蠕变变形与蠕变断裂机理

1. 蠕变变形机理

金属的蠕变变形主要是通过位错滑移、原子扩散等机理进行的。各种机理对蠕变的作用随温度及应力的变化而有所不同。

（1）位错滑移蠕变　在蠕变过程中，位错滑移仍然是一种重要的变形机理。在常温下，若滑移面上的位错运动受阻产生塞积，滑移便不能继续进行，只有在更大的切应力作用下，才能使位错重新运动和增值。但在高温下，位错可借助于外界提供的热激活能和位错扩散来克服某些短程障碍（如固定位错和弥散质点等），从而使变形不断产生。位错热激活的方式有多种，高温下的热激活过程主要是刃型位错的攀移。图 2-59 为刃型位错攀移克服障碍的几种模型。由此可见，塞积在某种障碍前的位错通过热激活可以在新的滑移面上运动，或者与异号位错相遇而对消，或者形成亚晶界，或者被晶界所吸收。当塞积群中某一个位错被激活而发生攀移时，位错源便可能再次开动而释放出一个新的位错，从而形成动态回复过程。这一过程不断进行，蠕变得以不断发展。

在蠕变的第一阶段，由于蠕变变形逐渐产生应变硬化，使位错源开动的阻力及位错滑移的阻力逐渐增大，致使蠕变速率不断下降。

在蠕变的第二阶段，由于应变硬化的发展，促进了动态回复的进行，使金属不断软化。当应变硬化与回复软化两者达到平衡时，蠕变速率遂为一常数。

（2）扩散蠕变　扩散蠕变是在较高温度（约比温度大大超过 0.5）下的一种蠕变变形机理。它是在高温条件下大量原子和空位定向移动造成的。在不受外力的情况下，原子和空位的移动没有方向性，因而宏观上不显示塑性变形。但当金属两端有拉应力 σ 作用时，在多晶体内产生不均匀的应变场，则如图 2-60 所示；对于承受拉应力的晶界（如 A、B 晶

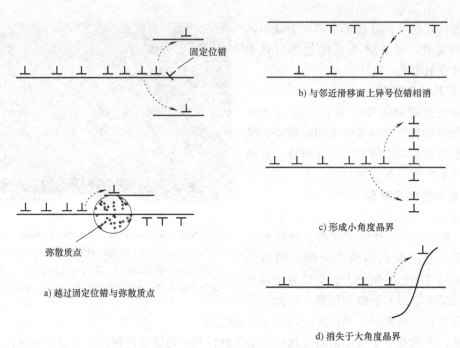

图 2-59 刃型位错攀移克服障碍的模型

注：——→为刃型位错移动方向。

界），空位浓度增加；对于承受压应力的晶界（如
C、D 晶界），空位浓度减小。因而在晶体内空位将
从受拉晶界向受压晶界迁移，原子则向相反方向流
动，致使晶体逐渐产生伸长的蠕变。这种现象即称
为扩散蠕变。

　　另外，在高温条件下由于晶界上的原子容易扩
散，受力后晶界易产生滑动，也促进蠕变进行，但
它对蠕变的贡献并不大，一般为 10% 左右。晶界滑
动不是独立的蠕变机理，因为晶界滑动一定要和晶
内滑动变形配合进行，否则就不能继续维持晶界的
连续性，会导致晶界上产生微裂纹。

2. 蠕变断裂机理

　　从微观角度来说，蠕变断裂是由空洞成核和成
长及其相互连接成裂纹后所引起的。目前蠕变晶界

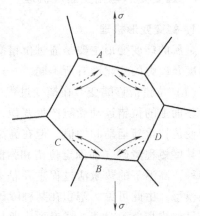

图 2-60 晶粒内部扩散蠕变示意图

注：——→为空位移方向，

——→为原子移动方向。

断裂研究的中心问题之一，就是对蠕变断裂寿命和蠕变脆性如何从理论上进行定量分析。
Hull 和 Rimmer 早在这方面做了详细研究，他们假设蠕变断裂是由球形空洞逐渐合并发生
的，以后许多研究者对蠕变晶界断裂本质进行了大量试验，并考虑了耐热钢和合金的实际组
织结构的影响因素，建立了蠕变晶界断裂模型，以及蠕变断裂寿命的理论计算公式。蠕变断
裂寿命的理论计算是个复杂而困难的问题，目前这方面的研究工作还在继续。随着对晶界空
洞成核和成长机理的进一步了解，以及对空洞大小和空洞百分数定量检测技术的发展，采用
晶界空洞成长方程式对蠕变断裂寿命理论估算是可能的。

（1）晶界裂纹形成的形式　金属和合金在高温蠕变时，晶界裂纹形成有两种形式：①三晶粒交叉处楔型裂纹（称 w 型裂纹或 Zener 型晶界裂纹）；②在晶界上空洞形成（r 型空洞）的晶界裂纹。这两种不同晶界裂纹形成与试验温度和应力大小有关。一般而言，在较低温度和较高应力时蠕变断裂情况下为楔型裂纹；而在高温和低应力时是由 r 型空洞形成的蠕变断裂，介于中间温度和应力时则出现 w 型和 r 型混合的裂纹。

（2）楔型裂纹形成　Zener 首先根据蠕变时晶界黏滞性的特点提出，楔型裂纹形成是以晶界相对滑移在三晶粒交界处受阻造成应力集中所引起的。后人又丰富和发展了这种观点，他们认为，在蠕变过程中晶界滑移需要有晶内变形或其他晶界迁移相配合，否则将在三晶粒交界处产生较大的静拉伸应力集中，当此应力超过晶界结合力时，在该处就形成 w 型空洞，随后发展成楔型裂纹。w 型裂纹成核模型如图 2-61 所示，箭头表示滑移方向，阴影线表示楔型裂纹的形成。这个理论模型是得到一些实验支持的，在各种材料中已经观察到楔型裂纹的产生，如锌的质量分数为 20% 的铝合金在 260℃ 蠕变时出现三晶粒楔型裂纹。同样在

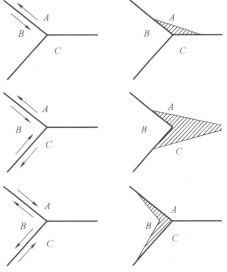

图 2-61　三晶粒交界处楔形裂纹模型

低合金 Cr-Mo 钢、Cr-Mo-V 钢和镍基合金中均观察到此类裂纹的形成。

对三晶粒交界处楔型裂纹形成所需最小应力计算是必要的。McLean 应用 Stroh 公式作为 w 型晶界裂纹的发生条件，其裂纹形成所需的切应力为

$$\tau_s^2 \geqslant \frac{12\gamma G}{\pi L} \tag{2-78}$$

式中，τ_s 为切应力；G 为切模量；γ 为表面能（J/m^2）；L 为滑移长度（μm）。

Weaver 用式（2-78）对 Nimonio80A（GH80A 镍基变形高温合金）进行计算，其所得结果与实验值较为符合。由式（2-78）可知，若使晶界滑移距离 L 显著减小，则会促使 τ_s 增加。另外在裂纹表面有微量有害元素偏析和吸附，使表面能降低，切应力变小，由此可知，钢材中存在微量有害元素将会促使 w 型裂纹的形成。

工程材料在蠕变速度为 $10^{-6}\mathrm{s}^{-1}$ 的高温试验情况下容易观察到楔型裂纹，经一定时间后楔型裂纹高度 W 与晶界滑移速度 $\dot E$ 关系为

$$W = \dot E t d \tag{2-79}$$

假定蠕变时仅仅考虑晶界滑移，Heald 给予楔型裂纹形成的条件式

$\sigma \dot E t_f d = 2\gamma$ 或

$$W = \frac{2\gamma}{\sigma} \tag{2-80}$$

式中，σ 为应力；$\dot E$ 为晶界滑移速度（μm/h）；t_f 为断裂时间（h）；d 为晶粒尺寸（μm）；γ 为表面能（J/m^2）。

上面叙述了楔型裂纹形成条件，而楔型裂纹扩展对蠕变晶界断裂起重要作用。Williams

根据楔型裂纹模型计算了楔型裂纹扩展速度

$$\frac{\mathrm{d}a}{\mathrm{d}t} \approx \frac{\mu\sigma D^2 \dot{\varepsilon}_{\min}^2 t}{4\pi(1-\nu)\gamma} \tag{2-81}$$

式中，a 为裂纹长度（mm）；σ 为应力；D 为晶粒半径（μm）；μ 为切模量；ε 为晶界滑移所引起的最小蠕变速度（s^{-1}）；t 为时间（h）；γ 为裂纹表面能（J/m^2）；ν 为泊松比。

当裂纹扩展到临近三晶粒交叉处时材料便发生断裂，其断裂时间由式（2-81）积分得

$$t_{\mathrm{fr}}^2 = \frac{G_{\mathrm{EL}} 8\pi(1-\nu)\gamma}{\mu D^2 \dot{\varepsilon}_{\mathrm{mcr}}^2} \tag{2-82}$$

式中，G_{EL} 为晶界边界长度（μm）；$\varepsilon_{\mathrm{mcr}}$ 为晶界滑移所引起的临界蠕变速度（s^{-1}）。

根据蠕变速率与应力的关系，$\dot{\varepsilon}_{\mathrm{mcr}} = A\sigma^{-n}$，（$A$，$n$ 为常数）代入式（2-82）得

$$\lg t_{\mathrm{fr}} = -n\lg\sigma + \frac{1}{2}\lg\left[\frac{8\pi(1-\nu)G_{\mathrm{EL}}\gamma}{\mu D^2 A^2}\right] \tag{2-83}$$

利用此式可计算以楔形裂纹为主所引起的蠕变晶界断裂。必须指出，式（2-83）是在三晶粒交界处应力集中基础上推导的。它是假定由晶界滑移所致，楔形裂纹成长和扩展是否单纯由晶界滑移所产生，其扩展机理还不清楚，楔形裂纹的形成可能由晶界滑移和空洞扩散二者结合所引起的。

（3）晶界空洞型成核和成长

1）r 型空洞成核：r 型空洞成核是由晶界滑移、空位扩散凝聚和晶界第二相颗粒为核心等机理所产生。

① 由晶界滑移使空洞成核。

由晶界滑移引起空洞成核的原因：Ⅰ）晶界滑移与晶内滑移带在晶界上交割，在交割处由于位错塞积或晶界滑移受阻而产生拉伸的应力集中，以致形成空洞，如图 2-62a 所示；图 2-62b 表示晶内滑移带越过晶界时引起狭小的台阶，而在晶界上形成空洞；Ⅱ）晶界上凹凸不平，随着晶界滑移量的增加，破裂的晶界面积比和空洞数增加，晶界滑移对 r 型空洞的形成起一定的作用；Ⅲ）晶界上存在第二相颗粒，当晶界滑移受阻时导致破裂而形成空洞（见图 2-63）。

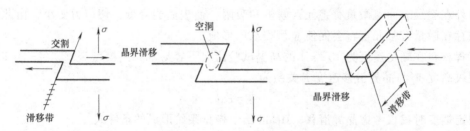

a) 晶界滑移与晶内滑移带交割   b) 晶内滑移带越过晶界

图 2-62　晶界滑移形成空洞模型

② 空洞由空位凝聚成核。

早期 Greenwood 提出 r 型空洞形成和成长可以由空位凝聚而产生。在近代的蠕变晶界裂纹形成机理中，空位扩散和凝聚可能引起 r 型空洞形成和成长，其公式为

$$\sigma \geqslant \frac{2\gamma_s}{r} \qquad (2\text{-}84)$$

式中，σ 为应力；γ_s 为表面能（J/m^2）；r 为空洞半径（μm）。

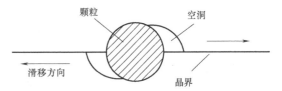

图 2-63　在第二相颗粒上空洞形成模型

Hull 用静压力 P 叠加于拉应力 σ 的影响，实验证明了空位扩散机理，在他的试验条件下式（2-84）变成

$$\sigma - P > \frac{2\gamma_s}{r} \qquad (2\text{-}85)$$

由式（2-85）可改写为空洞成长到所需临界尺寸

$$r > \frac{2\gamma_s}{\sigma - P} \qquad (2\text{-}86)$$

若空洞核小于临界尺寸，则它将被分解而消失；若大于临界尺寸，则空位凝聚成空洞，并稳定地成长到一定尺寸；若 σ 接近于 P 时，空洞将不会成长而消失；当 $\sigma = P$ 时不会有空洞产生。

2）r 型空洞成长：蠕变空洞成长理论同样是以空位凝聚和晶界滑移为基础的。由空位凝聚而使空洞成长看来是可能的，Hpphin 认为较高空位过饱和有助于空洞成长。Racteliffe 在静压应力作用下观察了镁的蠕变行为，他指出空洞成长是由空位凝聚所引起的；Boettner 和 Roberton 测定了铜的密度变化，并研究了铜在蠕变时空洞成长，获得空洞成长激活能等于 29000cal/mol（1cal = 4.1868J），这与 Hull 的试验结果相一致。

Hull 根据空洞成长的空位凝聚机理，假定空位由表面扩散，而空洞仍保持其球形，求得空洞成长速度为

$$\frac{dr}{dt} = \frac{D_g \delta_z (\sigma - P) \Omega}{2kTar} \qquad (2\text{-}87)$$

式中，r 为空洞半径（μm）；D_g 为晶界扩散系数（$10^{-12} m^2/s$）；δ_z 为晶界宽度（$10^{-9} m$）；σ 为应力；P 为静压力（$10^6 N$）；Ω 为原子体积（$10^{-29} m^3$）；T 为绝对温度（K）；a 为空洞间距（μm）；k 为常数。

Hull 用铜实验表明：由式（2-87）计算的结果与实验结果相符合。当 $a \gg r$ 时，将式（2-87）积分求得断裂时间为

$$t_r = \frac{kTa^3}{4D_g \delta_z (\sigma - P) \Omega} \qquad (2\text{-}88)$$

式（2-87）是以假定空洞成长速度受晶界扩散过程控制为基础的。Hull 公式的不足之处是：①他假定空洞在蠕变试验开始瞬间成核，而现在证明空洞成核是有孕育期的，而空洞数在蠕变情况下是连续增加的；②他假定空洞是以球形成长，而实际观察到在晶界上空洞成长有球形、椭圆形和不规则等各种形状，如在低合金 Cr-Mo-V 耐热钢中晶界上空洞是以不规则尖角形相互连接的；③他假定晶界上空洞成长单纯是由扩散机理所引起的，事实上晶界上空洞成长是相当复杂的，不能单纯用空位扩散和凝聚来解释，而在空洞成长过程中晶界剪切滑移机理也起一定作用。尽管如此，式（2-87）仍然是晶界上空洞成长的基本表达式，以后的许多研究是以此为基础的，考虑到耐热钢在蠕变断裂过程中实际情况，可加以修正。

有许多文献证明扩散机理对晶界上空洞成长起重要作用，晶界上空洞形态暗示空洞成长与扩散密切相关。在低应力蠕变时滑移和晶界滑移所起的作用较小，晶界空洞形状决定于晶界流动与空洞表面的相对数量和空洞表面上的扩散，空洞成长是受扩散控制的。

空洞扩散方程式的基本形式是由 Hull 提出的，但这是一种简单形式，他假定表面扩散非常快，并且空洞形状成球形。这种假定随后被认为不太切合实际，空洞可能是椭圆形成长。F. Dobeš 对空洞以椭圆形成长做了分析，并假定为扁球椭圆形空洞，其空洞成长速度方程式为

$$\begin{cases} \dfrac{\mathrm{d}b}{\mathrm{d}t} = \dfrac{8D_s\delta\gamma\Omega}{KT} \times \dfrac{(a^2-b^2)b}{a^6} \\[4mm] \dfrac{\mathrm{d}a}{\mathrm{d}t} = \dfrac{3}{16}\dfrac{WD_{gb}\Omega(a^2+b^2)}{KTab^3}\left(\sigma - \lambda\dfrac{a^2+b^2}{ab^2}\right) - \dfrac{a}{2b}\times\dfrac{\mathrm{d}b}{\mathrm{d}t} \end{cases} \tag{2-89}$$

式中，σ 为椭圆形长轴的长度（μm）；b 为椭圆形短轴的长度（μm）；γ 为表面能（J/m^2）；K 为常数；D_{gb} 为晶界扩散系数（10^{-12} m^2/s）；D_s 为表面扩散系数（10^{-15} m^2/s）；W 为晶界宽度（10^{-9} m）；Ω 为原子体积（10^{-29} m^3）；δ 为表面扩散层宽度（10^{-10} m）；T 为温度（K）；σ 为应力。

试验观察表明，空洞具有连续成长的特征，它在最大变形集中处沿晶界延伸并成长为椭圆形，其主轴垂直于工作应力，其经验公式如下

$$\begin{cases} W_m = 7.1\times10^{-5}(\sigma^3 t)^{\frac{1}{2}} \\[2mm] L_m = 1.3\times10^{-4}(\sigma^3 t)^{\frac{1}{2}} \\[2mm] h_m = 4.2\times10^{-5}(\sigma^3 t)^{\frac{1}{2}} \end{cases} \tag{2-90}$$

式中，W_m 为最大空洞宽度（μm）；L_m 为最大空洞长度（μm）；h_m 为最大空洞高度（μm）；σ 为应力；t 为时间（h）。

必须指出，晶界滑移在空洞成长中起了一定的作用。在铜的蠕变试验中，发现蠕变速度大的情况下，空洞位置与晶界成45°角，而空洞成长是由晶界滑移引起的；在蠕变速度小的情况下，空洞多数与晶界相垂直，它是由吸收晶界附近空位而成长。虽然晶界滑移对 r 型空洞成长具有一定作用的，但是截至目前还没有一个由晶界滑移引起空洞成长时空洞成长速度的定量表达式。

2.7.5 蠕变断裂的判断依据

1. 蠕变断裂的特点

1）蠕变在任何温度时均可发生，但最易发生的温度区在 $T \geqslant 0.4T_m$（T_m 为熔点），碳钢使用温度超过 300℃、合金钢温度超过 400℃时，就必须考虑蠕变的影响。

2）蠕变断裂与温度、材质和运行时间有关。

3）材料抗蠕变的能力是蠕变强度，用蠕变极限表示；材料抗蠕变断裂的能力用持久强度表示，材料的蠕变强度常用条件蠕变极限表示，为：$\sigma_{t(\text{时间，如}1000\text{h})}^{T(\text{温度，如}600℃)}$，单位是 MPa。

2. 蠕变断裂的断口特征

（1）宏观特征　大多数蠕变断裂都存在明显的塑性变形特征。在断口附近产生许多微裂

纹，使断裂件的表面呈现龟裂现象。蠕变断裂的另一个特征是高温氧化现象，在断口表面形成一层氧化层。

（2）微观特征　大多数金属构件发生的蠕变断裂都是沿晶断裂，但当温度比较低时（在等强温度以下），也可能出现与常温断裂相似的穿晶断裂。和其他沿晶断裂不同之处在于，沿晶蠕变断裂的截面上可以清楚地看到局部地区晶间的脱开及空洞现象。除此之外，断口上存在与高温氧化及环境因素相对应的产物。

材料为 0Cr25Ni20 高温合金，规格为 M16 的螺栓，在使用温度为 850℃，累计运行 6000h 后发生断裂。宏观断口特征：覆盖着致密的灰色异物，断裂面比较粗糙，断口基本上和轴线垂直（见图 2-64）。微观断口特征：晶界上存在连续分布的颗粒状或长条状 σ 相，有的区域晶界上还存在显微空洞，连续分布的空洞造成沿晶裂纹（见图 2-65）。

图 2-64　螺栓断口宏观形貌　　　　　　　　图 2-65　剖面微观形貌

在实际分析时，根据构件的实际工况条件及断裂件的宏观与微观特征，不难确定构件的断裂是否属于蠕变断裂。

金属构件发生蠕变断裂时，宏观上也可能没有明显的塑性变形，其变形是微观局部的，主要集中在金属晶粒的晶界，在晶界上形成蠕变空洞，降低了材料塑性，导致发生宏观脆性断裂。

实际运行的金属构件，由于金属组织在高温应力作用下会发生一系列的组织和性能变化，因此，蠕变断裂的过程经常伴随着其他方面的变化，主要有珠光体球化和碳化物聚集，碳钢石墨化，时效和新相的形成，热脆性，合金元素在固溶体和碳化物相之间的重新分配以及氧化腐蚀等。

珠光体球化和碳化物聚集：珠光体类耐热钢，在一定温度和工作应力下长期运行，出现珠光体分解，即原为片层状的珠光体逐步分解为粒状珠光体。随着时间延长，珠光体中的碳化物分解，并进一步聚集长大，形成球状碳化物。由于晶界上具有更适宜碳化物分解、聚集、长大的条件，所以沿晶分布的球状碳化物多于晶内的碳化物。进一步在晶界上可能形成空洞或裂纹，使材料变脆，最后造成脆性断裂。这是所有珠光体耐热钢最常见的组织变化，也是必然的组织变化。珠光体球化使材料的室温强度极限和屈服点降低，使钢的蠕变强度和持久强度下降。所以，耐热钢必须满足其使用温度和应力的要求，在规定的时间内服役，若温度或应力大于钢的许用应力，则设备的使用寿命将大大缩短。如发电厂锅炉中的炉体结构用钢和各类管道，都有不同的要求，应该选用不同的钢材。

石墨化：碳钢和不含铬的珠光体耐热钢在高温下长期运行过程中会产生石墨化现象。石墨化可使钢的强度极限降低，尤其对钢弯曲时的弯曲角和室温冲击吸收能量影响很大。当石墨化严重时，钢的脆性升高，导致耐热构件脆性断裂。影响钢的石墨化的因素有温度、合金元素、晶粒大小、冷变形以及焊接等。用铝脱氧的钢石墨化倾向较大，铬、钛、铌有阻碍石墨化的作用，含有铬的钢不产生石墨化，镍和硅有促进石墨化的作用。

过热蒸汽管由于较长时间服役于较高的温度（350~450℃），管内饱和的水蒸气也会对管壁产生较大的内压力，致使管外壁区域承受一定的拉应力，经常会出现蠕变断裂失效。由蠕变导致的蒸汽管爆管断口形态宏观上无明显的塑性变形，管壁没有减薄，断口表面氧化严重，氧化层比较致密，裂口呈鱼嘴状。观察金相组织时，珠光体会发生球化，碳化物在晶内和晶界上聚集，晶界上可能会出现蠕变裂纹，三角晶界处可能会出现蠕变空洞（见图2-58）。

2.7.6　蠕变断裂的对策

1）合理选择材料，熟悉材料的抗蠕变特性。

2）严格控制工作温度，确保工作温度在设计许可的范围内。

3）服役时间严禁超出设计规定的运行时间。

4）定期检查。有些蠕变会发生塑性变形，通过观察构件的形状尺寸变化，可以发现蠕变失效，避免发生事故。

2.8　低熔点金属致脆断裂

钢与某些液态金属接触时会变脆，并发生沿晶断裂的现象称为低熔点金属致脆（或称液态金属致脆）。这种现象并不是对所有低熔点金属都发生，只是某些特定组合时才发生。例如，低熔点金属镓可使铝强烈脆化，但并不脆化钢。对于中碳钢和低合金钢，已经发现可使其发生脆化的低熔点金属有镉，锂，黄铜，铝青铜，铜、锌、铅-锡焊料，汞，锡，锑，铅，碲和铟等，并且不一定要把钢浸入到低熔点金属中去，有时甚至可以由脆化金属原子向钢的表面通过气相传输引起其变脆。

2.8.1　低熔点金属致脆现象

低熔点金属致脆引起塑性降低，一般表现为失效时延伸率及断面收缩率的下降，真实的断裂应力大大下降，甚至低于材料的屈服强度。而材料本身的许多性能，如弹性模量、屈服强度、加工硬化等维持不变。

液态金属致脆开裂一般发生在固-液态金属界面，在某些情况下也可在内部开裂（如含有低熔点夹杂物的深加工合金）。因此导致液态金属致脆的金属元素为低熔点金属，且具有相应的温度范围。实际上，低熔点金属有时在固态下也导致合金发生脆断，这是由于在一定温度下（接近低熔点金属元素的熔点），低熔点金属处于一定的热激活状态，与基体元素相互扩散发生界面化学吸附而导致的脆断。

低熔点金属脆断的裂纹扩展速率极高，裂纹一般沿晶扩展，仅在少数情况下发生穿晶扩展。虽然有时也发生裂纹分叉，但最终断裂由单一裂纹引起，导致开裂的表面通常覆盖着一层液体金属，对该层表面膜进行化学元素分析是判断低熔点金属致脆的重要途径，但由于该覆盖层极薄，从几个原子到几微米，因而很难检测（见图 2-66）。

低熔点金属致脆断裂起始于构件表面，起始区平坦，在平坦区有发散状的棱线，呈河流花样，且有与棱线方向一致的二次裂纹。

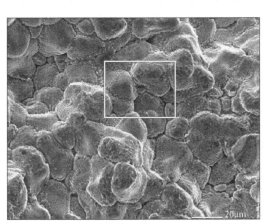
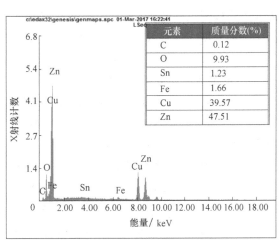

元素	质量分数(%)
C	0.12
O	9.93
Sn	1.23
Fe	1.66
Cu	39.57
Zn	47.51

图 2-66　低熔点金属致脆断口形貌及 EDS 成分分析（基体为 20 钢）

2.8.2　低熔点金属致脆的特点

低熔点金属致脆也称液态金属致脆（LMIE），指的是延性金属或合金与低熔点金属接触后导致塑性降低而发生脆性断裂的过程。延性金属材料遭受低熔点金属环境致脆的方式主要有如下四种：

1）与低熔点金属接触后，在外加应力或残余应力作用下突然失效。

2）在低于构件强度下的延迟破裂。

3）低熔点金属导致材料晶界的破坏。

4）导致金属构件的高温腐蚀。

在上述四种方式中，第 1 个是最具破坏性的，因此我们常讲的低熔点金属致脆是指这一种，它是一种严重的损伤现象，有时是在应力强度因子仅为 20% 正常数值的情况下产生的，引发的亚临界裂纹生长速率可达 100mm/s。

2.8.3　低熔点金属致脆及发生的条件

低熔点金属致脆的必要条件是在一定的温度与拉应力作用下，低熔点金属由零件表面沿晶界渗入材料内部，引起金属材料脆化而导致零件的失效，称为低熔点金属接触脆化裂纹，简称金属侵蚀致脆裂纹或低熔点金属热污染裂纹，或者称为液态金属致脆（LMIE）。

低熔点金属致脆导致产品零件失效是实际工程生产过程中经常发生的问题，其造成的危害往往导致零件瞬时断裂，后果相当严重。

1. 低熔点金属致脆的常见形式

1）表面存在 Zn、Cd 等防护镀层的螺栓，在服役中若经历较高的温度，可导致镉脆或锌脆。Zn 的熔点为 420℃，Cd 的熔点为 321℃。

2）银基钎焊 2min 后，在手工氩弧焊的热影响区出现穿透性裂纹。银基钎焊料的液相线为 810℃，钎焊温度高出熔点 150℃，造成液态钎焊料流动性加强；另外，手工焊接时会产生焊接残余应力。

3）AgCu 复合层扩散焊接导致脆断。根据 AgCu 二元相图，AgCu 的共晶温度为 779℃，因此当焊接温度升高到 779℃时，共晶成分的 AgCu 成为液相，由于实际扩散焊接温度远远高于共晶温度，导致液态金属脆断。

4）不锈钢焊接过程中焊缝裹入铜。

2. 低熔点金属致脆的条件

1）相对于工作环境或者加工温度都存在有明显的低熔点金属源。

2）工件环境温度或者加工温度都明显高于低熔点金属的熔化温度，造成使用过程或者加工过程出现熔化的液态金属。

3）由于结构或者状态的原因，失效零件的表面均存在一定的拉应力状态。

一般认为，当零件实际工作温度达到低熔点金属熔点温度约 2/3 甚至 1/2 时，在拉应力的作用下，低熔点金属即会沿晶界渗入金属内部致使脆化，而逐渐形成裂纹。低熔点金属受热液化时，若与固态金属表面直接接触，常使该固体金属表面浸湿而脆化，在拉应力的作用下，从表面起裂，而裂纹尖端吸附低熔点金属原子，进一步降低固体金属的晶体结合键强度，导致裂纹脆性扩展。在没有拉应力和一定的温度共同作用下是不会产生低熔点金属致脆的，拉应力可以是外加的，也可以是加工过程中的残余应力。

2.8.4 低熔点金属致脆机理

在通常情况下，大多数低熔点金属致脆是由于液态金属化学吸附作用造成的。Westwood 等人提出，如果裂纹尖端最大拉伸破坏应力 σ 与裂纹尖端交滑移面的最大切应力 τ 之比，大于真实破断应力 σ_T 与真实切应力 τ_T 之比，即 $\sigma/\tau > \sigma_T/\tau_T$ 时，则在裂纹尖端处的原子受拉而分离，裂纹以脆性方式扩展。由于深度大于 10nm 的表面层吸附效应被屏蔽，吸附降低裂纹尖端原子间结合键的抗拉强度，而不影响相交于裂纹尖端平面上的滑移，因此促进了脆性开裂而不是塑性开裂。另外吸附抑制位错的形成及局部提高了 τ_T，这也促进了脆性开裂。

如图 2-67 所示的低熔点金属致脆机理，图中的几种情况分述如下：

a）裂纹尖端原子间拉伸分离，吸附降低了 A-A_0 结合键间抗拉强度，但不影响 S-P 面上的滑移。

b）拉伸减聚力（decohesion）与裂纹尖端不相交处的位错环共同作用。

c）拉伸减聚力伴随滑移，这些滑移使很尖的裂纹（原子尺度）变宽为宏观尺度。

d）拉伸减聚力与位错发散交替作用。

e）在裂尖上的位错发散（促进吸附）与裂纹前的空洞形核生长，而产生宏观脆性断裂。

f）图 2-67e 的局部细节示意。

面心立方金属一般不会出现解理断裂，但在某些低熔点金属环境中观察到了类似解理断裂的特征。如在液态金属镓中，就观察到了铝的断裂具有解理特征。其断裂机制是化学吸附促进裂纹尖端位错形核，导致（111）面上的交滑移，而交互滑移又促使裂纹与空洞的合并，解理面宏观上平行于（100）面，裂纹生长出现在<100>方向。

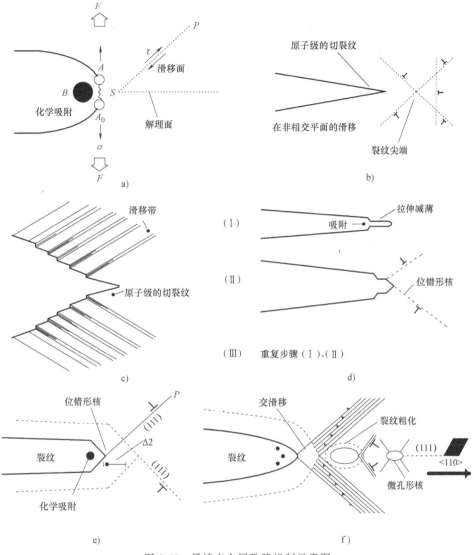

图 2-67　低熔点金属致脆机制示意图

2.8.5　低熔点金属致脆的判断依据

1）低熔点金属致脆为脆性断裂，无明显塑性变形。

2）发生低熔点金属致脆断裂时，其断裂面或裂纹中往往有低熔点金属存在，由于它们和基体金属的性质不同，往往表现出不同的颜色，在光学显微镜下就可以较清晰的判别，如图 2-68 所示。低熔点致脆的裂纹面采用 EDS 能谱仪分析时，往往能检测到较高含量的低熔点金属，如图 2-66 所示。

3）低熔点致脆裂纹一般呈沿晶扩展形式。

日常生活中发现不锈钢材料发生铜脆开裂的事故较多。一些不锈钢管是采用带材卷制后，用激光焊（一种不需要专门的焊材，是靠电弧加热焊接部位，使焊接部位的少量金属熔化，同时对需要焊接的两部分施加一定的压力，熔化的金属凝固后即达到焊接效果，这是有缝管材常用的加工方法）做连续焊接而成。焊接时卷制好的不锈钢管需要连续传输通过激光电弧区域。由于不锈钢硬度较低，为了美观，或为了避免钢管表面产生划痕影响后续加工，传输钢管用的导轮常采用硬度较低的纯铜材料。钢带在切边时留下的毛刺刷擦到纯铜碎屑后，会在随后的焊接中裹入材料中，从而引发铜脆开裂。一家压力容器生产企业在使用焊接材料为 304 不锈钢（美国牌号，相当于我国的 06Cr19Ni10）为锅炉汽包封头时，会迫使封头在垫板上转动，焊接操作台为纯铜垫板，粗糙的焊缝将一小

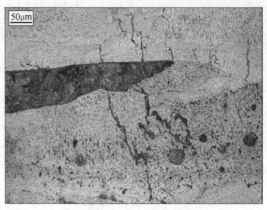

图 2-68　纯铜引起的裂纹

块纯铜刮下并粘连在焊道上，在进行第二道焊接时，被刮下的少量纯铜被裹入焊缝之中，随后也发生了铜脆开裂。还有企业在不锈钢管外表面用钎焊的方法焊接散热翅管时，因焊接工艺不当也导致了铜脆开裂。

低熔点金属致脆发生于低碳钢的案例也不少，西气东输的管线钢就有铜脆致裂的案例报道。

2.8.6　低熔点金属致脆的对策

预防低熔点金属致脆的方法较多，主要有：

1）针对不同的低熔点金属，使用对其敏感性较低的材料。

2）降低低熔点金属中的杂质污染。

3）降低材料的强度级别。

4）减小外加应力和内应力。

2.9　氢脆型断裂

2.9.1　氢脆型断裂的定义

钢的氢脆型断裂被定义为：金属材料因受到氢的作用而引起的脆性断裂，统称为氢脆或氢致开裂。

2.9.2　氢脆型断裂研究

1817 年，Damiell 提出钢经酸洗后会降低其延性。1868 年，Coiflleted 试验表明钢在氢环境中，氢可通过扩散而被吸收。1880 年，许多研究者认为氢是引起钢脆性的原因之一。20 世纪初，钢的氢脆问题研究有了较大进展，这主要包括：

（1）对氢脆机理的研究　提出了许多氢脆机理模型，用来解释某些氢脆现象。氢脆机理基本上包含了内裂纹形成和裂纹扩展。根据现有研究结果，对氢脆现象和本质有了一定认识。最新的研究观点是氢促进缺口尖端处局部塑性变形的氢脆机理。尽管如此，对氢脆的物

理本质还不完全清楚。

（2）氢脆断口的研究　20 世纪 50 年代以后的电子显微镜断口分析技术推动了氢脆断裂过程的研究，发现了氢脆的局部性和裂纹扩展的不连续性。

（3）氢脆裂纹扩展动力学研究　建立了氢脆裂纹扩展速度与应力强度因子之间的关系，提出了裂纹扩展门槛值概念，研究了氢脆裂纹扩展影响因素。

（4）对氢脆影响因素的研究　合金元素、显微组织和微量有害元素等对钢的氢脆有较大影响。钢的氢脆与回火脆性很相似，两种脆性形式均决定于钢的强度水平。回火脆性是 Sb、Sn、S、P、Se 等元素在晶界偏析引起的，同样，这些元素也促进了氢脆裂纹形成，并沿晶界发生脆性断裂。

我国杰出的物理冶金学家李薰于 20 世纪 40 年代在英国从事钢中氢的研究，找出了钢中氢含量和强度及发裂的关系，即每 100g 钢中氢含量达 2ml 时，就能降低钢的塑性。而当时一般生产的钢，每 100g 钢中氢含量高达 4~6ml，可见钢的氢脆难以避免。这与钢的强度水平、内应力以及晶粒取向有关。造成发裂的氢含量一般是比较高的，氢在钢中的扩散率和溶解度是钢产生发裂与否的两个重要因素。李薰等提出一个理论，即在缺陷附近由于氢的聚集而产生内压，导致裂纹。这种压力的形成是由于在高温时原子氢向缺陷处扩散，在室温下原子氢变为分子氢。这些氢扩散不出去，产生巨大的内压力，使钢发生开裂。当有碳化物存在时，氢与碳化物反应形成甲烷，其内压也促使裂纹产生。冷加工伴有缺陷的形成，从而增加了分子氢含量，促使氢脆萌生。

2.9.3　氢脆型断裂的特点

氢脆型断裂最为重要的特性就是断裂具有延迟性，即断裂不是加载时立即出现的，而是具有一定的滞后性。随着高强度钢在工程中的应用，逐渐认识到氢脆延迟破坏的重要性。延迟破坏是在低于屈服应力的低应力作用下，经过孕育（潜伏期），金属内部逐渐形成氢脆裂纹，最后突然发生脆性断裂。

钢的延迟破坏过程如图 2-69 所示。该现象不仅发生在钢的母材，而且在焊接部位也会发生。

2.9.4　氢脆型断裂的基本条件

产生氢脆断裂必须具备三个基本条件（见图 2-70）：①有足够的氢含量（主要是扩散氢）；②有对氢敏感的金相组织；③有足够的三向应力存在。

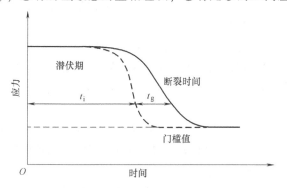

图 2-69　氢脆型断裂应力与断裂时间的关系

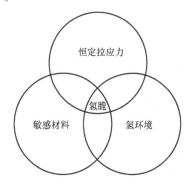

图 2-70　氢脆型断裂的三要素

2.9.5 氢脆型断裂的类型

在工程中已有许多由氢脆所引起的灾难性破坏事故，特别是高强度钢的氢脆尤为突出。近年来，随着化工、石油工业、新型尖端工业以及以氢作为新能源的产业，在燃气和石油管道、液化气设备、贮氢高压容器和氢气冷却的发电机等部件的氢脆问题已突显出来，同时，在焊接结构中氢脆也很引人注意。高强度螺栓因其服役时主要承受拉应力，螺纹部位和头部的过渡圆弧均为应力集中部位，若生产工艺不当，或者服役环境存在吸氢因素，则很容易出现氢脆型断裂。

1. 按照氢的来源划分

根据引起氢脆的氢的来源，氢脆可分为两大类：

（1）内部氢脆 它是由于金属材料在熔炼、锻造、焊接或电镀、酸洗或冷加工过程中吸收了过量的氢气而造成的。

（2）环境氢脆 它是在应力和环境介质（氢气、硫化氢、水和其他各种水溶液等）作用下所发生的脆性断裂。一般认为这种氢脆是由环境介质中的氢通过金属表面物理吸附、化学吸附、氢分子的分解、氢原子的溶解和氢在晶格内扩散到缺陷尖端等过程所引起的。

氢致开裂的发生可分为三个步骤：

1）氢原子在钢表面形成和从表面进入。

2）氢原子在钢基体中的扩散。

3）氢原子在缺陷处的富集。例如，钢基体中夹杂物周围的空洞处的氢富集会导致内部压力的增加，使裂纹萌生和扩展。

钢在含硫化氢（H_2S）的水溶液中发生如下反应

$$H_2S+Fe^{2+} \rightarrow FeS+2[H]^+ \tag{2-91}$$

在钢表面产生的原子氢是无害的，然而，在硫化物或氰化物出现时，氢原子之间的结合力被抑制，生成的氢原子会进入钢中而不是在表面结合形成氢分子。

进入金属晶格并通过金属扩散的氢原子会引起服役环境下构件的脆化和失效。如果有大量的氢进入，就会出现材料的延性损失。如果大量的氢聚集在局部区域，就会发生内部氢鼓泡。小量的溶解氢也可以与合金中的微观缺陷作用而使材料在远低于屈服强度的应力下失效。所有这些现象都为氢脆。已经知道的能加速氢损伤的化学物质有：硫化氢（H_2S），二氧化碳（CO_2），氯化物（Cl^-），氰化物（CN^-）和铵离子（NH_4^+）等。这些物质可以促使钢制设备的严重充氢并导致 HIC（氢致开裂）和 SOHIC（应力定向的氢致开裂），HIC 和 SOHIC 均能引起失效，SOHIC 是 HIC 的一种特殊的形式。

服役环境中的特殊化学物质可以导致材料的性能退化，这种退化是时间、温度和其他环境参数的函数。由于工程系统的动态本质，在一些过程中，环境参数的影响是不易确定的，因而使其影响变得复杂化。例如，炼油设备中的焊接结构就包含化学成分的变化、非均匀的微观结构以及残余应力的变化等。

开始形成的氢原子在钢中扩散并在缺陷处（典型的如夹杂物周围的空洞）积累，导致氢鼓泡的发生。氢鼓泡是由溶解于钢中的氢产生偏析和内应力集中所引起的。氢致开裂是氢鼓泡的一种形式。氢致开裂可以以直线或阶梯方式扩展。

金属内部的氢在空洞（或缩孔）、夹杂物处结合为氢分子，因氢分子不能继续扩散，导致空洞里的氢浓度和压力不断上升，超过材料的屈服强度时可造成局部开裂，致使材料内部形成一个微裂纹，表现在断口上为"白点"，有时也称"鱼眼"（见图 2-71），一般在 Cr-Ni 结构钢中容易出现。氢在钢中溶解度随着温度的降低而降低（见图 2-72）。对白点敏感的钢多半是厚度在 40mm 以上的结构件，在锻（轧）后快速冷却中产生的，其形状呈圆形或椭圆形，颜色为灰白色。白点的形成条件如图 2-73 所示。

图 2-71　钢断口上的白点形貌

渗碳、碳氮共渗、保护气氛加热所需的气氛中，都含有大量的氢，无论是排气阶段还是强渗、扩散、降温阶段，炉气中存在着大量可以被工件表面吸附的活性氢原子，工件在此气氛下长期保温，必然有氢的渗入。非金属夹杂物等缺陷容易捕获氢，使氢在沿晶界分布的夹杂物中含量增加。

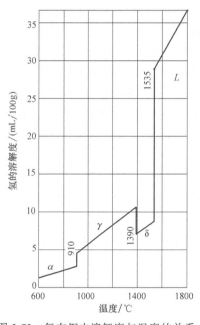

图 2-72　氢在钢中溶解度与温度的关系

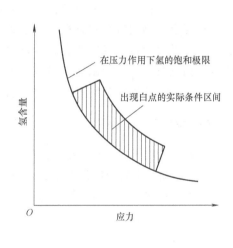

图 2-73　钢中白点形成条件示意图

2. 按照形变敏感性划分

按照对形变敏感性划分，可分为第一类氢脆和第二类氢脆。

（1）第一类氢脆　第一类氢脆其敏感性是随变形速度增加而增加。这类氢脆包括：氢蚀、钢中白点引起的氢脆和氢化物型氢脆（如在 α 型钛合金中，由于氢化钛析出，在高速变形情况下出现脆性）等。这类氢脆的特点是在加载荷前材料内部已存在氢脆源。

关于氢蚀归入氢脆范围的问题还存在不同的意见。区分氢蚀与氢脆是必要的，主要原因是：钢的氢蚀是内部氢与碳作用形成甲烷，它引起材料膨胀、鼓泡，最后导致脆性断裂，而氢脆是不需要甲烷参与的；氢蚀发生在 200℃ 以上，而氢脆是在较低温度下发生的。

(2) 第二类氢脆   第二类氢脆的敏感性是随变形速度减小而增加，其特点是在材料内部预先不存在氢脆源，而在应力与氢交互作用下逐渐形成氢脆源。这类氢脆包括不可逆氢脆（实际上也是氢化物型氢脆，不过这种氢脆是在低速应变情况下发生）和可逆性氢脆。可逆性氢脆是由金属内部氢或环境氢作用在低速应变情况下发生脆断。体心立方晶格和面心立方晶格金属材料都会出现可逆性氢脆。

对机械装备危害较大的是可逆性氢脆。

钢的可逆性氢脆有以下特点：

1) 对变形速度和试验温度是敏感的，其脆性主要是在一定温度、一定变形速度范围内产生，一般随变形速率增加氢脆敏感性减小。钢的氢脆发生在-100~100℃范围，而在室温时脆性最大。

2) 受氢浓度的影响，随着氢浓度增加，钢的断裂时间减少或延性降低。

3) 对氢环境较为敏感，高强度钢在高压氢环境中容易发生脆性断裂。

4) 钢的氢脆对材料的强度水平很敏感，随着强度提高，钢的氢脆倾向增加。

5) 对钢的成分和显微组织较为敏感。

钢结构件尺寸越大，氢脆敏感性就越高。锭芯的敏感性归因于那里的成分偏析。由于钢锭边缘的冷却速度快，成分偏析低，导致氢脆敏感性降低。钢锭上部的氢脆敏感性比下部要高。某种程度上，钢的氢脆敏感性取决于非金属夹杂物和磷、硫的偏析导致的非正常结构，所以，通过降低硫含量来降低非金属夹杂物的比例或通过添加钙来控制偏析形貌均可使氢脆得到缓解。回火对于消除低温非正常结构是有效的，添加铜（铜的质量分数>0.2%）也是有效的。热轧带钢比钢板其氢脆倾向要敏感一些。

2.9.6 氢脆型断裂的氢浓度

关于氢浓度和应力的影响，熊家锦等对回火马氏体状态的 GC-4 钢试样（40CrMnSiMoVA）进行了研究，该研究资料中所用的试样的强度 $\sigma_b = 1765\text{MPa}$，其缺口强度 $\sigma_{bH} = 2070\text{MPa}$。该研究不但给出了相互对应的临界氢浓度和临界氢应力（及下临界应力），而且还给出了它们之间的回归计算公式如下

$$C_H = 0.1585\exp\frac{0.3526}{\sigma_{th}/\sigma_{bH}} \tag{2-92}$$

$$\sigma_{th} = \sigma\frac{0.3526[\sigma_{bH}]}{\ln[C] + 1.842} \tag{2-93}$$

上两式中，C_H 为临界氢浓度（$\times 10^{-6}$）；$[C]$ 为碳的质量分数（%）；σ_{bH} 为缺口强度（MPa）；σ_{th} 为临界氢应力（MPa）。

式 (2-92) 和式 (2-93) 式的回归相关系数为 0.9999，其置信度为 99%。

按式 (2-92) 和式 (2-93) 式对 GC-4 钢回火马氏体状态进行有关计算，得出临界氢浓度值和相应的临界应力值见表 2-5。

由表 2-5 看出，应力越大则临界氢浓度越小，反之，氢浓度越高则临界应力值越小。对于同类型的钢而言，氢脆的敏感性主要与组织状态和实际强度高低有关。

表 2-5　临界氢浓度及相应的临界应力值

σ_{th}/σ_{bH} 的比值数	0.90	0.70	0.50	0.30	0.20	0.15	0.10
C_H 的计算值($\times10^{-6}$)	0.23	0.26	0.32	0.51	0.92	1.66	5.4
临界氢应力/MPa	1960	1474	1038	624	415	310	207

2.9.7　钢和合金的氢脆

1. 奥氏体钢的氢脆

奥氏体钢（面心立方晶格）也会发生氢脆，其氢脆特点与体心立方晶格的钢材脆性有类似之处，随着变形速度的减小，脆性倾向提高。然而，在氢含量相同的条件下，其脆性程度没有铁素体钢、马氏体钢那样严重。奥氏体钢脆性发生温度范围通常是在-150℃ ~ 1000℃，而在-50℃时氢脆程度较大。对不同奥氏体钢而言，其发生氢脆时的临界氢浓度也是略有变化的，一般在 $10\sim20\times10^{-6}$ 之间。

氢环境介质对 304L 钢脆性影响是显著的，其脆化程度与氢环境状况有关。304L（美国牌号，相当于我国的 022Cr19Ni10）钢在含 H_2SO_4 的环境介质中表现出显著的脆化，其延性随着充氢时间延长而明显降低，见表 2-6。

表 2-6　充氢时间对 304L 钢延性的影响

时间/h	电流密度/(A/cm^2)	电介质	$A(\%)$	R_m/MPa	R_p/MPa
—	无充氢	—	39.4	93.5	41.5
4.0	0.03	$0.1NH_2SO_4$	29.5	85.4	48.2
5.5	0.03	$0.1NH_2SO_4$	21.0	74.0	39.2
7.5	0.03	$0.1NH_2SO_4$	16.5	73.0	45.2
16.0	0.03	$0.1NH_2SO_4$	7.6	64.0	47.5
23.0	0.03	$0.1NH_2SO_4$	8.0	73.0	54.0

同样，奥氏体钢的氢脆对温度也是很敏感的，某些奥氏体钢只有在一定温度范围时才显示出氢脆。对在电解溶液 $1NH_2SO_4$ 和电流密度为 $0.1A/cm^2$ 条件下充氢试样的 304L 钢而言，在 100℃时随充氢时间延长而延性显著降低，见表 2-7。

表 2-7　温度对充氢的 304L 钢延性的影响

试验条件	充氢时间/h	$A(\%)$	
		100℃充氢	20℃充氢
电介质:$1NH_2SO_4$ 电流密度:$0.1A/cm^2$	0	42.0	42.0
	1/12	23.5	42.0
	1/4	16.5	42.0
	1/2	12.5	42.0
	3/4	8.0	41.0
	1	7.3	41.0
	2	3.0	40.0
	2.4	—	10.0

由变形后所形成的马氏体是造成奥氏体钢对氢脆敏感性的主要原因之一，如 304L 钢在变形过程中转变成马氏体后对氢脆裂纹很敏感。304L 钢充氢后引起相转变，它由奥氏体转变为体心立方的 α' 相和密集六方的 ε 相，该二相均为马氏体。但是奥氏体钢在变形中形成的马氏体是否是 α' 相或 ε 相、还是二者都有，还不太清楚。但在充氢或变形过程中马氏体的形成增加了奥氏体钢的氢脆敏感性，其氢脆敏感性还取决于奥氏体钢的成分和其他因素。但是，形成马氏体并不是引起奥氏体钢氢脆的唯一条件，在没有马氏体形成的情况下，奥氏体钢氢脆也会发生。

高碳、高纯度奥氏体钢在 1100℃ 固溶 1h 情况下，氢脆断裂形式是穿晶的，但是在 1100℃ 固溶 1h+650℃ 回火 24h 情况下，氢脆断裂形式主要是沿晶界发生。奥氏体钢中碳含量对氢脆断裂形式的影响还取决于其热处理工艺。在 1100℃ 固溶 1h 处理的 304 不锈钢是穿晶脆断，而在 1100℃ 固溶 1h+650℃ 回火 24h 情况下，则沿晶脆断的百分数增加。304 不锈钢中微量有害元素是显著增加氢脆沿晶断裂的原因。不稳定奥氏体钢在变形情况下，奥氏体转变为马氏体，不仅决定于变形量，而且还决定于合金元素的含量。一般 Cr、C、N 元素能阻止这种转变发生，当 $Cr_{23}C_6$ 沿晶界形成时，它促使附近区域内 Cr、C 元素减少，而 650℃ 回火 24h 处理会导致 P 元素的偏析和引起 $Cr_{23}C_6$ 沿晶界沉淀析出，这容易促使奥氏体向马氏体转变。高碳奥氏体钢经 650℃ 回火 24h 处理后，$Cr_{23}C_6$ 几乎沿晶界析出，以致马氏体沿晶界层形成，此时微量有害元素对晶界脆性影响仅仅起辅助作用。碳含量低的 304 不锈钢 1100℃ 固溶 1h+650℃ 回火 24h 处理后，$Cr_{23}C_6$ 沿晶界析出量少于 5%，但在晶界附近区域的 Cr、C 含量降低较少，此时马氏体在晶内任何部位都可形成，则微量有害元素偏析于晶界，对氢脆沿晶界断裂起决定作用。高碳、高纯奥氏体钢经 1100℃ 固溶 1h 处理时无 $Cr_{23}C_6$ 析出，O 含量高时，在变形情况下能阻止奥氏体向马氏体转变，而且由于纯度高对晶界脆化无影响，因此是穿晶型氢脆断裂。

2. 高强度钢氢脆

高强度钢在氢环境中会发生严重脆化，这种脆化可能属于内部氢脆或环境氢脆。

高强度钢对环境氢脆特别敏感，同样对硫化氢引起的脆性也很敏感。

高强度钢在一个大气压的氢气中会产生严重脆性。高强度钢在氢环境中有一个应力强度因子门槛值（缓慢裂纹扩展），当工作应力低于此值时裂纹将不扩展。

根据门槛值和裂纹扩展速度的数据表明，高强度钢氢脆敏感性大概在 20℃ 为最强烈。

高强度钢的氢脆敏感性与应力强度水平有关。高强度钢的应力强度因子门槛值与钢的屈服强度和断裂韧度密切相关，随着钢屈服强度提高，钢的应力强度因子门槛值 K_{th} 显著降低，而破坏时间 t_r 减小，如图 2-74 所示。

2.9.8 氢脆型断裂理论

现已提出的氢脆理论大致有：①氢气压力理论；②氢吸附理论；③晶格脆化理论；④氢与位错交互作用理论；⑤氢促进局部塑性变形的脆性机理。

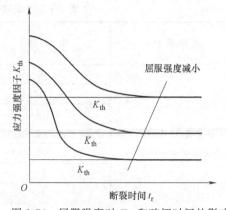

图 2-74 屈服强度对 K_{th} 和破坏时间的影响

这些理论近来有一定的发展，也受到一些研究者的承认和试验支持。

我国在 20 世纪初对钢的氢脆问题进行了较多研究，主要是研究在大锻件钢中出现的氢脆白点。50 年代后，随着高强度钢和超高强度钢在工业中的大量使用，以及设备工作环境的恶化，因此，对环境氢脆的研究颇受重视，重点逐渐转向环境氢脆的研究。以褚武阳为主的研究团队在氢促进局部塑性变形的脆性机理研究方面也做了大量研究工作，同时也取得了许多举世瞩目的研究成果。

1. 氢气压力理论

这是一个应用已久的理论，该理论是由 Zappffe 等人提出的。他们假设氢脆是由分子状氢聚集到金属内某些缺陷处，在缺陷处集中的氢浓度超过金属溶解度极限时，形成高的氢内压力。当氢内压力达到临界值时引起脆性断裂。

F. Garofale 等人根据 Stroh 公式得出临界内压力 P_{cr} 与临界裂纹 a_{cr} 关系为

$$P_{cr} = \sqrt{\frac{2G\gamma}{\pi(1-\nu)a_{cr}}} \qquad (2\text{-}94)$$

式中，G 为剪切模量；a_{cr} 为临界裂纹（mm）；γ 为表面能；ν 为泊松比。

由式（2-94）可获得对在 α-Fe 中裂纹扩展的临界氢内压力的估值，由此表明，若钢内裂纹一旦形成，足够高的氢内压力将会促进裂纹自身扩展，以致引起氢脆断裂。

Kazinezy 认为，在缺陷中氢气供给裂纹扩展所需能量是由裂纹扩展时氢气膨胀产生的，由于氢气膨胀释放能量，使裂纹扩展所需应力降低。他根据氢内压力基本概念提出了氢内压力、温度和在晶格中溶解的氢量的关系为

$$x = \frac{PV}{T} \times \frac{34.8}{1+0.0006P} \qquad (2\text{-}95)$$

式中，x 为晶格中溶解的氢（mL/100g）；V 为体积百分数中空洞相对数值；T 为温度（K）；P 为氢内压力（atm，1atm=101.325kPa）。

根据氢脆产生的影响因素，氢脆只在一定温度和一定变形速度范围才发生。在高变形速度时钢的氢脆倾向小。应用此理论可定性地解释变形速度和温度对氢脆性的影响。在变形时裂纹扩展，而氢内压力降低，若裂纹进一步扩展，则需通过氢扩散到裂纹处继续聚集，以保持一定高的氢损伤的内压力。当高变形速度或低温时，氢的扩散速度降低，以致氢来不及聚集，故氢脆倾向减小。但这种解释也有一定的局限性，例如，它无法解释氢脆的上限温度，也与一些试验结果有矛盾。氢脆与氢扩散过程有关，但是氢脆现象是复杂的，氢脆机理不能单纯由氢扩散聚集在缺陷处增加内压力所决定。

2. 氢吸附理论

1952 年 Petch 对氢脆提出了定性解释：由于氢扩散到金属空洞或裂纹处，在裂纹表面吸附了氢而引起裂纹表面能降低，从而降低裂纹扩散所需能量，以致较早地造成氢脆裂纹扩展而脆断。

1953 年，Petch 对此理论做了进一步定量分析，计算了氢在裂纹表面吸附后断裂应力降低量，他根据 Gible 的吸附方程式，直接提出了在氢气压力 P 和温度 T 时氢吸附后表面能降低，γ_1 由下式表达

$$\gamma_1 = \gamma - 2\Gamma_s KT\ln\left[1+(AP)^{\frac{1}{2}}\right] \qquad (2\text{-}96)$$

以 Stroh 的裂纹公式为基础，并对断裂应力做了修正，提出了多晶试样脆性断裂公式，即

$$\sigma_f = \sigma_0 + 4\left(\frac{3\mu\gamma}{\pi(1-\nu)a}\right)^{\frac{1}{2}} \tag{2-97}$$

将式（2-96）代入式（2-97），得到裂纹表面氢吸附后的断裂应力公式为

$$\sigma_f = \sigma_0 + 4\left\{\frac{3\mu}{\pi(1-\nu)a} \times (\gamma - 2\Gamma_s KT\ln[1+(AP)^{\frac{1}{2}}])\right\}^{\frac{1}{2}} \tag{2-98}$$

式中，μ 为剪切模量；γ 为表面能（J/m²）；σ_0 为在晶界上位错移动所需应力；Γ_s 为饱和状态时单位面积吸附氢分子；A、K 为常数；a 为裂纹长度（mm）；T 为温度（K）；ν 为泊松比；P 为氢气压力（atm）。

裂纹尖端氢吸附能量补偿新表面形成所需能量的机理，裂纹扩展（或断裂）所需能量基本上是新表面形成所需能量和裂纹尖端塑性功的总和，可由下式表达

$$E_{断裂} = E_{表面能} + E_{塑性变形} \tag{2-99}$$

当断裂为纯脆性（即 $E_{塑性变形} = 0$）时，$E_{断裂} = E_{表面能}$。由于环境氢的吸附显著地降低表面能，从而使断裂能减小。但也有文献对表面能做了估计，认为 Petch 对表面能选择不当，他选择了 γ 为 1180erg/mm²，而实际是比它要高一些。

3. 晶格脆化理论

Troiano 假设钢受拉应力时，在空洞尖端塑性变形区形成三向应力场，氢在应力场中扩散达到临界浓度时，铁晶格原子间结合力降低而脆化。这一机理后来得到了许多研究者的支持，在定量方面也得到了进一步的发展。

Stoloff 以原子键断裂为基础，以在裂纹尖端上拉伸应力来估算裂纹扩展应力。当裂纹尖端上应力大于或等于晶格原子间结合力时，发生脆性裂纹扩展。他推算得到裂纹扩展伴随塑性变形时所需应力为

$$\sigma_f = \left[\frac{E_0\gamma_0}{C}\frac{\rho}{a_0}\right]^{\frac{1}{2}} \tag{2-100}$$

式中，γ_0 为在空洞处建立适当表面时的表面能（J/m²）；a_0 为垂直于裂纹平面的平衡晶格常数；E_0 为在裂纹尖端原子键的弹性模量；ρ 为裂纹尖端半径（mm）；C 为裂纹长度（mm）。

由此表明，氢使裂纹扩展应力减小是由表面能和原子间结合能降低所引起的。

根据如图 2-75 模型所示，Oriani 等认为，当垂直于裂纹平面的局部最大拉伸应力 σ'_z 等于晶格单位面积最大结合力时，氢脆裂纹扩展，如下式所示

$$\sigma'_z = nF_m \tag{2-101}$$

式中，σ'_z 为垂直于裂纹平面的局部最大拉伸应力；n 为结晶平面每单位面积原子数；F_m 为原子间最大结合力。

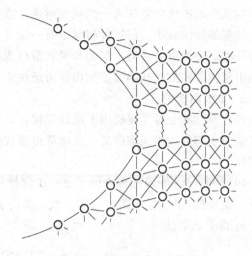

图 2-75　裂纹尖端原子模型

σ'_z将决定于外界应力 σ、裂纹长度 L 和裂纹尖端半径 ρ。在平面应变状态时有下列关系

$$\sigma'_z = 2\sigma \sqrt{\frac{L}{\rho}} \tag{2-102}$$

将式（2-101）与式（2-102）合并得

$$2\sigma \left(\frac{L}{\rho}\right)^{\frac{1}{2}} = nF_m \tag{2-103}$$

由式（2-101）~式（2-103）可知，当有足够氢扩散聚集到裂纹尖端时，降低了 F_m，由 σ 增加或 ρ 减小使 σ'_z 增加，这都会造成裂纹扩展。

4. 氢脆位错理论

众所周知，氢的迁移是产生氢脆的条件之一，氢可通过在晶格内扩散来迁移，根据位错与氢交互作用观点，一般认为氢随位错运动是一种重要的传送过程，Bastien 首先提出了氢可以在移动的位错上以 Cottrell 气团形式传送的概念，氢与位错交互作用是金属氢脆机理。在外力作用下，当运动着的位错和氢遇到障碍时（各晶界或缺陷），将发生位错堆积和造成氢在障碍物附近浓度增加，若位错堆积和氢富集的端部应力达到临界值，则形成微裂纹，以致发生脆性断裂。

近年来，氢脆的位错理论有了进一步进展，为了定量描述氢与位错间的交互作用，已有文献对位错周围氢浓度、氢与位错间结合能以及氢随位错迁移速度进行了估计，可由下式近似估算

$$C_\perp = C_L \exp\left(-\frac{G_B}{RT}\right) \tag{2-104}$$

式中，$C_\perp$ 为位错周围氢浓度（mL/100mg）；C_L 为晶格内氢浓度（mL/100mg）；G_B 为氢与位错间最大结合能（cal/mol）；R 为气体常数；T 为绝对温度（K）。

关于式（2-104）中的 G_B 已用内耗方法进行了测定。在铁中 G_B 值为$-6400 \sim -4000$cal/mol，而镍的 G_B 为-2400cal/mol。由式（2-104）可知，$C_\perp$ 随着温度降低而增加，直到饱和为止。当试验温度低于饱和温度 T_S 时，则 $C_\perp$ 值对温度不敏感。铁的 T_S 近似为 310K，镍的 T_S 近似为 150K。

在位错应力场中氢迁移速度由下式表示

$$v = \frac{DF}{kT} \tag{2-105}$$

式中，D 为氢扩散系数；F 为氢与位错相互作用能的梯度所产生的力（dyn）；T 为绝对温度（K）；K 为常数。

在弹性情况下，氢与刃型位错相互作用时，$F = 0.65 \dfrac{G_B}{b}$，因此，氢迁移临界速度 v_c 为

$$v_c = \frac{D}{kT} \times \frac{0.65G_B}{b} \tag{2-106}$$

式中，b 为位错的柏氏矢量。

由此可知，当位错移动速度小于 v_c 时，氢与位错一起迁移；而当位错移动速度大于 v_c 时，则位错从氢气团脱离。

氢随位错迁移时还受塑性变形的影响，变形速度 $\dot{\varepsilon}$ 与 ρ_{m} 和 $\bar{v}$ 关系如下

$$\dot{\varepsilon} = \phi\rho_{\mathrm{m}}\boldsymbol{b}\bar{v} \tag{2-107}$$

式中，$\dot{\varepsilon}$ 为变形速度（s^{-1}）；ρ_{m} 为运动的位错密度（$10^9/cm^2$）；$\bar{v}$ 为平均位错移动速度（$\mu m/h$）；ϕ 为几何系数；$\boldsymbol{b}$ 为柏氏矢量。

必须指出，ρ_{m} 与 $\bar{v}$ 有效性不容易分开。

许多试验结果都表明氢与位错交互作用是影响氢脆的重要因素，支持了氢脆的位错机理。他们认为，氢脆取决于高的氢溶解或低的堆垛层错能。合金的堆垛层错能与位错交叉滑移和同平面的位错运动有关。而同平面的位错运动发生在低的堆垛层错能的材料中，并引起位错在障碍物上堆积，在此位错堆积区内氢的浓度将增加，以致引起氢脆。

5. 氢促进局部塑性变形的脆性理论

近年来对氢脆机理研究又有了新的发展。众所周知，评定钢材氢脆一般只是归属于宏观塑性值相对降低，这种脆性行为并不是所有微观区的塑性损失，经对氢脆断口扫描电镜观察可知，在氢脆断口的微观区出现局部的塑性变形。这将会有助于我们对氢脆裂纹形成和扩展过程的进一步了解。

大量试验结果表明，塑性变形在氢脆裂纹形成和扩展过程中起重要作用，氢只是引起微观区域的脆性断裂。在许多情况下，甚至沿晶断裂也可以显示出相当数量的局部塑性。氢脆沿晶断裂时仍呈现出微观空洞积聚、撕裂分界线和明显的塑性滑移线。

氢促进缺口尖端处局部塑性变形的氢脆机理是20世纪后期氢脆问题研究的一大进展。该理论认为任何断裂过程都是塑性变形的结果，氢进入裂纹尖端能促进局部塑性变形从而促进断裂。当钢的强度大于某一临界值，并且$K_{\mathrm{I}} > K_{\mathrm{ISCC}}$（或 K_{IH}）后，加载的预裂纹（或缺口）试样在所有氢环境中都能

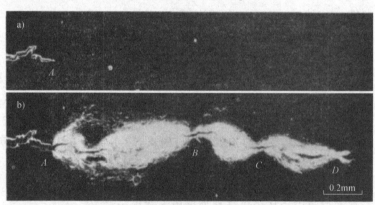

图 2-76　氢致滞后裂纹的产生和发展
a）初始裂纹 A　b）氢脆裂纹的扩展过程（$A \to B \to C \to D$）

产生氢致滞后塑性变形，并由此导致裂纹的产生和扩展。随着氢的扩散进入，裂纹前端塑性区及其变形量逐渐增大。当滞后塑性区封闭时，就在其端点形成不连续的裂纹（见图2-76），它们随滞后塑性变形的发展逐渐长大一致相互连接。当强度下降时，氢致裂纹沿滞后塑性区边界向前扩展。尽管有这两种形貌之分，但它们的共同的特征是氢致滞后塑性的产生总是领先于氢致滞后裂纹。氢致滞后塑性变形是氢致滞后裂纹的必要和充分条件。

2.9.9　氢脆裂纹的形成和扩展

1. 氢脆裂纹形成

氢脆断裂是一个裂纹形成和扩展的过程。氢脆裂纹形成条件是：在裂纹形成处必须存在

足够的氢，即需要有一个临界氢浓度。氢脆裂纹起源一直是氢脆机理研究的重要内容之一。

　　钢中氢脆裂纹形成一般发生在离表面一定距离的内部，并且可在晶界、夹杂物、第二相颗粒与基体界面或孪晶边界等处由氢积聚所致。碳化物形态对氢渗透有强烈的影响，而氢偏析于铁素体和碳化物之间的界面上，由此界面处形成裂纹。图 2-77 显示了一个起源于非金属夹杂物的氢脆裂纹。

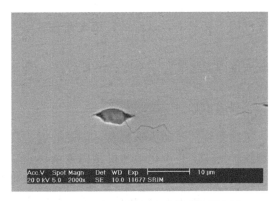

图 2-77　起源于非金属夹杂物的氢脆裂纹

　　除了上述这些缺陷处能引起氢脆裂纹外，氢脆裂纹也可以在孪晶边界上形成，这些裂纹常常是很尖锐的。氢微裂纹形成也与碳化物颗粒相有关，氢脆裂纹在碳化物相与基体间界面上形成，并且由此又向基体扩展。夹杂物相比碳化物更容易成为氢脆裂纹形成的地方，这是由于夹杂物相与基体之间的界面能比碳化物相与基体间界面能小。

2. 氢脆裂纹的扩展过程

　　氢脆是由氢扩散过程决定的，氢向较高应力区扩散，当应力水平和氢含量在局部区域达到临界值时就产生开裂，此时，缺口尖端应力强度因子虽高，但是对进一步裂纹延伸而言，局部氢浓度已是很低了。氢又向高应力区扩散，经一定的孕育期后在裂纹尖端处再次出现临界状态，于是氢的第二次开裂发生。这个过程不断反复，在裂纹尖端氢脆裂纹不断形成和扩展，如图 2-78 所示。由此表明：氢脆裂纹扩展是由一组不连续裂纹长度增加和相互连接所组成。

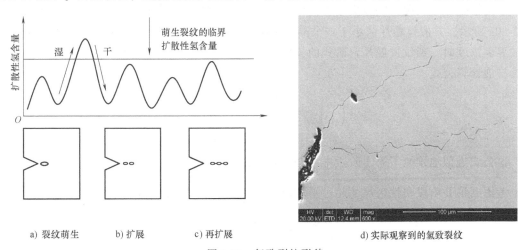

图 2-78　氢致裂纹形貌

2.9.10　氢脆裂纹扩展速度

1. 氢脆裂纹扩展速度计算

　　氢引起裂纹扩展具有三个不同阶段，如图 2-79 所示。第 I 阶段，裂纹扩展速度 $\dfrac{da}{dt}$ 对应

力强度因子 K 是非常敏感的；第 II 阶段，$\dfrac{\mathrm{d}a}{\mathrm{d}t}$ 与 K 无关，K 在较大范围变化时，$\dfrac{\mathrm{d}a}{\mathrm{d}t}$ 不变；第 III 阶段，当 K 接近于 K_{IC} 时，$\dfrac{\mathrm{d}a}{\mathrm{d}t}$ 显著增加。

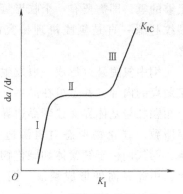

图 2-79　氢致裂纹扩展速率

氢脆裂纹扩展动力学是 Wiederhoru 首先提议的，他假设裂纹扩展速度是由化学和机械因素所决定。高强度钢在氢气中裂纹缓慢扩展动力学是取决于化学和机械驱动力的影响，即受裂纹尖端应力强度因子和裂纹尖端氢浓度的影响。一般认为：第 I 阶段中氢脆裂纹加速扩展是由于化学和机械二者影响相结合所造成的，而主要决定于应力强度因子；第 II 阶段裂纹扩展速度是受化学因素控制的，这是一个热激活过程，氢原子扩散到裂纹尖端保持一定氢浓度是造成裂纹扩展的重要因素；第 III 阶段氢脆裂纹扩展速度是决定于机械因素。

裂纹扩展速度取决于氢在晶格中的扩展速度。在接近于一个大气压氢气中，4130（美国牌号，相当于我国的 30CrMo）高强度钢裂纹扩散激活能为 3900cal/mol，而马氏体时效钢的氢脆裂纹扩散激活能为 4000cal/mol，它们都十分接近于氢原子在 α-Fe 中的扩散激活能。低温时裂纹扩散激活能和氢在铁中扩散激活能相类似。在氢气中钢的裂纹扩展速度主要决定于氢原子在晶格中扩散速度。W. W. Gerberich 等人提出了短时氢扩散与引起氢脆裂纹扩展速率的关系，其简单模型如图 2-80 所示。他提出，第 I 阶段裂纹扩展动力是受弹性状态控制的，而第 II、III 阶段是受塑性状况控制，并对各个阶段的裂纹扩展速度进行了近似计算。第 I 阶段主要是弹性状况，缺口尖端塑性区很小，是受弹性应力分布支配的。氢长距离扩散如图 2-80a 所示，并假设塑性区小于一个晶粒范围，随着氢积聚在此晶粒处，当原始氢浓度达到临界氢浓度时，裂纹扩展是台阶式的，同时短时扩散动力学是合适的，从而得到第一阶段裂纹扩展计算公式

$$\left(\frac{\mathrm{d}a}{\mathrm{d}t}\right)_{\mathrm{I}} = \frac{2(1+\nu)\,C_0 D_A \overline{V}_H K_I}{3d^{\frac{3}{2}} RT(C_{\acute{c}r} - C_0)} \tag{2-108}$$

这公式近似地预测了第 I 阶段中 $\dfrac{\mathrm{d}a}{\mathrm{d}t}$ 与 K_I 关系的线性增加。

考虑到第 II 阶段塑性区尺寸超过平均晶粒尺寸，如图 2-80b 所示，其近似计算为

$$\left(\frac{\mathrm{d}a}{\mathrm{d}t}\right)_{\mathrm{II}} = \frac{9 C_0 D_A \overline{V}_H \sigma_s}{2dRT(C_{cr} - C_0)} \tag{2-109}$$

实验观察表明：裂纹尖端半径 ρ 随 K_I 变化，这将影响第 II、III 阶段裂纹成长动力学，故做了如下修订

$$\left(\frac{\mathrm{d}a}{\mathrm{d}t}\right)_{\mathrm{II}} \approx \frac{3 C_0 D_A \overline{V}_H \sigma_s}{dRT(C_{cr} - C_0)} \ln\left[1 + \frac{d}{\rho_0\left(\dfrac{K_I}{\sigma_s}\right)}\right] \tag{2-110}$$

式（2-109）可得出第 II 阶段裂纹扩展动力学不决定于 K_I，经修正后的式（2-110）为

式（2-109）的 2/3 倍。

对第三阶段而言，塑性考虑仍然是相同的。他认为裂纹形成是沿晶的，而裂纹成长阶段大部分是受塑性断裂支配的，其裂纹成长部分沿晶以及部分塑性如图 2-80c 所示。其近似计算为

$$\left(\frac{\mathrm{d}a}{\mathrm{d}t}\right)_{\text{III}} \approx \frac{9C_0 D_A \bar{V}_H K_{\text{I}}^2}{2Ed^2 RT(C_{cr}-C_0)} \tag{2-111}$$

上述各式中，C_0 为原始氢浓度（mL/100g）；C_{cr} 为临界氢浓度（mL/100g）；d 为平均晶粒直径（μm）；D_A 为扩散系数；σ_s 为屈服应力（kg/mm^2）；$\bar{V}_H$ 为氢在铁中部分体积（μm）；R 为气体常数；T 为绝对温度（K）；ν 为泊松比。

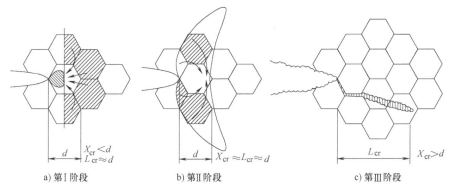

图 2-80　第 Ⅰ、Ⅱ、Ⅲ 阶段时裂纹尖端状态示意图

注：第 Ⅰ 阶段为沿晶或准解理断裂，第 Ⅱ 阶段为沿晶或准解理断裂，第 Ⅲ 阶段伴随塑性变形。

W. W. Gerberich 用经过 300℃ 回火后的 4340 钢验证了上述公式，结果表明，第 Ⅰ、Ⅱ 阶段 $\frac{\mathrm{d}a}{\mathrm{d}t}$ 预示采用上述理论公式的适用性。

取 $\frac{RT}{\bar{V}_H}=1.77\times10^2\,\text{lbf/in}^2$，$d\approx10\mu\text{m}$，$\nu=0.3$，$\sigma_s=208\text{lbf/in}^2$，$\frac{C_0 D_A}{C_{cr}-C_0}=10^{-6}\text{cm}^2/\text{s}$，然后采用式（2-108）和（2-109）来估算第 Ⅰ、Ⅱ 阶段 $\frac{\mathrm{d}a}{\mathrm{d}t}$，其计算结果与实验数据也比较一致。

2. 氢脆裂纹扩展速度影响因素

氢气压力、试验温度、化学成分和屈服应力等因素对氢脆裂纹扩展有显著的影响。

（1）温度影响　氢在钢内部扩散对氢脆起重要作用，如前所述，氢脆裂纹扩展速度取决于氢扩散速度，而氢的扩散与温度有关，材料种类不同，热处理状态不同，裂纹的扩展规律也不同，这是一个重要而复杂的因素。如 4130 钢 $\left(\frac{\mathrm{d}a}{\mathrm{d}t}\right)_{\text{II}}$ 与 $\frac{1}{T}$ 温度关系（见图 2-81），温度对裂纹扩展速度影响有三个不同范围，而且 4130 钢在氢气中裂纹扩展速度存在一个极大值，在 -80~0℃ 范围随着 T 升高，$\left(\frac{\mathrm{d}a}{\mathrm{d}t}\right)_{\text{II}}$ 增加，此时

$$\ln\left(\frac{\mathrm{d}a}{\mathrm{d}t}\right)_{\text{II}} \propto e^{-3900/RT} \tag{2-112}$$

在 20 ~ 80℃ 范围时，随温度升高，$\left(\dfrac{\mathrm{d}a}{\mathrm{d}t}\right)_{\mathrm{II}}$ 降低，此时

$$\ln\left(\dfrac{\mathrm{d}a}{\mathrm{d}t}\right)_{\mathrm{II}} \propto e^{-5500/RT} \qquad (2\text{-}113)$$

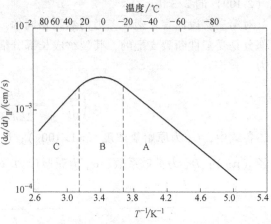

图 2-81　4130 钢裂纹扩展速率与温度的关系

（2）氢气压力影响　氢气压力对裂纹扩展速率有明显的影响。随着氢气压力增加，4130 钢的裂纹扩展速度增加（在马氏体时效钢中也有类似结果）。裂纹扩展速度与氢压力的关系可用下式表达

$$\left(\dfrac{\mathrm{d}a}{\mathrm{d}t}\right) \propto P_{\mathrm{H}_2}^{m} \qquad (2\text{-}114)$$

式中，P 为氢气压力（atm）；m 为常数。

（3）屈服强度影响　材料屈服强度的变化对氢脆裂纹扩展速度也有一定的影响，对 18Ni（250）和 18Ni9（200）两种不同屈服强度钢的氢脆裂纹扩展速度进行研究，经过比较表明，在试验温度范围内强度高的 18Ni9（250）钢 $\left(\dfrac{\mathrm{d}a}{\mathrm{d}t}\right)_{\mathrm{II}}$ 比 18Ni9（200）钢高。然而，强度稍低的 18Ni9（200）钢的 K_{th} 比 18Ni9（250）钢高。

（4）环境的影响　环境介质对氢脆裂纹扩展影响的研究目前颇受重视。研究表明：在同样氢气压力情况下，H_2S 介质对 4335V 钢 $\dfrac{\mathrm{d}a}{\mathrm{d}t}$ 比 H_2 时大得多。一些高强度钢的 $\dfrac{\mathrm{d}a}{\mathrm{d}t}$ 按下列次序：电解充氢（中等程度）、1 个大气压 H_2S 和 1 个大气压原子 H 的递增而增加。

氢气纯度对氢脆裂纹扩展速率是有影响的，H-11 超高强度钢在一个大气压氢气中加入 200×10^{-6} 氧气时对裂纹扩展影响不大，但在高压氢气中加入少量的氧气就能阻止裂纹扩展。氧对氢脆或氢脆裂纹扩展速度影响是复杂的问题，它还取决于钢的成分和环境中氧含量多少等因素。

2.9.11　氢脆断裂形式

氢脆断裂包括穿晶断裂和沿晶断裂两种。当氢有助于解理断裂时，形成沿一定解理面断裂的氢脆；当氢吸附于晶界时则可形成沿晶界的氢脆断裂。

钢中存在疏松、夹杂物等缺陷是形成白点的裂纹源，以此为核心发生穿晶解理脆断（见图 2-82）。

氢脆沿晶断裂取决于第二相沿晶界析出、微量有害元素偏析于晶界等弱化晶界的因素。氢原子和微量有害元素会减小晶界结合力，而促使沿晶断裂。微量有害元素显著地降低铁素体合金钢对氢脆裂纹的抗力，当微量有害元素偏析于晶界时，则大大地增加了钢对氢脆裂纹的敏感性，其氢脆断裂形式主要是沿晶断裂。晶界上碳化物析出形态对氢脆断裂形式有一定的影响，当晶界上碳化物呈连续或不连续存在时促使沿晶界的早期断裂。

钢的氢脆型断口没有固定的特征，它与裂纹前沿的应力强度因子 K_{I} 值及氢浓度 C_{H} 有关，可能是韧窝，也可能出现解理、准解理及沿晶等形貌，有时甚至是混合的。发生氢脆断

裂时，K_I 值较大时，较低的氢浓度 C_H 就可以发生氢脆，反之亦然，C_H 没有明确界限，如图 2-83 所示。

图 2-82　起源于非金属夹杂物的白点形貌

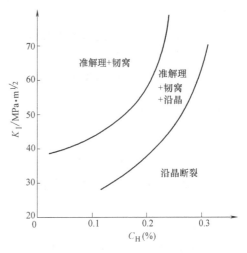

图 2-83　氢脆型断口的形貌

对 4340 钢在氢气中的行为特征研究证明，这种钢的所有工业变种对氢致裂纹都具有高度敏感性。不论钢是否先通过热处理脆化，断口都是沿晶的。在室温和接近一个大气压下，裂纹生长的门槛值应力强度为 $20 \pm 5\mathrm{MN} \cdot \mathrm{m}^{-3/2}$，而裂纹生长速度 $\approx 25 \mu\mathrm{m} \cdot \mathrm{s}^{-1}$。形成沿晶断口意味着在奥氏体化过程中发生了足以控制材料对氢致裂纹敏感性的杂质偏析，这进一步反映出在超高强度钢中，只要有很少量的杂质，便会削弱晶界，使之变为裂纹扩展的路

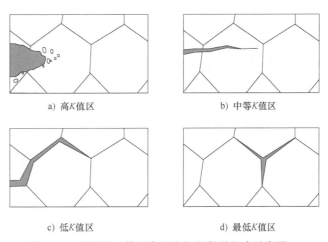

a) 高 K 值区　　　　　　b) 中等 K 值区

c) 低 K 值区　　　　　　d) 最低 K 值区

图 2-84　在不同 K 值下高强度钢的断裂方式示意图

线。在晶界没有被削弱时，氢致裂纹的扩展发生在更高的应力下，而且断口是穿晶断口。

高强度钢氢脆断口形态与裂纹前端的应力强度因子 K 有关，如图 2-84 所示，在高 K 值区，断口为穿晶韧窝断口。在中等 K 值区，断口为准解理或准解理+韧窝或沿晶+韧窝断口。在低 K 值区，断口为沿晶，断口表面上有撕裂棱存在，表明在沿晶分离时还有一定的塑性变形发生。在最低 K 值区，虽然为沿晶断裂，但在断口表面上已经无撕裂棱，为纯冰糖状，表明塑性完全丧失。

2.9.12　高强度螺栓的氢脆本质

螺栓是目前应用最为广泛的紧固件连接方式。由于螺栓的特殊结构和使用中的受力特点，高强度螺栓很容易发生氢脆型断裂。

1. 应力集中

应力集中是指受力构件由于几何形状、外形尺寸发生突变而引起局部范围内应力显著增大的现象。多出现于构件的尖角、空洞、缺口、沟槽以及有刚性约束处及其邻近处。应力集中容易引发裂纹的产生，成为断裂失效的导火索，有时可直接引发断裂失效。

螺纹根部经常是断裂（开裂）失效的起源区。螺纹加工质量较差、根部圆角曲率半径偏小时都会引起较大的应力集中，从而诱发裂纹源的产生，导致断裂（开裂）失效。

计算螺纹根部理论应力集中系数 $K_t = 1 + \sqrt{\dfrac{d}{\rho}}$，其中，$d$ 为螺纹高度；ρ 为螺纹根部圆角曲率半径。

螺纹高度越大或螺纹根部的曲率半径越小，螺纹根部的应力集中系数 K_t 就越大。

2. 缺口效应研究

采用超高强度钢（300M）研究了缺口试样的拉伸性能。

1）热处理工艺采用 930℃ 正火 +650~670℃ 高温回火（洛氏硬度 ≤ 33HRC）。870℃ 奥氏体化，油冷；300℃ 回火两次，$R_m = 1960 \pm 100\text{MPa}$。

2）试样采用光滑拉伸式样和缺口拉伸试样（见图 2-85）。

光滑试样的形状尺寸参见 GB/T 228.1—2010，缺口试样的形状尺寸如图 2-86 所示。

3）从表 2-8 中看出缺口试样的缺口抗拉强度大大高出光滑试样，说明缺口部位的强度升高了，这一特性更容易引发氢脆型断裂。拉伸过程中力-变形曲线如图 2-87 所示，可见缺口试样是在无屈服的情况下就发生了断裂，而且在断裂前也并不是像光滑试样那样处于完全的弹性变形阶段，而是在相同应变的情况下，应力均有所降低。该现象和试样上缺口处的应力集中以及位错运动时的塞积有关。

图 2-85　实际采用的试样

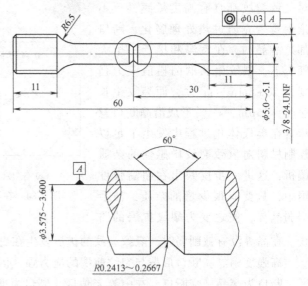

图 2-86　缺口试样的形状尺寸示意图

表 2-8　试验结果

性能	$R_{p0.2}/\text{MPa}$	R_m/MPa	$A(\%)$	$Z(\%)$
光滑试样	1603	1911	10.0	47.0
缺口试样	/	2774	/	/

3. 缺口吸氢特性

（1）缺口前方的氢富集　于广华等用Ⅰ型缺口试样研究了缺口前方的氢富集情况，结果表明：不加载时，缺口前方各点的氢浓度在平均值上下波动，这也表明在热处理及试样加工过程中所产生的应力集中对氢的分布没有影响，而且加载前缺口附近的氢浓度是均匀分布的。加载后氢的分布出现两个峰值，第一个峰值紧靠缺口，第二个峰值离缺口 $0.5 \sim 0.6\text{mm}$（见图2-88）。随着载荷的增大，第一个峰值逐渐降低，第二个氢峰则逐渐升高，而且峰的位置也逐渐远离缺口。

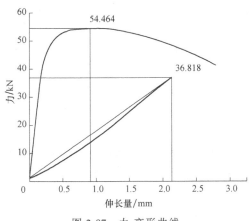

图 2-87　力-变形曲线

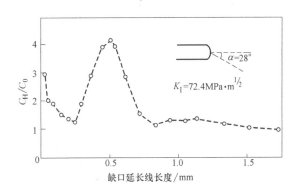

图 2-88　缺口延长线方向上的氢分布

（2）内部氢元素的缺口效应　内部氢元素诱发型氢脆断裂是螺栓制造过程中渗入的氢元素滞留在钢中，在拧紧螺栓后扩散、集中至螺纹等应力集中部位，导致发生氢脆型断裂的状况，如图2-89所示。典型案例是螺栓电镀工序中渗入钢中的氢元素导致的氢脆型断裂。

内部氢元素诱发型氢脆断裂也包含原材料本身所含有的氢元素。

（3）外部氢元素的缺口效应　外部氢元素诱发型氢脆型断裂可分为：①螺栓表面吸附的冷凝水是一种弱电解质，可产生少量的 H^+，如果冷凝水中还溶解有酸类物质，其水解作用也会产生 H^+，这些 H^+ 会向应力集中明显的缺口部位扩散富集（见图2-90）；②已拧紧的螺栓表面暴露在腐蚀性环境中，在表面发生腐蚀的同时产生 H^+，渗入钢中之后集中在应力集中部位，从而导致氢脆型断裂。

（4）螺栓氢脆型断裂的本质　根据内部可逆性氢脆理论，在应力作用下，在裂纹前端塑性区附近将形成高位错密度区。在这些区域中，氢的自由能很低，因此金属内部的其他氢原子依赖于运动着的位错将涌向这些低自由能区域。运动位错对氢原子起了"泵"的作用，这就形成所谓柯垂耳气团，造成裂纹前端氢原子的富集，不但容易形成裂纹，而且能使裂纹加速扩展，这就是内部可逆氢脆的本质。环境氢脆与内部氢脆并不存在本质性差别，只不过前者氢来源于外界环境，而后者氢原子则存在于金属之中。当环境中的氢通过表面吸附并溶解入金属后，其对金属的脆化过程就与内部氢脆完全一样。

在外加载荷的作用下，螺纹根部或螺纹头部过渡 R 附近因应力集中而产生应力梯度，由于应力诱导扩散，原子氢能富集在裂纹尖端局部区域。裂纹尖端水解作用可产生离子氢（$pH = 3.7 \sim 3.9$），当有效氢浓度达到临界值时，可以使局部区域的表观屈服应力明显下降，于是在较低的 K_I 作用下就能产生氢致滞后塑性并导致滞后断裂。

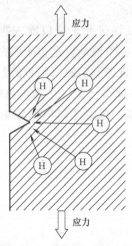

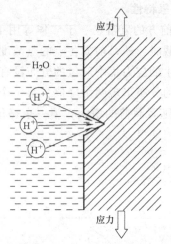

图 2-89　内部氢的扩散特性　　　　图 2-90　环境氢的扩散特性

4. 螺栓的断裂位置

通过对主要受轴向载荷的螺栓断裂位置进行的大量统计分析表明，螺栓常见的破坏位置有三处（见图 2-91），分别为：①与螺母配合部分的第一扣螺纹处；②螺纹与光杆部分的过渡处；③螺栓头部与螺杆的过渡处。

对实际工况服役的螺栓进行有限元数字模拟计算（见图 2-92），可见其最大应力位置和实际统计结果是一致的。

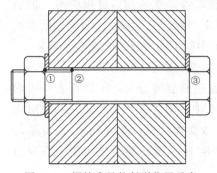

图 2-91　螺栓常见的断裂位置示意

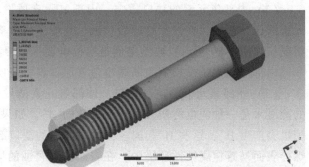

图 2-92　轴向应力作用下螺栓的应力计算结果

在与螺母配合部分的第一扣螺纹的根部破坏是比较常见的，这主要与螺栓在该处的受力状态以及加工状态有关，特别是螺母与螺纹在此处的截面变化引起的应力集中有关。而在螺栓头部与螺杆的过渡圆弧处发生破坏的原因主要与该部位的加工状态以及过渡 R 的大小有关，还与该部位经常会存在一些加工缺陷（如锻造或冷挤压缺陷）或淬火裂纹有关。

图 2-93 是笔者做过的一些螺栓断裂失效

图 2-93　失效螺栓宏观形貌

分析案例，可见其断裂位置基本上都位于螺栓头部和光杆部分的过渡圆弧处，螺纹与螺母配合的第一扣螺纹处以及螺纹与光杆部分的过渡处。

2.9.13　氢脆型断裂的影响因素

1. 合金元素的影响

（1）合金元素对铁素体钢的影响

碳：在这类钢中，碳是促进在水溶液环境中氢脆裂纹发生的，特别是高强度钢更为显著。随着碳含量增加，碳显著地降低裂纹扩展临界应力强度因子值。碳含量升高，则增加了裂纹尖端局部氢集中，在低强度钢中，当氢以阴极充电引入时，增加碳含量就增加了氢脆裂纹的发生。

锰：在高强度钢中，锰含量增加对氢脆产生促进作用。图 2-94 表示了锰含量对 4340 钢氢脆的影响，随着锰含量增加，氢脆裂纹扩展门槛值降低，这种促进作用在阴极极化情况下的水溶液中更为明显。在氢气环境中，增加锰含量对钢氢脆起促进作用。

硅：在高强度钢和低强度钢中，均发现添加硅元素对提高氢脆抗力是有益的。然而，硅对钢氢脆抗力改善所起作用是非常复杂的。

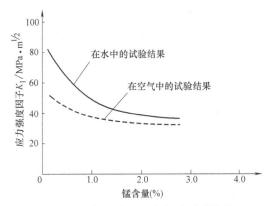

图 2-94　锰含量对 4340 钢氢脆试验结果

将 4340 钢热处理成两种强度水平后进行试验，结果表明：在超高强度钢中（1920～2060MPa），硅的质量分数<1.5%时对裂纹扩展应力强度因子门槛值无影响，当硅的质量分数>1.5%时裂纹扩展速度显著降低。而钢的强度稍低（1570～1650MPa），加入硅的质量分数<1.5%产生有益作用。由此可知，硅元素对钢氢脆的影响还与钢的强度水平有关。硅对钢的氢脆影响还有待进一步的研究。

（2）合金元素对奥氏体钢的影响

锰：在奥氏体钢中，锰对氢脆的影响与钢中铬、镍含量及其他因素有关。在某种情况下，锰对奥氏体钢的氢脆产生有益影响，而在另一种情况下会产生有害影响。

镍：在铬-镍奥氏体钢中添加镍有益于在水溶液或氢环境中延性提高。镍在水溶液中改善了钢的氢脆裂纹抗力，当镍的质量分数>15%时有助于改善氮、磷在奥氏体钢中的有害作用。镍对钢的组织结构形态和内聚力是有影响的，镍会影响裂纹尖端电化学反应速度，特别是阴极反应速度。镍还能改善奥氏体钢在氢气中的延性。

铬：在奥氏体钢或合金中添加铬能增加在水溶液或氢气中的氢脆抗力。

2. 微量有害元素的影响

铁素体、马氏体钢中硫、磷是有害元素，它们能降低钢的韧性，特别是在氢环境中更为显著。其有害作用与氢脆和回火脆性密切相关。钢中存在微量有害元素会促使氢环境脆性断裂。氢原子和微量有害元素偏析于晶界会引起晶界结合力减弱，从而促使沿晶断裂。另外微量有害元素会阻碍原子氢重新结合反应，使氢原子在裂纹尖端处增加。

微量有害元素促进了氢脆敏感性。同时氢脆敏感性还与钢的强度水平密切有关，随着钢屈服强度提高，纯度高的钢在氢环境中的应力强度因子门槛值显著下降，而存在微量有害元素的钢在氢环境中的应力强度因子门槛值不随屈服应力的提高而改变。对高强度或超高强度钢而言，微量有害元素对氢脆影响不明显。这是因为，在中低强度钢中，微量有害元素使晶弱化引起沿晶脆性断裂，从而促进了钢的氢脆时应力强度因子门槛值显著下降；而在高强度（或超高强度）钢中，因有较大氢脆敏感性而呈沿晶断裂，在此时微量有害元素表现不出明显作用。在中强度钢中，在纯度高的钢中断裂形式主要是穿晶断裂，而在纯度较低的钢中，大部分是沿晶断裂，这两种断裂形式随钢的屈服应力提高而改变，沿晶断裂形式随钢的屈服强度提高而增加，K_{th} 随屈服强度的提高而降低。

3. 显微组织的影响

钢的氢脆与组织密切相关，不同金相组织的氢脆倾向是不同的。一般而言，奥氏体、珠光体组织氢脆倾向性比马氏体小，而马氏体组织碳含量高的比碳含量低的容易脆化。弹性极限高、热力学不稳定的组织容易脆化，在珠光体组织中，渗碳体的形状对氢脆敏感性有重要的影响。无回火马氏体组织对氢脆最敏感，其原因是板状马氏体呈脆性，并与存在高的残余应力有关。回火马氏体和具有均匀细碳化物分布的板条状贝氏体抗氢脆性稍好一些，碳化物细而均匀的球粒状组织抗氢脆性较好。

奥氏体钢一般为单相奥氏体组织，若在钢中加入铁素体形成元素（如钒、钛），则会形成不同含量的 δ 铁素体组织，可改善钢在水溶液中的氢脆裂纹抗力。在奥氏体钢中，δ 铁素体的存在对阻止氢脆裂纹扩展起着重要作用。

不同显微组织对氢脆的敏感性大致按如下顺序增加：铁素体或珠光体、贝氏体、低碳马氏体、马氏体和贝氏体的混合物、孪晶马氏体。

4. 晶粒度的影响

在室温时，一般钢的强度和韧性随晶粒度减小而提高。在氢脆中，随着晶粒度细化也能改善钢的氢脆抗力。晶粒细化即单位体积内晶界面积百分数增加，使俘获氢的场所增加，因此改善了抗氢脆能力。另外，晶粒度大小会影响到氢环境中的断裂形式。粗晶粒试样断裂是受形核支配的，裂纹一旦开始形成，则单个裂纹以极快速度扩展直至断裂，断裂形式是沿（001）晶面脆性断裂；对细晶粒试样而言，其断裂是受扩展过程支配的。由微裂纹形成到断裂前，在试样上已有众多的脆断微裂纹，而且在断裂前有相当的塑性变形，断裂是从接近试样表面的局部区域开始的。

5. 热处理的影响

热处理规范的改变将会引起组织结构和强度水平的变化，从而影响氢脆的敏感性。

钢的成分、热处理时的冷却速度和回火温度对氢脆也有显著的影响。

回火温度对不同钢种组织结构变化的影响是不同的，对氢脆敏感性的影响也有差异，这主要与回火过程中碳化物的析出有关。

6. 强度水平的影响

一般情况下，钢的强度水平增加，其氢脆倾向增加，但也有许多例外，其原因是钢对氢脆敏感性与成分和显微组织改变密切有关。热处理后，钢的强度水平改变会伴随着组织结构的改变，故不同钢种强度水平对氢脆敏感性影响可能会不同。

7. 变形速度的影响

变形速度对氢脆断裂有明显的影响，图 2-95 是变形速率对 18Ni（200）钢环境氢脆的影响。变形速率对钢在真空中断面收缩率无影响。在氢环境中，随着变形速率减小，钢的断面收缩率降低，而在变形速率为 10^{-3} in/s 时断面收缩率显著下降。

钢的氢脆过程是氢的扩散与塑性变形间的竞争过程。变形速率对钢的氢脆影响还与温度有关，一般认为，低温时氢扩散速度减小。但氢脆机理不单纯与氢扩散有关，而是个非常复杂的现象。钢中存在缺陷时，它也有捕获氢的作用，从而影响氢脆。

8. 氢气压力的影响

氢气压力对氢脆裂纹扩展速度有显著的影响，提高氢气压力会增加钢的氢脆敏感性。实验证明，在空气中 4130 钢的 K_{th} 不受拉伸速度影响，而在不同氢气压力下的 K_{th} 是随拉伸速度减小而降低，而且氢气压力提高，钢的氢脆敏感性增大。

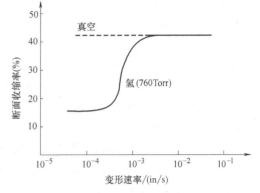

图 2-95　钢断面收缩率与变形速率的关系
注：1in = 25.4mm；1Torr = 133.322Pa。

2.9.14　氢脆型断裂的判据依据

判断氢脆型断裂的主要依据有：

1）具备发生氢脆型断裂的三要素。

2）断裂面比较洁净，无腐蚀产物，断口比较平齐，有放射花样，呈结晶颗粒状亮灰色，一般为多源脆性断裂。

3）有延迟性断裂特点。

一般具备了以上三条，就可以断定其为氢脆型断裂。关于氢脆型断裂临界氢浓度问题的说法较多，但迄今为止，钢中氢的测量仍然是一个世界难题。事实上，对氢脆断裂起作用的是材料中氢的扩散，由于氢原子体积很小，活动影响因素较多，行踪多变，很难对发生氢脆扩散断裂时的实际扩散氢浓度进行准确测量。氢含量的测定值在氢脆型断裂失效诊断中只是一个参考，目前还没有明确的界限。

2.9.15　氢脆型断裂的对策

防止氢脆的方法主要有：

1）尽量避免在较高的强度级别使用。

2）提高材料的纯净度。

3）避免吸氢环节，包括生产制造过程和使用过程。

4）表面防锈涂层处理。

5）严禁服役前存在老裂纹或较严重的加工刀痕。

6）减小残余内应力（拉应力）。

7）避免服役中承受较大的拉应力（焊机应力、装配应力等）。

2.10 疲劳断裂

疲劳破坏是机械零部件失效的主要形式,是工程结构件在循环载荷作用下发生的一种开裂或断裂失效。在机械装备和工程结构中,大多数机械零部件都是在循环载荷作用下工作的,有的虽然自身工作应力设计时为恒定载荷,但由于外界环境因素的变化,如刮风、强噪声,邻近的交通运输、工程施工等造成的振动,以及管道内因压力变化导致系统的振动等,均会带来附加的循环载荷。按照材料的断裂分类,疲劳断裂因断裂前无明显的塑性变形,也属于脆性断裂的范畴。据统计,在各种机械失效中,有 50%~90% 是由疲劳引起的,其中大多数都是在无任何防备情况下的突然断裂。随着现代机械向高速和大型化方向发展,许多零部件在高温、高压、重载和腐蚀等恶劣工况下运行,疲劳破坏事故更是层出不穷,因此,对疲劳断裂的失效模式、机理进行深入分析,可以从事故的源头采取预防措施,这对于提高机械产品的使用可靠性和使用寿命具有非常重要的作用。

2.10.1 疲劳断裂的定义

在机械工程中,多数机械零部件都是在循环载荷作用下工作的,其工作应力往往低于材料的屈服强度。零部件在这种循环载荷下,经过较长时间运行而发生失效的现象称为金属疲劳。疲劳断裂是指金属在疲劳载荷作用下所引起的断裂。它是工程上最普遍的断裂事故,在整个工程断裂事故中,疲劳断裂约占 80%~90%,其中大多数是突然断裂。

金属疲劳概念是 1839 年 J. V. Poncelet 在巴黎大学演讲时第一次提出来的。1852 年,Wöhler 第一个对疲劳裂纹进行了研究。至今,疲劳问题的研究已有 180 多年了。所以,疲劳问题也是一个古老的问题,但是,关于金属疲劳断裂的物理过程和裂纹的萌生、扩展机理等一系列基本问题尚无统一的结论。这些问题还有待于进一步研究。

2.10.2 疲劳载荷的描述

所谓疲劳载荷就是载荷的大小、方向,或载荷的大小和方向随时间作周期性变化,这种变化可以是有规律的,也可以是无规律的。这种交变载荷的变化过程又称为载荷谱。

1. 疲劳应力的类型

(1)以应力状态分类 以应力状态分类可分为弯曲应力、拉压应力、扭转应力和复合应力。

(2)以应力循环对称度分类 以应力循环对称度分类可分为:

1)对称循环:应力随时间周期变化时,最大应力 σ_{max} 和最小应力 σ_{min} 的绝对值相同,方向相反。

2)不对称循环:应力随时间周期变化,但 $|\sigma_{max}| \neq |\sigma_{min}|$,又可分为:①变号不对称循环;②单号不对称循环;③脉动循环。

3)随机载荷。

(3)以应力循环波形分类 按应力变化速度及维持时间的不同,疲劳应力可分为正弦波应力、三角波疲劳应力、梯形波疲劳应力、方波疲劳应力和随机波疲劳应力。

2. 疲劳应力的描述参数

以正弦波疲劳应力为例,如图 2-96 所示。

$$应力幅\ \sigma_a = \frac{\sigma_{max} - \sigma_{min}}{2} \qquad (2\text{-}115)$$

$$平均应力\ \sigma_m = \frac{\sigma_{max} + \sigma_{min}}{2} \qquad (2\text{-}116)$$

$$应力对称系数\ R = \frac{\sigma_{min}}{\sigma_{max}} \qquad (2\text{-}117)$$

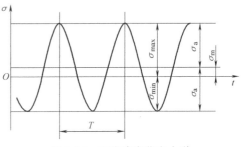

图 2-96 正弦波疲劳应力谱

应力对称系数也称应力幅,一般情况下,$-1 \leqslant R \leqslant 1$。

在工程实践中,载荷谱往往是各种各样的,很少会出现单纯的等幅载荷波形。但是,作为对材料疲劳破坏规律的研究,却是需要有一种较为理想、统一的疲劳载荷。在进行研究时,工程上出现的任何复杂的载荷谱都可以简化成如图 2-97 所示的三种形式。

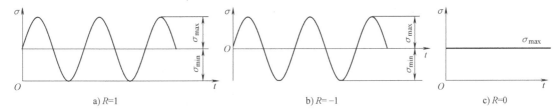

图 2-97 载荷谱的简化形式

2.10.3 疲劳断裂的分类

根据零件在服役过程中所受载荷的类型与大小,加载频率的高低及环境条件等的不同,疲劳断裂分类如图 2-98 所示,据此还可以判断疲劳断裂的"二级"失效模式。

按发生断裂的周次,可把疲劳断裂分成低周疲劳和高周疲劳两类。

当疲劳破坏的周次 N_f 为 $10^4 \sim 10^5$ 时,称为低周疲劳断裂。低周疲劳往往是在高应力($\sigma > \sigma_s$)作用下产生的,材料每经过一次应力循环,就产生一次塑性应变,所以,它是由于应变诱发的断裂,又叫应变疲劳或大应力应变疲劳。飞机起落架的断裂,就属于这类疲劳断裂。

当疲劳破坏周次 N_f 大于 10^5 时,称为高周疲劳断裂。高周疲劳所承受的应力往往较低($\sigma < \sigma_s$),所以金属破坏要经过应力反复作用才能出现,它是应力诱发断裂,所以又叫应力疲劳或叫低应力高周疲劳。工程上绝大部分疲劳破坏都属于这种类型。

按其他形式分类的疲劳断裂(包括热疲劳、高频疲劳、低频疲劳、腐蚀疲劳、高温疲劳等)均可按断裂循环周次的高低而纳入此两类疲劳范畴之内。

必须指出,高周疲劳与高频疲劳、低周疲劳与低频疲劳并不是一回事,前者是以断裂周次高低或所受应力大小区分的,而后者则是指载荷的频率高低。但是,工程上有时把二者联系在一起,即低频疲劳往往产生低周疲劳断裂,如飞机的起落架、潜艇壳体,它们所受的疲劳载荷往往都是低频的。

2.10.4 疲劳断裂过程及机理

疲劳断裂一般表现为脆性断裂,其断口平齐且与应力轴垂直。高周疲劳断口和低周疲劳

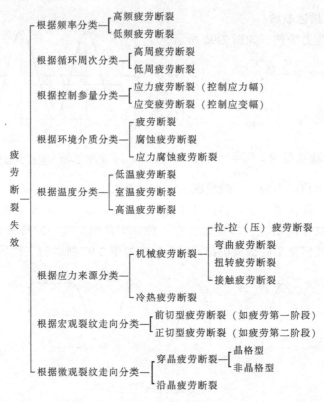

图 2-98　疲劳断裂失效分类

断口各有特征，一般说的疲劳断裂都是指低应力高周疲劳，是试样或零件在较小交变应力重复作用下，经过较长时间后产生的破裂现象。疲劳断裂过程一般包括疲劳裂纹萌生、裂纹的扩展和最后过载断裂。其疲劳寿命 N_f 由疲劳裂纹萌生期 N_i 和裂纹亚稳扩展期 N_p 所组成。了解疲劳各阶段的物理过程，对认识疲劳本质，分析疲劳原因，采取强韧化对策，延长疲劳寿命都是很有意义的。

在任何情况下，材料的加工缺陷，如裂纹、折叠，以及材料内部的缺陷，如白点、较严重的非金属夹杂（夹渣）等，都是机械构件疲劳断裂的主要起源。大多数疲劳裂纹都起源于零件表面，但当零件内部存在较为明显的缺陷时，疲劳断裂也可以从内部或零件的次表面产生。

以钢轨为例，在列车经过时，轨面承受压应力，轨底承受拉应力。轨底和地面接触，也容易受到地面积聚的污水或腐蚀性介质的腐蚀，形成应力集中点，是疲劳裂纹萌生的首选位置。但是，若钢轨中存在缺陷，即便是位于拉应力较小的轨头，也会产生疲劳断裂，如图2-99 所示。

某风能发电机组的齿轮箱发生失效，拆解后发现行星轮和内齿圈大量齿受损严重。失效分析结果表明这起失效事故的原因是一个行星轮的一个齿首先发生了疲劳断裂，并产生连锁反应，导致齿轮箱发生严重失效。

进一步理化分析表明导致行星轮发生疲劳断齿的根源是由于材料内部的聚集中夹渣（见图 2-100）。

图 2-99　源于轨头的疲劳断裂面

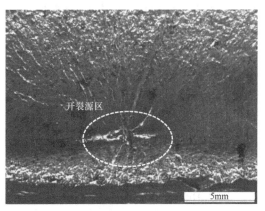

图 2-100　齿轮疲劳断齿源于次表面

下面主要以光滑试样为对象，研究疲劳裂纹的萌生。

1. 疲劳裂纹的萌生

（1）疲劳裂纹萌生的特点　宏观疲劳裂纹是由微观裂纹的形成、扩展及连接而成的。关于疲劳裂纹萌生期，目前尚无统一的裂纹尺度标准，常将 0.05~0.1mm 的裂纹定为疲劳裂纹核，并由此定义疲劳裂纹萌生期。

1）裂纹大多起源于零件表面，因为表面的应力一般比内部的大，而且材料变形的约束较小。

2）对于较小应力作用下的光滑零件，裂纹一般由表面晶粒位相最为有利的局部集中滑移处萌生。而表面粗糙、尺寸突变、存在冶金缺陷或加工缺陷的零件，疲劳裂纹在应力或应变集中处萌生。

3）光滑零件裂纹萌生的时间较长，有时可占总寿命的 90% 以上。有表面缺陷的零件的裂纹萌生时间则较短。具有尖锐伤痕或原始裂纹的零件，则不存在疲劳裂纹的萌生过程。

（2）疲劳裂纹的萌生位置及机理　疲劳裂纹萌生的部位有滑移带、孪晶带。在多相合金中，夹杂物与第二相沉淀物也是潜在的裂纹源。在高周疲劳中，裂纹经常在滑移带处萌生，而低周疲劳和高温下的裂纹则可能沿晶界形成。

1）滑移带裂纹的萌生。

大量研究表明，疲劳微观裂纹都是由不均匀的局部滑移和显微开裂引起的。这是疲劳裂纹形成的基本过程。在循环载荷下，金属表面滑移变形是不均匀的，而且其相邻滑移线台阶具有不同的高度（见图 2-101），载荷越小，越不均匀。因为在较小应力作用下，只有那些取向最为有利的晶粒内、最有利的滑移系才能发生滑移。随着应力循环次数的增加，新的滑移带不断产生，使一些滑移带逐渐变长加宽，其中少数严重集中的滑移带变成所谓驻留（或持久）滑移带。它们经抛光后也不消失，或虽消失，但经轻微侵蚀或循环加载后又重新显示。驻留滑移带中滑移线的高度也更显著，并将产生一些挤出峰和挤入

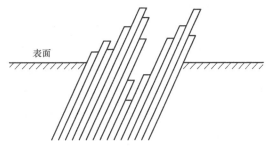

图 2-101　相邻滑移线的不同高度示意图

槽，成为晶体学切口，引起应力和应变集中（见图2-102）。在应变较大处就会发生金属分离或滑移带开裂，萌生与应力轴约成45°的切向显微裂纹。相邻滑移线的高度及挤出、挤入现象是由于在交变应力作用下，晶界往返滑移距离不同而自然形成的。

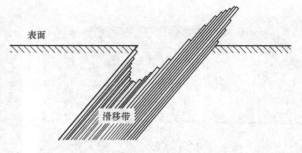

图 2-102　在滑移带的缺口处起源

关于挤出和挤入是怎样形成的这一问题，也可以用 A. H. Cottrell（柯垂尔）和 D. Hull（赫尔）提出的一个交叉滑移模型来说明，如图2-103所示。在拉应力的半周期内，先在取向最有利的滑移面上位错源 S_1 被激活，当它增殖的位错滑动到表面时，便在 P 处留下一个滑移台阶，如图2-103a所示。在同一半周期内，随着拉应力增大，在另一个滑移面上的位错源 S_2 也被激活，当它增殖的位错滑动到表面时，在 Q 处留下一个滑移台阶；与此同时，后一个滑移面上位错运动使第一个滑移面错开，造成位错源 S_1 与滑移台阶 P 不再处于同一个平面内，如图2-103b所示。在压应力的半周期内，位错源 S_1 又被激活，位错向反方向滑动，在晶体表面留下一个反向滑移台阶 P'，于是 P 处形成一个侵入沟；与此同时，也造成位错源 S_2 与滑移台阶不再处于一个平面内，如图2-103c所示。同一半周期内，随着压应力增加，位错源 S_2 又被激活，位错沿相反方向运动，滑出表面后留下一个反向的滑移台阶 Q'，于是在此处形成一个挤出脊，如图2-103d所示；与此同时又将位错源 S_1 带回原位置，与滑移台阶 P 处于一个平面内。若应力如此不断循环下去，挤出脊高度和挤入沟深度将不断增加，而宽度不变。

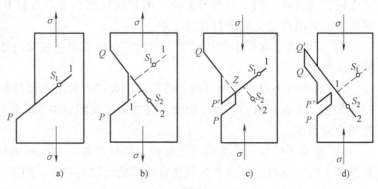

图 2-103　柯垂尔-赫尔模型

这一模型从几何和能量上看是可能的，但还没有得到实验的证明。

2）复合滑移裂纹的萌生。

这种裂纹系由两个相邻滑移系的交替滑移，或单系平面滑移与双系交替滑移复合进行而萌生与应力轴大致垂直的正向显微裂纹。

3）晶界与孪晶界裂纹萌生。

多晶体材料由于晶界的存在和相邻晶粒的不同取向性，位错在某一晶粒内运动时会受到晶界的阻碍作用，在晶界处发生位错塞积和应力集中现象。在应力不断循环的情况下，晶界处的应力集中得不到松弛，应力峰越来越高，当超过晶界强度时就会在晶界处产生裂纹，如图2-104所示。

从晶界萌生裂纹来看，凡使晶界弱化和晶粒粗化的因素，如晶界有低熔点夹杂物等有害元素和成分偏析、回火脆性、晶界析氢及晶粒粗化等，均易产生晶界裂纹，降低疲劳强度；反之，凡使晶界强化、净化和细化晶粒的因素，均能抑制晶界裂纹形成，提高疲劳强度。

当有共格孪晶存在时，驻留滑移带通常在此出现，导致疲劳裂纹萌生。这在 Zr、Cu、Ni 和 Fe 等金属中均曾观察到。在多晶体材料中，晶界裂纹的萌生也是晶体大量滑移的结果。滑移面的领先位错在晶界受阻而形成位错塞积并产生应力集中。当应力峰达到临界值时，就会引起晶界开裂，如图 2-105 所示，晶粒尺寸越大，晶界上可能形成的位错塞积越长，应变量越大，越易导致裂纹萌生。因此，较粗晶粒、较大应力和较高温度均有利于晶界裂纹的萌生。

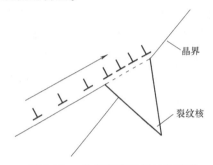

图 2-104　位错塞积引起晶界开裂

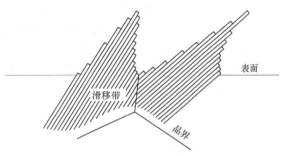

图 2-105　表面滑移带引起开裂

4）相界面裂纹萌生。

金属材料都不同程度地存在一些非金属夹杂物，如钢中硅酸盐、氧化物和氮化物等。有的材料还含有强化相，它们和基体的界面也能成为裂纹的萌生部位。脆性夹杂物和第二相本身的破裂，或复合夹杂物内界面分离，也可能使裂纹萌生。

疲劳裂纹虽大多萌生在材料表面，但在某些情况下，由于表面热处理强化和冷作硬化，使表面产生残余压应力，使拉应力峰值出现在表面以下；或由于亚表面存在冶金缺陷或大块夹杂物等应力集中，裂纹也可能在亚临界表面或内部萌生。

从第二相或夹杂物可引发疲劳裂纹的机理来看，只要能降低第二相或夹杂物的脆性，提高相界面强度，控制第二相或夹杂物的数量、形态、大小和分布，使之"少、圆、小、匀"，均可抑制或延缓疲劳裂纹在第二相或夹杂物附近萌生，提高疲劳强度。

从以上疲劳裂纹的形成机理来看，只要能提高材料的滑移抗力（如采用固溶强化、细晶强化等手段），均可以阻止疲劳裂纹萌生，提高疲劳强度。

2. 疲劳裂纹扩展过程及机理

疲劳断裂是一个裂纹萌生与扩展的过程，金属在疲劳载荷作用下，首先萌生裂纹，然后以它作为裂纹核心，裂纹先做显微扩展，然后做亚临界稳定扩展。当裂纹扩展到材料所剩净断面积不能承受最大循环载荷时，或疲劳裂纹长度达到材料断裂韧度所允许的临界尺寸时，裂纹快速扩展，直至材料断裂。工程上一般把裂纹萌生和显微扩展作为疲劳裂纹扩展的第 I 阶段，又叫裂纹萌生阶段，而把裂纹的亚临界稳定扩展作为第 II 阶段，又叫裂纹扩展阶段。

（1）疲劳裂纹扩展的第 I 阶段　第 I 阶段的扩展方向一般与应力轴成 45°，其长度取决于材料本身的性能（一般都很短，在几个晶粒尺寸范围），如图 2-106 所示。第 I 阶段是从表面个别挤入沟（或挤出脊）先形成微裂纹，随后，裂纹主要沿主滑移系方向（最大切应力方向），以纯剪切方式向内扩展。在扩展过程中，多数微裂纹成为不扩展裂纹，只有少数微裂纹会扩展 2~3 个晶粒范围。在此阶段，裂纹扩展速率很低，每一应力循环大约只有 0.1μm 的扩展量。许多铁合金、铝合金、钛合金中都曾观察到裂纹第Ⅰ阶段扩展；但缺口试样，可能不出现裂纹扩展第Ⅰ阶段。

由于第Ⅰ阶段的裂纹扩展速率很低，而且其扩展总进程也很小，所以该阶段的断口很难分析，常常看不到什么形貌特征，只有一些擦伤的痕迹。但在一些强化材料中，有时可看到周期解理或准解理花样，甚至还有沿晶开裂的冰糖状花样。

在第Ⅰ阶段裂纹扩展时，由于晶界的不断阻碍作用，裂纹扩展逐渐转向垂直于拉应力的方向，进入第Ⅱ阶段扩展。在室温及无腐蚀条件下，疲劳裂纹扩展一般是穿晶的。

（2）疲劳裂纹扩展的第Ⅱ阶段　疲劳裂纹按第Ⅰ阶段方式扩展一定距离后，将改变方向，沿着与正应力垂直的方向扩展。此时正应力对裂纹的扩展产生重大影响。这就是疲劳裂纹扩展的第Ⅱ阶段。用扫描电镜观察时，疲劳断口第Ⅱ阶段的特征是具有略呈弯曲并相互平行的沟槽花样，称为疲劳辉纹（疲劳条纹、疲劳条带），如图 2-107 所示。它是裂纹扩展时留下的微观痕迹，每一条辉纹可以视作一次应力循环的扩展痕迹，裂纹的扩展方向与条带垂直。

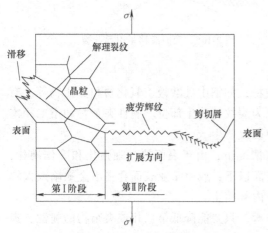

图 2-106　疲劳断裂过程示意图

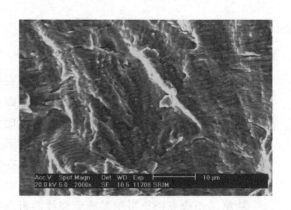

图 2-107　疲劳辉纹

疲劳裂纹扩展第Ⅱ阶段断面上最重要的特征是疲劳辉纹。疲劳辉纹的主要特征如下：

1）疲劳辉纹是一系列基本相互平行的、略带弯曲的波浪形条纹，并与裂纹局部扩展方向相垂直。

2）每一条辉纹代表一次循环，也代表该循环下裂纹前端的位置，疲劳辉纹在数量上与循环次数相等。

3）疲劳辉纹间距（或宽度）随应力强度因子幅的变化而变化。

4）疲劳断面有时也不完全在一个平面上，通常由许多大小不等、高低不同的小断块所组成，每个小断块上的疲劳辉纹不连续，也不平行。

5）断口两匹配断面上的疲劳辉纹基本对应。

6）疲劳辉纹一般不会相交，存在延性和脆性两种疲劳辉纹。

在实际断口上，疲劳辉纹的数量不一定与循环次数完全相等，因为它受应力状态、环境条件、材质等因素的影响很大。同时，疲劳辉纹有时也容易与其他花样混淆，如滑移痕迹、解理台阶、瓦纳线，以及像珠光体之类的层状组织等。疲劳辉纹是疲劳断裂的基本特征，凡在断口上发现了疲劳辉纹，即可定此断口为疲劳断裂。但反过来，如果在断口上未发现疲劳辉纹，并不能判断此断口为非疲劳断裂，还要根据宏观、微观的特征和其他分析工作的结果来综合分析判断。

一般情况下，疲劳辉纹仅在疲劳裂纹扩展的第 II 阶段才能出现，但在某些合金中，第 I 阶段的后期也会出现疲劳辉纹。疲劳辉纹出现的必要条件是在疲劳裂纹前端必须处于张开型平面应变状态。这不仅从宏观的角度，即裂纹前端整个都处于平面应变状态，而且局部区域也要处于平面应变状态。但是张开型平面应变，仅是疲劳辉纹形成的必要条件，不是充分条件。如果已满足平面应变条件，能否形成疲劳辉纹，还要看材料的性质与环境条件。一般来说，延性材料容易形成疲劳辉纹，脆性材料则比较困难。例如体心立方晶格系金属比面心立方金属形成疲劳辉纹要困难得多，其原因可能是体心立方金属的层错能高，滑移系多，易于交错滑移，不利于疲劳辉纹的形成。

（3）疲劳裂纹的扩展机理　Laird 和 Smith 在研究铝、镍金属疲劳时提出，高塑性的铝、镍材料在交变循环应力作用下，因裂纹尖端的塑性张开钝化和闭合锐化，会使裂纹向前延续扩展。具体扩展过程如图 2-108 所示，左侧图 a~e 曲线的实线段表示交变应力的变化，右侧为疲劳扩展第二阶段中疲劳裂纹的剖面示意图。图 a 表示交变应力为零时，右侧裂纹呈闭合状态。图 b 表示受拉应力时裂纹张开，裂纹尖端由于应力集中，沿 45°方向发生滑移（方向如图中箭头所示，图 c、d 中意义相同）。图 c 表示拉应力达到最大值时，滑移区扩大，裂纹尖端变为半圆形，发生钝化，裂纹停止扩展。这种由于塑性变形使裂纹尖端的应力集中减小，滑移停止，裂纹不再扩展的过程称为塑性钝化。图 c 中两个同向箭头表示滑移方向，两箭头之间距离表示滑移进行的宽度。图 d 表示交变应力为压应力时，滑移沿相反方向进行，原裂纹与新扩展的裂纹表面被压近，裂纹尖端被弯折成一对耳状切口，为沿 45°方向滑移准备了应力集中条件。图 e 表示压应力达到最大值时，裂纹表面被压合，裂纹尖端又由钝变锐，形成一对尖角。由此可见，应力循环一周期，在断口上便留下一条疲劳辉纹，裂纹向前

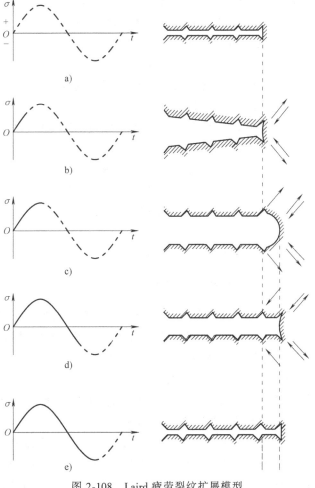

图 2-108　Laird 疲劳裂纹扩展模型

扩展一个条带的距离。如此反复进行,不断形成新的条带,疲劳裂纹也就不断向前扩展。因此,疲劳裂纹扩展的第二阶段就是在应力循环下,裂纹尖端钝、锐反复交替变化的过程。在电子显微镜下看到的疲劳断口上的疲劳辉纹就是这种疲劳裂纹扩展所留下的痕迹。

显然,这种模型对说明塑性材料的疲劳扩展过程、韧性疲劳辉纹的形成很成功。材料强度越低,裂纹扩展越快,疲劳辉纹越宽。

2.10.5 疲劳裂纹扩展速率

所谓疲劳裂纹扩展速率是指疲劳裂纹在第 II 阶段时,疲劳应力每循环一次裂纹扩展的长度,可写成 da/dN,一般可用试验方法求得。

大量实验表明,da/dN 除与裂纹前端应力强度因子幅 ΔK 有比较大关系外,还与材料的性能有关。P. Prais 统计了大量的实验结果后,总结出如下公式

$$\frac{da}{dN} = C(\Delta K)^n \tag{2-118}$$

式中,C、n 是材料常数,可用实验求出;ΔK 为疲劳裂纹前端的应力强度因子幅($\Delta K = K_{max} - K_{min}$)。

在双对数坐标图上,其曲线如图 2-109 所示,可将二者关系曲线分成三个区:

I 区是疲劳裂纹的初始扩展阶段,da/dN 值很小,但从 ΔK_{th} 开始,随着 ΔK 的增加,da/dN 快速增加。

II 区是疲劳裂纹扩展的主要阶段,$\lg(da/dN)$ 和 $\lg\Delta K$ 呈线性关系,即符合 Prais 公式。

III 区是疲劳裂纹扩展最后阶段,其 da/dN 很大,并随着 ΔK 增加而快速增加。

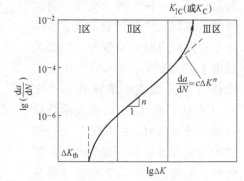

图 2-109 (da/dN)-ΔK 关系曲线

由图 2-109 可知,在 I 区随着 ΔK 的降低,da/dN 快速降低,当 ΔK 降至某一临界值 ΔK_{th},即 $\Delta K \leqslant \Delta K_{th}$ 时,$da/dN \rightarrow 0$,表示裂纹不扩展,因此,ΔK_{th} 是疲劳裂纹不扩展的 ΔK 临界值,就称为疲劳裂纹不扩展门槛值。它是材料的性能指标,其量纲为 $MPa \cdot m^{1/2}$。

2.10.6 疲劳载荷类型的判断

各种类型的疲劳断裂失效均是在交变载荷作用下造成的,因此,在分析疲劳断裂失效时,首要任务是要以断口的特征形貌来分析判断所受载荷的类型。

1. 反复弯曲载荷引起的疲劳断裂

当构件承受弯曲载荷时,其应力在表面最大,在中心最小。所以,疲劳核心总是在表面形成,然后沿着与最大正应力相垂直的方向扩展。当裂纹达到临界尺寸时,构件迅速断裂,因此,弯曲疲劳断口一般与其轴线成 90°。

(1)单向弯曲疲劳断口 在交变单向平面弯曲载荷的作用下,疲劳破坏源是从交变张应力最大一边的表面开始的,如图 2-110 所示。当轴为光滑轴时,没有应力集中,裂纹由核心向四周扩展的速度基本相同。当轴上有台阶或缺口时,则由于缺口根部应力集中,故疲劳

裂纹在两侧的扩展速度很快，其瞬断区所占的面积也较大。

（2）双向弯曲疲劳断口　在交变双向平面弯曲载荷作用下，疲劳破坏源则从相对应的两边开始，几乎是同时向内扩展。图 2-111 为核电送料机构上的连接螺栓双向弯曲疲劳断口形貌，因进料和出料时螺栓受到的弯曲载荷不同，导致"月牙状"的最后瞬断区偏向一侧。在尖锐缺口或轴截面突然发生变化的尖角处，由于应力集中的作用，疲劳裂纹在缺口的根部扩展较快。

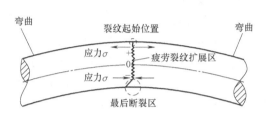

图 2-110　单向弯曲疲劳断裂示意图

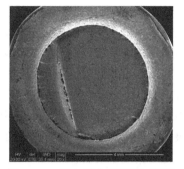

图 2-111　双向弯曲疲劳断口形貌

（3）旋转弯曲疲劳断口　旋转弯曲疲劳时，其应力分布是外层大、中心小，故疲劳核心在两侧且裂纹发展的速度较快，中心较慢，其疲劳线比较扁平。由于在疲劳裂纹扩展的过程中，轴还在不断地旋转，疲劳裂纹的前沿向旋转的相反方向偏转。因此，最终破断区也向旋转的相反方向偏转一个角度。由疲劳断裂源区与最终破断区的相对位置便能推断出轴的旋转方向。

偏转现象随着材料的缺口敏感性的增加而增加，应力愈大，轴的转速愈慢，周围介质的腐蚀性愈大，则偏转现象愈严重。

当应力大小与应力集中的程度不同时，旋转弯曲疲劳断口也不同，如图2-112 所示。情况①是轴的外圆平滑过渡（有比较大的圆弧），应力集中小；情况②是轴的外圆上有尖锐的缺口或没

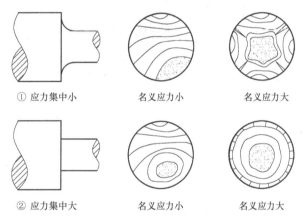

图 2-112　应力集中程度对旋转弯曲疲劳断口的影响

有圆弧过渡，应力集中大。在情况①时，当名义应力（公称应力，又称平均应力）小（接近于疲劳极限）时，疲劳源只在一处生核，最终破断区发生在外周；而当名义应力大时，疲劳在多处生核，最终破断区面积不仅比前者大，而且发生在轴中心附近。在情况②时，当名义应力较小，大的应力集中使得周界上裂纹扩展速率加大，而且使多处同时生成裂纹，最后使最终破断区向轴的中心移动。如果既有大的应力集中，名义应力又很大，那么不仅最终瞬时破断区的面积大，基本上在轴的中心，而且在沿应力集中线上同时产生许多疲劳源点，形成大量的沿径向排列的疲劳台阶。

根据上述分析可知，旋转轴上缺口越尖锐（应力集中越大）、名义应力越大，瞬断区越移向中心。因此，可以根据瞬断区偏离中心的程度，推测旋转轴上负荷的情况。

最后还应指出，由于弯曲疲劳裂纹的扩展方向总是与拉伸正应力相垂直，所以，对于那些轴颈突然发生变化的圆轴，其断面往往不是一个平面，而是像皿一样的曲面，此种断口叫皿状断口。轴颈处与主应力线相垂直的曲线及裂纹扩展的路线如图 2-113 所示。

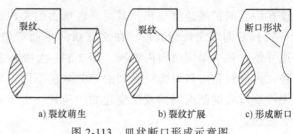

a) 裂纹萌生　　b) 裂纹扩展　　c) 形成断口

图 2-113　皿状断口形成示意图

电梯驱动轴工作过程中因电梯负重而承受一定的弯曲载荷，疲劳断裂位置一般位于轴和驱动盘的焊接部位或尺寸过渡圆弧处（见图 2-114），为旋转弯曲疲劳断裂。断裂部位设计图样上有两个过渡圆弧，一个为 R7，一个为 R2。断裂是从 R2 处发生的（见图 2-114a），纵剖面观察，其断口呈现皿状（见图 2-114b）；断裂位置的形状尺寸（见图 2-114c）为台阶多源，瞬断区靠近心部，是在应力集中较大和名义应力较大的情况下发生的疲劳断裂。事故调查结果，该电梯为某商场搬运货物的专用电梯，经常存在超负荷运营情况，断口上反应的特征和理论分析基本吻合。

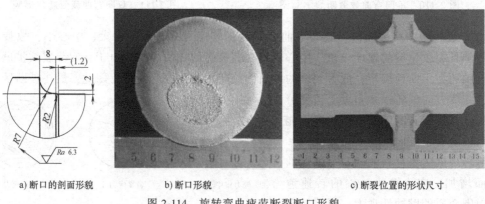

a) 断口的剖面形貌　　　　b) 断口形貌　　　　　　c) 断裂位置的形状尺寸

图 2-114　旋转弯曲疲劳断裂断口形貌

2. 扭转载荷引起的疲劳断裂

轴在交变扭转应力作用下，可能产生一种特殊的扭转疲劳断口，即锯齿状断口。一般在双向交变扭转应力作用下，在相应各个起点上发生的裂纹，分别沿着 ±45° 两个侧斜方向扩展（交变张应力最大的方向），相邻裂纹相交后形成锯齿状断口。而在单向交变扭转应力的作用下，在相应各个起点上发生的裂纹，只沿 45° 倾斜方向扩展。当裂纹扩展到一定程度，最后连接部分破断而形成棘轮状断口（见图 2-115 中的①）。

如果在轴上开有轴向缺口，如轴上的键槽和花键，则在凹槽的尖角处产生应力集中。裂纹将在尖角处产生，并沿着与最大拉伸正应力相垂直的方向扩展。特别是花键轴，可能在各个尖角处都形成疲劳核心，并同时扩展，在轴的中央汇合，形成星形断口（见图 2-115 中的②）。

3. 拉-拉载荷引起的疲劳断裂

当材料承受拉-拉（压-压）交变载荷时，其应力分布与轴在旋转弯曲疲劳时的应力分布是不同的，前者是沿着整个零件的横截面均匀分布，而后者是轴的外表面远高于中心。

由于应力分布均匀，疲劳源萌生的位置变化较大。源可以在零件的外表面，也可以在零

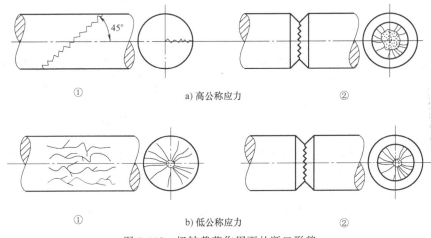

①　　　　　　　　a) 高公称应力　　　　　　　②

①　　　　　　　　b) 低公称应力　　　　　　　②

图 2-115　扭转载荷作用下的断口形貌

件的内部。这主要取决于各种缺陷在零件中的分布状态及环境因素的影响。这些缺陷可以使材料的强度降低，并产生不同程度的应力集中。因此轴在承受拉-拉（拉-压）载荷时，裂纹除可在零件的表面萌生向内部扩展外，还可以在零件内部萌生而后向外部扩展。

载荷大小及试样的形状对断口形状的影响如图 2-116 所示。图中的黑色区域为疲劳源区，阴影部分为瞬断区，箭头为旋转方向，曲线代表疲劳弧线。

高应力、光滑圆试样：由于没有明显的应力集中，裂纹萌生于外表面，并且向四周的扩展速度基本相同。由于应力高，使得疲劳断口的瞬断区所占的比例相对较大，而稳定扩展区较小。板状试样疲劳裂纹萌生在应力较大的棱角处。

高应力、有缺口试样：缺口根部有应力集中，故两侧裂纹扩展较快，形成波浪形疲劳弧线。板状试样疲劳裂纹萌生在缺口处向中心扩展，当试样中心有缺口时，由中心缺口向外扩展。

低应力试样：疲劳裂纹扩展充分，使瞬断区所占的面积较小，疲劳扩展区较大。当有应力集中时，缺口的两侧发展快于中心。板状试样断口与高应力相似，但疲劳扩展区增大。

2.10.7　疲劳断裂的形式

判断某零件的断裂是不是疲劳性质的，利用断口的宏观分析方法结合零件受力情况，一般不难确定。结合断口的微观特征，可以进一步分析载荷性质及环境条件等因素的影响，对零件疲劳断裂的具体类型做进一步判别。

1. 机械疲劳断裂

（1）高周疲劳断裂　多数情况下，零件光滑表面上发生高周疲劳断裂时，断口上只有一个或有限个疲劳源。只有在零件的应力集中处或在较高水平的循环应力下发生的断裂，才出现多个疲劳源。对于那些承受低的循环载荷的零件，断口上的大部分面积为疲劳扩展区。

高周疲劳断口的微观基本特征是细小的疲劳辉纹，依此即可判断断裂的性质是高周疲劳断裂。前述的疲劳断口宏观、微观形态，大多数是高周疲劳断口。但要注意载荷性质、材料结构和环境条件的影响。

（2）低周疲劳断裂　发生低周疲劳失效的零件，所承受的应力水平接近或超过材料的

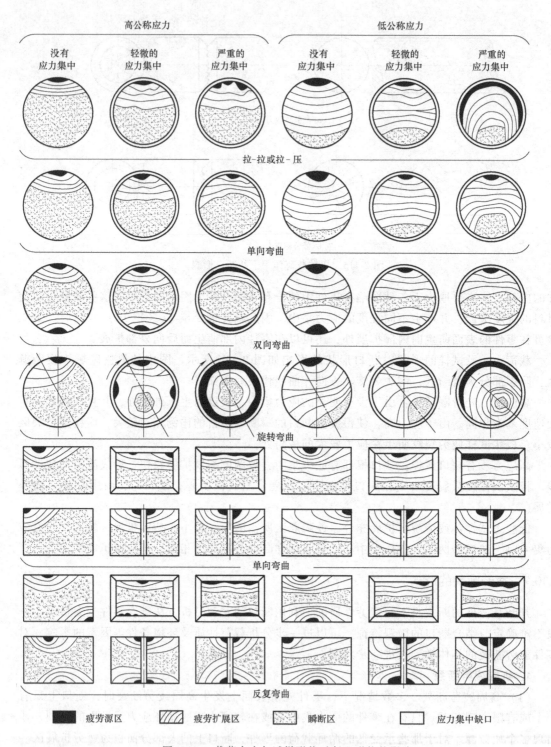

图 2-116　载荷大小与试样形状对断口形状的影响

屈服强度，即循环应变进入塑性应变范围，加载频率一般比较低，通常以分、小时、日甚至更长的时间计算。

　　宏观断口上存在多疲劳源是低周疲劳断裂的特征之一。整个断口很粗糙且高低不平，与静拉伸断口有某些相似之处。

低周疲劳断口的微观基本特征是粗大的疲劳辉纹或粗大的疲劳辉纹与微孔花样。同样，低周疲劳断口的微观特征随材料性质、组织结构及环境条件的不同而有很大差别。

对于超高强度钢，在加载频率较低和振幅较大的条件下，低周疲劳断口上可能不出现疲劳辉纹而代之以大致平行的二次裂纹，或沿晶断裂和微孔花样为特征。

低周疲劳断口上有时可观察到轮胎花样。轮胎花样的出现往往局限于某一局部区域，它在整个断口扩展区上的分布远不如疲劳辉纹那样普遍，但它却是高应力低周疲劳断口上所独有的特征形貌。

热稳定不锈钢的低周疲劳断口上除具有典型的疲劳辉纹外，常出现大量的粗大滑移带及密布着细小的二次裂纹。

高温条件下的低周疲劳断裂，由于塑性变形容易，一般其疲劳辉纹更深，辉纹轮廓更为清晰，并且在辉纹间隔处往往出现二次裂纹。

低周疲劳属于高应力低周次疲劳断裂，裂纹扩展时疲劳应力较高，裂纹扩展速度较快，其断口形貌较复杂；当循环次数 $N>10^3$，断口上有粗大的辉纹；当循环次数 $N<10^3$，断口上以大致平行的二次裂纹为主，有时可观察到一种轮胎花样；当循环次数 $N<10^2$，断口上观察到韧窝或准解理。

飞机起落架上的结构受力件由于其受力特点主要为低周次和大应力作用，且为循环载荷，其断裂性质一般均为低周疲劳断裂。

某型飞机前起落架上的转弯机构的叉形件接头使用的材料为 30CrMnSiA 模压件，热处理后 $\sigma_b = 1176\pm98$MPa，表面镀镉，其厚度为 $8\sim12\mu$m。该叉形件在飞机使用至 1645 起落时发生了断裂。断裂位置位于叉形接头和螺纹部分的过渡圆弧 3 处。断裂面宏观形貌（见图 2-117a），断口的上部分比较平整、细腻，存在贝壳状特征和间距较宽的疲劳弧线，该区域为疲劳源区；下部分断裂面基本上和轴向成 45°角，具有剪切特征，为最后的瞬断区；疲劳源区和瞬断区之间的断口也和轴向大致垂直，为疲劳扩展区。整个断口除疲劳源区外，其余均比较粗糙，凹凸不平，瞬断区相对面积较大，具有低周疲劳断口的典型特征。高倍 SEM 形貌观察，疲劳扩展区主要特征为大致平行的二次裂纹和机械损伤（见图 2-117b）。

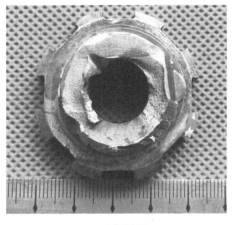 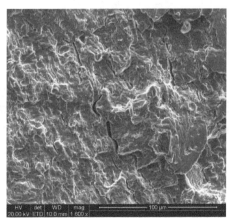

a) 宏观断口　　　　　　　　b) 疲劳扩展区

图 2-117　叉形接头断口形貌

（3）振动疲劳（微振疲劳）断裂　许多机械设备及其零部件在工作时，往往出现在其平衡位置附近做来回往复的运动现象，即机械振动。机械振动在许多情况下都是有害的。它除了产生噪声和有损于建筑物的动载荷外，还会显著降低设备的性能及工作寿命。由往复的机械运动引起的断裂称为振动疲劳断裂。

当外部的激振力的频率接近系统的固有频率时，系统将出现激烈的共振现象。共振疲劳断裂是机械设备振动疲劳断裂的主要形式，除此之外，尚有颤振疲劳及喘振疲劳。

振动疲劳断裂的断口形貌与高频率低应力疲劳断裂相似，具有高周疲劳断裂的所有基本特征。振动疲劳断裂的疲劳核心一般源于最大应力处，但引起断裂的原因，主要是结构设计不合理。因而应通过改变构件的形状、尺寸等调整设备自振频率的措施予以避免。

微振疲劳是由微振应力作用下引起的疲劳破坏，其裂源处有磨损现象，疲劳断口上可观察到与高周疲劳相似的辉纹。只有在微振磨损条件下服役的零件，才有可能发生微振疲劳失效。通常发生微振疲劳失效的零件有：铆接螺栓、耳片等紧固件，热压、过渡配合件，花键、键槽、夹紧件、万向节头、"轴-轴套"配合件，"齿轮-轴"配合件，回摆轴承，板簧以及钢丝绳等。

由微振磨损引起大量表面微裂纹之后，在循环载荷作用下，以此裂纹群为起点开始萌生疲劳裂纹。因此，微振疲劳最为明显的特征是，在疲劳裂纹的起始部位通常可以看到磨损的痕迹、压伤、微裂纹、掉块及带色的粉末（例如：钢铁材料为褐色；铝、镁材料为黑色）。

金属微振疲劳断口的基本特征是细密的疲劳辉纹，金属共振疲劳断口的特征与低周疲劳断口相似。

微振疲劳过程中产生的微细磨粒常常被带入到断口上，严重时使断口轻微染色。这种磨粒都是金属的氧化物，用X射线衍射分析磨粒的结构，可以为微振疲劳断裂失效分析提供依据。

2. 冷热疲劳开裂失效

1）冷热疲劳的基本概念。

金属材料由于温度梯度循环引起热应力循环（或热应变循环），由此而产生的疲劳现象称为冷热疲劳。金属零件在高温条件下工作时，其环境温度并非恒定，有时是急剧反复变化的，由此造成的膨胀和收缩若受到约束时，在零件内部就会产生热应力（又称温差应力）。

热应力通常用下列公式表示

$$\sigma = \frac{E\alpha}{(1-\mu)}\Delta T \tag{2-119}$$

式中，σ 为热应力；E 为弹性模量；μ 为泊松比；α 为热膨胀系数；ΔT 为温度梯度。

根据式（2-119）可知，热应力与温度梯度和材料的热膨胀系数成正比，即温度梯度越大，材料的热膨胀系数越大，则热应力就越大。当温度变化时，材料发生热胀冷缩，引起的循环应力超过材料的屈服强度时，长期工作后，零件将产生冷热疲劳开裂。

2）冷热疲劳产生的条件。

① 反复的瞬时温度变化。

温度反复变化，热应力也随着反复变化，从而使金属材料受到疲劳损伤。冷热疲劳实质上是应变疲劳，因为冷热疲劳破坏起因于材料内部膨胀和收缩时产生的循环热应变。

塑性材料抗热应变的能力较强，故不易发生冷热疲劳。相反，脆性材料抗热应变的能力较差，热应力容易达到材料的断裂应力，故易受热冲击而破坏。对于长期在高温下工作的零部件，由于材料组织的变化，原始状态呈塑性的材料也可能转变成脆性，或者材料塑性降低，从而产生冷热疲劳开裂。

② 机械束缚。

当外部温度差或零件内部的温度梯度导致的热应力足以引起材料的塑性变形，而且这些变形受到一定形式的机械束缚时，在反复的热应力作用下，总的循环应变就会使零件发生冷热疲劳开裂。

高温下工作的构件通常要经受蠕变和疲劳的共同作用。在蠕变和疲劳共同作用下，材料损伤和破坏方式完全不同于单纯蠕变或疲劳加载，因为蠕变和疲劳分别属于两种不同类型的损伤过程，产生不同形式的微观缺陷。蠕变和疲劳共同作用下损伤的发展过程和相互影响的机制至今仍不清楚，即使对于简单的高温疲劳，其损伤演变和寿命也会受到诸如加载波形、频率、环境等在常温下可以忽略的因素影响。在热应力作用时，若与腐蚀介质接触的部件还可能产生腐蚀性冷热疲劳裂纹。

3）冷热疲劳开裂的特征。

① 典型的表面冷热疲劳裂纹呈龟裂状，也形成近似相互平行的多裂纹形态。

② 裂纹走向可以是沿晶型的，也可以是穿晶型的；一般裂纹的头部较尖锐，裂纹内有（或）充满氧化物。对于铝压铸模具钢，当产生冷热疲劳裂纹后，熔融的铝也可进入到疲劳裂纹中，如图 2-118 所示，在较大的外力作用下，进入裂纹中的铝像楔子一样使裂纹尖端的应力大幅度增加，从而可加速疲劳失效的进程。

③ 宏观断口呈深灰色，并为氧化物覆盖。

④ 由于热蚀作用，微观断口上的疲劳辉纹比较粗大，有时尚有韧窝花样。

⑤ 裂纹源于表面，裂纹扩展深度与应力、时间及温差变化相对应。

⑥ 疲劳裂纹为多源。

4）冷热疲劳开裂的机理。

① 热负荷循环特性。

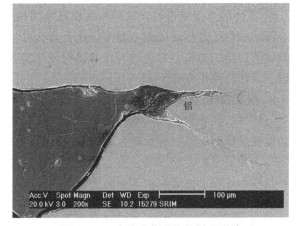

图 2-118　冷热疲劳裂纹的剖面形貌

金属材料在升温时产生塑性压应变，降温时产生弹性拉应变，呈现弹-塑性应变循环的特性。在热循环过程中，材料的屈服强度逐渐下降，使压应力逐渐减小，而拉应力逐渐升高。

② 冷热疲劳驱动力及其影响因素。

冷热疲劳的驱动力是下限温度时的拉应力。驱动力的产生起源于循环上限温度时的塑性压应变，并受到如下因素的影响：

a. 高温屈服强度。

b. 组织稳定性。

c. 拉应力松弛能力。

5）冷热疲劳裂纹萌生和扩展的阻力及其影响因素。

冷热疲劳裂纹萌生和扩展是在下限温度时拉应力的作用下发生的，与室温机械疲劳现象有相似之处，不同的是由于热循环的作用，钢中有压缩塑性变形和继续回火作用，钢的组织和性能均发生变化。因此钢的冷热疲劳裂纹萌生和扩展阻力受以下因素影响：

① 在冷热循环过程中，钢的高温强度会下降，主裂纹前方会发生微裂纹形核和滑移塑性变形等损伤现象。裂纹的扩展可通过微裂纹之间的连接以及沿滑移面开裂的方式进行。裂纹扩展阻力随高温强度的下降而减小。

② 在热循环过程中，由于继续回火的作用，一般情况下，钢的硬度会下降，K_{IC} 值升高，使裂纹扩展阻力增加。

③ 在热循环过程中，如果产生的氧化膜与基体结合不良，则易于在热应力作用下产生开裂，使基体裸露出来，并受到进一步氧化而形成腐蚀沟，从而使裂纹扩展加速，其扩展阻力降低。

6）冷热疲劳开裂的影响因素。

① 环境温度梯度及变化频率越大，越易产生冷热疲劳。

② 热膨胀系数不同的材料组合时，易出现冷热疲劳。

③ 晶粒粗大且不均匀时，易产生冷热疲劳。

④ 晶界分布的第二相质点对冷热疲劳的产生具有促进作用。

⑤ 材料的塑性较差时，易产生冷热疲劳。

⑥ 零件的几何结构对金属的膨胀和收缩的约束作用较大时，易产生冷热疲劳。

改善零件抗冷热疲劳能力的途径是合理选材，要使用有适当的强韧性配合、有良好的抗冷热疲劳性能的材料，并通过合理的结构设计来改善零件的热传导，降低零件工作时的温度梯度，以延长使用寿命。

3. 疲劳-氢脆型复合断裂

有些材料在含有氢的气氛中热加时，氢原子有可能进入材料内部造成对奥氏体晶界的损伤，即便后续的除氢处理比较及时，但这种晶界损伤却是不可逆的。如渗碳零件发生疲劳断裂时，渗碳层总是沿晶开裂。有学者曾尝试用电子探针对这种晶面进行研究，但仍未找到有关氢损伤的证据，渗碳层的延晶疲劳开裂机理仍需做进一步的研究。断口特征不是判断断裂性质的唯一依据，发生疲劳断裂还是氢脆型断裂，这还与当时构件所承受的应力状态密切相关。

对 4340 钢（40CrNiMo 系列钢）在氢气中的行为特征研究证明，这种钢的所有工业变种对氢致裂纹都具有高度敏感性。某风能发电机组变桨轴承上的内齿圈材料为 42CrMo4V，基体为调质处理，齿面部分以及轨道面均做了表面淬火、回火处理。失效的齿圈裂纹均位于齿根部位，并沿齿圈径向向外圆扩展。经断口分析，断裂起源于齿根部位的点腐蚀坑，断口呈沿晶+少量韧窝特征，断裂面上存在明显的"鸡爪纹"（见图 2-119），此为氢脆型断裂的典型特征；但基体中的裂纹扩

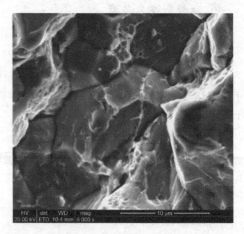

图 2-119 沿晶+少量韧窝

散展区却出现两种特征，一种为典型的疲劳断裂特征（见图 2-120），另一种为疲劳辉纹+二次裂纹+沿晶，晶面上可见"鸡爪纹"特征，为疲劳-氢脆复合型断口特征（见图 2-121）。

经事故调查，该失效的齿圈服役于相同型号的主机，桨叶为同一家企业生产。同批生产并投入运营的 309 个齿圈，在 7～18 个月里先后发现有 6 个出现断裂，断裂位置基本相同，均位于齿根部位。该齿圈在多数情况下是保持相对静止的，偶尔因风速发生变化时，采用中间的驱动齿轮带动齿圈转动，以改变桨叶的角度，转动角度一般在 90°以内。经调查，该款机组的叶片单片长度约 53m，质量有 20t 以上。

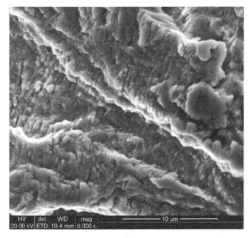

图 2-120　疲劳辉纹+二次裂纹

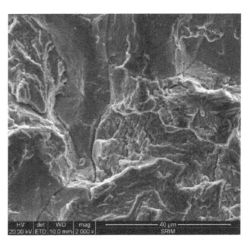

图 2-121　疲劳辉纹+二次裂纹+沿晶

断裂源区的齿根表面观察到明显的腐蚀特征，其剖面金相观察可见明显的点蚀坑。点蚀坑不但可形成局部应力集中，还能增加该部位的氢离子浓度，为氢脆型断裂创造了条件。齿根经过了表面淬火硬化处理，金相组织为低温回火马氏体组织，是对氢脆较为敏感的金相组织。

齿圈在服役过程中，齿根为应力集中部位。该齿圈在大多数时间里都处于静止状态，并受到中间驱动齿轮的制约。若轮毂刚度不足时，叶片的悬臂梁结构以及其自身巨大的重量会造成内齿圈产生一定的弹性变形，某一特定区域的内齿圈的齿根部位将承受较大的恒定拉应力。齿根部位的点蚀坑也加大了该部位的应力集中程度，满足了氢脆型断裂的应力因素。另外，叶片在风力的作用下会产生不同程度振动，叶片尺寸越大，振动时产生的循环应力（幅）也越大。

可见，该齿圈同时具备了：①敏感材料和敏感的金相组织；②较大的恒定拉应力；③循环应力。三种因素作用的结果导致了疲劳-氢脆型断裂的发生。

变桨轴承在正常工作时，齿根断裂处位于 12 点钟附近竖直向下，从叶根到叶尖（见图 2-122）。在风机正常停机时，齿根断裂处位于 9 点钟附近从左向右，从叶根到叶尖（见图 2-123）。可见在这两种情况下，内齿圈的断裂位置都不是和驱动齿轮的啮合部位，它们没有接触任何构件。当有风状态（叶片转动）和无风状态（叶片静止）持续的时间较长时，断口上将出现一定宽度的疲劳区域和氢脆区域；否则，当两种状态持续的时间都较短时，将会出现疲劳和氢脆的混合断口，其断裂机理为疲劳-氢脆复合型断裂机理。

在有些资料中，也将接触疲劳纳入到机械疲劳的范围，关于接触疲劳的判断依据参见第

4 章，关于腐蚀疲劳的判断依据参见第 3 章。

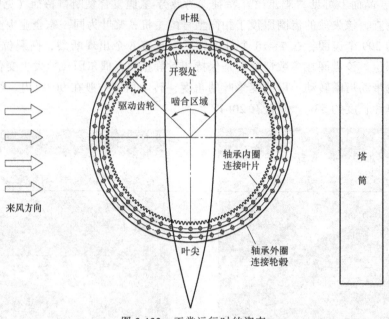

图 2-122 正常运行时的姿态

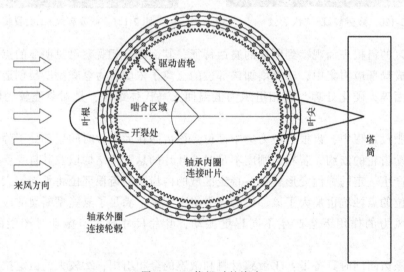

图 2-123 停机时的姿态

2.10.8 影响疲劳强度的主要因素

疲劳断裂一般是从机件表面应力集中处或材料缺陷处开始的，或者是从二者结合处发生的。因此，材料和机件的疲劳强度不仅与材料成分、组织结构及夹杂物有关，而且还受载荷条件、工作环境及表面处理条件的影响。影响疲劳强度的各种因素归纳于图 2-124 中。

1. 表面状态的影响

机件表面的缺口应力集中，往往是引起疲劳破坏的主要原因。一般用 K_t 表示应力集中程度，用 K_f（疲劳缺口系数）和 q_f（疲劳缺口敏感度）说明应力集中对疲劳强度的影响程度。当材料 q_f 或 K_f 越大时，越易在缺口处产生疲劳裂纹，疲劳强度越低。所以在解决这类问题时总是选用 q_f 较小的材料，或增大缺口根部圆弧半径，降低 K_t 和 K_f。

1）表面粗糙度的影响。

在循环载荷作用下，金属的不均匀滑移主要集中在金属表面，疲劳裂纹也常常萌生于表面上，所以机件的表面粗糙度对疲劳强度影响很大。表面的微观几何形状如刀痕、擦伤和磨削裂纹等，都能像微小而锋利的缺口一样，引起应力集中，使疲劳极限降低。

表面粗糙度值越低，材料的疲劳极限越高；表面粗糙度值越高，疲劳极限越低。材料强度越高，表面粗糙

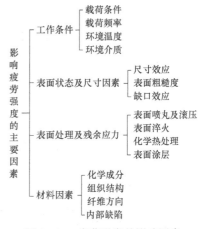

图 2-124　疲劳强度的影响因素

度对疲劳极限的影响越显著。表面加工方法不同，所得到的表面粗糙度不同，因而，同一种材料的疲劳极限也不一样。抗拉强度越高的材料，加工方法对其疲劳极限的影响越大。因此，用高强度材料制造承受循环载荷作用的机件时，其表面必须经过更加仔细的加工，不允许有刀痕、擦伤或者较大的缺陷，否则，会使疲劳极限显著降低。表面粗糙不仅降低疲劳极限，而且使疲劳曲线左移，即减少过载持久值，降低有限疲劳寿命。

2）表面脱碳、氧化等缺陷也都使疲劳强度降低。

2. 残余应力及表面强化的影响

残余应力可以与外加工作应力叠加，构成合成总应力：和残余压应力叠加，总应力减小；和残余拉应力叠加，总应力增大。因此，机件表面残余应力状态对疲劳强度（主要是低应力高周疲劳强度）有显著影响：残余压应力提高疲劳强度；残余拉应力则降低疲劳强度。

残余压应力的有利影响与外加应力的应力状态有关：机件承受弯曲疲劳时，残余压应力的效果比扭转疲劳大；承受拉压疲劳时，影响较小。这是不同应力状态下，机件表面层的应力梯度不同所致。

残余压应力显著提高缺口试样或机件的疲劳强度，这是因为残余压应力也可在缺口处集中，能更有效地降低缺口根部的拉应力峰值。

残余压应力提高疲劳强度的有利效果，还和残余压应力值的大小、残余压应力区的深度及分布，以及残余压应力在疲劳过程中是否会发生松弛等因素有关。

表面强化处理可在机件表面产生有利的残余压应力，同时还能提高机件表面的强度和硬度。这两方面的作用都能提高疲劳强度。图 2-125 即为表面强化影响疲劳极限的示意图。图 2-125a 用带箭头的实线示意地绘出试样弯曲疲劳试验时，外加载荷在试样截面上引起的应力分布，同时绘出了材料的疲劳极限。可见，在表面层相当深度内，应力高于材料的疲劳极限，因而该区域将会过早地产生疲劳裂纹。图 2-125b 用虚线示意地绘出外加载荷引起的应力，又用双点画线给出表面强化产生的残余应力，两类应力合成总应力用实线表示。实线折线为材料和强化层的疲劳极限。不难看出，由于表面层疲劳极限提高，以及表面残余压应力使表面层总应力降低，表面层的总应力低于强化层的疲劳极限，因而不会发生疲劳断裂。

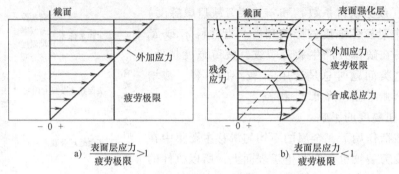

图 2-125　表面强化提高疲劳极限示意图

表面强化方法通常有表面喷丸及滚压、表面淬火及化学热处理等。

（1）表面喷丸及滚压　喷丸是用压缩空气将坚硬的小弹丸高速喷打向机件表面，使机件表面产生局部形变强化；同时因塑性变形层周围的弹性约束，又在塑变层内产生残余压应力。

喷丸时弹丸的直径为 $0.1\sim1\text{mm}$ 不等，压应力层深度是弹丸直径的 $1/4\sim1/2$，残余压应力的大小与喷丸的压力、速度及弹丸的直径有关，最大可达材料屈服强度的一半。喷丸时压应力层深度大于表面缺陷尺寸较好，这样不仅可以阻止裂纹萌生，而且还可以提高应力强度因子门槛值 ΔK_{th}，降低裂纹扩展速率 $\dfrac{\mathrm{d}a}{\mathrm{d}N}$。

喷丸强化的效果与被喷件的材料强度有关，材料强度越高，其喷丸效果越好。所以一般机件的喷丸总是在热处理强化之后进行的，如弹簧和渗碳齿轮就是在淬火、回火后进行喷丸，以获得最佳的喷丸强化效果。通常，喷丸可使疲劳强度提高 $40\%\sim50\%$，如 55Si2Mn 钢板状弹簧原疲劳强度为 484MPa，而喷丸后的疲劳强度为 921MPa，提高 90%。如果弹簧在喷丸时再预加拉应力，即为应力喷丸，则可进一步提高喷丸效果。但喷丸不可过度，否则在机件表面会产生微裂纹，反而有害。

表面滚压和喷丸的作用相似，只是其压应力层深度较大，很适于大工件，而且表面粗糙度低时，强化效果更好。一般形状复杂的零件可采用喷丸强化，而形状简单的回转形零件，如轴肩、齿轮齿根等，可采用表面滚压强化。压配合的轴颈常在压紧配合内边断裂，若采用滚压对轴颈进行强化处理，其疲劳极限 σ_{-1} 提高一倍左右。用滚压法制造的螺栓与切削法制造的螺栓相比，其疲劳寿命提高 $1\sim5$ 倍。这些例子均显示了滚压强化的显著效果。

（2）表面淬火及化学热处理　表面淬火有火焰加热淬火、感应淬火和低淬透性钢的整体加热薄壳淬火等，化学热处理有渗碳、渗氮及碳氮共渗等。它们都是利用组织相变获得表面强化的工艺方法，也是常用的表面强化方法。它们除能使机件获得表硬心韧的综合力学性能外，还可以利用表面组织相变及组织应力、热应力变化，使机件表面层获得高强度和残余压应力，更有效地提高机件疲劳强度和疲劳寿命。

表面淬火和化学热处理的表层强化效果及残余压应力的大小，因工艺方法和强化层厚薄不同而异。硬度以渗氮的最高，渗碳次之，感应淬火的最小；强化层深度以表面淬火最深，渗碳的次之，渗氮的最薄。据此，为了得到最佳疲劳强度，应根据机件工作时的应力梯度选择合适的工艺方法。如渗氮层很薄，适用于应力梯度较大场合；表面淬火层较深，适用于应力梯度较小场合；渗碳方法居中。另外，表面淬火和渗碳的强化层深度不可过大，以免因残余压应力减小而降低疲劳强度。

表面淬火后再磨削会影响疲劳强度：磨削量大时，疲劳强度显著降低；精磨时，疲劳强度略有增加。因此，在交变载荷作用下工作的机件，表面淬火后要尽量少磨削，若磨削不可少时，也要采取精磨。

渗碳淬火钢的疲劳强度，不仅与渗碳层深度有关，还受淬火时的冷却速度和渗层组织等因素的影响。渗层中含有大量残留奥氏体，将使残余压应力急剧降低，甚至可能转变为残余拉应力。因此，有大量残留奥氏体时，钢的疲劳强度降低。

3. 材料成分及组织的影响

材料疲劳强度是用小试样测定的疲劳断裂强度，主要反映疲劳裂纹的萌生性能。从疲劳裂纹萌生的机理来看，它们与材料的组织结构密切相关，所以疲劳强度也是对材料组织结构敏感的力学性能。

（1）合金成分　合金成分是决定材料组织结构的基本要素。在各类结构工程材料中，结构钢的疲劳强度最高，所以应用十分广泛。这类钢中的碳是影响疲劳强度的重要元素，因为它既可间隙固溶强化基体，又可形成弥散碳化物进行弥散强化，提高材料的形变抗力，阻止循环滑移带的形成和断裂，从而阻止疲劳裂纹的萌生和提高疲劳强度。其他合金元素在钢中的作用，主要是通过提高钢的淬透性和改善钢的强韧性来影响疲劳强度的。固溶于奥氏体的合金元素能提高钢的淬透性，因而可以提高疲劳强度。

（2）显微组织　晶粒大小影响疲劳强度，有人对低碳钢和钛合金进行研究，发现晶粒大小对疲劳强度的影响也存在 Hall-Petch 关系

$$\sigma_{-1} = \sigma_i + kd^{-1/2} \tag{2-120}$$

式中，σ_i 为位错在晶格中的运动摩擦阻力；k 为材料常数；d 为晶粒平均直径。

细化晶粒既能阻止疲劳裂纹在晶界处萌生，又因晶界阻止疲劳裂纹的扩展，故能提高疲劳强度。

结构钢的热处理组织也影响疲劳强度。正火组织因碳化物为片状，其疲劳强度最低；淬火回火组织因碳化物为粒状，其疲劳强度比正火的高。图 2-126 是 45 钢淬火后不同温度回火的疲劳强度曲线。可以看出，回火马氏体的疲劳强度最高（200~300℃）；回火托氏体的次之（400℃左右）；回火索氏体的最低（500℃以上）。可见若仅从疲劳强度出发，结构钢的热处理应以淬火和低温回火为好，而不必去追求高韧性的调质处理。等温淬火和淬火、回火相比，在相同硬度条件下，前者具有较高的疲劳强度，这是因为等温贝氏体是最好的强韧性复相组织。

淬火组织中若存在有未溶铁素体和未转变的残留奥氏体，或者是非马氏体组织，因它们都是比马氏体软的组织，容易过早形成疲劳裂纹，因而会降低疲劳强度。试验表明，当钢中存在有 10% 的残留奥氏体时，可使 σ_{-1} 降低 10%~15%；当钢中含有 5% 非马氏体组织时，可使 σ_{-1} 降低 10%。

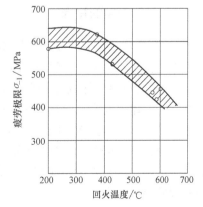

图 2-126　45 钢疲劳极限与回火温度的关系

（3）非金属夹杂物及冶金缺陷　非金属夹杂物是钢在冶炼时形成的，它对疲劳强度有明显的影响。从疲劳裂纹沿第二相或夹杂物的形成机制来看，非金属夹杂物是萌生疲劳裂纹的发源地之一，也是降低疲劳强度的一个因素。试验表明，减少夹杂物的数量，减小夹杂物的尺寸都能有效地提高疲劳强度。所以，在近代冶金生产中采用真空冶炼和真空浇注，都能最大限度地减少和控制夹杂物，对保证材料疲劳强度很有利。此外，还可以通过改变夹杂物与基体之间的界面结合性质来改变疲劳强度，例如用适当增加硫含量的办法，使塑性好的硫化物包围塑性极差的氧化物，以解决原氧化物界面的疲劳开裂问题，也能提高疲劳强度。

钢材在冶炼和轧制生产中还有气孔、缩孔、偏析、白点、折叠等冶金缺陷，零件在铸造、锻造、焊接及热处理中也会有缩孔、裂纹、过烧及过热等缺陷。这些缺陷往往都是疲劳裂纹的发源地，严重地降低机件的疲劳强度。钢材在轧制和锻造时，因杂质元素沿压延方向分布而形成流线，流线纵向的疲劳强度高，横向的疲劳强度低。

4. 装配与连接效应的影响

装配与连接效应对构件的疲劳寿命有很大的影响。图 2-127 为钢制法兰盘上螺纹连接件的拧紧力矩大小对疲劳寿命的影响。正确的拧紧力矩可使其疲劳寿命提高 5 倍以上。但使用实践和疲劳试验结果表明，并不是越大的拧紧力对提高连接的可靠性越有利。

5. 使用环境的影响

环境因素（温度及腐蚀介质等）的变化，使材料的疲劳强度显著降低，往往引起零件过早地发生断裂失效。例如镍铬钢 $[\omega(C)=0.28\%,\ \omega(Ni)=11.5\%,\ \omega(Cr)=0.73\%]$，淬火并回火状态下，在海水中的条件下疲劳强度大约只是在大气中的疲劳强度的 20%。许多在腐蚀环境中服役的金属零件，在表面产生的腐蚀坑，由于应力集中的作用，疲劳断裂往往易于在这些地方萌生。

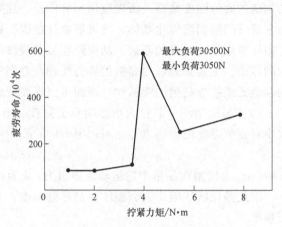

图 2-127　拧紧力矩对疲劳寿命的影响

2.10.9　疲劳断裂的特点

1）产生疲劳断裂的应力（即循环载荷中的最大应力 σ_{max}）一般远低于材料在静载下的断裂强度，有时也低于屈服强度 σ_s，甚至可能比最精密测定的弹性极限 σ_e 还低。

2）不管材料在静载荷下破坏表现为韧性断裂还是脆性断裂，在疲劳载荷作用下所引起的断裂，一律表现为无宏观塑性变形的脆性断裂。疲劳断裂与低应力脆断十分相似，所以，人们常把它归为脆性断裂的一种形式。

3）疲劳破坏表现为突然断裂。断裂前无明显的塑性变形，无预兆。因此，不采用特殊的监测设备（如声发射检测装置）就无法观察损坏的迹象。但是可采用定期检查来预防这种断裂的突然发生。

4）疲劳断裂是一种"损伤累积"过程，即断裂与时间有关。疲劳断裂一般由三个阶段所组成：裂纹的形成（萌生）、裂纹的扩展、裂纹扩展到一定尺寸后的瞬时断裂。所以，疲劳断裂不同于一般的静载断裂。从裂纹的形成到最后发生断裂，一般要经过一定周次，如 10^5、10^6、10^7…的循环。与此相应，在疲劳断口上便留下三个不同的区域；裂纹源区，疲劳裂纹扩展区和最后瞬断区。

5）裂纹的萌生阶段与扩展阶段的寿命因材料的类型和加载方式的不同而异。

6）一般情况下，疲劳裂纹的源都在构件表面，与构件表面的不完整密切相关。因为截面的变化，如直径改变、孔、槽、刀痕等都可能引起应力集中。在静载荷下，由于材料的塑性变形能力较强，因此，应力集中可以得到松弛。但在疲劳载荷作用下，由于塑性变形能力很小，应力集中得不到改善，因而容易产生裂纹核心。

7）疲劳裂纹的亚临界扩展速率 da/dN 取决于裂纹前端应力强度因子幅 ΔK，而且，da/dN 与材料强度级别、组织状态关系不大。例如，当钢的组织结构从调质态变化到马氏体时效状态时，屈服强度 σ_s 从 310MPa 变化到 2000MPa，但 da/dN 与 ΔK 的关系基本上在一个分散带上，相差仅约 4 倍。

8）疲劳断裂对缺陷（缺口、裂纹及组织缺陷等）十分敏感。由于疲劳破坏是从局部开始的，所以它对缺陷具有高度的选择性。缺口和裂纹因应力集中，增大对材料的损伤作用，组织缺陷（夹杂、疏松、白点、脱碳等）降低材料的局部强度，三者都加快疲劳破坏的开始和发展。

9）在疲劳载荷作用下，材料抵抗疲劳破坏的能力除了材质因素外，还敏感地取决于构件的形状、尺寸、表面状态和服役环境。所以，材料的疲劳强度是一个十分敏感的性能指标。

10）大多数疲劳断裂属于穿晶断裂。

2.10.10　疲劳断裂的判断依据

疲劳断裂是断裂失效中占比最高的一种形式，判断某零件的断裂是不是疲劳性质的，利用断口的宏观分析方法，再结合零件的受力情况，一般不难确定。结合断口的微观特征，可以进一步分析载荷性质及环境条件等因素的影响，对零件疲劳断裂的具体类型做进一步判别。

1. 断口宏观形貌

疲劳断裂一般表现为脆性断裂，其断口平齐且与应力轴垂直。典型的疲劳断口宏观形态如图 2-128 所示。一般它可分成三个区域：疲劳源区、裂纹扩展区和瞬时断裂区。

（1）疲劳源区　它就是疲劳裂纹的核心。疲劳裂纹在此形核、生长，然后向外扩展。疲劳源区一般用肉眼或低倍放大镜即能大致判断其位置。它一般在构件的表面，但当构件内部有缺陷如脆性夹杂、空洞、化学成分偏析等存在时，也可能在构件内部或皮下发生。

疲劳核心一般只有一个，但有时也可能出现几个核心，它们位于不同的高度，尤其是低周疲劳断裂断口，由于其应力幅较大，因此断口上常有几个位于不同高度的疲劳核心。由于加工粗糙引起的疲劳断裂，也可能同

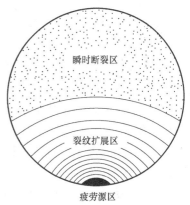

图 2-128　疲劳断口示意图

时产生几个核心。实际失效分析中，也发现从构件表面的多个点腐蚀坑中同时萌生的疲劳裂纹源，如图 2-129 所示。

疲劳源区一般位于零件的表面或亚表面的应力集中处，由于疲劳源区暴露于空气、介质中的时间最长，裂纹扩展速率较慢，经过反复张开与闭合的磨损，同时在不同高度起始的裂纹在扩展中相遇，汇合形成辐射状台阶或条纹。因此，疲劳源区具有如下宏观特征：

图 2-129　疲劳断裂的多源特征

1）氧化或腐蚀较重，颜色较深。

2）断面平坦、光滑、细密，有些断口可见到闪光的小刻面。

3）有向外辐射的放射台阶和放射状条纹。

4）在源区虽看不到疲劳弧线，但它看上去像向外发射疲劳弧线的中心。

以上是疲劳源区的一般特征，有时宏观特征并不典型，这时需要通过较高倍率的放大观察。有时疲劳源区不止一个，在存在多个源区的情况下，需要找出疲劳断裂的主源区。

（2）裂纹扩展区　它是疲劳断口中最重要的特征区域。该区常呈现贝纹状花样（又叫海滩状、贝壳状或波纹状花样）。这种贝纹状花样是构件由于开车或停车或在服役过程中由于应力受到干扰时，疲劳裂纹所留下来的痕迹。

贝纹状推进线一般从疲劳源开始，向四周推进，呈弧形线条。它的凸向即为裂纹扩展方向，而且它垂直于裂纹扩展方向。所以，在寻找疲劳源时可沿贝纹线的凸向的反向寻找。

在低周疲劳断口上一般也观察不到贝纹线。

疲劳裂纹在裂纹扩展区里的扩展是缓慢扩展，是疲劳裂纹小于临界尺寸下的稳定扩展，而当裂纹尺寸达到临界尺寸时，裂纹便快速扩展而使构件破坏。所以，该区的大小也就意味着材料性能的好坏。在同样的条件下，该区尺寸大，说明这种材料的临界裂纹尺寸大，也就是说这种材料抵抗裂纹扩展的能力强，也可以间接的说明造成该疲劳破坏的应力水平较低。

（3）瞬时断裂区　当疲劳裂纹缓慢扩展达到临界裂纹尺寸时，裂纹将快速扩展而最后破坏，称为瞬时断裂，断口上对应的区域简称瞬断区。所以瞬断区的特征与静载下的快速破坏区-放射区或剪切唇相似。可能同时存在放射区和剪切唇，也可能只有剪切唇而无放射区。对于脆性较高的材料，则呈现结晶状断口。瞬断区具有如下特点：

1）瞬断区面积的大小取决于载荷的大小、材料的性质、环境介质等因素。在通常情况下，瞬断区面积较大，则表示所受载荷较大或者材料较脆；相反，瞬断区面积较小，则表示承受的载荷较小或材料韧性较好。

2）瞬断区的位置越处于断面的中心部位，表示所受的外载越大；瞬断区的位置接近自由表面，则表示受到的外力较小。

3）在通常情况下，瞬断区具有断口三要素的全部特征。但由于断裂条件的变化，有时只出现一种或两种特征。

当疲劳裂纹扩展到应力处于平面应变状态以及由平面应变过渡到平面应力状态时，其断口宏观形貌呈现人字纹或放射条纹，当裂纹扩展到使应力处于平面应力状态时，断口呈现剪切唇形态。

2. 断口微观形貌

（1）疲劳辉纹　疲劳辉纹是疲劳断口最典型的微观特征，在失效分析中，常利用疲劳辉纹间宽与 ΔK 的关系来分析疲劳断裂。但是在实际观察不同材料的疲劳断口时，并不一定都能看到清晰的疲劳辉纹。一般滑移系多的面心立方金属，其疲劳辉纹比较明显，如 Al、Cu 合金和 18-8 不锈钢；而滑移系较少或组织状态比较复杂的钢铁材料，其疲劳辉纹往往短窄而紊乱，甚至看不到。因此在分析电镜断口时，利用疲劳辉纹分析疲劳裂纹扩展速率和疲劳寿命往往不一定可靠。应该指出，这里所指的疲劳辉纹和前面提到的宏观疲劳断口的贝纹线并不是一回事，疲劳辉纹是疲劳断口的微观特征，贝纹线是疲劳断口的宏观特征，在相邻贝纹线之间可能有成千上万个疲劳辉纹。在断口上二者可以同时出现，即宏观上既可以看到贝纹线，微观上又可看到疲劳辉纹；二者也可以不同时出现，即在宏观上有贝纹线而在微观上却看不到疲劳辉纹，或者宏观上看不到贝纹线而在微观上却能看到疲劳辉纹。这种不完全对应的现象在进行疲劳断口分析时是值得注意的，千万不可片面下结论。为了说明第二阶段疲劳裂纹扩展的物理过程，解释疲劳辉纹的形成原因，曾提出不少裂纹扩展模型，其中比较公认的是塑性钝化模型，如图 2-108 所示的 Laird 疲劳裂纹扩展模型。

延性材料的高周疲劳断口一般都可以观察到较为丰富的疲劳辉纹。

（2）二次裂纹　对于强度较高的材料，其疲劳断裂以脆性断裂机理进行，其疲劳断口的宏观特征比较典型，如图 2-130 所示为一气门弹簧的疲劳断口 SEM 形貌，疲劳扩展区的第Ⅱ阶段几乎观察不到疲劳辉纹，但可以观察到一些较短的、大致平行的二次裂纹。大致平行的二次裂纹是高强度钢疲劳断口的主要微观特征。

另外，在热疲劳断口以及腐蚀疲劳断口上，因高温氧化或环境腐蚀，一般也看不到疲劳辉纹，但可以看到二次裂纹。

（3）疲劳擦伤　由于疲劳载荷具有往复循环的特点，两个断裂面会存在张开和闭合现象，有可能产生相互接触、撞击，断口上会形成一些疲劳擦伤，如图 2-130 所示，这也是疲劳断口的重要微观特征之一，可以辅助判断疲劳断裂的性质。但在具体分析时，要辨别清楚疲劳擦伤和二次裂纹。

在实验室做恒应力或恒应变疲劳试验时在断口上基本看不到疲劳辉纹，这是由于断口经过多次反复压缩而相互摩擦，使该区变得很光滑，呈细晶状，有时光滑得像瓷质状结构。

（4）轮胎花样　轮胎花样是一种呈轮胎压痕状的微观形貌，是在高应力低周疲劳断口上观察到的一种特征，一般是受到切应力所致。它往往和线状擦痕同时出现。轮胎压痕排列的方向一般都与裂纹扩展方向一致，有时也可偏离不同的角度，这是两匹配断面发生了相对扭转的缘故。一排轮胎压痕是由一个在断裂面上凸出的硬质点或突起部分，在一次压应力作用下，与其匹配断面相对滑动和扭动的摩擦过程中，发生多次反复压入

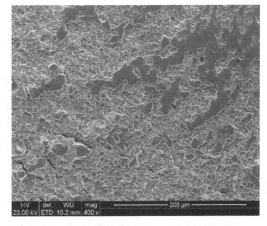

图 2-130　弹簧的疲劳断口扩展区微观形貌

和弹出造成的重复压痕。相邻压痕的形状和间距有时基本相同，有时会发生连续变化，这是由于两断面相对位移的瞬时速度、质点压入深度和弹跳周期不同所致。单纯由相对滑动和扭动生成的压痕呈直线状排列，由两者复合生成的压痕则呈弧线状排列。有时可见多排轮胎压痕并存，则是在多次压应力下生成的。只有当压应力大小、方向及与断口平面的交角适当时，才能出现轮胎压痕。

一般来说，轮胎压痕可作为判断疲劳断裂的参考标志。

（5）疲劳平台、疲劳台阶或脊棱　在大的平面内，疲劳裂纹不是平直扩展，而是以不同高度或位相的显微裂纹分别扩展，在断口上形成一些扩展平台。其原因是微区内应力的大小和方向存在不均匀性。在裂纹的扩展过程中，不可避免地要遇到晶界、孪晶界、夹杂物或第二相等组织结构和冶金缺陷的影响而被分割成许多小段。所以，材料的显微组织越不均匀，冶金缺陷越多，则分割的显微平台越多，断口的微观不平度愈明显。不同高度或位向的显微平台在裂纹扩展过程中连接起来，就生成许多显微疲劳台阶或疲劳脊棱。

在腐蚀疲劳断口上还可观察到一种由疲劳辉纹与河流相垂直的脆性疲劳辉纹。

2.10.11　疲劳断裂的对策

疲劳断裂的预防措施与疲劳断裂发生的根部原因是相对应的。

疲劳断裂的预防措施主要有：改善构件的结构设计，提高表面精度，尽量减少或消除应力集中作用，提高零件的疲劳强度。

提高金属零件的疲劳强度是防止零件发生疲劳断裂的根本措施，其基本途径有以下三个方面：

（1）延缓疲劳裂纹萌生的时间　延缓金属零件疲劳裂纹萌生时间的措施及方法主要有喷丸强化、细化材料的晶粒尺寸、通过形变热处理使晶界成锯齿状或使晶粒定向排列并与受力方向垂直等。

喷丸强化是提高材料疲劳寿命的最有效方法之一，其作用超过表面涂层和改性技术及其复合处理。在镀铬之前进行有效的喷丸强化，可以抵消由于镀铬引起的材料疲劳强度降低。研究表明，喷丸强化对钛合金微动疲劳强度有明显的改进作用，且按表面加工硬化、表面粗糙度增加、引入表面残余压应力的顺序递增。在应力集中程度较严重的接触载荷下，残余压应力的作用更显著。

应该说，各种能够提高零件表面强度，但不损伤零件表面加工精度的表面强化工艺，如表面淬火、渗碳、渗氮、碳氮共渗、涂层、激光强化、等离子处理等，都可以提高零件的疲劳强度，延缓疲劳裂纹的萌生时间。

（2）降低疲劳裂纹的扩展速率　对于一定的材料及一定形状的金属零件，当其已经产生疲劳微裂纹后，为了防止或降低疲劳裂纹的扩展，可采用如下措施：对于板材零件上的表面局部裂纹可采取止裂孔法，即在裂纹扩展前沿钻孔以阻止裂纹进一步扩展；对于零件内孔表面裂纹可采用扎孔法将其消除；对于表面局部裂纹，可采取刮磨修理法等。除此之外，对于零件局部表面裂纹，也可采用局部增加有效截面或补金属条等措施以降低应力水平，从而达到阻止裂纹继续扩展之目的。

（3）提高疲劳裂纹门槛值（ΔK_{th}）　疲劳裂纹的门槛值主要决定于材料的性质。设计人员要充分了解各种材料的各种力学性能和所适用的工作条件，然后合理选择材料。ΔK_{th}值很小，通常只有材料断裂韧度的 5%~10%。例如，结构碳钢、低合金结构钢、18-8 不锈钢和镍基合金的 $\Delta K_{th} = 5.58 \sim 6.82 \text{MPa} \cdot \text{m}^{1/2}$，铝合金和高强度钢的 $\Delta K_{th} = 1.1 \sim 2.2 \text{MPa} \cdot \text{m}^{1/2}$，$\Delta K_{th}$ 是材料的一个重要性能参数。对于一些要求有无限寿命、绝对安全可靠的零件，就要求它们的工作 ΔK 值低于 ΔK_{th}。

（4）选材　正确地选择材料和制定热处理工艺是十分重要的。在静载荷状态下，材料的强度越高，所能承受的载荷越大；但材料的强度和硬度越高，对缺口敏感性越大，这对疲劳强度是不利的，承受循环载荷的零件应特别注意这一问题，应从疲劳强度对材料的要求来考虑。

一般从下列几方面进行选材：

1）在使用期内允许达到的应力值。

2）材料的应力集中敏感性。

3）裂纹扩展速度和断裂时的临界裂纹扩展尺寸。

4）材料的塑性、韧性和强度指标。

5）材料的抗腐蚀性能、高温性能和微动磨损疲劳性能等。

参 考 文 献

[1]　机械工业理化检验人员技术培训和资格鉴定委员会，中国机械工程学会理化检验分会编. 金属材料力学性能试验 [M]. 上海：科学普及出版社，2014.

[2]　束德林. 工程材料力学性能 [M]. 北京：机械工业出版社，2007.

[3]　王荣. 机械装备的失效分析（待续）第 1 讲 现场勘查技术 [J]. 理化检验（物理分册），2016，52（6）：361-369.

[4]　桂立丰，唐汝均，等. 机械工程材料测试手册 [M]. 沈阳：辽宁科学技术出版社，1999.

[5]　张栋，钟培道，陶春虎. 失效分析 [M]. 北京：国防工业出版社，2004.

[6]　王荣. 连接螺栓断裂失效分析 [J]. 金属热处理，2007，32（增刊）：301-304.

[7]　周顺深. 钢脆性和工程结构脆性断裂 [M]. 上海：上海科学技术出版社，1982.

[8]　姚枚. 金属力学性能 [M]. 哈尔滨：哈尔滨工业大学出版社，1982.

[9]　孙智，江利，应鹏展. 失效分析-基础与应用 [M]. 北京：机械工业出版社，2012.

[10]　熊家锦，等. 氢浓度和应力对 GC-4 钢的氢脆影响 [J]. 航空部北京 621 所第 7 届学术年会论文集.

[11]　惠卫军，董翰，翁宇庆. 耐延迟断裂高强度螺栓钢的研究开发 [J]. 钢铁，2001，36（3）：69-73.

[12]　王荣. 机械装备的失效分析（续前）第 8 讲 失效分诊断与预防技术（1）[J]. 理化检验（物理分册），2017，53（12）：849-858.

[13]　王荣. 10.9 级高强度螺钉断裂分析 [J]. 理化检验（物理分册），2010，46（4）：263-266.

[14]　于广华，程以环，陈廉，等. 夹杂、晶界和缺口前端的氢富集 [J]. 金属学报，31（10）：455-459.

[15]　万晓景. 金属的氢脆 [J]. 材料保护. 1979（Z1）：11-25.

[16]　Smith J A, Peterson M H, Brown B F [J]. Corrosion, 1970 (26)：539.

[17]　陶春虎. 紧固件的失效分析及其预防 [M]. 北京：航空工业出版社，2013.

[18]　鄢国强. 材料质量检测与分析技术 [M]. 北京：中国计量出版社，2005.

[19]　王荣. 机械装备的失效分析（续前）第 3 讲 断口分析技术（上）[J]. 理化检验（物理分册）2016，52（10）：698-704.

[20]　邓向民. 柴油机零件的热腐蚀和热疲劳失效 [J]. 中国机械工程学会全国第三次机械装备失效分析

会议论文集, 1998: 91-94.

[21] 刘道新, 何家文. 喷丸强化因素对 Ti 合金微动疲劳抗力的作用 [J]. 金属学报, 2001, 37 (2): 156-160.

[22] 王荣. 风能发电机组结构件的失效分析与预防 (待续) 第 1 讲 螺栓的失效分析与预防 [J]. 理化检验 (物理分册), 2019, 55 (10): 371-380.

[23] 王荣. 风能发电机组结构件的失效分析与预防 (待续) 第 2 讲 齿轮的失效分析与预防 [J]. 理化检验 (物理分册), 2019, 55 (10): 667-675.

第 3 章

腐蚀失效机理分析与对策

3.1　引言

腐蚀是金属和外界接触到的气体或液体进行氧化还原反应作用的结果，是金属原子失去电子（被氧化）的过程。较活泼的金属失去电子而被氧化所引起的腐蚀称为电化学腐蚀，如钢铁在潮湿空气中生锈。当金属和外界接触到的介质（一般为非电解质）直接发生化学反应而引起的腐蚀称为化学腐蚀，如铁和稀盐酸接触而引起的腐蚀。在金属的腐蚀失效中最常见的是电化学腐蚀，也是本章讨论的重点。

腐蚀包括均匀腐蚀和局部腐蚀。均匀腐蚀是在金属与介质接触的整个表面上都发生腐蚀，是最为常见的一种腐蚀形式。局部腐蚀是在金属的个别区域发生了严重的腐蚀，而其他区域未遭受腐蚀破坏或破坏程度相对较小。腐蚀的破坏性遍及国民经济和国防建设的各个领域，从日常生活到仓库储存、交通运输、通信、建筑、机械、化工、冶金、国防等，凡是使用金属材料的地方就有各种各样的腐蚀问题存在，而工业生产中腐蚀问题尤为突出。腐蚀可使完好的金属构件失效而最终导致设备报废，甚至造成重大的伤亡事故，危害极大。因此，它已引起世界各国政府有关部门的高度重视。

据统计，每年由于腐蚀造成的金属损失在 1 亿 t 以上，占世界金属总产量的 20%~40%。

我国虽然还没有就腐蚀所引起的损失做过系统的调查与统计，但腐蚀现象的严重性已相当惊人。1979 年某煤气公司的 $400m^3$ 液化气罐因腐蚀开裂而引起爆炸，当场死亡 30 余人，重伤 50 多人，仅一次损失就达 650 万元。自 20 世纪 70 年代以后，随着石油气田的大量开发，由于腐蚀造成的损失更为突出。某气田由于天然气中硫化氢腐蚀造成设备突然破坏，引起天然气的井喷，发生了重大的火灾事故，损失巨大。汽轮发电机的叶轮因应力腐蚀开裂而飞出，造成重大事故，而且现在还有许多叶轮及叶片发生类似的开裂事故，这样的例子不胜枚举。

金属的腐蚀现象是非常复杂的，腐蚀损失的种类繁多。根据金属腐蚀损坏的不同特征，可以把腐蚀分为全面腐蚀和局部腐蚀。在腐蚀破坏事故中，局部腐蚀所占比例要大得多，据统计全面腐蚀占 8.5%，局部腐蚀却占 91.5%。图 3-1 示意了腐蚀失效的固有模式和形态，可见在工程上能导致金属构件破裂或穿透失效的腐蚀机理有五种，即全面腐蚀、晶间腐蚀、点腐蚀、应力腐蚀和腐蚀疲劳。按照本书中对腐蚀的分类方式，全面腐蚀属于均匀腐蚀，而后面的四种均属于局部腐蚀。

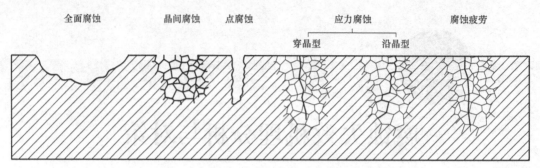

图 3-1 腐蚀失效的五种固有模式示意图

3.2 金属的钝化

3.2.1 钝化现象

电动序中一些较活泼的金属，在某些特定的环境介质中会变为惰性状态。例如，铁在稀硝酸中腐蚀很快，其腐蚀速度随硝酸浓度的增加而迅速增大，当硝酸浓度增加到 30% ~ 40% 时，溶解速度达到最大值。但若继续增大硝酸浓度（>40%），铁的溶解速度却突然急剧下降，直到反应接近停止。这时金属变得很稳定，即使再放在稀硝酸中也能保持一段时间的稳定。铁在浓硝酸中或经过浓硝酸处理后失去了原来的化学活性，这一异常现象称为钝化现象。

钝化是在一定的条件下，使受腐蚀的金属表面状态发生突变而使其耐蚀性增加的现象。

金属发生钝化现象只是金属表面性质的改变，属于金属的界面现象。金属处于钝化状态时，腐蚀速率非常低。一般会减少 10^4 ~ 10^6 数量级。金属发生钝化时伴随着电位较大的正移。但钝化的增强和电位的正移两者之间没有必然的联系，具有较高电位的金属并不一定就很稳定。

根据钝化发生的难易程度可以将钝化分为化学钝化和阳极钝化两种。

（1）化学钝化 化学钝化也称自动钝化，是金属在介质中与钝化剂自然作用而产生的钝化。

能使金属产生钝化的物质有：浓 HNO_3、$K_2Cr_3O_7$、$KMnO_4$、O_2 等；在空气中或溶液中的 O_2 作用下就可以发生钝化的金属有 Cr、Al、Ti 等。

（2）阳极钝化 阳极钝化为非自动钝化，是采用外加电流使阳极极化，使金属的腐蚀速率迅速降低。

阳极钝化和化学钝化之间没有本质上的区别，在一定的条件下，当金属的电位由于外加阳极电流或由于使用局部电流正向移动而超过某一电位时，原先活泼的溶解着的金属表面状态发生某种突变，阳极溶解速度急剧下降，使金属表面进入钝化状态。金属钝化后所获得的高耐蚀性质称为钝性，金属表面钝化后所处的状态称为钝态。

3.2.2 钝化理论

产生钝化的原因较为复杂，目前对其机理还存在着不同的看法。目前认为能较为满意的解释大部分实验现象的理论有两种,即成膜理论和吸附理论。

(1) 成膜理论　这种理论认为,当金属阳极溶解时,可以在金属表面生成一层致密的、覆盖的很好的固体产物薄膜。这种产物膜构成独立的固相膜层,把金属表面与介质隔离开来,阻碍了阳极反应的进行,导致金属溶解速度迅速降低,使金属转化为钝态。

(2) 吸附理论　吸附理论认为,金属钝化是由于表面生成氧或含氧粒子的吸附层改变了金属/溶液界面的结构,并使阳极反应的活化能显著提高的缘故。即由于这些粒子的吸附,使金属表面的反应能力降低了,因而发生了钝化。

这两种钝化理论都能较好的解释大部分实验事实,然而无论哪一种理论都不能较全面、完整的解释各种钝化现象。这两种理论的相同之处是都认为由于在金属表面生成一层极薄的钝化膜,阻碍了金属的溶解,至于成膜的解释,却各不相同。

3.2.3　极化曲线

在研究可逆电池的电动势和电池反应时,电极上几乎没有电流通过,每个电极反应都是在接近于平衡状态下进行的,因此电极反应是可逆的。但当有电流明显地通过电池时,电极的平衡状态被破坏,电极电势偏离平衡值,电极反应处于不可逆状态,而且随着电极上电流密度的增加,电极反应的不可逆程度也随之增大。由于电流通过电极而导致电极电势偏离平衡值的现象称为电极的极化,描述电流密度与电极电势之间关系的曲线称作极化曲线。

金属的阳极过程是指金属作为阳极时在一定的外电势作用下发生的阳极溶解过程,如下式所示

$$M \rightarrow M^{n+} + ne^- \tag{3-1}$$

此过程只有在电极电势正于其热力学电势时才能发生。阳极的溶解速度随电位变正而逐渐增大,这是正常的阳极溶出,但当阳极电势正到某一数值时,其溶解速度达到最大值,此后阳极溶解速度随电势变正反而大幅度降低,这种现象称为金属的钝化现象。图3-2 中曲线表明,从 A 点开始,随着电位向正方向移动,电流密度也随之增加,电势超过 B 点后,电流密度随电势增加迅速减至最小,这是因为在金属表面生产了一层电阻高、耐腐蚀的钝化膜。B 点对应的电势称为临界钝化电势,对应的电流称为临界钝化电流。电势到达 C 点以后,随着电势的继续增加,电流却保持在一个基本不变的很小的数值上,该电流称为维钝电流,直到电势升到 D 点,电流才又随着电势的上升而增大,表

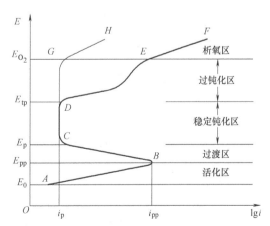

图 3-2　可钝化金属典型阳极极化曲线示意图

E_0—平衡电位　E_{pp}—致钝电位　E_p—维钝电位

E_{tp}—过钝电位　i_p—维钝电流密度　i_{pp}—致钝电流密度

示阳极又发生了氧化过程,可能是高价金属离子产生,也可能是水分子放电析出氧气,DE 段称为过钝化区。

3.3 均匀腐蚀

3.3.1 均匀腐蚀现象

均匀腐蚀也叫全面腐蚀,但全面腐蚀可以是均匀腐蚀,也可以是不均匀腐蚀。从重量来说,均匀腐蚀代表了腐蚀对金属的最大破坏,其特征是腐蚀破坏发生在整个金属表面上,导致金属构件厚度普遍地减薄,甚至失效。

从技术层面来说,这类腐蚀在生产和生活中的危害不是很大,因为其发生在全部的表面,易于发现和防护,一般在工程设计时就可以进行控制。均匀腐蚀的腐蚀速率可以在实验室模拟腐蚀环境测量出来,是产品设计时的重要参考依据。有些产品,可定期对其进行检测和做寿命评估,如发电厂由钢材制作的烟囱。对于均匀腐蚀,许多都是可控的,危害性不是很大,除非一些异常情况发生,如保护层受损,环境介质发生变化等。

图 3-3　埋地管线表面的腐蚀和防护层

例如,某供热(蒸汽、热水)管道直埋敷设工程于 1998 年 1 月开始施工,1998 年 10 月投入使用,2000 年 11 月发现直埋管道发生严重腐蚀,直接导致管内介质发生泄漏,造成重大经济损失,见图 3-3。

钢结构或管线在大气中、土壤中、海水中以及淡水中的腐蚀,港口露天起重设施、海上台架、护栏等在其表面的防护层失效时,以及钢制烟囱(烟道)、锅炉管向火面的高温腐蚀等,都以均匀腐蚀失效为主。

3.3.2 均匀腐蚀程度的表征

对于均匀腐蚀,常用的表征方法有三种,即质量法,深度法和电流密度法。

1. 质量法

质量法是根据腐蚀前后的质量变化(增加或减少)来表示腐蚀的平均速度。质量法具有灵敏、有效、用途广泛的特点,是定量评定腐蚀的最基本的方法之一。

(1)增重法　若腐蚀产物全部牢固地附着于试样表面,或虽有脱落但易于全部收集,则常用增重法来表示。

(2)失重法　如果腐蚀产物完全脱落或易于全部清除,则往往采用失重法表示。

(3)计算公式　平均腐蚀速率:单位时间、单位面积的质量变化,用下式表示

$$v_w = \frac{\Delta W}{St} = \frac{|W - W_0|}{St} \tag{3-2}$$

式中,v_w 为腐蚀速率[g/(m^2·h)];$\Delta W = |W - W_0|$,为试样腐蚀前质量(W_0)和腐蚀后质量(W)的变化量(g);S 为试样的表面积(m^2);t 为试样的腐蚀时间(h)。

在使用质量法进行评定时,应注意以下几点:

1) 使用该方法的前提条件是假定整个试验周期内腐蚀始终以恒定的速率进行（但实际并非如此）。

2) 采用失重法时，应按照标准规定的方法去除试样表面残留的腐蚀产物。

3) S 通常是指试样腐蚀前的表面积，当试验周期内腐蚀导致的试样表面积变化明显时，将会影响数据的真实性。

2. 深度法

从工程应用角度来看，影响结构或设备寿命和安全的重要指标是腐蚀后构件的有效截面尺寸。因此，用深度法表征腐蚀程度更具有实际意义，特别是对衡量不同密度的材料的腐蚀程度。目前该方法已被纳入有关标准（如 JB/T 7901—2001《金属材料实验室均匀腐蚀全浸试验方法》，美国材料试验协会标准 ASTM G1、ASTM G3 等）。

直接测量腐蚀前后或腐蚀过程中某两时刻的试样厚度，就可以得到深度法表征的腐蚀速率（失厚或增厚）。另外，用深度法表征的腐蚀速率还可以由重量法计算出腐蚀速率，通过换算得到，换算公式为

$$v_d = \frac{8.76 v_w}{\rho} \qquad (3\text{-}3)$$

式中，v_d、v_w 分别为深度法和重量法表示的腐蚀速率，单位分别为 mm/a 和 g/(m$^2 \cdot$ h)。

对于腐蚀减薄情况，ρ 为基体材料的密度；对于增厚情况，ρ 应为腐蚀产物的密度。但实际中腐蚀产物密度的准确值难以确定，因而式（3-3）一般仅用于减薄情况，ρ 的单位为 g/cm^3。

根据深度法表征的腐蚀速率大小，可以将材料的耐蚀性分为不同的等级。

3. 电流密度表征法

金属的电化学腐蚀是由阳极溶解导致的。在金属材料均匀腐蚀过程中，金属的阳极溶解和去极化试剂的阴极还原反应在整个金属表面上是宏观地、均匀地发生。因此，金属的腐蚀速率也可以用阳极反应的电流密度来表征。

法拉第定律指出，当电流通过电解质溶液时，电极上发生电化学变化的物质的量与通过的电量成正比，与电极反应中转移的电荷成正比。

设通过阳极的电流强度为 I，通电时间为 t，则时间 t 内通过电极的电量为 It，相应溶解掉的金属的质量 Δm 为

$$\Delta m = \frac{AIt}{nF} \qquad (3\text{-}4)$$

式中，A 为 1mol 金属的相对原子质量（g/mol）；n 为金属阳离子的价数；F 为法拉第常数，其值约为 96500C/mol。

对于均匀腐蚀情况，阳极面积为整个金属表面积 S，因此腐蚀电流密度 i_{corr} 为 I/S。

质量法表示的腐蚀速率 v_w 和电流密度之间的关系如下

$$v_w = \frac{\Delta m}{St} = \frac{A i_{corr}}{nF} \qquad (3\text{-}5)$$

深度法表示的腐蚀速率 v_d 和电流密度之间的关系如下

$$v_d = \frac{\Delta m}{\rho St} = \frac{A i_{corr}}{nF\rho} \qquad (3\text{-}6)$$

3.3.3　均匀腐蚀的机理

1. 大气腐蚀机理

电化学腐蚀过程的一个基本条件就是要一层电解质溶液。

以大气腐蚀为例，暴露于大气中的金属表面，当达到一定的临界湿度后，便会形成一层"看不见的"薄电解质液膜吸附层，如图3-4所示。就完全未受污染的大气来说，在恒温条件下，一个完全干净的金属表面在相对湿度低于100%时一般不会受到腐蚀破坏。然而，实际上却因表面吸附了一层水膜，大气中的杂质以及在大气和金属间存在小的温度梯度，导致在较低的相对湿度下形成细微的表面电解质溶液而发生大气腐蚀。

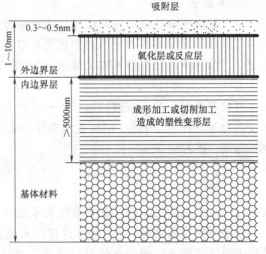

图3-4　工件的表面性质

在表面存在薄的电解质液膜时，大气腐蚀经平衡阳极和阴极反应而得以进行。阳极氧化反应涉及金属的溶解，而阴极反应通常被认为是氧的还原反应。图3-5用示意图说明了这些反应。在干湿交替的条件下，腐蚀性污染物在薄电解质液膜中的浓度可以达到一个相对较高的水平。在薄液膜条件下，大气中的氧也会容易进入到电解质溶液当中加速腐蚀。

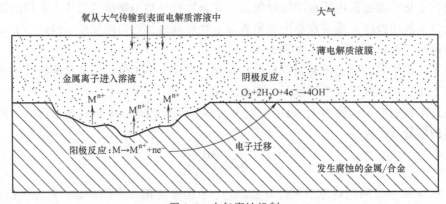

图3-5　大气腐蚀机制

2. CO_2 腐蚀机理

CO_2 是引起腐蚀的最主要的有害气体之一，在 pH 相同的条件下，CO_2 溶于水后对钢铁的腐蚀程度甚至比盐酸还严重。据统计，内腐蚀导致的重大事故在天然气管道中占有的比例越来越大，是我国很多气田、化工企业以及天然气管道事故的主要原因。气田开采的原始天然气都会含有不同程度的水分和 CO_2，当管壁温度低于水蒸气露点时，湿气中的水蒸气会在管壁上形成一层凝析水，造成管内壁产生腐蚀。CO_2 腐蚀会使管道内壁（或外壁）一层层剥落，使壁厚变薄，最后造成大面积的穿孔泄漏。

管道内壁腐蚀总的反应式为

$$Fe+CO_2+H_2O = FeCO_3+H_2 \tag{3-7}$$

（1）阴极反应　碳钢 CO_2 腐蚀的局部阴极反应是一个析氢的过程。目前普遍认为腐蚀与 CO_2 溶于水后形成的 H_2CO_3 或 HCO_3^- 有关。

当 pH 较低时，其反应步骤为

$$H^++e^- \rightarrow H, \quad 2H \rightarrow H_2 \tag{3-8}$$

或

$$2H^++2e^- \rightarrow H_2 \tag{3-9}$$

当 pH>4 时，H_2CO_3 的出现使得析氢速度提高，其反应步骤为

$$H_2CO_3+e^- \rightarrow H+HCO_3^-; \quad 2H \rightarrow H_2 \tag{3-10}$$

$$HCO_3^-+H \rightarrow H_2CO_3 \tag{3-11}$$

（2）阳极反应　Fe 在酸性溶液中的阳极溶解总的反应式为

$$Fe \rightarrow Fe^{2+}+2e^- \tag{3-12}$$

该反应受 pH 值影响较大，且分部进行，目前最易接受的机理为

$$Fe+OH^- \rightarrow FeOH+e^- \tag{3-13}$$

$$FeOH \rightarrow FeOH^++e^- \tag{3-14}$$

$$FeOH^+ \rightarrow Fe^{2+}+OH^- \tag{3-15}$$

$$Fe^{2+}+CO_3^{2-} \rightarrow FeCO_3 \tag{3-16}$$

$$Fe^{2+}+2HCO_3^- \rightarrow Fe(HCO_3)_2 \tag{3-17}$$

$$Fe(HCO_3)_2 \rightarrow FeCO_3+CO_3^{2-}+2H^+ \tag{3-18}$$

林学强等研究了 3Cr 管线钢在 CO_2 介质以及 CO_2 和 O_2 共存条件下的腐蚀行为，通过 EDS 分析和 XRD 分析结果表明，在 CO_2 介质中管道表面的腐蚀产物为 $FeCO_3$，而在 CO_2-O_2 共存条件的腐蚀产物为 $FeCO_3$，Fe_2O_3 和 Fe_3O_4。腐蚀产物膜截面 SEM 背散射电子像及元素面分布如图 3-6 所示，可见当有 O_2 参与时，腐蚀深度明显增加，且出现局部的点腐蚀特征。

3.3.4　均匀腐蚀的影响因素

1. 大气中的腐蚀

大气腐蚀环境下影响均匀腐蚀的因素见图 3-7，大气腐蚀的重要参数有：

（1）润湿时间　润湿时间主要影响表面的电解质形成及膜的厚度。润湿时间主要决定于临近相对湿度。除了与清洁表面有关的第一临界湿度，在腐蚀速度突然增大的地方可以定义第二甚至第三临界湿度。吸收了水分的腐蚀产物和腐蚀产物里水分的毛细凝结分别被认为是出现这些临界湿度的原因。

（2）二氧化硫　二氧化硫（SO_2）是一种含硫化石燃料燃烧的产物，它在城市和工业型大气的大气腐蚀中起着重要的作用。它可吸附在金属表面上，在水中溶解性高，并且在金属表面有水膜的条件下易形成硫酸，进而产生硫酸根。对于铁基合金，形成硫酸根离子被认为是 SO_2 的主要腐蚀加速作用。硫酸根离子的出现最终导致生成硫酸亚铁（$FeSO_4$）。

（3）氯化物　大气中的盐分会显著的提高大气腐蚀速率。除了通过吸水性盐，如 NaCl 和 $MgCl_2$ 等增强表面电解质溶液的形成外，氯离子也可以直接参与电化学腐蚀。对于铁基合

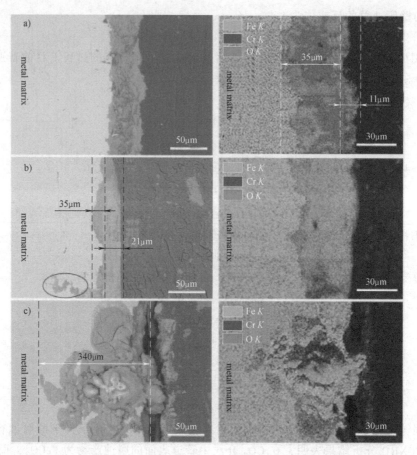

图 3-6　CO_2 和 CO_2-O_2 腐蚀环境下 3Cr 钢腐蚀截面形貌及元素面分布图

注：图 3-6a 中，$p_{CO_2} = 2.5MPa$。图 3-6b、c 中，$p_{CO_2} = 2.5MPa$，$p_{O_2} = 0.5MPa$

金，为了与阳极反应生成的 Fe^{2+} 结合，Cl^- 和 OH^- 会相互竞争。就 OH^- 而言，易于形成稳定的化合物。相反，铁的氯化络合物往往是不稳定的（可溶的），会进一步导致加速腐蚀破坏。在此基础上，像 Zn 和 Cu 这样的金属，他们的氯化物通常不如 Fe 的氯化物那样易于溶解，故不易发生氯化物诱导的腐蚀破坏，这与实际情况也是一致的。

（4）其他大气污染物　大气中存在 H_2S，HCl 和 Cl_2 时会加重大气腐蚀破坏，但它们只是大气腐蚀的特例，这与局部地区的工业排放有关。以 NO_x 形式存在的氮氧化合物也会加快大气腐蚀。NO_x 排放物主要来源于燃烧过程，雷电发生时也会产生氮氧化合物，它们和雨水混合时会形成酸雨，会对金属产生腐蚀。

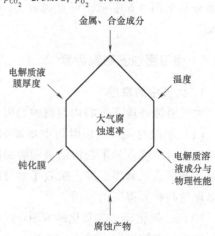

图 3-7　大气腐蚀环境下影响腐蚀速率的因素

大气中固体物质的沉积对大气腐蚀速率的影响很大，特别是在腐蚀初期。这样的沉积物可通过下面三种机制促进大气腐蚀：

1）通过潮解降低临界湿度。

2）提供促进金属溶解的阴离子。

3）通过比腐蚀金属更为惰性的沉积物形成微电偶效应。

（5）温度　实际上，温度对大气腐蚀速率的影响较为复杂。温度升高会加快电化学反应和扩散过程，从而促进腐蚀破坏。在恒定湿度下，温度升高会使腐蚀速度增大。但是，温度升高通常会导致相对湿度下降和表面电解质溶液更快的挥发，从而降低了润湿时间，会使总的腐蚀速率减小。对于封闭空间，如室内空气环境，因温度的降低引起的相对湿度升高对腐蚀速率影响较大，这意味着在开空调的情况下，温度的降低需要额外除湿以避免加速大气腐蚀破坏。

2. 土壤中的腐蚀

地下与土壤接触的典型钢结构主要是管线、公共事业管道和钢桩。大部分管线都用涂层和阴极保护进行防腐蚀，但钢桩一般都是裸露的。

土壤中的均匀腐蚀机理与大气中相同，基本上都是由于水和氧的共同作用而发生的。但由于周围土壤的非均匀性和金属与土壤接触的不均匀性，土壤中更容易发生局部腐蚀或点蚀。土壤中钢的腐蚀速度随土壤种类不同而明显不同，并受许多环境因素影响，如土壤的组成、孔隙率（充气程度）、电导率（或电阻率），溶解盐，pH，湿度和酸度（或碱度）等，并且这些因素相互关联（例如多孔性的土壤能保持更多的湿气，溶解盐含量较高的土壤其电导率也较高等）。同一因素可以加速也可以抑制腐蚀，比如孔隙度的影响，充气充足且湿度较大的土壤可以增大初始的腐蚀速度，但在充气充足的土壤里形成的腐蚀产物膜比充气不足的土壤中形成的更加致密，保护性更强，从长期来看能降低腐蚀，特别是点蚀。

土壤不是腐蚀性很强的介质，埋地钢结构的全面腐蚀速率通常远低于 $0.1mm/a$，但充气差异和其他原因会导致金属结构不同部位形成电位差，构成宏观腐蚀电池而引发局部腐蚀（宏电池），使腐蚀穿透速度大大加快。

3. 海水中的腐蚀

暴露于海洋环境中的典型钢结构有海上的钢桩、海上建筑物、船舶和其他浸在海水中的构筑物。根据与海平面的相对位置，暴露在海洋环境中的钢结构可分为 5 个不同的腐蚀区带，它们是海洋大气区、飞溅区、潮差区、全浸区和海泥区。钢在不同区带的腐蚀特征和行为各不相同。一些设备，如工业中利用海水的机械和管道系统也会遭受海水的腐蚀。

与钢在大气和土壤中的腐蚀机理类似，钢在海水中的腐蚀也是受溶解氧向钢表面输送过程控制，氧的输送速度依次取决于本体海水的氧浓度、海水的运动程度、海水中氧的扩散系数和钢表面作为氧扩散障碍层的腐蚀产物膜的特性。

表层水的氧浓度通常接近于大气与海水平衡时的饱和浓度，它随海水温度和含盐量反向变化。因为表层水含盐量变化相对较小，对氧溶解度影响不大，温度就成了影响氧浓度的主要因素。

对于海洋环境的腐蚀，人们已经发展了一些很好的对应措施，如应用涂层和阴极保护。海洋环境中裸露钢的腐蚀问题是非常重要的，因为有些钢结构在应用时是没有防护的，并且海洋环境的保护系统特别容易破坏或损耗，从而在检测和修补前留下相当长的暴露时间而遭受腐蚀。

4. 淡水中的腐蚀

碳钢在淡水中的腐蚀遵循电化学原理，包括溶解氧的反应

$$阳极反应:Fe\rightarrow Fe^{2+}+2e^- \tag{3-19}$$
$$阴极反应:O_2+2H_2O+4e^-\rightarrow 4OH^- \tag{3-20}$$
$$总反应:2Fe+O_2+2H_2O\rightarrow 2Fe(OH)_2 \tag{3-21}$$

大多数天然淡水都为空气所饱和，常温下溶解氧浓度为 $(8\sim10)\times10^{-6}$。钢要发生腐蚀，必须要有溶解氧向其表面输送，溶解氧必须通过水和可能通过钢表面的扩散障碍层扩散。由于溶解氧浓度和扩散层厚度的原因，溶解氧的输送过程较慢，除非相对于钢表面水的流速足够高。一旦氧达到钢表面，腐蚀反应就会立即进行，因此，腐蚀是由溶解氧的扩散控制的。

天然淡水的来源是地表的降水，包括雨、雪、冻雨和冰雹。雨水形成时与大气接触，因而被溶解的空气所饱和。根据雨水接触的大气种类，其中也溶解一些气体污染物，如 SO_x、NO_x、NH_3、HCl 以及其他一些大气悬浮杂质，如海水中的盐粒和浮尘。

当雨水降落到地面以后，其中一部分蒸发了，而剩余的在地面汇流成地表水或渗入地下形成地下水。水中溶解了在流动中接触到的一些物质，因而它含有各种粒子，包括 Ca^{2+}、Mg^{2+}、溶解性硅酸 [如:$(H_2SiO_3)_n$]、HCO_3^-、Na^+、K^+、Cl^-、SO_4^{2-} 等。

虽然碳钢腐蚀的发生是溶解氧的作用，腐蚀速度还受水中其他粒子的影响，但溶解在天然淡水中的粒子，如 Ca^{2+}、HCO_3^- 和 Cl^- 对腐蚀的影响也非常重要。

pH 值和溶解氧浓度是影响软水腐蚀性能的基本因素，但它们通常不改变钢在天然淡水中的腐蚀速度，因为天然淡水的 pH 值都保持在一个固定值范围，而且大部分水都是空气饱和的。天然淡水中总含有一定浓度的 Cl^- 和 SO_4^{2-}，它们能增加电导率，影响局部腐蚀的穿透速度，也会影响钢发生钝化时的临界氧浓度和水的临界流速。

硬水中含有较高浓度的钙和碳酸氢盐，会在钢表面自然沉积成碳酸钙（$CaCO_3$），它作为溶解氧的扩散障碍层，大大降低了腐蚀速度。软水中的腐蚀速度较硬水中高，但比理论计算的最大值低，这是因为表面形成的腐蚀产物膜在一定程度上成为扩散障碍层。

5. CO_2 中的腐蚀

CO_2 中的腐蚀因素包括材料和使用环境两个方面。

（1）材料方面 主要有：①合金元素种类、含量有关；②腐蚀产物膜的情况。

（2）使用环境方面 主要有：①介质中的水含量；②介质的温度、流动速度时间；③CO_2 的分压；④介质的 pH；⑤介质中的其他离子含量，如 Cl^-、HCO_3^-、Ca^{2+}、Mg^{2+} 等离子；⑥介质中的其他腐蚀性物质，如 H_2S、O_2 等；⑦细菌、结垢情况等。

3.3.5 均匀腐蚀的判断依据

均匀腐蚀和局部腐蚀从本质上讲并没有严格的界限，均匀腐蚀开始阶段都是以点腐蚀的方式进行的，随着腐蚀的进行，点蚀坑加深，彼此连成一片，宏观上表现为均匀腐蚀，但个别区域也会出现较深的蚀坑。若存在拉应力，还可能萌生微裂纹，产生应力腐蚀破裂。若是高强度钢，则还可能会导致氢脆型断裂。到了腐蚀后期，腐蚀产物变的厚重，在腐蚀产物的底部则还会产生垢下腐蚀等。

判断均匀腐蚀的主要依据如下：

1）腐蚀分布于金属的整个表面，使金属整体变薄。

2）腐蚀介质能够均匀的抵达金属表面的各部位，而且金属的成分和组织比较均匀。

3）腐蚀原电池的阴、阳极面积非常小，甚至用微观方法也无法辨认，而且微阳极和微阴极的位置随机变化。

4）整个金属表面在溶液中处于活化状态，只是各点随时间（或地点）有能量起伏，能量高时（处）呈阳极，能量低时（处）呈阴极，从而使整个金属表面遭受腐蚀。

3.3.6　均匀腐蚀的对策

均匀腐蚀的主要预防对策如下：

1）针对不同的环境介质选择合适的材料。

2）改变环境条件，如加入缓冲剂、降低温度、去除沉积物等。

3）涂层保护。

4）钝化处理。

5）牺牲阳极保护。

6）电化学保护。

7）加强对含 CO_2 水介质中细菌的控制。

3.4　局部腐蚀

局部腐蚀是在金属局部的区域上发生严重的腐蚀，而其他部分未遭受腐蚀破坏或破坏程度相对较少。虽然金属表面发生局部腐蚀时腐蚀破坏区域较小，腐蚀的金属总量也小，但是由于具有腐蚀破坏的突然性和破坏时间的难以预见性，因而局部腐蚀往往会成为工程技术应用中危害最大的腐蚀类型。

均匀腐蚀和局部腐蚀从本质上讲没有严格的界限。构成均匀腐蚀过程的腐蚀原电池是微观腐蚀电池，而构成局部腐蚀过程的原电池是宏观腐蚀电池。均匀腐蚀时，阳极溶解和阴极还原的共轭反应是在金属表面相同的位置发生，阳极和阴极没有空间和时间上的区别。因此，金属在全面腐蚀时整个表面呈现一个均一的电极电位，即自然腐蚀电位。在此电位下的金属的溶解在整个电极表面上均匀地进行，阳极电位等于阴极电位，也等于金属的自然腐蚀电位；阳极区和阴极区在同一位置，且阳极区面积等于阴极区面积。均匀腐蚀的腐蚀产物对于整体金属可能产生一定保护作用，导致表面的钝化区域降低了腐蚀速度。局部腐蚀由于金属表面存在电化学不均匀性，腐蚀介质中构成宏观腐蚀原电池，并且阳极电位小于阴极电位。在阳极条件下引起金属腐蚀的阳极反应和共轭阴极反应，主要分别集中在阳极区和阴极区发生，阳极区和阴极区发生空间分离。

工程上最常见的金属局部腐蚀有以下几种：电偶腐蚀；隙缝腐蚀；点腐蚀；晶间腐蚀；选择性腐蚀；磨损腐蚀（包括气蚀和微动磨损）；应力腐蚀（SCC）；腐蚀疲劳（CF）和氢脆（HE）等。

3.4.1　电偶腐蚀

1. 电偶腐蚀现象

由于腐蚀电位不同，造成同一电解质溶液中异种金属接触处（电导通）的局部腐蚀称为电偶腐蚀，亦称接触腐蚀或双金属腐蚀，其原理如图 3-8 所示，Fe 和 Cu 两种金属构成了原电池，在电解质中产生电偶电流，使电位较低的金属（Fe-阳极）溶解速度增加，结果发生了明显的腐蚀；而电位较高的金属（Cu-阴极）一般不发生腐蚀。

在机械领域不同金属的连接组合是不可避免的，几乎所有的机械设备和金属结构件都是由不同的材料部件组合而成的，电偶腐蚀非常普遍。

在工程上容易发生电偶腐蚀的情况有下列几种：

1）异种金属零件的组合体。

2）金属镀层的结合部位。

3）金属表面存在导电性非金属膜。

4）气流或液流带来的异金属沉积。

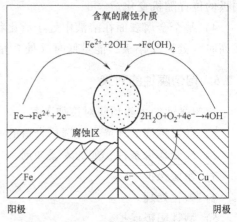

图 3-8　电偶腐蚀原理图

2. 电偶序和电动序

电偶腐蚀的推动力是腐蚀电位差。腐蚀电位差是表示电偶腐蚀的倾向。两种金属在使用环境中的腐蚀电位相差越大，组成电偶对时阳极金属受到加速腐蚀破坏的可能性就越大。

腐蚀电位差的大小和电偶序密切相关。电偶序是将各种金属材料在某种环境中的腐蚀电位测量出来，并把它们从低到高进行排列，这样便得到所谓的电偶序（galvanic series），见表 3-1。材料在电偶序中的位置，只能反映其腐蚀倾向，不能表示其腐蚀速率。在工程设计和选材时，相互接触的零件推荐在电偶序中靠近的金属或合金，这样不容易引起严重的电偶腐蚀。

表 3-1　一些金属和合金在海水中的电偶序

电偶序	金属和合金	电偶序	金属和合金
贵重或阴极方向	铂	贵重或阴极方向	Chlorimet 2（66Ni-32Mo-1Fe）
	金		Hastelloy B（60Ni-30Mo-6Fe-1Mn）
	石墨		Inconel（活态）
	钛		镍（活态）
	银		锡
	Chlorimet 3（62Ni-18Cr-18Mo）		铅
	Hastelloy C（62Ni-17Cr-15Mo）		铅-锡焊料
	18-8Mo 不锈钢（钝态）		18-8Mo 不锈钢（活态）
	18-8 不锈钢（钝态）	活性或阳极方向	18-8 不锈钢（活态）
	铬不锈钢（钝态）（11~30）%铬		高镍铸铁（Ni-Resist）
	Inconel（钝态）（80Ni-13Cr-7Fe）		铬不锈钢，13%铬（活态）
	镍（钝态）		铸铁
	银焊药		钢或铁
	蒙乃尔合金（70Ni-30Cu）		2024 铝（4.5Cu-1.5Mg-0.6Mn）
	铜镍合金（60~90）%铜,（40~10）%镍		镉
	青铜（Cu-Sn）		工业纯铝（1100）
	铜		锌
	黄铜（Cu-Zn）		镁和镁合金

在使用电偶序时，应注意以下几点：

1）确定电偶对中哪个金属是阳极时不能脱离环境条件。

2）一般情况下，环境条件不同，异金属组合的电位关系不同；但有时即使在同一环境中，随着腐蚀过程的进行，两种金属的腐蚀电位相对关系也会发生改变，甚至逆转。

3）在电偶序中，相距较远的金属或合金电位差越大，组合在一起时越容易发生电偶腐蚀。

电动序（或称电位序）是将金属置于含有该金属盐的溶液中，在标准条件下测定其热力学平衡电位。在实际腐蚀体系中，材料都含有不同程度的杂质或合金，电动序并不适用。

电动序可以用来定性地预测异金属对中哪些材料可能牺牲（受到破坏）。但是，电动序（电动序列出了纯金属以单位活度离子在溶液中存在时的电动势的数值）与实际应用几乎没有关系。因此，根据电动序进行的预测仅在电极电位差别很大的情况下才可能是可靠的。铝和铜就是这样一个例子。在大多数的情况下，铝在导电的电解液中牺牲自身来保护铜。金属的实际电极电位受电解质的成分和温度的影响很大。实际情况下，往往采用合金而不是纯金属作为结构材料。合金元素的添加改变了原纯金属的电极电位。这样，为了判断异金属反应的可能性，明确异金属或合金在实际暴露条件下的电化学关系就非常重要。图 3-9 给出了合金在海水中的电动序。

3. 电偶腐蚀的形成条件

电偶腐蚀的发生需要同时具备以下三个条件，缺了其中任何一个都不能发生电偶腐蚀。

（1）电位差　以图 3-8 为例，电位较正的 Cu 和电位较负的 Fe 偶接，Cu 呈阴极，Fe 呈阳极，二者的电位差越大则电偶腐蚀倾向越大。

（2）电子通道　经导线连接或直接接触后形成电子通道。Fe 失去的电子到达 Cu 表面被腐蚀剂吸收。

（3）电解质　两种金属的接触区有电解质覆盖或浸没。Fe 失去电子后形成离子进入溶液，Cu 表面的电子被电解质中的腐蚀剂（如空气中的氧）带走，电解质成为离子通道。

在日常生活中，有许多情况都是两种不同金属连接在一体的，但它们并没有发生电偶腐蚀。如测量温度用的热电偶，内衬不锈钢复合钢板等。虽然它们之间存在电位差，也存在电子通道，但没有电解质做电子通道，阳极金属失去电子后形成的离子无法进入溶液被带走，因此没有形成电偶腐蚀。合金中呈现不同电极电位的金属相、化合物、组分元素的贫化或富集区，以及氧化膜等也都可能与金属间发生电偶现象，钝化与浓差效应也会形成电偶，这些微区中的电偶现象通常称为腐蚀微电池，在没有电解质参与的情况下，它们不会发生电偶腐蚀。

4. 电偶腐蚀机理

由电化学腐蚀动力学可知，两金属偶合后的腐蚀电流强度与电势差、极化率及欧姆电阻有关，如下式所示

$$I_g = \frac{E_c - E_a}{\dfrac{P_c}{S_c} + \dfrac{P_a}{S_a} + R} \tag{3-22}$$

式中，I_g 为电偶电流强度；E_c、E_a 为阴、阳极金属偶接前的稳定电势；P_c、P_a 为阴、阳极金属的极化率；S_c、S_a 为阴、阳极金属的面积；R 为欧姆电阻（包括溶液电阻和接触电阻）。

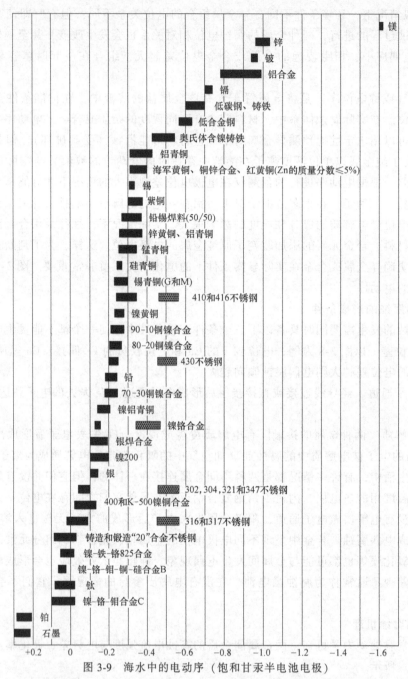

图3-9 海水中的电动序（饱和甘汞半电池电极）

注：图中不锈钢牌号为美国牌号，410相当于我国的12Cr13，416相当于我国的Y12Cr13，430相当于我国的10Cr17，302相当于我国的12Cr18Ni9，304相当于我国的06Cr19Ni10，321相当于我国的06Cr18Ni11Ti，347相当于我国的06Cr18Ni11Nb，316相当于我国的06Cr17Ni12Mo2，317相当于我国的06Cr19Ni13Mo3。

由式（3-22）可知，电偶电流随电势差的增大，以及极化率、欧姆电阻的减小而增大。因电偶腐蚀速度与电偶电流成正比，所以接触电势差越大，电偶电流越大，金属腐蚀就越严重，从而使阳极金属腐蚀速率加大，阴极金属腐蚀速率降低。

5. 影响电偶腐蚀的因素

（1）面积效应　阳极面积减小，阴极面积增大，导致阳极金属腐蚀加剧。

腐蚀电池中，阳极电流=阴极电流，阳极面积越小，其电流密度越大，腐蚀速率也就越高。

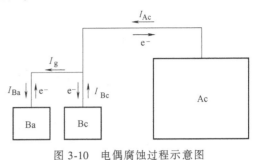

图 3-10　电偶腐蚀过程示意图

如图 3-10 所示，由阴、阳极组成的电偶，阳极的面积 $S_{阳极}$ 为 S_{Ba}，阴极的面积 $S_{阴极}$ 由 S_{Ac} 和 S_{Bc} 组成，它们之间存在以下关系

$$S_{阳极} = S_{Ba} = S_{Bc} \qquad (3\text{-}23)$$

$$S_{阴极} = S_{Ac} + S_{Bc} \qquad (3\text{-}24)$$

根据混合电位理论，在电偶电势 E_g 作用下，两金属总的氧化反应和还原反应电流相等，即

$$I_{Ba} = I_{Ac} + I_{Bc} = I_g \qquad (3\text{-}25)$$

设：i_{Ba} 为金属 Ba 上的阳极溶解电流密度，i_{Bc} 为金属 Bc 上的阴极还原反应电流密度，i_{Ac} 为金属 Ac 上的阴极还原反应电流密度。

根据（3-25）得到

$$i_{Ba} \cdot S_{Ba} = i_{Ac} \cdot S_{Ac} + i_{Bc} \cdot S_{Bc} \qquad (3\text{-}26)$$

因为阴极过程均受到氧的扩散控制，故阴极电流密度均等于极限扩散电流密度，即

$$i_{Ac} = i_{Bc} = i_L \qquad (3\text{-}27)$$

结合式（3-23），则式（3-26）整理后得

$$i_{Ba} = i_g = i_L \left(1 + \frac{S_{Ac}}{S_{Bc}}\right) = i_L \left(1 + \frac{S_{阴极}}{S_{阳极}}\right) = i_L \cdot \gamma \qquad (3\text{-}28)$$

$$\gamma = 1 + \frac{S_{阴极}}{S_{阳极}} \qquad (3\text{-}29)$$

式（3-29）即为集氧面积原理表达式。

可见，当 $S_{阴极} \gg S_{阳极}$ 时，电偶腐蚀电流密度大大增加，其腐蚀速率也大大增加。因此常用大面积的惰性电极（如不锈钢或 Pt 片）进行加速电偶腐蚀试验。当 $S_{阴极} \ll S_{阳极}$ 时，$\gamma \approx 1$，即很小的惰性电极对大面积电极，尽管总的腐蚀速度影响不大，但有可能引起明显的局部腐蚀。

（2）介质条件　金属的稳定性因介质条件（成分、浓度、pH、温度等）的不同而异，因此当介质条件发生变化时，金属的电偶腐蚀行为有时会出现电位逆转而发生变化。

（3）电化学因素　①电位差：两种金属在电偶序中的起始电位差越大，电偶腐蚀倾向就越大。②极化：极化是影响腐蚀速度的重要因素，无论是阳极极化还是阴极极化，当极化率减小时，电偶腐蚀就会加快。③溶液电阻：通常阳极金属腐蚀电流的分布是不均匀的，距离连接处越远，电流传导的电阻越大，腐蚀电流就越小。溶液电阻影响电偶腐蚀作用的距离为有效距离。电阻越大，有效距离越小。

在双金属腐蚀的实例中，很容易从连接处附近的局部侵蚀来识别电偶腐蚀效应。这是因为在电偶腐蚀中，阳极金属的腐蚀电流分布是不均匀的，在连接处由电偶效应所引起的加速腐蚀最大，距离结合部位越远，腐蚀越小。此外，介质的电导率也会影响电偶腐蚀速率。如

电导率较高的海水，可以使活泼金属的受侵面扩大（扩展到离接触点较远处），从而降低侵蚀的严重性。但在软水或大气中，侵蚀集中在接触点附近，侵蚀严重，危害性较大（见图 3-11）。

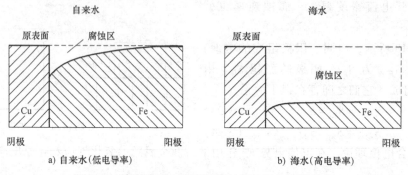

图 3-11　腐蚀介质电导率不同时腐蚀区的不同分布

电偶作用有时也会促进阴极的破坏，如等面积的铝（阴极）和镁（阳极）在海水中，电偶作用将加速镁阳极的腐蚀；而在充气条件下阴极表面上的主要产物 OH^- 也会同时促进铝的破坏，所以电偶中的两极最终都会加剧腐蚀。

除了上述的面积效应、介质条件和电化学因素外，还有许多因素在电偶腐蚀中起作用。根据不同情况，在图 3-12 中的某些或全部因素都可能会涉及。通常，对于一个指定的偶对，图 3-12 中 a～c 类的因素变化小于 e～g 类的因素，这随情况而异。在许多情况下，几何因素对电偶作用的影响能够从数学上进行分析。在另一方面，电极表面状态（d）对实际情况下反应动力学的影响很难测定。跟正常腐蚀相比较，电偶腐蚀一般要更复杂，因为除了材料和环境因素之外，它还涉及几何因素。

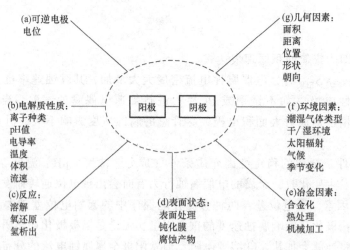

图 3-12　双金属偶对的电偶腐蚀的影响因素

6. 控制电偶腐蚀的对策

（1）设计和组装　实际构件设计中尽可能使相互接触金属件电势差达到最小（电势差小于 50mV 时电偶效应可忽略不计）；减小电极电位较正的金属面积，尽量使电极电位较负的金属面积增大；尽量使相接触的金属绝缘，并使介质电阻增大。

（2）涂层 在金属上使用金属涂层或非金属涂层可以防止或减轻电偶腐蚀。

（3）阴极保护 可以用外加电源对整个设备施行阴极保护，也可以安装一块电位比两种金属电位更负的第三种金属，使它们都变为阴极。

在实际生产中，具体措施有：

1）不要把不同种类的金属零件堆放在一起，在任何情况下有色金属零件都不能和黑色金属零件一起堆放，以免引起锈蚀。

2）为了避免出现大阴极和小阳极的不利面积效应，螺钉、螺帽、焊接点等通常采用比基体稍稳定的材料，以使被固接的基体材料呈阳性，避免强烈的电偶效应。

3）隔绝或消除阴极去极化剂（如溶解 O_2 和 H^+ 离子），也是防止电偶腐蚀的有效方法。

7. 电偶腐蚀的工程应用

利用电偶腐蚀原理的一个非常有意义的工程应用就是利用阴极保护的腐蚀防护技术。

阴极保护是一种用于防止金属在电解质（海水、淡水及土壤等介质）中腐蚀的电化学保护技术，该技术的基本原理是对保护的金属表面施加一定的直流电流，使其产生阴极极化，当金属的电位负于某一电位值时，腐蚀的阳极溶解过程就会得到有效抑制，其原理如图3-13 所示。根据提供阴极电流的方式的不同，阴极保护又分为牺牲阳极法和外加电流法两种。前者是将一种电位更负的金属（如镁、铝、锌等）与被保护的金属结构物通过导电体连接起来，通过电负性金属或合金的不断溶解消耗，向被保护物提供保护电流，使金属结构物获得保护。后者是将外部交流电转变成低压直流电，通过辅助阳极将保护电流传递给被保护的金属结构物，从而使腐蚀得到抑制。

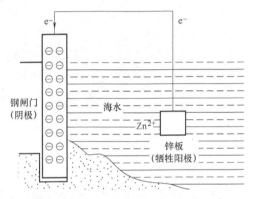

图 3-13 牺牲阳极的阴极保护法示意图

阴极保护技术目前已经发展的比较成熟，而且广泛应用到土壤、海水、淡水、化工介质中的钢质管道、电缆、钢码头、舰船、储罐罐底、冷却器等金属构筑物的腐蚀抑制。专业的阴极保护制品有：镁合金牺牲阳极、铝合金牺牲阳极、锌合金牺牲阳极、镁带、锌带、参比电极、测试桩、镁合金棒、锌接地电池、第二代防雨防盗测试桩、绝缘接头、阴极保护辅助材料、外加电流用的高硅铸铁阳极、恒电位仪等。但是，在进行阴极防护时，不论是采取牺牲阳极法还是外加电流法，有效合理的设计应用都可能获得良好的保护效果。

3.4.2 点腐蚀

1. 点腐蚀的定义

点腐蚀（点蚀）也称孔蚀。常发生在金属表面的局部区域，造成蚀坑后向内部延伸，严重时可造成穿孔，还容易诱发应力腐蚀，具有较大的破坏性和隐患性。金属构件发生点腐蚀损伤与金属构件表面结构的不均匀性，尤其是与金属表面的夹杂物、表面保护膜的不完整性有关。

不锈钢等金属表面由于钝化膜的存在对点腐蚀起到一定的保护作用，但是金属表面常存在一些缺陷，如位错、晶界、第二相沉积或金属夹杂物，这些缺陷在含卤素离子的条件下容易遭受破坏，形成蚀孔；此后，孔内发生金属溶解，并且孔口有腐蚀产物阻塞，孔内形成闭塞阳极，阴极反应移到孔外。随着反应的进行，孔内积累较多金属阳离子，会发生水解作用，使 pH 降低，孔内阳离子吸引孔外的阴离子 Cl^- 进入孔内，使得孔内形成强酸性盐酸，进一步加剧孔内的金属溶解反应，这种孔内作为阳极和孔外大面积阴极构成小阳极／大阴极的电池体系，致使蚀孔加速扩张，该过程有自催化效应。

2. 点腐蚀的形貌

点腐蚀的特征是金属构件表面有肉眼可见的腐蚀麻坑，但因为腐蚀产物的缘故，点蚀坑区域往往只能看到聚集的腐蚀产物，若用机械加工的方法对点蚀区域进行加工，点腐蚀则为点状或聚集状的腐蚀产物，其剖面形貌可见点蚀坑中的腐蚀产物和基体有明显的界线，图 3-14a 为 42CrMo 调质结构钢产品在使用过程中的表面点腐蚀形貌，可见早期的腐蚀产物被点蚀坑内后期的腐蚀产物"拱出"。

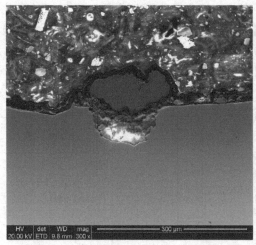

a) 剖面观察   b) 表面观察

图 3-14 点腐蚀坑形貌

研究发现，30℃的 3.5% 和 10%NaCl 溶液中，Z2CND18-12N 奥氏体不锈钢点蚀电位降低较多，发生了典型的点蚀击穿现象，即电位到达某一值时，电流急剧增大，并且在钝化区发生较大的亚稳态波动，10%NaCl 溶液条件下的点蚀击穿电位比 3.5%NaCl 溶液中有所降低。Z2CND18-12N 不锈钢在 30℃试验后，点蚀坑尺寸约为 $40\sim60\mu m$（见图 3-14b），该点蚀坑中肉眼观察则比较洁净，未见腐蚀产物。

用金相法检验观察点腐蚀坑的剖面形貌时，其基本形状有 7 种形态（见图 3-15）。垂直于点蚀坑磨片观察，点蚀坑多呈半圆形或多边形。点蚀并不一定择优沿晶界扩展。菊花形点蚀坑往往外小内大，犹如蚁穴，所以点蚀损伤对金属结构件的危害很大。

3. 点腐蚀的发生条件

点腐蚀的发生要满足材料、介质和电化学三个方面的条件。

1）点蚀多发生在表面容易钝化的金属材料上（如不锈钢、铝及铝合金）或表面有阴极性镀层的金属上（如镀锡、铜或镍的碳钢表面）。当钝化膜或阴极性镀层局部发生破坏时，破坏区的金属和未破坏区形成了大阴极、小阳极的"钝化-活化腐蚀电池"，使腐蚀向基体纵深发展而形成蚀孔。

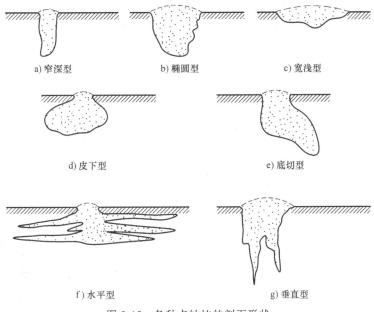

图 3-15　各种点蚀坑的剖面形状

2）点蚀发生于有特殊离子的腐蚀介质中。不锈钢对卤素离子特别敏感，作用的顺序是：$Cl^->Br^->I^-$。这些阴离子在金属表面不均匀吸附易导致钝化膜的不均匀破裂，诱发点蚀。

3）点蚀发生在特定临界电位（点蚀电位或破裂电位 E_b）以上。

图 3-16 是采用稳态慢速电位扫描得到的不锈钢典型的循环阳极极化曲线，箭头表示扫描方向。

评价点蚀敏感性的电位参数有 E_b 和 E_p，E_b 是点蚀电位，E_p 是保护电位。

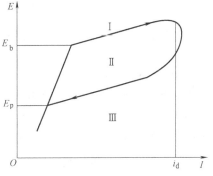

图 3-16　不锈钢在 3.5% NaCl 中的循环极化曲线

① $E>E_b$，一定会产生点蚀，即有新的点蚀，已有点蚀孔也会继续扩展长大。

② $E_b>E>E_p$，有点蚀存在，但不会形成新的点蚀，原有点蚀孔将继续扩展长大。

③ $E<E_p$，没有点蚀，不会形成新的点蚀，原有的点蚀完全再钝化而不发展。

上述两个参数的值与试验方法和试验条件有较大关系，往往随试验条件的变化而变化。在相同的试验条件下，E_b 值越高，说明材料耐点蚀性能越好。另外，在评价材料耐点蚀性能时，要综合考虑这两个参数。此外常常利用极化曲线滞后环的面积大小表示材料的点蚀程度，面积越小，材料耐点蚀性越强。

4. 点腐蚀的形成机理

点蚀坑的形成分为两个阶段：

第一阶段为蚀孔成核（发生）阶段，主要有钝化膜破坏理论、吸附理论和穿透理论。

第二阶段为蚀孔生长（发展）阶段，主要以"闭塞电池"的形成为基础，并进而形成"活化-钝化腐蚀电池"的自催化理论。

（1）点腐蚀的萌生　通常在钝化膜的局部缺陷区域，钝化膜受到侵蚀性离子作用而发生破裂，导致金属基体发生溶解。钝化膜破坏的起始过程的理论模型有三类，其模型如图3-17所示。

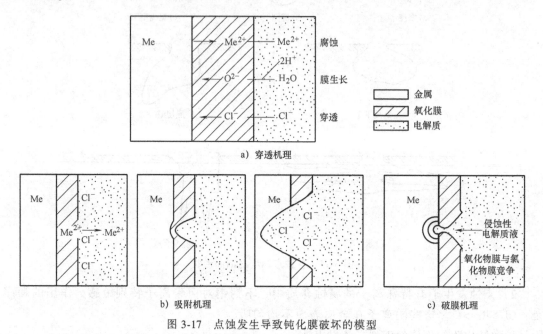

a）穿透机理

b）吸附机理　　　　　　　　　c）破膜机理

图 3-17　点蚀发生导致钝化膜破坏的模型

1）穿透模型，侵蚀性离子通过钝化膜迁移到金属/氧化物界面，进一步促进基体金属的溶解。

2）吸附模型，最早由 Heusler 和 Fischer 提出，该模型认为氯离子的局部吸附增强了该部位氧化物保护膜的溶解，使得钝化膜减薄，直至发生活性溶解。

3）钝化膜破坏模型，在侵蚀性电解质溶液中，氧化物膜和氯化物膜存在竞争，在薄弱处机械应力作用下导致了钝化膜的破坏。

三种模型在一定程度上反映了点蚀萌生的部分本质，但还没有一个普遍适用的模型来解释全部点蚀的萌生过程。

（2）点蚀坑的成核位置　工程上的金属构件表面一般都要进行机械加工，金属表面实际上是凹凸不平的，较粗糙的区域容易萌生点蚀坑。另外，金属材料表面组织和结构的不均匀性使表面钝化膜的某些部位较为薄弱，从而成为点蚀坑容易成核的部位，如晶界、夹杂物、位错和异相组织等。

1）起源于表面较粗糙部位。凹坑区域滞留腐蚀性介质，构成腐蚀性环境。污物沉积的浓差效应和尖端效应造成电极电位差异形成化学原电池，凹槽的最低处为阳极，发生阳极反应，诱发点腐蚀，如图3-18所示。

2）起源于晶界。表面结构不均性，特别是在晶界处有析出相时，如在奥氏体不锈钢晶界析出碳化物相及铁素体或复合不锈钢晶界析出的高铬 σ 相，使不均匀性更为突出。此外，由于晶界结构的不均匀性及吸附导致了晶界处产生化学不均匀性。

3）起源于异相组织。耐蚀合金元素在不同相中的分布不同，使不同的相具有不同的点蚀敏感性，即具有不同的 E_b 值。例如：在铁素体-奥氏体双相不锈钢中，铁素体相中的 Cr、

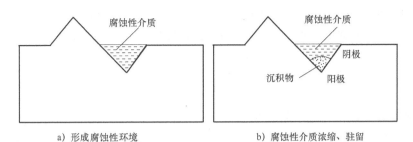

a) 形成腐蚀性环境　　　　　　b) 腐蚀性介质浓缩、驻留

图 3-18　表面粗糙的凹坑区域产生点腐蚀示意图

Mo 元素含量较高，易钝化；而奥氏体相容易破裂。所以，点蚀一般发生在铁素体和奥氏体的相界处奥氏体一侧。

4）起源于位错。金属材料表面露头的位错也是产生点蚀的敏感部位。

5）起源于夹杂物。硫化物夹杂是碳钢、低合金钢、不锈钢以及 Ni 等材料萌生点蚀最敏感的位置。如：常见的 FeS 和 MnS 夹杂物容易在稀的强酸中溶解，成为点蚀起源。同时，产生 H^+ 或 H_2S，起活化作用，妨碍蚀孔再钝化，使之继续溶解。在氧化性介质中，特别是中性溶液中，硫化物不溶解，但其促进局部微电池的形成，作为局部阴极而促进蚀孔的形成。

在夹杂物（或第二相）与基体的交界处首先产生电偶腐蚀→腐蚀产物溢出→底部腐蚀产物因体积膨胀将夹杂物或第二相颗粒拱出，萌生点腐蚀起源，如图 3-19 所示。图 3-19a 为夹杂物露头，发生电偶腐蚀，b 为示意界面区域发生腐蚀，c 为示意腐蚀持续，夹杂物底部的腐蚀产物将夹杂物拱出，形成点蚀坑起源。图 3-20 是实际分析中观察到的现象。

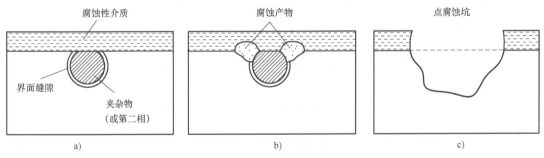

a)　　　　　　　　　　b)　　　　　　　　　　c)

图 3-19　点蚀起源于夹杂物（或第二相）示意图

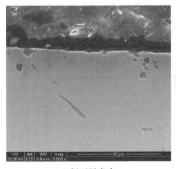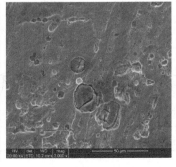

a) 剖面抛光态　　　　　　b) 表面SEM形貌　　　　　　c) 腐蚀产物形貌

图 3-20　点腐蚀与夹杂物

（3）点蚀坑的孕育期　　点蚀坑的孕育期是指金属与溶液接触到点蚀产生的这段时间。孕育期随溶液中 Cl^- 浓度增加和电极电位的升高而缩短。Engell 等发现低碳钢发生点蚀的孕育期 τ 的倒数与 Cl^- 浓度呈线性关系，即

$$\frac{1}{\tau} = k \left[Cl^- \right] \tag{3-30}$$

式中，k 为常数；$\left[Cl^- \right]$ 为在一定临界值以下不发生点蚀。

（4）蚀孔的生长（发展）　　蚀孔内部的电化学条件发生了显著地改变，对蚀孔的生长有很大的影响，因此蚀孔一旦形成，便迅速发展。蚀孔发展的主要理论是以闭塞电池（Occluded Cell）的形成为基础，并进而形成活化-钝化腐蚀电池的自催化理论。

1）闭塞电池的形成条件。

① 在反应体系中具备阻碍液相传质过程的几何条件。如在孔口腐蚀产物的塞积可在局部造成传质困难。缝隙及应力腐蚀的裂纹也都会出现类似的情况。

② 有导致局部不同于整体的环境。

③ 存在导致局部不同于整体的电化学和化学反应。

2）蚀孔的自催化发展过程。

① 点蚀一旦发生，蚀孔内外就会发生一系列变化（见图 3-21a）。

蚀孔外金属处于钝化状态

$$阳极过程：M \rightarrow M^{n+} + ne^- \tag{3-31}$$

$$阴极过程：O_2 + 2H_2O + 4e^- \rightarrow 4OH^- \tag{3-32}$$

该阴极过程中供氧比较充分。

蚀孔内金属发生溶解，和式（3-31）、式（3-32）相同，即

阳极过程：$M \rightarrow M^{n+} + ne^-$

阴极过程：$O_2 + 2H_2O + 4e^- \rightarrow 4OH^-$

该阴极过程中氧扩散困难，导致缺氧，产生吸氧反应。孔内缺氧、孔外富氧，形成供氧差异电池。

② 孔内金属离子浓度增加。蚀孔内 M^+ 浓度的增高，将导致 Cl^- 向蚀孔内迁移，以保持蚀孔内溶液的电中性（见图 3-21b）。所形成的金属氯化物 MCl 和金属离子发生水解

$$MCl + H_2O \rightarrow MOH + HCl \tag{3-33}$$

$$M^{n+} + n(H_2O) \rightarrow nMOH + nH^+ \tag{3-34}$$

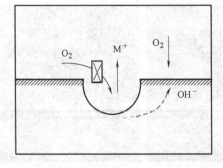
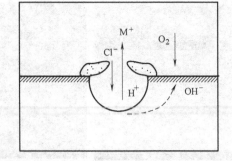

a)　　　　　　　　　　　　　b)

图 3-21　金属在中性充气的氯化物溶液中发生点蚀及其扩展的过程示意图

水解的结果使氢离子浓度升高，pH 值下降 2~3，孔内严重酸化。

③ 孔内介质。随着 Cl⁻ 的进入，蚀孔内形成含 HCl 的介质，金属处于活化溶解态；而孔外富氧，表面维持钝化态。构成活化（孔内）-钝化（孔外）腐蚀电池，形成自催化过程，图 3-22a 为 18-8 不锈钢在充气 NaCl 水溶液中点蚀的闭塞电池示意图，图 3-22b 为实际检测中观察到的点腐蚀形貌。

在该闭塞电池中发生了以下反应：

阳极反应为

$$Fe \rightarrow Fe^{2+} + 2e^- \tag{3-35}$$

$$Cr \rightarrow Cr^{3+} + 3e^- \tag{3-36}$$

$$Ni \rightarrow Ni^{2+} + 2e^- \tag{3-37}$$

阴极反应为

$$O_2 + 2H_2O + 4e^- \rightarrow 4OH^- \tag{3-38}$$

蚀坑内氯化物的水解反应为

$$FeCl_3 + 3H_2O \rightarrow Fe(OH)_3 + 3H^+ + 3Cl^- \tag{3-39}$$

$$FeCl_2 + 2H_2O \rightarrow Fe(OH)_2 + 2HCl^- \tag{3-40}$$

蚀孔开口部位聚集的腐蚀产物主要成分为 $Fe(OH)_3$ 和 $CaCO_3$ 沉积物，在整个反应过程中，Cl⁻ 可以循环起作用，有"搬运工"的功能，所以在点蚀的发生中，较低的 Cl⁻ 浓度就可造成比较严重的腐蚀现象。总体来说，点蚀的萌生和扩展是一个复杂的过程，受多个因素的影响，很多方面还存在争议。

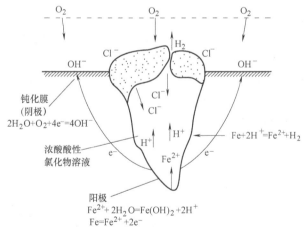

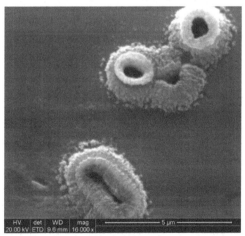

a) 闭塞电池示意图

b) SEM 形貌

图 3-22 蚀孔形貌

5. 点腐蚀的影响因素

电位和温度对材料点蚀行为的影响如图 3-23 所示，当温度在一定范围内，较低电位下并无点蚀发生，在高电位下可能发生过钝化腐蚀；温度超过某一临界值后，有点蚀发生，存在点蚀发生的电位范围，超过该范围会发生点蚀。对于高耐蚀不锈钢材料，发生点蚀的临界温度就是材料的临界点蚀温度（Critical Pitting Temperature，CPT）。

当材料所处的介质低于一定温度时，电位升高也不会发生点蚀。对于某些高耐蚀不锈钢，在较低温度或者室温下并没有点蚀破裂电位，在高电位下会发生过钝化电位下的过钝化腐蚀。而温度较高时，从图3-23中可以发现材料的点蚀电位是一个电位范围，并不是特定的值，点蚀电位存在较大分散性。根据上述特点，对材料做点蚀评价时，通常对耐点蚀性能较差的奥氏体不锈钢采用点蚀电位测量法，而对耐点蚀性能较好的双相不锈钢测量其 CPT 作为参考。

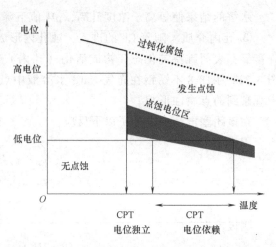

图3-23　电位和温度对不锈钢点蚀行为的影响

6. 点腐蚀的评估方法

（1）孔蚀指数评定法　通常用单位面积上腐蚀坑的数量及最大深度来评定点腐蚀倾向的大小。在氯化物环境中影响不锈钢点蚀的主要因素是基体中的 Cr、Mo、N 合金元素，为描述合金元素数量与腐蚀性能之间的关系，学者们建立了数学关系式，其中应用最普遍的称为点蚀抗力当量值或孔蚀指数（PRE 值），其数学关系式为

$$PRE = w(Cr) + 3.3 \times w(Mo) + kw(N) \tag{3-41}$$

式中 $k = 10 \sim 30$，最常用的系数是16。

此方程仅考虑三个元素的作用，随后又建立了引入其他元素的数学关系式

$$PRE(Mn) = w(Cr) + 3.3w(Mo) + 30w(N) - w(Mn) \tag{3-42}$$

$$PRE(W) = w(Cr) + 3.3w(Mo + 0.5W) + 16w(N) \tag{3-43}$$

$$PRE(S+P) = w(Cr) + 3.3w(Mo) + 30w(N) - 123w(S+P) \tag{3-44}$$

这些关系式给出了一个快捷的评定点蚀抗力的方法，更为有用的是对一些不锈钢做出的 PRE 值与临界点蚀温度（CPT）的关系。几种不锈钢的 PRE 值见表3-2，可见部分双向不锈钢有更优异的抗点蚀性能。需要指出的是，单纯用 PRE 值来评估双向不锈钢的点蚀抗力不是最适合的参数，因为有决定性的 Cr、Mo、N 合金元素在两相间的分配并不平衡，在这些元素的贫化区必然是点蚀抗力的最弱区，易优先遭到侵蚀。

表3-2　几种不锈钢的 PRE 值

牌号	022Cr19Ni10	022Cr17Ni12Mo2	022Cr23Ni4MoCuN	022Cr23Ni5Mo3N	022Cr25Ni7Mo4N
PRE(%)	18.4	24.3	24.6	34.1	43.0

工程上对材料的耐点腐蚀性能进行评价的常规方法有化学浸泡法及电化学测试方法两大类。

（2）化学浸泡法　化学浸泡法是研究点腐蚀的化学方法，一般是将试片全部浸没在作为点蚀促进剂的 $FeCl_3$ 水溶液中进行，评价参数为单位面积的材料失重及蚀孔数目、大小等。这种方法结果粗略，外界干扰较大，比如在浸泡过程中 $FeCl_3$ 水溶液受到腐蚀产物的影响，样品架会影响不锈钢表面溶液的成分。

（3）电化学方法　电化学方法快速准确，能有效进行耐点蚀性能评价，常采用极化曲

线点蚀电位测量方法和 CPT 测试方法得到相关参数，来评价材料在不同条件下的点蚀敏感性。极化曲线动态法是指采用动电位循环扫描，测得环形阳极极化曲线，然后根据点蚀的特征电位来综合评定合金的点蚀敏感性。该方法也称为电化学滞后技术。国际上测试点蚀电位的标准较多，日本、美国和我国都制定了相关标准，方法多采用动电位扫描测试。CPT 测试是在恒定速率升温的条件下测试材料在相关溶液中电流与温度的变化关系，电流达到一定值时的温度即为材料的 CPT。

7. 点腐蚀的诊断依据

点腐蚀的诊断主要是根据点蚀坑的形态、腐蚀区域的大小、结构，以及环境条件等进行综合判定。

点腐蚀在材料表面形成时不是随机的，若材料表面较为粗糙，或者存在某种显微缺陷时，腐蚀性介质容易驻留，满足电化学条件时点蚀坑往往会首先在这些区域形核长大。材料中都或多或少的存在一定级别的非金属夹杂物或强化相，它们的成分、结构往往和基体材料存在差异，其结合面之间的间隙往往会满足缝隙腐蚀的条件，而且夹杂物或第二相也往往具有和基体不同的电极电位，首先会在夹杂物或第二相颗粒的结合处发生电偶腐蚀，其结果会导致夹杂物或第二相脱落，最后形成点蚀坑。

8. 控制点腐蚀的对策

防止机械设备发生点腐蚀失效，主要是从改善设备的环境条件及合理选用材料等方面采取措施。

1）降低介质中的卤素离子的浓度，特别是氯离子的浓度。同时，要特别注意避免卤素离子的局部浓缩。

2）提高介质的流动速度，并经常搅拌介质，使介质中的氧及氧化剂的浓度均匀化。

3）在设备停运期间要进行清洗，避免设备处于静止介质的浸泡状态。

4）采用阴极保护方法，使金属的电位低于临界点蚀电位。

5）选用耐点蚀性能的优良材料，例如采用高铬、含钼、含氮的不锈钢，并尽量减少钢中硫及锰等有害元素的含量。

6）对材料进行合理的热处理，例如，对奥氏体不锈钢或奥氏体铁素体双相不锈钢，采用固溶处理后，可显著提高材料的耐点蚀性能。

7）对机件进行钝化处理，以去除金属表面的夹杂物和污染物。由于硫化锰夹杂物在钝化处理时要形成空洞，为了中和渗入空洞中的残留酸，在钝化处理后，可以用氢氧化钠溶液清洗。

3.4.3　缝隙腐蚀

1. 缝隙腐蚀现象

在环境介质中，不同构件相互接触时会形成特别小的缝隙，如金属与金属，或金属与非金属之间的接触，缝隙内部的介质处于滞留状态，从而造成缝隙内金属加速腐蚀的局部腐蚀形式称为缝隙腐蚀。不仅电位不同的金属相互接触会引起缝隙腐蚀，即便是电位相同的同类金属相互接触且存在缝隙时，也会发生腐蚀。

不同结构件之间的连接，如金属和金属之间的铆接、搭接、螺纹连接，法兰盘之间的衬垫等金属和非金属之间的接触，还有在金属表面的沉积物、附着物、涂膜等，如灰尘、砂粒、沉积的腐蚀产物等均会发生缝隙腐蚀。另外，衬垫腐蚀、沉积物（垢下）腐蚀、丝状腐蚀等，其机理都和缝隙腐蚀相似。

2. 缝隙腐蚀的特征

1）所有的金属和合金，容易在靠钝化耐蚀的金属材料表面形成。

2）任何侵蚀性溶液，而含有 Cl^- 的溶液最易引发缝隙腐蚀。

3）与点蚀相比，同一种材料更容易发生缝隙腐蚀。①当 $E_p < E < E_b$ 时，点蚀才可发生，蚀孔可发展，但不会产生新的蚀孔。②缝隙腐蚀既能发生，又能发展，其临界电位比点蚀电位低。③同种材料的临界缝隙腐蚀温度要比临界点蚀温度低 20℃ 左右。

4）存在孕育期，且缝口常常被腐蚀产物覆盖。

3. 缝隙腐蚀机理

金属零件缝隙腐蚀损伤指零件材料由于腐蚀介质进入缝隙并驻留，产生电化学腐蚀作用而导致零件的损伤。因此，作为一条能成为腐蚀电池的缝隙，其宽窄程度必须足以使腐蚀介质进入并驻留其中。所以，缝隙腐蚀通常发生在几微米至几百微米宽的缝隙中（也有资料介绍为 $25 \sim 100 \mu m$），而那些宽的沟槽或宽的缝隙，因腐蚀介质可以畅流，一般不发生缝隙腐蚀损伤。

图 3-24 为 Fontana 和 Creene 所提出的不锈钢在充气的氯化钠溶液中发生缝隙腐蚀的机理示意图。它假定起初不锈钢是处在钝化状态，整个表面（包括缝隙内的表面）均匀的发生一定的腐蚀。

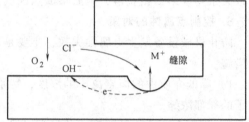

图 3-24　不锈钢在氯化钠溶液中发生缝隙腐蚀的机理示意图

按照混合电位理论，阳极反应（即 $M \rightarrow M^+ + e^-$）由阴极反应（即 $O_2 + 2H_2O + 4e^- \rightarrow 4OH^-$）来平衡。但是，由于缝隙内的溶液是停滞的，阴极反应耗尽的氧来不及补充，形成氧的浓度电池（充气不均匀电池），从而使缝隙内的阴极反应终止。然而，缝隙内的阳极反应（即 $M \rightarrow M^+ + e^-$）却仍然继续进行，以至于形成一个充有高浓度的带正电荷金属离子溶液的缝隙。为了平衡这种电荷，带负电荷的阴离子，特别是 Cl^-，移入缝隙之内，而形成的金属氯化物（即 M^+Cl^-）又被水解成氢氧化物和游离酸

$$M^+Cl^- + H_2O \rightarrow MOH + H^+Cl^- \tag{3-45}$$

这种酸度增大的结果导致钝化膜的破裂，因而形成与自催化点腐蚀相类似的腐蚀机理，如同点腐蚀一样，水解反应所产生的酸，使溶液内的 pH 值降低到 2 以下，而缝隙外部溶液的 pH 值仍然保持中性。对 304 不锈钢自然缝隙中离子种类分析发现，缝隙内部溶液的酸化主要是由铬离子的水解控制，即

$$Cr^{3+} + 3H_2O \rightarrow Cr(OH)_3 + 3H^+ \tag{3-46}$$

而 Ni^{2+} 的水解作用主要是导致 pH 值为中性，有利于抗缝隙腐蚀能力的提高。

缝隙的存在隔离了一部分金属，使得缝隙内外形成氧浓差电池，缝隙内钝化膜的修复与维持消耗溶解氧，由于缝隙的存在，氧得不到及时补充，造成氧浓度小于缝隙外侧，缝隙内部的小区域起阳极作用，局部腐蚀电流密度迅速增大，造成缝隙内部快速溶解，而且这种腐蚀一旦发生，很难得到控制。

4. 缝隙腐蚀的影响因素

（1）几何因素 缝隙腐蚀的深度和速度与缝隙的宽度有关。另外，缝隙腐蚀还与缝外面积大小有关，外部面积增大，缝内腐蚀加重。

（2）环境因素

1）溶液中溶解的氧浓度：氧浓度增加，缝外阴极还原反应更容易进行，缝隙腐蚀程度加剧。

2）溶液中 Cl^- 浓度：浓度增加，电位负移，缝隙腐蚀加速。

3）温度：温度升高时阳极反应速度加快，腐蚀速度加快。在敞开系统的海水中，80℃达到最大腐蚀速度，高于 80℃时，由于溶液的溶解氧下降，缝隙腐蚀速度下降。

4）pH 值：缝外金属能够保持钝态时 pH 值降低，缝隙腐蚀量增加。

5）腐蚀介质的流速：流速适当增加时，缝外溶液中氧含量增加，缝隙腐蚀程度加重；但对于由沉积物引起的缝隙腐蚀，流速加大，有可能将沉积物冲掉，因而缝隙腐蚀减轻。

（3）材料因素

1）Cr、Ni、Mo、N、Cu、Si 等能有效提高不锈钢的耐缝隙腐蚀性能。

2）均涉及钝化膜的稳定性和再钝化的能力。

5. 缝隙腐蚀与点蚀的异同点

缝隙腐蚀与点蚀存在机理上的相似之处，均存在自催化效应和酸化效应，均以闭塞电池的机制成长，发生后难以控制。由于特殊的几何形状或腐蚀产物在缝隙、蚀坑或裂纹出口处的堆积，使通道闭塞，限制了闭塞区内外介质的交换，使闭塞区内的介质组分、浓度（主要是 Cl^- 浓度和 pH 值）与本体介质有很大差异，从而形成了闭塞腐蚀电池。但是它们的形成过程有所不同。

缝隙腐蚀与点蚀的区别是点蚀是在金属表面的局部区域，而缝隙腐蚀是发生在缝隙处，与缝隙的结构和尺寸有关。缝隙腐蚀在腐蚀前缝隙已经存在，腐蚀一开始就是闭塞电池作用，闭塞程度大；由于介质的浓差引起，形态广而浅，更容易发生。点蚀腐蚀过程是逐渐形成蚀坑（闭塞电池）的，然后才加速腐蚀；它是由钝化膜的破裂引起，存在一个蚀坑萌生的过程，其形态窄而浅。

6. 缝隙腐蚀的诊断依据

1）有适合的缝隙存在。

2）存在电解质水环境。

3）腐蚀斑具有区域性，严重时连成一体，形成较大的腐蚀坑。

4）存在腐蚀产物。

7. 防止缝隙腐蚀的对策

防止机械设备发生缝隙腐蚀失效的措施通常有以下几点：

1）合理的结构设计。避免形成缝隙或使缝隙尽可能地保持敞开，尽量采用焊接代替铆接和螺栓连接。

2）尽可能不用金属和非金属材料的连接件，因为这种连接往往比金属连接件更易形成发生缝隙腐蚀的条件。

3）在阴极表面涂以保护层，如涂防腐蚀漆等。

4）在介质中加入缓蚀剂。

5）选用耐缝隙腐蚀性能高的金属材料，如选用钼含量高的不锈钢或合金。减少钢中的夹杂物（特别是硫化物）及第二相质点，如δ-铁素体、α′相、σ相和时效析出物等。

8. 缝隙腐蚀诊断举例

宏观观察时，缝隙腐蚀往往表现为区域性，存在较为明显的和接触体一致的边缘轮廓线。缝隙腐蚀程度较轻时，肉眼只能观察颜色上的差异，但在较高倍数的显微镜下观察，则可见大量几乎呈均匀分布的小的点蚀坑；如果缝隙腐蚀程度较重，肉眼观察则可见明显的点蚀坑，个别区域点蚀坑可能会连在一起呈溃烂状。缝隙腐蚀起先也是以点蚀的形式出现。钝性金属在含氯离子的介质中尤其容易发生缝隙腐蚀。可以造成缝隙腐蚀的沉积物有污垢、腐蚀产物、海生物纤维质以及其他固体物质。缝隙内部一般出现加速腐蚀，而缝隙外部则腐蚀较轻。缝隙内阴离子浓度和酸度均会增大，随着缝隙腐蚀的扩展，点腐蚀坑会彼此连通。垫圈接触的法兰面、搭接接头、表面沉积物底部等部位常会发生缝隙腐蚀。

例如，某304不锈钢拉拔钢管内表面因生产加工时存在局部凸起，拉拔后表面形成翘皮，和钢管基体之前形成间隙。钢管在水介质中服役时产生了缝隙腐蚀（见图3-25）。

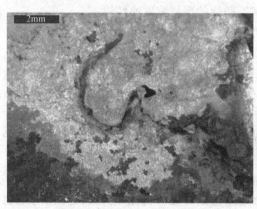 

a) 翘皮形貌   b) 翘皮下面的缝隙腐蚀

图 3-25　不锈钢拉拔钢管内表面的翘皮与缝隙腐蚀

某发电厂自封闭式平行双闸板给水泵阀门在使用过程中发生了泄漏。该阀门于2006年下半年开始使用，2007年1~2月进行的机组大修中曾解体检修，未出现异常，检修后于2007年2月9日投入运行，运行至4月11日因闸阀门杆部位发生泄漏而停机进行检修。

该阀门设计压力为$2.5×10^8$Pa，温度为193℃，连接方式为焊接式。发电厂维护记录显示，2007年3月中旬整个锅炉系统曾进行过除水垢清洗，清洗所用溶液为纯度99%的ED-TA，pH值为9.1~9.2，循环清洗时溶液温度为105~125℃，清洗液排放温度为100℃，系统清洗后于85℃左右进行8h的钝化处理。正常情况下，阀门内通凝结水，使用过程中水质化验结果一直控制在标准要求范围内。对给水泵出水口电动阀门进行解体检查，发现闸阀门杆在阀门全开位置盘根处有严重的腐蚀凹坑，腐蚀部位长约80mm，与阀杆密封用的填料函深度相吻合，腐蚀区域和未腐蚀区域界限较为清晰，特征为不同大小的腐蚀坑（见图3-26），同时发现密封使用的碳纤维垫片内孔表面凹凸不平，损伤较为严重。

失效分析结论表明，该给水泵阀门由于在锅炉系统除垢清洗过程中，密封碳纤维垫片吸附了较多的腐蚀性元素和水分，造成闸阀门杆表面产生了缝隙腐蚀，表面粗糙度变差。在阀门开启和闭合过程中，阀杆对碳纤维垫片的损害程度加重，反复动作后它们之间的间隙变大，填料丧失了密封性，造成给水泵阀门泄漏。

图 3-26　闸阀门阀杆缝隙腐蚀形貌

3.4.4　晶间腐蚀

1. 晶间腐蚀的定义

晶间腐蚀是指金属材料或构件在特定的腐蚀介质中，沿着材料的晶粒边界或晶界附近发生腐蚀，使晶粒之间丧失结合力的一种局部破坏的腐蚀现象。晶间腐蚀包括刀状腐蚀，也称晶界腐蚀。

2. 晶间腐蚀的机理

晶间腐蚀是腐蚀局限在晶界附近而晶粒本身腐蚀比较小的一种腐蚀形式，其结果将造成晶粒脱落或使材料的机械强度降低。晶间腐蚀的机理是贫 Cr 理论，如果 Cr 的质量分数降到 12% 以下，则贫 Cr 区处于活化状态，作为阳极，它和晶粒之间构成腐蚀原电池，贫 Cr 区是阳极面积小，晶粒是阴极面积大，从而造成晶界附近贫 Cr 区的严重腐蚀（见图 3-27）。

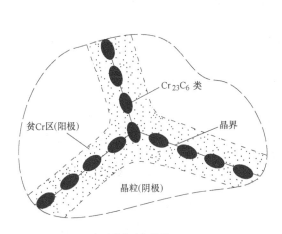

a) 碳化物分布模型

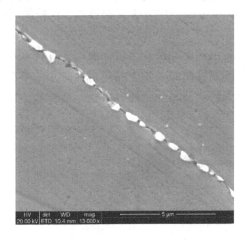

b) 晶界上的碳化物

图 3-27　晶界碳化物形貌

（1）贫 Cr 理论（晶界碳化物析出）　Ni-Cr 不锈钢敏化处理后出现严重晶间腐蚀。敏化处理（GB/T 4334 中规定温度为 650℃，保温后空冷）后，晶界析出连续的 $M_{23}C_6$ 型 Cr 的碳化物，使晶界产生严重的贫 Cr 区（见图 3-27a）。当碳化物沿晶界析出并进一步生长时，所需的 C 和 Cr 依次依靠晶内向晶界扩散。由于 C 的扩散速度比 Cr 高，于是固溶体内几乎所有的 C 都用于生成碳化物。而只有晶界附近的 Cr 能参与碳化物的生成反应，结果在晶界附近形成一条贫 Cr 带，Cr 的质量分数低于发生钝化所需值的 12%，如图 3-28 所示，从而在弱氧化性介质中，晶界贫 Cr 区快速溶解。

（2）阳极理论（晶界 σ 相析出并溶解）　当超低碳不锈钢（由于碳化物析出引起的晶

间腐蚀减少），特别是高 Cr、Mo 钢在 650~850℃受热后，在强氧化性介质中仍会产生晶间腐蚀。其原因是在晶界形成了由 Fe-Cr 或 Mo-Fe 金属间化合物组成的 σ 相，在过钝化（即强氧化）的条件下，σ 相发生严重的选择性溶解。

（3）吸附理论（杂质元素在晶界吸附）有时超低碳 304 不锈钢（18Cr-9Ni）在 1050℃固溶处理后，在强氧化性介质中（如硝酸加重铬酸盐）也会出现晶间腐蚀，无法用前两

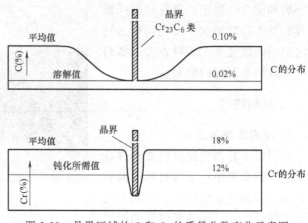

图 3-28　晶界区域的 C 和 Cr 的质量分数变化示意图

种理论解释。这是由于 P、Si 等杂质元素在晶界发生了吸附，使得晶界的化学特性发生了改变所致。

3. 晶间腐蚀试验

在失效分析中发现，某不锈钢侵蚀后的金相试样在扫描电镜下观察时可见晶界上存在断续分布的碳化物（见图 3-29a）。按照标准 GB/T 4334—2008《金属和合金的腐蚀　不锈钢晶间腐蚀试验方法》中方法 A 对该不锈钢做晶间腐蚀试验，采用 10% 草酸溶液电解腐蚀后观察（见图 3-29b），晶界具有明显的腐蚀特征，呈沟壑状，这是晶界附近存在贫 Cr 现象所造成的。

晶间腐蚀试验之前一般都要进行 650℃（450~850℃）的敏化处理，目的是检测材料的晶间腐蚀倾向。发生晶间腐蚀时，一般都会有沿晶界分布的碳化物。晶间上析出的碳化物除呈颗粒状分布外，还有条状、短杆状，以及连续分布于晶界的薄片状。

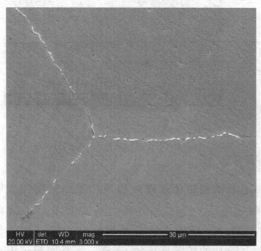

a) 晶界上的碳化物

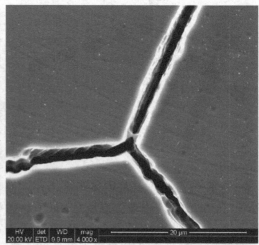

b) 晶间腐蚀

图 3-29　不锈钢晶界形貌

4. 晶间腐蚀产生的原因

金属晶界是结晶学取向不同的晶粒间微乱错合的区域，缺陷和应力集中、位错和空位等

在晶界处积累，导致合金元素、各类杂质元素（如 S、P、B、Si 和 C 等）偏析或金属化合物（如碳化物、σ 相和 δ 相等）沉淀析出的有利区域。因此，大多数金属和合金（如不锈钢、铝合金），由于碳化物分布不均匀或过饱和固溶体分解不均匀，引起电化学不均匀，从而促使晶界成为阳极区，在一定的腐蚀性介质中发生晶间腐蚀。金属构件的晶间腐蚀损伤起源于表面，裂纹沿晶扩展。

图 3-30 是某 304 不锈钢螺栓发生晶间腐蚀的剖面金相形貌和断口 SEM 形貌。

 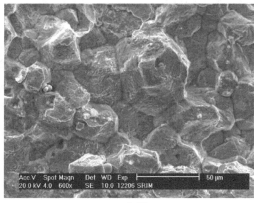

a) 剖面　　　　　　　　　　　　　　　　　　　　b) 断口

图 3-30　304 不锈钢晶间腐蚀形貌

晶间腐蚀的一种特殊但却较为常见的形式是剥落腐蚀，简称剥蚀，有时也称层状腐蚀。形成这类腐蚀时应满足下列条件：

1）适当的腐蚀介质。

2）合金具有晶间腐蚀倾向。

3）合金具有层状晶粒结构。

4）晶界取向与表面趋于平行。

铝合金中的 Al-Cu-Mg 系、Al-Zn-Mg-Cu 和 Al-Mg 系合金具有比较明显的剥蚀倾向。这类合金的板材及模锻件制品，因其加工变形的特点，使晶粒沿变形方向展平，即晶粒的长度尺寸远远大于厚度方向的尺寸，并且与制品表面接近平行。在适当的介质中产生晶间腐蚀时，因腐蚀产物 [$AlCl_3$ 或 $Al(OH)_3$] 的比容大于基体金属，发生膨胀。随着腐蚀过程的进行和腐蚀产物的积累使晶界受到张应力，这种楔入作用会使金属成片的沿晶界剥离。

5. 晶间腐蚀的判断依据

1）晶间腐蚀是一种危害性极大的局部腐蚀，宏观上可能没有任何明显的变化，但材料的强度几乎完全丧失，经常导致设备的突然破坏。

2）晶间腐蚀常常会转变为沿晶应力腐蚀破裂，成为应力腐蚀破裂的起源。

3）裂纹附近或裂纹面上存在腐蚀产物。

4）在极端情况下，可以利用材料的晶间腐蚀过程制造合金粉末。

6. 防止晶间腐蚀的对策

导致金属材料（主要指不锈钢）发生晶间腐蚀的原因是，碳化物和氮化物沿晶界析出而引起邻近基体的贫 Cr。因此，防止晶间腐蚀失效的主要措施基本上与贫 Cr 理论相一致。其具体措施有：

1）尽可能降低钢中的碳含量，以减少或避免晶界上析出碳化物。钢中的 $\omega(C)$ 降至 0.02% 以下时，不易产生晶间腐蚀。为此，对于易发生晶间腐蚀的机件，可选用超低碳不锈钢。

2）采用适当的热处理工艺，以避免晶界沉淀相的析出或改变晶界沉淀相的类型。如采用固溶处理，并在冷却时快速通过敏化温度范围，可避免敏感材料在晶界上形成连续的网状碳化物，这是防止奥氏体不锈钢发生晶间腐蚀的有效措施。

3）加入强碳化物形成元素 Cr 和 Mo，或加入微量的晶界吸附元素 B，并采用稳定化处理（840~880℃）使奥氏体不锈钢中的 $Cr_{23}C_6$ 分解，而使 C 和 Ti 及 Nb 化合，以 TiC 和 NbC 形式析出，可有效地防止 $Cr_{23}C_6$ 化合物的析出引起的贫 Cr 现象。

4）在敏化处理前，进行 30%~50% 的冷变形，可以改变碳化物的形核位置，促使沉淀相在晶内滑移带上析出，减少在晶界的析出。

5）选用奥氏体-铁素体双相不锈钢，这类钢因 Cr 含量高的铁素体分布在晶界上及晶粒较细等有利因素，而具有良好的抗晶界腐蚀性能。

3.4.5　选择性腐蚀

1. 选择性腐蚀的定义与特点

选择性腐蚀指多元合金中某种比较活泼的组分在溶液中优先溶解，导致材料强度下降而遭到破坏的腐蚀现象。

2. 选择性腐蚀的特点

二元或者多元合金在电解质溶液中，电位较正、较贵的金属组分为阴极；电位较负、较便宜的金属组分为阳极，二者构成腐蚀原电池。此时，作为阴极相的较贵金属组分保持稳定或者溶解后重新沉淀，作为阳极相的较便宜金属组分则发生阳极性溶解，遭受腐蚀。发生选择性腐蚀后，合金的强度下降，但构件尺寸无明显变化。在多相合金中任何一相发生优先溶解，则称之为组织的选择性腐蚀。铸铁因腐蚀而发生铁素体的溶解以及碳化物和石墨在表面上富集就是这类腐蚀的实例。由于腐蚀后剩下一个已优先除去某种合金组分的组织结构，所以也常称其为去合金化。去合金化后材料总的尺寸变化不大，但金属已失去了强度，因而易于发生危险事故。

除水溶液腐蚀介质外，在其他介质中以及高温腐蚀的条件下，也会发生选择性腐蚀。原子能反应堆中常用的液态金属介质，会对合金中某些组分有选择性地溶解，造成金属材料表面层内这些成分贫化，也属于选择性腐蚀。

熔盐体系是引起选择性腐蚀的危险介质，合金中比较活泼的组分在熔盐介质中的选择性溶解，常与高温氧化同时发生。在较高温度的熔盐体系内，合金中较活泼的元素和空位形成双向扩散，空位向内运动时聚集形成空腔，出现了柯肯达耳效应（合金因某组分向外扩散，空位向内扩散偏聚的一种扩散效应）。虽然腐蚀的溶解量不大，但对材料的高温力学性能影响很大。燃气轮机的转子叶片受热应力较大，容易因此造成破坏事故。晶界（或界面）上的选择性腐蚀，其危险性更大。

3. 选择性腐蚀的机理

选择性腐蚀源起于金属表面上组分的差异，而在腐蚀介质的作用下行为各异。与介质反应时，活性较大的组分将被优先氧化或溶解，而较稳定的组分则残留下来。在不同情况下腐蚀的历程可能不同。例如，水溶液中黄铜脱锌时黄铜先溶解，然后铜回镀到基体上，形成腐蚀微电池；而在高温氧化条件下，生成氧化物时自由能下降，较多的元素将优先夺走氧，因而氧化程度较大。液态金属中的腐蚀主要是一种物理作用，而不是化学作用；熔盐中的腐蚀则介于液态金属和水溶液之间，可能是物理溶解，也可以进行电化学反应。

4. 选择性腐蚀的类型

（1）焊缝的选择性腐蚀　机械结构中的某些构件（或材料），或者构件中的某些区域在电解质中会优先发生腐蚀，如埋地管线附近的保护阳极，或者附着在舰船上的保护阳极（一般为锌块），它们均会发生优先腐蚀，但管线或船舱得到了保护而免遭腐蚀。这是事先设计好的，是选择性腐蚀有益的一面。但大多数情况下，自发的选择性腐蚀会造成较大的危害和经济损失。

某星级酒店装修时的热水管道选用了 20 钢有缝钢管，内、外表面均有镀锌层。但在使用一段时间后因管内结垢，酒店采用了稀盐酸除垢，但除垢后管线内存在残留的稀盐酸破坏了管内壁的镀锌层，裸露出了基体金属。焊缝区域表面粗糙度较差，缝隙和死角的存在为有害物质（如 OH^-，Cl^- 等）的浓缩提供了条件，从而在电化学方面满足了发生腐蚀的条件。多数情况下，焊缝区域的电位最低，焊缝金属因选择性溶解而被迅速地腐蚀。就焊接接头而言，由于焊缝组织粗大，焊接缺陷较多，而且存在焊接残余应力，因而即使焊缝和母材化学成分相同，焊缝的电位也往往低于母材的电位，在管内存在稀盐酸的电解质环境中，镀锌层被破坏的焊缝区域优先发生了选择性腐蚀（见图 3-31）。

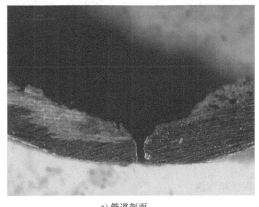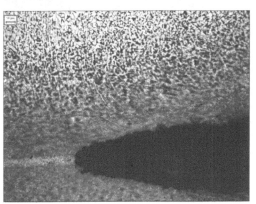

a) 管道剖面　　　　　　　　　　　　　　　　　b) 焊缝处的腐蚀

图 3-31　钢管焊缝区域的局部腐蚀形貌

选择性腐蚀的另一种形式是将某种元素从固态金属中脱溶出来，比较典型的例如黄铜脱锌、白铜脱镍、灰铸铁的石墨化、铝青铜合金的脱铝腐蚀、硅青铜合金的脱硅腐蚀、钴-钨合金的脱钴腐蚀等。

（2）黄铜脱锌腐蚀　普通黄铜大致由 30% 的锌和 70% 铜所组成，锌的质量分数大于15%。加锌可提高铜的强度和耐冲蚀性能，但随着锌的质量分数的增加，脱锌腐蚀和应力腐蚀的倾向也会增加。此外，当介质处于静止状态或流速很慢时，介质含硫化物（例如水质污染，海生物腐烂体等）、合金表面有渗透性沉积物或局部过热等因素也会促进脱锌腐蚀。黄铜脱锌有两种表现形式，其一为均匀或层状腐蚀，其二为局部或栓状腐蚀，不论层状腐蚀或栓状腐蚀，发生脱锌腐蚀的表面均由原来的黄色变为紫色或红色，因此可以从紫、红色的分布来判断脱锌腐蚀的类型。金相检查断面时，与基体部分不仅色泽截然不同，而且组织较为疏松。

黄铜脱锌即是锌被选择性溶解，留下了多孔的富铜组织，从而导致合金强度大大下降。

黄铜溶解过程包含了以下化学反应过程

$$阳极反应：Zn \rightarrow Zn^{2+}+2e^-，Cu \rightarrow Cu^++e^- \tag{3-47}$$

$$阴极反应：O_2+2H_2O+4e^- \rightarrow 4OH^- \tag{3-48}$$

阳极反应产生的 Zn^{2+} 留在溶液中，而 Cu^+ 与溶液中的氯化物作用形成 Cu_2Cl_2，并分解

$$Cu_2Cl_2 \rightarrow Cu+CuCl_2 \tag{3-49}$$

$$Cu^{2+}+2e^- \rightarrow Cu \tag{3-50}$$

反应产生的铜又沉积到基体上，总的效果是锌被溶解而留下多孔的铜。

白铜脱镍腐蚀机理和黄铜脱锌相似，如某海域潜艇上的换热管在使用后发生了腐蚀失效。腐蚀区域颜色呈紫色，而大部分基体的颜色为银白色。腐蚀区域表面 SEM 形貌可见沿晶特征，晶面比较洁净；剖面观察，可见组织疏松、不紧密，表层存在腐蚀特征（见图 3-32）。

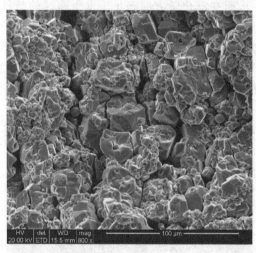 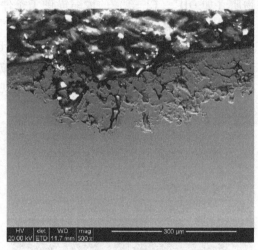

a) 表面　　　　　　　　　　　　　　　　b) 剖面

图 3-32　白铜表面脱镍形貌

经事故调查，该换热器铜管的服役情况和技术条件如下：

1）换热管材质为铜-镍合金（BFe30-1-1 白铜），服役大约 13 年。

2）换热管内部通海水，外部为 63℃ 的汽轮机水蒸气（真空状态），为了降低汽轮机水蒸气中的氧含量，加入了少量亚硫酸钠和磷酸盐水溶液。

3）换热器的使用具有间断性，基本上用半个月，停半个月，有时停用时间可达到 1~2 个月。停用期间，外部空气可进入换热器内部。

4）铜管原始设计规格为 $\varphi16mm \times 1.25mm$。

5）设备做好后铜管未做特别的钝化处理（如果要做，也是对内壁做钝化处理），外壁不做钝化处理。设备运行后，铜管内直接通江水或海水。

失效分析时采用了 EDS 能谱仪对铜管腐蚀区域从表面到基体的镍的质量分数做了测试（见图 3-33），靠近基体的晶界上镍的质量分数分析结果最低为 1.58%，远低于基体镍的质

量分数 30.12%。说明靠近腐蚀产物的铜管基体存在脱镍现象，晶界上的镍转移到了腐蚀产物中，然后被流动的水带走。

白铜脱镍后成为紫色，脱镍后腐蚀区域呈沿晶形态。

（3）石墨化腐蚀　灰铸铁是石墨呈片状并以网络的形式分布于铁基体中（见图 3-34）。石墨化腐蚀是灰铸铁在腐蚀性较轻微的介质中发生基体铁的选择性腐蚀，其介质通常为盐水、土壤（尤其是含硫酸盐的土壤）或极稀的酸溶液。球墨铸铁、可锻铸铁因石墨不呈网络状分布，白口铸铁因基本上没有游离碳析出，故均不会发生石墨化腐蚀。石墨化腐蚀是一个缓慢过程。灰铸铁表面层逐渐转化为石墨，组织疏松、比重减小，可轻易地用刀切开，铸铁的强度和金属性逐渐丧失，但是外形尺寸并无明显变化。埋在土壤中的灰铸铁管道长时间使用后会出现石墨化腐蚀。

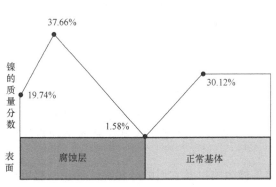

图 3-33　铜管表面到基体的镍的质量分数变化

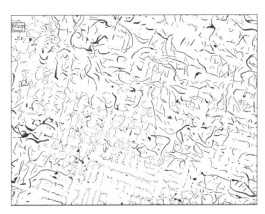

图 3-34　灰铸铁中的石墨形貌

在灰铸铁的石墨化腐蚀中，石墨对铁为阴极，形成了高效的原电池，铁被溶解后，成为石墨、空隙和铁锈构成的多孔体，使铸铁失去了强度和金属性。

（4）高温氧化及熔融盐中的选择性腐蚀　高温气氛中含氧量较低时，因合金中各种元素与氧的亲和力不同，与氧亲和力较强的元素发生选择性氧化。与氧化膜交界的金属层中出现某合金元素的贫乏，如不锈钢在高温氧化中出现铬的选择性氧化。10Cr17 不锈钢零件经退火处理后，钢表面的铬的质量分数降低到 11% 以下。合金的各组分与融熔盐的亲和力不同，通过高温扩散，使亲和力较大的组分被选择性脱除。合金因某组分向外扩散，空位向内扩散偏聚而出现空洞（柯肯达尔效应），一般因晶界上的扩散速度较晶内快，故空洞多半位于晶界，使合金显示出与晶间腐蚀相似的形貌。但是也有例外，如高镍金属中的空洞多半位于晶内，18-8 不锈钢在 800℃ 的 （50-50） $NaCl/KNO_3$ 熔融盐中的腐蚀也是这样。

5. 选择性腐蚀的防护对策

使材料表面均匀化和调整介质的腐蚀活性是防止选择性腐蚀的基本方法。黄铜脱锌可以通过降低介质污性（例如除氧）或阴极保护来减小腐蚀，也可以采用敏感性不强的合金替代，如纯铜、海军黄铜，加砷的海军黄铜、铝青铜或铜镍合金等。向合金或介质内加入某些组分作为缓蚀剂，例如向黄铜中加入少量砷，也能防止选择性腐蚀。此外，防护层和阴极保护等也是常用的防护方法。

选择性腐蚀有时也具有独特的用途，例如用碱选择性去掉铝镍合金中的铝，可制备镍催化剂。还可利用高温氧化过程中的选择性腐蚀达到防护效果。由于添加的合金元素与基体材料的高温氧化行为不同，可因添加组分的氧化而出现致密的氧化膜保护基体材料。当添加元素超过一定临界浓度时，这种防护作用将会十分明显。掺杂效应常常是构成高温耐蚀材料的基础。

3.4.6 垢下腐蚀

实际工程中，不论是水的输配系统、热交换系统还是油气的生产集输加工系统，在金属设备的表面，特别是在管线的内表面往往存在严重的腐蚀与结垢现象。腐蚀与结垢密切相关，二者相互影响，互相促进。腐蚀产物会形成锈垢，腐蚀锈垢层在金属表面的堆积和不均匀分布，会引起垢层下的严重腐蚀。这种腐蚀可能是点蚀、缝隙腐蚀，也可能是不同覆盖度的沉积物表面之间或者与裸露的金属基体之间形成的电偶腐蚀。

1. 垢下腐蚀及锈垢类型

由于金属表面腐蚀产物或其他固态沉积物的不均匀分布形成锈垢层，从而引起垢层下严重腐蚀的现象称为垢下腐蚀。通常产生垢下腐蚀的地方表面看起来呈锈瘤状，剥离垢层后会发现，金属基体已经严重腐蚀，形成蚀坑，随着腐蚀的发展，蚀坑不断深入，直至穿孔。

形成锈垢层的沉积物主要有三大类。

第一类为腐蚀产物，如 Fe_2O_3、Fe_3O_4、$FeOOH$、$FeCO_3$、FeS 等。

第二类为无机盐垢，如 $CaCO_3$、$CaSO_4$、$BaSO_4$ 等，尤其是在含有 CO_2 的油气井中，会形成大量的 $CaCO_3$ 并沉积于钢管的内壁，一些泥沙、黏土、腐殖质等悬浮杂质沉积也属于此类。

第三类为微生物的黏液，主要由细菌、藻类等微生物以及它们的分泌黏液混在一起组成的凝胶状团块沉积物。

根据腐蚀环境的不同，这三类沉积物可能单独出现，也可能共存。垢下腐蚀与垢层组成和分布形态有关，金属表面上形成不连续的垢层将产生垢下腐蚀，即使形成连续的垢层，也有可能产生严重的垢下腐蚀。如果金属表面垢层是连续致密的，可能抑制金属的腐蚀。但是许多垢层是多孔的、不均匀的，具有 n 型半导体性质，因而具有电子导电性（如一些金属氧化物和大多数金属硫化物），垢层自身也可能成为阴极，从而促进腐蚀反应的进行，因此，垢下腐蚀可以是全面腐蚀也可以是局部腐蚀。

金属表面覆盖腐蚀锈垢后，锈垢下形成相对闭塞微环境，垢下蚀坑空间处于闭塞状态，蚀坑内溶液同外界的物质交换受到很大阻碍，产生内外介质的电化学不均匀性。闭塞区内外物质的迁移通道是垢层中的微孔，迁移的难易和离子种类取决于垢层的结构、密实程度和离子选择性等。图3-35是符合真实垢下腐蚀特点

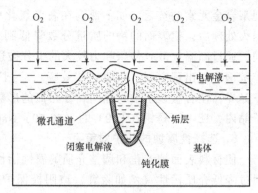

图 3-35 垢下闭塞孔洞示意图

的闭塞腐蚀孔洞示意图，可见垢下腐蚀与点蚀、缝隙腐蚀的特点是相似的。

2. 垢下腐蚀机理

垢下腐蚀机理主要可分为以下两种：

（1）闭塞电池自催化机理　如图 3-35 所示，金属表面产生垢层后，垢层和金属之间形成的缝隙或垢层自身的微孔均将成为腐蚀反应的物质通道，形成垢下腐蚀。当金属表面局部有垢层覆盖时，垢下形成相对闭塞的微环境，由于垢层的阻塞作用，氧通过缝隙或垢层微孔扩散进入垢层下的金属界面十分困难。因此，随着腐蚀反应的进行，垢层下成为贫氧区，将与垢层外部的本体部分形成宏观的氧浓差电池。通常腐蚀垢层具有阴离子选择性，垢层下金属阳离子难以扩散到外部，随着 Fe^{2+} 的积累，造成正电荷过剩，促使外部的 Cl^- 迁入以保持电荷平衡，金属氯化物的水解使垢层下环境酸化，进一步加速垢下的腐蚀。因此，这种闭塞电池自催化机理与缝隙腐蚀的发展机理相同。

（2）电偶腐蚀机理　许多金属的腐蚀产物垢层具有 n 型半导体性质，有电子导电性，在腐蚀介质中的稳定电位可能较金属自身高（如土壤环境中软钢的锈层，在一定条件下的 CO_2 和 H_2S 环境中碳钢表面生成的腐蚀产物沉积层等），因此，不管垢层是部分覆盖或是完全覆盖，垢层可作为阴极与垢层下的基体金属组成电偶对，加速垢层下的腐蚀，虽然金属表面全部被腐蚀产物垢层覆盖，但垢层下的金属腐蚀仍以较高的速度进行着。

垢下腐蚀与缝隙腐蚀有许多相似之处，两者在发展阶段的机理也很一致，都是以形成闭塞电池为前提。垢下腐蚀是由于垢的生成，在垢下形成闭塞区。垢下腐蚀的发展既可能是闭塞电池自催化机理，也可能是垢层-基体金属电偶腐蚀机理，反应也不一定需要活性阴离子存在。由于垢层与金属界面往往会形成缝隙而产生缝隙腐蚀，两者发生的条件有较多的相似性。但是，垢层和金属之间形成缝隙，可以产生垢下腐蚀，而没有缝隙时垢下腐蚀也可能发生。因此与缝隙腐蚀相比，垢下腐蚀具有自身的独特性。此外，溶液的流速对缝隙腐蚀和垢下腐蚀的影响也有差别。流速增加，缝外溶液的含氧量增加，导致缝隙腐蚀速率增加。但是对于垢下腐蚀，情况就不一样了，流速的加大反而使垢下腐蚀减轻，原因是流速较大会把沉积物冲掉，使垢下腐蚀不易发生。

3. 垢下腐蚀中的化学反应

在不同的体系中，由于腐蚀介质、垢的形成条件等因素的差别，垢下腐蚀的机理也不一样。

比较常见的垢下腐蚀有以下两种：

（1）输配水管线系统　钢铁在水中的腐蚀大多是电化学腐蚀，在腐蚀介质中，由于金属表面物理或化学性质的不均匀性，构成腐蚀电池。任何一种类型的腐蚀电池都由阳极、阴极、电解质溶液和连接阴阳极的电子导体构成，四个部分不可分割。

腐蚀的阳极反应是 Fe 的溶解

$$Fe \rightarrow Fe^{2+} + 2e^- \tag{3-51}$$

阴极反应在近中性介质并有溶解氧存在时是氧的还原

$$O_2 + 4H^+ + 4e^- \rightarrow 2H_2O \tag{3-52}$$

在酸性介质（pH<4）或 pH 较高但缺氧的条件下是质子的还原

$$2H^+ + 2e^- \rightarrow H_2 \uparrow \tag{3-53}$$

当介质中有含氯的消毒剂（如 $HClO$、NH_2Cl）时，阴极反应会是高价氯的还原

$$HClO + H^+ + 2e^- \rightarrow Cl^- + H_2O \tag{3-54}$$

$$NH_2Cl + 2H^+ + 2e^- \rightarrow Cl^- + NH_4^+ \tag{3-55}$$

在缺氧条件下，如管内介质呈滞留状态时，垢内阴极反应也有可能是 Fe（Ⅲ）氧化物或

氢氧化物的还原。

总的腐蚀反应为

$$2Fe+2H_2O+O_2 \rightarrow 2Fe(OH)_2 \downarrow \qquad (3-56)$$

即在腐蚀时，铁生成氢氧化亚铁从溶液中沉淀出来。但是，这种亚铁化合物在含氧的水中是不稳定的，它将进一步氧化生成氢氧化铁

$$2Fe(OH)_2+H_2O+1/2O_2 \rightarrow 2Fe(OH)_3 \downarrow \qquad (3-57)$$

$Fe(OH)_3$ 沉积在金属管道表面，在一定条件下还可部分脱水

$$2Fe(OH)_3 \rightarrow Fe_2O_3 \cdot 3H_2O \qquad (3-58)$$

(2) 热交换系统 热交换系统中由于锅炉水局部浓缩，金属壁面温度较高，极易产生氧化铁垢。氧化铁垢的主要成分是 $Fe(OH)_3$ 和 Fe_3O_4，多数呈片状，较疏松，不具保护性，易产生垢下腐蚀。

锅炉水系统的腐蚀形式可分为：

1) 氧化铁垢下氧腐蚀。当氧化铁垢积聚在受热面金属上时，由于传热不好，使得金属表面温度较高，其表面的保护膜遭受破坏，腐蚀便会开始。由于垢的阻挡，水中的溶解氧扩散到垢下的速度减慢，形成了在氧化铁四周或氧化铁垢局部较薄处的溶解氧浓度大于氧化铁垢下溶解氧浓度。这样，氧化铁的四周或氧化铁局部较薄处便成为阴极，氧化铁垢下的金属便成为阳极，发生腐蚀。其阳极反应同式 (3-40)，阴极反应为

$$O_2+2H_2O+4e^- \rightarrow 4OH^- \qquad (3-59)$$

其腐蚀特征为点蚀，腐蚀产物呈鼓泡状，上部绝大多数为黄褐色到砖红色产物，是各种形态的氧化铁，次层的黑色粉末是 Fe_3O_4。有时在腐蚀产物的最底层，紧靠金属表面处还有一黑色层，这是 FeO。

2) 氧化铁垢下碱性腐蚀。如果补给水中碳酸盐含量较高，这将使锅炉水中出现游离 $NaOH$

$$NaHCO_3 \rightarrow CO_2 \uparrow +NaOH \qquad (3-60)$$
$$Na_2CO_3+H_2O \rightarrow CO_2 \uparrow +2NaOH \qquad (3-61)$$

这时，沉积物下的锅炉水蒸发浓缩后会使其 pH 值升得很高，在高 pH 值（pH 值>13）下，金属表面的 Fe_3O_4 膜会溶于锅炉水而遭受破坏，其反应为

$$Fe_3O_4+4NaOH \rightarrow 2NaFeO_2+Na_2FeO_2+2H_2O \qquad (3-62)$$

反应产物铁酸钠和亚铁酸钠在高 pH 值下是可溶的，当保护膜溶解后，金属就裸露在高 pH 值的锅炉水中，会发生氢去极化腐蚀反应。这种腐蚀的特征是，腐蚀点在氧化铁垢下，而且腐蚀处金属受热，这种腐蚀使金属表面产生凹凸不平的陷坑，有时几个腐蚀坑连成一片，腐蚀深度不一，严重时可烂穿。

3) 氧化铁垢下汽水腐蚀。当高温受热面金属上有较厚的氧化铁垢时，锅炉水向金属渗透的速度较慢，而金属外侧烟温较高，金属壁温会升得很高，其表面的保护膜会遭到严重破坏。这时，裸露出的金属会与水蒸气发生化学反应

$$3Fe+4H_2O \rightarrow Fe_3O_4+2H_2 \uparrow \qquad (3-63)$$

这种腐蚀的特征是腐蚀处金属表面受损，保护膜不致密；另一个特征是腐蚀处无腐蚀产物，有时腐蚀处有坚硬的氧化铁硬片，外表面有过烧现象。

4) 氧化铁垢去极化腐蚀。当受热面金属表面有氧化铁时，由于氧化铁的电位高，金属

壁电位低，而发生氧化铁的去极化腐蚀。阳极反应为铁的溶解，阴极反应为

$$Fe(OH)_3 + e^- \rightarrow Fe(OH)_2 + OH^- \tag{3-64}$$

$$Fe_3O_4 + H_2O + 2e^- \rightarrow 3FeO + 2OH^- \tag{3-65}$$

这种腐蚀的特征是腐蚀点不在氧化铁垢下，而在氧化铁垢附近，氧化铁垢边缘靠近金属腐蚀坑处有白色物质，这是腐蚀产物 $Fe(OH)_2$。由于 $Fe(OH)_2$ 是不稳定的，容易进一步和水中的 O_2 作用生成腐蚀的二次产物

$$4Fe(OH)_2 + 2H_2O + O_2 \rightarrow 4Fe(OH)_3 \downarrow \tag{3-66}$$

$$Fe(OH)_2 + 2Fe(OH)_3 \rightarrow Fe_3O_4 \downarrow + 4H_2O \tag{3-67}$$

我们平常见到的腐蚀产物，大都是这些二次腐蚀产物。不同比例的二价和三价铁的氢氧化物相混合，其颜色有绿色和灰色，若全为三价铁，则变为红褐色，四氧化三铁则为黑色。

4. 垢下腐蚀影响因素

垢下腐蚀的产生和发展与介质的组成、垢的结构和组成密切相关。垢层的形成过程与水质参数，如溶解氧浓度、pH 值、Cl^- 浓度、有机物含量、无机物成分以及水的流动形态、温度的季节波动、水处理剂的应用等因素密切相关，因此这些因素也会影响垢下腐蚀的发展。主要影响因素可从以下几个方面考虑：

（1）垢层的组成和形态　垢层的组成和形态直接影响垢下腐蚀的发生和发展。疏松多孔分布不均的垢层易导致严重的垢下腐蚀；具有电子导电性的垢层可作为阴极，将加速垢下腐蚀；阴离子选择性的多孔垢层将促进 Cl^- 渗透到垢下闭塞区，产生酸化自催化效应，促进垢下腐蚀的发展；若垢层呈阳离子选择性，垢层下将不会产生显著的酸化自催化效应。

（2）介质组成　在含有较高浓度的易成垢离子的介质中，如 Ca^{2+}、Mg^{2+}、HCO_3^-、CO_3^{2-} 等离子，垢下腐蚀敏感性增大。

pH 会影响铁和垢层的状态，pH 增加，有利于致密垢层的形成与沉积，对垢下腐蚀的发生有抑制作用。但对已发生的垢下腐蚀，pH 较高时会增大与闭塞区溶液的差异性，腐蚀驱动力增大，促进垢下腐蚀的发展。

Cl^- 通过垢层渗透到垢下闭塞区，产生酸化自催化效应。一般来说，Cl^- 浓度增大，会使腐蚀加剧。溶解氧在闭塞电池形成的初期起促进作用，因为溶解氧的阴极去极化产物 OH^- 会与水中的阳离子形成垢，将有蚀核的地方覆盖形成闭塞。但是蚀坑的加深和扩展是从闭塞电池开始的，酸化自催化是造成腐蚀加速进行的根本原因，即只有氧浓差而没有自催化，不至于构成严重的垢下腐蚀。因此，当金属表面已经形成垢层时，溶解氧因为可以将易溶性的二价铁化合物氧化为难溶的三价铁化合物，使垢层更为致密，对垢下腐蚀有抑制作用。

CO_2 和 H_2S 等腐蚀性气体会促进金属的腐蚀，它们的分压越高，腐蚀越严重。但是，在含有 CO_2 和 H_2S 的腐蚀环境中，腐蚀产物沉积层的性质与其分压有关，在一定的条件下高的分压可能有利于生成具有保护性的致密的腐蚀产物沉积层，抑制沉积垢层下的腐蚀。在中性介质中常用的缓蚀剂，如磷酸盐类，可控制 Fe^{2+} 由垢内向水体的释放，对垢下腐蚀有抑制作用。其作用机理是磷酸盐（如 $FePO_4 \cdot 2H_2O$）会形成保护性的"栓塞"，堵塞垢的表面层或内层中的微孔，阻止 Fe^{2+} 向外扩散。在垢层表面保持较高的磷酸盐离子及溶解氧流量，如介质流动的情况下，这种保护作用更为有效。

（3）温度的影响　一般而言，在许多体系中（如冷却水系统）温度越高，越容易沉积垢层，垢下腐蚀的敏感性增大。但对于有些体系可能存在温度敏感区间，开始时垢下腐蚀敏

感性随温度升高而增大，但当温度超过某个临界点后，垢下腐蚀的敏感性和腐蚀速度迅速降低。如在含 CO_2 的腐蚀介质中，当温度超过临界点（与材料和介质环境有关）时，将生成致密的具有良好保护性的碳酸亚铁沉积膜（垢）。

（4）流速的影响　通常在较高的流速下不易生成沉积垢层，更高的流速甚至可能冲掉沉积物，从而可降低垢下腐蚀发生的敏感性。

5. 控制垢下腐蚀的对策

1）选择耐蚀性较好的材料。

2）提高管壁的粗糙度，提高管子的焊接质量，避免焊接下塌和未焊透等焊接缺陷，避免水中的杂质或微生物沉积形成水垢。

3）及时调整水的 pH 值，避免金属表面形成沉积物。

4）避免产生铁的腐蚀物，要进行水质处理和合理排污。新锅炉投入运行前，要对内部进行清理，并进行化学煮炉。

6. 垢下腐蚀分析举例

某 U 型管换热器仅运行约半年即发生大面积换热管泄漏。该换热器换热管材料为 $\phi19mm\times2mm$ 的 10#钢管，管程入口温度为 127℃，出口温度为 52℃，压力为 7.8MPa，介质为锅炉水；壳程入口温度为 33℃，出口温度为 43℃，压力为 0.5MPa，介质为循环冷却水。

失效换热管宏观观察可见换热管外壁结垢严重，呈黄褐色，根据使用材质，可判断为铁锈含量较高。垢层与基体金属结合较为疏松，轻敲即脱落，脱落后的垢层明显分层，整个管程外壁金属均可见明显的腐蚀痕迹（见图 3-36a），泄漏点位于凹坑底部（见图 3-36b）。将泄漏位置管段沿轴线剖开，可见泄漏点内壁处形状完好，无明显腐蚀痕迹，因此可以确定泄漏为外壁腐蚀减薄所致。

a) 垢层结构　　　　　　　　　　　　　　　　b) 蚀孔

图 3-36　垢下腐蚀形貌

EDS 分析结果表明，最外层 A 区域主要含有 Fe、Si、Ca、Mg、Zn、P 和 O 等元素，应为 Fe 的氧化物（即铁锈）及一些含 Ca、Mg 及硅酸盐垢层混合物，且有相对较低质量分数的 Fe 和较高质量分数的 O，反映了腐蚀过程中铁离子由基底向外扩散，在不同位置处形成腐蚀产物沉积下来，表面腐蚀产物逐步由内向外堆积成长。次外层 B 区域主要含有 Fe、Si、Ca、Mg、Zn、Cl、S、P 和 O 等元素，Cl 元素的质量分数明显增加；C 区域分析结果含有较高质量分数的 Zn 元素，证明了换热管为外壁镀锌管；管外壁最内层 D 区域 Cl 元素的质量分数进一步增加，局部高达 5.5%，说明 Cl⁻ 很容易通过腐蚀产物中的孔洞向基底金属表面扩散，并在基底金属表面产生浓缩，对腐蚀的进一步发展有重要的促进作用。

该失效分析的结果表明，换热管发生了源于外壁的垢下腐蚀，介质中含有的 Cl⁻ 在垢下闭塞区的浓缩及自催化酸化，加速了垢下腐蚀的进程，导致半年左右换热管即发生穿孔泄漏。

3.4.7　丝状腐蚀

1. 丝状腐蚀现象

丝状腐蚀是发生在金属表面的有机涂层下的一种特殊的缝隙腐蚀。它以随机分布的、细线丝状的形式存在，有时也被称为蠕虫状腐蚀。腐蚀产物会引起表面涂层出现像草地上的田鼠窝一样的凸起。当干燥后，它们的细丝会因为内部的光反射而呈现耀眼明亮的形态。腐蚀的痕迹从涂层一处或几处破坏的场所继续延伸。表面膜本身并没有参与这个过程，当暴露在潮湿的环境时，它只为结合力不足的、发生缝隙腐蚀的区域提供有限的氧气。在海洋或其他高湿度的环境条件下，丝状腐蚀经常发生在飞机的涂漆铝表面上。在经常遭受盐雨袭击的温暖海滨和热带区域，或在污染十分严重的工业区域，丝状腐蚀尤为严重。粗糙度较大的表面，也会遭受到严重的丝状腐蚀。

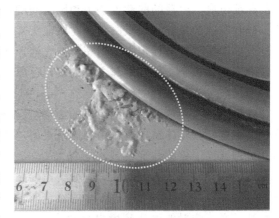
图 3-37　金相抛光盘边缘的丝状腐蚀

图 3-37 为金相抛光盘边缘的丝状腐蚀形貌。

2. 丝状腐蚀机理

铝合金的丝状腐蚀的诱发与扩展机制如图 3-38 所示，与涂覆铁和钢的产生机制是相同的。酸化的头部是一个可移动的电解池，而在尾部会进行铝的传输并与 OH⁻ 发生反应，最终的腐蚀产物是部分水解的，并会在多孔的尾部发生充分的水解。当铝在水介质中发生腐蚀时，不同的初始反应离子及中间产物会位于头部及尾部的中间区域。如果与钢进行对比，在

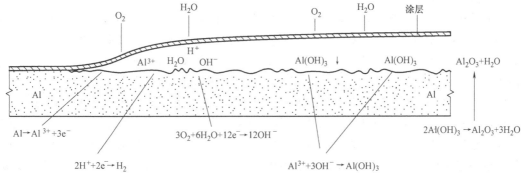
图 3-38　铝合金的丝状腐蚀示意图

酸性介质中铝形成气泡的趋势很大；因为在头部区域，阴极反应过程中会释放出氢气。尾部的腐蚀产物是 $Al(OH)_3$，为一种微白色的凝胶沉淀；如果不考虑丝状腐蚀，就会发生由其他形式腐蚀引起的更严重的结构损坏。

当相对湿度为 75%～95%、温度为 20～40℃（70～105℉）时，铝比较容易发生丝状腐蚀。在相对湿度低达 30% 的盐酸（HCl）蒸气中，也会引起铝合金的丝状腐蚀。当相对湿度增加到 85% 时，铝的丝状腐蚀速率最大。典型丝状腐蚀的平均生长速率为 0.1mm/d。当相对湿度增大时，丝状腐蚀的宽度会从 0.3mm 增加到 3mm。铝的穿孔深度，可达到 15μm。铝表面上所使用的众多涂层体系都很容易产生丝状腐蚀，其中包括环氧、聚氨酯、醇酸树脂、苯氧涂层和乙烯涂层。含氯化物、溴化物、硫酸盐、碳酸盐和硝酸盐的冷凝物，会加速涂覆铝合金的丝状腐蚀。

在使用的涂层中，丝状腐蚀电池由活性的头部和可通过裂纹和缝隙接收氧气和冷凝水蒸气的尾部组成。电池的驱动力是头和尾之间的电位差，其数值约为 0.1～0.2V。对铝合金来说，丝状腐蚀的尾部呈现微白色。在电池头部，充满了乳白色的絮状氧化铝凝胶，并向尾部移动。如果头部的酸性很强，则还会有气泡存在。腐蚀产物为铝的氢氧化物和氧化物。阳极反应会产生铝离子，而在尾部主要的氧化还原反应中会产生氢氧根离子，从而铝离子与氢氧根离子反应生成不溶性的沉淀。

在飞机涂覆聚氨酯和其他涂层的 2024 及 7000 系列铝合金上，观察到丝状腐蚀的发生。在钢的聚氨酯涂料体系，要比单层体系更耐丝状腐蚀的发生。对裸露的铝合金进行铬酸阳极氧化处理或涂上铬酸盐底漆或进行铬酸盐-磷酸盐转化涂层处理后，丝状腐蚀就很少发生。尽量不使用含有亲水溶剂的涂层，如聚乙烯醋酸盐。任何夹杂在涂层中的溶剂都会使涂层弱化，导致气孔的产生，或为进一步的丝状腐蚀扩展提供酸性的介质。由于溶剂的不均匀收缩或快速挥发，粗糙的固化环境也会使涂层产生缺陷。粗糙处理，会使表面产生机械裂痕和破损。

3. 丝状腐蚀的预防对策

当相对湿度降低到 60% 以下时，尤其是对于长期贮存来说，就可以阻止丝状腐蚀的发生。在钢表面镀锌和锌基的底漆、铬酸阳极氧化处理、铬酸盐和铬酸盐-磷酸盐涂层，可以减缓丝状腐蚀的发生。多种涂层体系可抵抗因机械磨损产生的穿孔，并使表面更加均匀。

3.4.8 蚁巢腐蚀

1. 蚁巢腐蚀现象

蚁巢腐蚀是一种主要针对空调器铜管的特殊腐蚀形式，可导致空调器泄漏、整体功能失效。1977 年国外学者首次发现蚁巢腐蚀现象并命名，20 世纪 80 年代日本空调企业开始研究蚁巢腐蚀并于 20 世纪 90 年代初取得重大进展，我国研究人员于 2003 年前后开始关注蚁巢腐蚀现象。

随着社会的发展，生产效率和工艺水平要求越来越高，在铜管、铜合金加工时会引入一些辅助性材料。如果这些辅助性材料残留在空调零部件中，在特定的条件下可引发蚁巢腐蚀，导致空调器泄漏、失效。通过使用光学显微镜检查薄壁管材横切面可以看出腐蚀部分有互相连通的迷宫似的沟壑，在显微路径上不规则地出现氧化铜。由于横向看形状很像蚁巢，所以把这种类型的腐蚀称为蚁巢腐蚀或蚁窝腐蚀。

2. 蚁巢腐蚀宏观及微观特征

（1）宏观特征

1）铜管的蚁巢腐蚀，不仅发生在空调和冷藏装置中，还发生在建筑水管和其他具有蚁巢腐蚀环境条件的铜管上，但在空调和冷藏装置中最为常见。

2）蚁巢腐蚀既发生在安装使用一定时间的装置上，也发生在成品装置储存过程中，还有的发生在装置制造过程中。大约50%的蚁巢腐蚀是在装置使用的前两年发生的。

3）既有从铜管外表面起始发生腐蚀的，也有从铜管内表面起始发生腐蚀的。

4）铜管蚁巢腐蚀处的表面有片状或斑点状变色，变色呈现为红棕、蓝、绿和灰黑等不同颜色。

5）蚁巢腐蚀有的发生在换热器发卡管的 U 形弯曲部位，有的发生发卡管的直管部位，还有少数发生在焊接处或小弯头上。

6）有的是光管发生蚁巢腐蚀，也有的是内螺纹管发生蚁巢腐蚀。在内螺纹管内表面发生蚁巢腐蚀的部位，有的发生在凸起的齿顶和齿腰部，也有的发生在凹下的齿间内表面。

7）无氧铜也发生蚁巢腐蚀，但磷脱氧铜的腐蚀敏感性较无氧铜高些。

（2）微观特征　在失效分析过程中发现，发生蚁巢腐蚀的铜管横截面在金相显微镜下进行金相检查时，可以看到从表面开始向管壁内部延伸的腐蚀孔洞形成弯曲的通道，这些通道经常分出许多枝杈，通道内有的填充着疏松的腐蚀产物。总的特点很像蚂蚁在地面以下挖成的迷宫一样的隧道式巢穴（见图 3-39）。腐蚀产物有 Cu_2O，但没有发现碱式碳酸铜。除了已穿透管壁形成泄漏的腐蚀通道，还有一些尚未穿透的腐蚀通道，说明腐蚀起点不止一处，各起始点的腐蚀发展速度也不同。

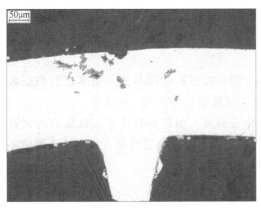

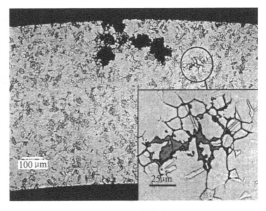

a) 抛光态　　　　　　　　　　　　　b) 侵蚀态

图 3-39　蚁巢腐蚀的剖面金相形貌

3. 蚁巢腐蚀产生的机理

蚁巢腐蚀形成的机理并不复杂，现公认腐蚀媒氧化水解产生低级羧酸，即蚁酸（甲酸）HCOOH、乙酸 CH_3COOH、丙酸 CH_3CH_2COOH，是产生蚁巢腐蚀的直接原因。国际上公认发生蚁巢腐蚀的必要条件：铜+腐蚀媒+水+氧气，缺一不可。蚁巢腐蚀是一种电化学腐蚀，铜管内外表面上的水、腐蚀媒、氧气在环境温湿度的变化等条件下发生化学反应，金属铜失

去电子产生铜离子 Cu^+：

$$Cu \rightarrow Cu^+ + e^- \qquad (3-68)$$

然后与腐蚀媒中酸根离子（如 $HCOO^-$）反应形成铜的化合物：

$$Cu^+ + X^- \rightarrow CuX（X 就是腐蚀媒）\qquad (3-69)$$

CuX 在特定条件下被氧化，形成 CuO_2、CuX_2：

$$2CuX + O_2 \rightarrow CuO_2 + CuX_2 \qquad (3-70)$$

CuX_2 再与 Cu 反应：

$$CuX_2 + Cu \rightarrow 2CuX \qquad (3-71)$$

在铜管上的阴极发生的是阴极反应：

$$O_2 + 2H_2O + 4e^- \rightarrow 4OH^- \qquad (3-72)$$

上述反应不断发生氧化反应（即阳极反应），从而导致蚁巢腐蚀的发生。

接触铜管内部的腐蚀媒有：含氯的清洗剂、挥发性润滑油、助焊剂、压缩机油等。

接触铜管外部的腐蚀媒有：木材和人造建材挥发物、泡沫塑料隔热层和胶黏带渗出物、香水、化妆品、调味品、药品和杀虫剂等。

4. 控制蚁巢腐蚀的对策

蚁巢腐蚀主要是由于潮湿气氛中铜管表面有腐蚀媒。腐蚀媒是铜管表面有机物残留产生的，也可能从管路中沉积到表面的。因此为了减少这种腐蚀的发生，最基本的是要除去所有微量腐蚀介质并保持腐蚀媒水平尽可能低。

预防蚁巢腐蚀的措施主要有以下三个方面：

1）预防清洗剂、挥发油等物质的残留。国际上大量研究表明含氯的有机清洗剂和含酸根的辅助性材料在铜管表面残留，在一定条件下会发生水解，并产生蚁巢腐蚀，因此尽可能减少使用有腐蚀倾向的物质或者开发无腐蚀倾向的物质替代。如果无法完全杜绝该类物质的残留则要在此类物质残留的时间内对铜管防水、防潮，尽可能杜绝水与残留物的接触，避免发生水解反应。

2）增加表面防护，避免铜管与腐蚀媒接触。很多大型机组因其使用要求很高和安装维修不方便，一般都在裸露在空气中的铜管表面涂覆缓蚀剂，如清漆、磁漆等。

3）提高铜管本身的抗腐蚀能力。对于生产企业而言，引进具有高抗腐蚀能力的铜管替代一般的铜管能有效减少蚁巢腐蚀的发生，但材料成本不可避免要增加，最经济的措施还是严格控制生产工艺，切断蚁巢腐蚀发生的途径。

3.4.9 氢气病

1. 氢气病现象

纯铜具有良好的塑性和韧性，常温下退火态的纯铜伸长率可达 45%，具有良好的塑性变形能力。纯铜广泛应用于空调器、换热器等传热系统以及供电系统的导电材料。纯铜通常不适宜使用在有还原性气氛的高温环境中。在实际应用中，纯铜之间以及纯铜和其他金属之间往往会采用焊接的方式连接。为了避免焊接时焊缝区域的氧化和提高焊接质量，生产上往往采用还原性气氛进行保护。但在还原性气氛中加热的纯铜可能会引起氢气病，导致构件发生开裂或脆性断裂。

2. 氢气病的形成机理

氢气病是指在高温条件下，纯铜中的 Cu_2O 遇到 H_2、C_2H_2、CO 等还原性气体，会发生如下反应

$$Cu_2O+H_2\rightarrow 2Cu+H_2O \tag{3-73}$$

$$5Cu_2O+C_2H_2\rightarrow 10Cu+H_2O+2CO_2 \tag{3-74}$$

$$Cu_2O+CO\rightarrow 2Cu+CO_2 \tag{3-75}$$

反应生成的水蒸气等在晶界上聚集，当压力超过材料的强度时，会引起晶界开裂。研究表明，在 820℃、H_2 气氛下退火 20min，纯铜中氧的质量分数小于 0.001% 时，不会产生晶界裂纹；氧的质量分数达到 0.0016% 时，会产生连续晶界裂纹；氧的质量分数达到 0.002% 时，会产生严重晶界裂纹。纯铜通常不使用在有还原性气氛的高温环境中，因此 GB/T 5231—2012《加工铜及铜合金牌号和化学成分》中对纯铜 T1 规定氧的质量分数小于 0.02%，T2、TP2 等都没有要求。

氧是纯铜中普遍存在的杂质元素，它主要来源于空气中的水和氧。当原料电解铜不够干燥或熔炼熔体覆盖不严时，均会导致熔体氧含量过高。纯铜熔炼时都需要脱氧，脱氧有多种途径。磷由于价格便宜又能很好地溶解于铜中，是最常用的脱氧剂。磷能和铜中的氧以 $Cu_2O \cdot P_2O$ 形式形成炉渣漂浮到熔体上方，过量的磷以 Cu_3P 的形式存在于铜内。实践证明，纯铜中保留 0.01%~0.04% 的磷，可以使其氧含量达到很低的水平，接近于无氧铜，同时，几乎不影响纯铜的性能。相反，磷含量过低，则达不到脱氧的目的，熔体中未脱净的氧在浇铸时以 Cu_2O 的形式存在于晶界上，经压力加工后，Cu_2O 呈颗粒状分布于再结晶形成的晶界或晶内，显微观察时可观察到蓝灰色的 Cu_2O 颗粒存在。

3. 氢气病的预防对策

1）提高原材料的纯净度，严格控制氧含量。

2）控制服役环境的湿度，保持干燥状态。

3）控制磷含量。

4）使用温度不宜过高。

5）对纯铜原材料做氢脆试验评估。

4. 氢气病诊断举例

某企业采用烧结隧道炉对材料均为 TU2 无氧铜的铜管和铜网进行钎料焊接时，全程采用氮气、氢气混合气体进行防氧化保护，于 750℃ 烧结 2h。产品焊接完成后，气密性检查发现较多漏点。

通过理化试验可知该铜管化学成分符合 GB/T 5231—2012 中对 TU2 的技术要求；显微硬度测试结果为 110HV0.05，116HV0.05，116HV0.05，金相显微组织为 α-Cu。

SEM 形貌观察可见铜管内壁和外壁均存在呈沿晶特征的微裂纹（见图 3-40a）；横剖面抛光态形貌观察时发现一些未穿透管壁的裂纹尖端存在沿晶分布的灰色异物（见图 3-40b）。经进一步分析这些异物主要成分为 Cu_2O。

失效分析结果表明该铜管开裂泄漏的主要原因是铜管在烧结钎焊时发生了氢气病所致。

5. 氢气病和钢的氢脆的区别

氢气病和钢的氢脆型断裂虽然都和氢有关，但失效机理不同，在具体的失效分析中不可混为一谈。铜的氢气病和钢的氢脆的区别见表 3-3。

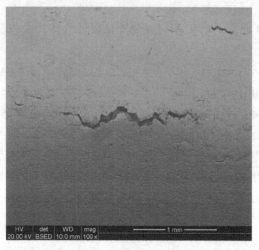

<table>
<tr><td>a)表面</td><td>b)剖面</td></tr>
</table>

图 3-40　氢气病裂纹形貌

表 3-3　铜的氢气病和钢的氢脆的区别

	铜的氢气病	钢的氢脆
1. 起因不同	因晶界上的 Cu_2O 和 H 产生还原反应引起（材料本身 O 含量过高）	由 H 元素聚集引起（内 H 和外部 H）
2. 产生温度不同	700℃ 以上	室温
3. 应力状态不同	不需要外部应力	需要恒定的拉应力
4. 起始位置不同	从表面开始	从次表面开始
5. 裂纹扩展速度不同	扩展速度慢，一般表现为开裂	扩展速度快，一般表现为断裂

3.4.10　电蚀

1. 电蚀的定义

电蚀是腐蚀的一种形式，是在电流作用下瞬间产生电火花放电，局部产生高温，部分金属熔化，或接触部位的电介质发生碳化的一种现象。电蚀严重时可导致机械构件的失效，机械装备中和电机驱动轴配合的齿轮、轴瓦、轴承、凸轮轴（凸轮）等容易出现电蚀失效。另外，在焊接、热处理和表面处理这些涉及大电流（或高电压）的生产中，若生产工艺控制不当，零件局部表面很容易产生火花放电，严重时形成蚀坑，甚至烧熔。

图 3-41 为轴承外圈轨道面的电蚀痕迹。

2. 电蚀的机理

在电场、磁场以及机械动力的作用下，电机驱动上会产生一定的轴电压和杂散电流（见图 3-42）。理论上，任何一种旋转机械都可能产生轴电压，只要它的轴或轴承切割磁力线，电机尤为突出。轴电压与轴电流是电蚀失效的根源。设计和运行条件正常的电机，运行时转轴两端只会产生很小的电位差，这种电位差就是通常说的轴电压。当电机的设计、调试存在问题，电机出现故障的情况下，电机往往会出现较高的轴电压。生产实践表明，只有当轴电压达到某一数量水平时才会引起电蚀。

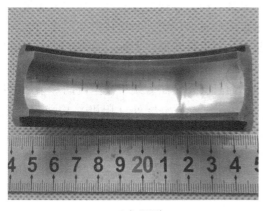
a) 宏观形貌

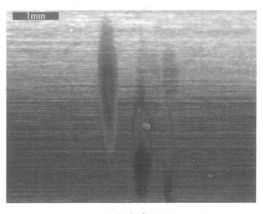
b) 短痕

图 3-41　电蚀痕迹

电蚀时的液体介质也称电介质，是指主、从动齿轮（或滚珠与轴承圈）间的油膜。齿轮、轴承等构件在服役中，其中的润滑油或润滑脂中会产生一定数量的金属磨屑、残碳或水分，使润滑油（脂）的绝缘性降低。齿面或轴承的滚道面还因表面不完整性而存在显微凹凸，齿轮在啮合过程中，或者滚珠滚动过程中，其接触部位的距离逐渐变小。杂散电流可能会击穿润滑油膜产生电火花放电，

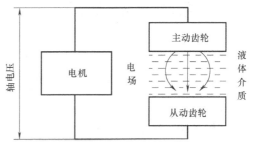
图 3-42　齿轮电蚀系统图

电流瞬间增大，电介质产生雪崩式电离，局部产生高温，程度较轻时可导致润滑油膜碳化，接触部位变色，程度较大时可使部分金属熔化并被抛出（见图 3-43）。

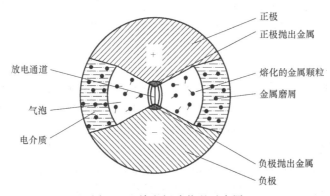
图 3-43　放电间隙状况示意图

在电机运转过程中，转子的静态偏心和动态偏心，以及转子导体异常等因素导致的电磁振动；由于转子的不平衡，滚动轴承异常安装、调试不良引起的机械振动，还有电机输入电流的交变频率等，若其中某些振动频率和电流的交变频率满足整数倍关系时将发生共振，会产生高强度的电流脉冲。若电机驱动轴上存在漏电流，或驱动轴上的杂散电流中存在强度较高的脉冲电流时，电火花放电可产生较多的热量，可造成局部金属熔化。由于齿轮的齿面以

及轴承的滚道面都要求较高的耐磨性，碳含量一般都较高，淬透性能较好。局部金属熔化的同时，还会导致电蚀区域产生二次淬火，显微组织中经常会检测到马氏体白亮层组织。

若铁轨的对地绝缘不够充分，就会造成一部分负荷电流泄漏在大地，也会形成杂散电流（见图 3-44）。铁轨附近埋有金属管线的时候，其对地绝缘一般来说并不充分，这样一部分杂散电流就会流到导电性能良好的埋地金属管线，而且会在金属管线中发生流动。杂散电流从土壤流进地下管线处（阴极）和杂散电流从地下管线流入土壤处（阳极）构成宏电池，加之阳极和阴极各自一方，其产物不能结合成溶性物质覆盖在阳极区金属表面上，故阳极腐蚀情况更为严重。

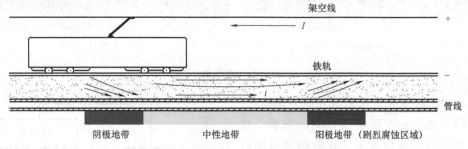

图 3-44　杂散电流对地下构筑物腐蚀的影响

杂散电流也能引起钢筋混凝土结构腐蚀，特别是在混凝土内含氯化物盐类（如 NaCl、$CaCl_2$ 等）情况下，腐蚀就更为强烈。

3. 轴承和齿轮的电蚀失效特点

资料表明，约 20%的发电机故障是由于轴承损坏而造成的，而轴电流又是轴承损坏的重要原因，约占轴承损坏的 30%。在特殊的事故状态下，强大的轴电流在很短时间内就会损坏轴承。在轴承中，比较严重的电蚀宏观上表现为大致平行的线痕，俗称"搓衣板"；电蚀区域 SEM 观察时可见金属熔珠等熔化特征；电蚀区域的剖面金相组织形貌可见二次淬火马氏体白亮层组织，该组织硬而脆，受到冲击载荷作用时极易破裂，产生微裂纹，成为后期失效的起源。电蚀本身是腐蚀的一种形式，发生轻微的电蚀时不会立即产生断裂等灾难性事故，但电蚀产生的坑痕可形成应力集中，若存在微裂纹，则更容易在随后的服役中产生疲劳断裂。

齿轮发生电蚀时，往往在主动齿轮和从动齿轮上均留下电蚀痕迹。若将两个齿轮恢复到啮合状态，可以发现电蚀痕迹具有良好的吻合性。电蚀痕迹可能出现在不同齿的相同位置，其形状、大小也基本相同，甚至电蚀区域的颜色也基本一致。

4. 电蚀失效预防对策

减少电蚀失效的根本途径是减小轴电压（或轴电流），要从轴电压产生的主要原因着手，如磁不对称、静止励磁、静电电荷以及电机外壳、电机轴或电机轴承永久磁化等方面采取措施。预防措施除保证电机的良好接地外，有条件时还应定期更换润滑油（脂），保证润滑油（脂）良好的电绝缘性能。

3.4.11　微生物腐蚀

1. 微生物腐蚀现象

材料表面上存在的微生物时，改变了局部环境，为金属的溶解提供了合适的条件。很多微生物能引起腐蚀和降解，这些微生物包括好氧和厌氧细菌。通常，无机沉淀的存在以及氧和氯化物的浓度差异是决定腐蚀程度的重要参数。微生物腐蚀现在也被腐蚀工程师和科学家们称为微生物腐蚀（MIC），它会影响大量的工业材料，涉及油田、近海、管线、纸浆和造纸工业、军械、核能和矿物燃料发电厂、化学制造厂和食品工业。微生物腐蚀这一术语常常与微生物污染互换使用，但二者的意义不同。微生物腐蚀目前还没有明确的定义，因此其模糊性及其误用是常见的。

2. 微生物腐蚀机理

微生物腐蚀（或称生物腐蚀）通常会在金属表面形成覆盖深孔的小瘤。当细菌不存在时，小瘤的结构比有细菌存在时要脆，更容易从金属表面去除。生物体能在连续的底层或污泥中生长，或能在含中心气泡的、火山状的小瘤处生长。以铝合金为例，微生物产生的锈瘤如图 3-45 所示。

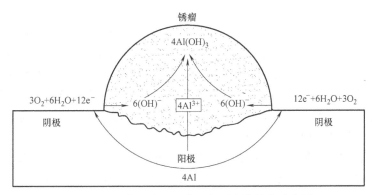

图 3-45　铝合金表面上微生物形成的锈瘤示意图

一般情况下，与生物腐蚀有关的生物体有假单胞菌、芽孢菌以及脱硫卵菌。通常认为，它们是联合作用而引起腐蚀的。芽孢菌是产生生物腐蚀的最主要生物体；它能产生大量的有机酸（$pH \leqslant 4$），且能代谢出某种养料的成分。这些生物体，也会与形成黏液的假单胞菌及氧气一起生成腐蚀产物 $Fe(OH)_3$。然后 $Fe(OH)_3$ 经生物沉积，形成不断生长的瘤状墙。这时外部的瘤为阴极，而内部的金属表面则为强阳极。

当瘤成熟后，如果可以提供硫酸盐使硫酸盐还原菌（SRB）发生反应，并在内部厌氧性的溶液中生成 H_2S，那么一定量的生物体就开始分解。在某些情况下，硫氧化菌有助于形成硫酸盐。瘤的结构依赖于水中存在的离子种类，可能含有 $FeCO_3$；当 SRB 存在时，瘤中会含有 FeS。最后，如果存在氯化物，且铁氧化菌-盖氏铁柄杆菌存在时，瘤的内部会生成强酸性的 $FeCl_3$ 溶液。

通常，在任何一种单一的环境中，上述的反应不可能同时发生。但在多种反应的联合作用下，表面上各自生长的瘤会最终严重限制溶液的流动（甚至使物质完全闭塞），从而在表面下发生严重的点蚀。目前已被人们认知的微生物腐蚀，如飞机机翼上铝制的辅助油箱，由于经常使用煤油基燃料而导致点蚀，这是由于在不同的飞行温度条件下，冷凝的蒸汽会使油箱产生污染，在水和水/油界面上的微生物沉积处发生微生物腐蚀。

3. 微生物腐蚀的研究

（1）微生物生物膜　在浸没或潮湿的自然条件下以及在潮湿的工业环境中，微生物可黏附于非生命的以及活体（组织）的表面。微生物在金属表面的黏附改变了材料的电化学特征，所形成的生物膜能导致阴极去极化。这是因为微生物活动使微生物菌落附近出现贫氧，并使微生物菌落周围的局部酸度增加。在任何表面，生物膜共生体的结构在组成上都是异质性的，其组成反映了局部环境、营养条件和选择性压力方面的变化。

生物膜对腐蚀的影响途径是下列因素中的任何一种或者多种的组合。

1）直接影响阴极和阳极过程。

2）微生物代谢产物和体外聚合物质改变表面膜阻力。

3）形成加速腐蚀的微环境，包括低氧条件和酸性微环境。

4）形成浓差电池。

由于生物膜可以存在于大量不同的环境之中，其对材料的影响也覆盖较宽范围的温度、湿度、盐度、酸度、碱度和气压条件。某些情况下，生物膜会促使材料的不活泼化，而不是促进腐蚀。

（2）有氧腐蚀　有氧条件下，氧分子可作为电子接受体为微生物生长提供最大的能量。生活在自然条件下的微生物趋于黏附于表面。这种黏附是借助于细菌细胞与表面间产生的长程力和短程力而实现的。在一定距离以内，吸引力占主导地位，并影响细菌与表面间的距离。当离开表面的距离达到临界值后，排斥力变为主导力，并使细菌离开表面。

微生物（群落）在材料表面形成区块结构，导致在金属上形成浓差电池。在静电引力或自由碰撞引发初始的黏附之后，微生物开始分裂并形成菌落，同时消耗氧并释放氢离子。体外聚合物质被合成，产生一个复杂的生物膜共生体。在缺营养条件下，微生物会合成大量的体外多糖物质以作为防止脱水的保护体和能量储备。当营养物进一步缺乏时，微生物能循环利用这些聚合物以作为碳源和能量源。

有氧腐蚀过程中，菌落以下的金属区域作为阳极区，相对远离菌落的金属区由于具有相对较高的氧浓度而成为阴极区（见图 3-46）。电子从阳极流向阴极，从而启动腐蚀过程。电解质会影响阳极和阴极间的距离，较低的盐浓度时距离较短，较高的盐浓度时距离较长。实际上在阴阳极间形成了电化学电位差，腐蚀反应开始进行，导致金属的溶解。溶解处的金属离子会在溶液相中形成氢氧化亚铁、氢氧化铁以及一系列的含铁矿物，具体情形取决于所在的生物种类和化学条件。应该指出，氧化、还原和电子流动必须同时发生才能引起腐蚀。

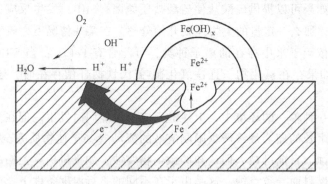

图 3-46　金属表面上有氧条件下由贫氧形成氧浓差电池的示意图

然而，电化学反应总是在比理论值更低的速度下进行，这是因为整个反应受到氧向阴极的供给速度和产物从阳极的去除速度的限制。另外，金属基体中的杂质和污染物也会通过引起浓差电池的形成和加速电化学反应的形式来加速腐蚀过程。

　　发生有氧腐蚀时，腐蚀产物通常形成称为结瘤的三层结构。内部的绿色层主体为氢氧化亚铁 $[Fe(OH)_2]$。外层由棕色的氢氧化铁 $[Fe(OH)_3]$ 组成。两层之间，磁铁矿（Fe_3O_4）构成一层黑色层。侵蚀性最强的腐蚀是形成结瘤，这是由材料表面上形成的氧浓差电池造成的。整个反应如下所示

$$Fe \rightarrow Fe^{2+} + 2e^- (阳极) \tag{3-76}$$

$$O_2 + 2H_2O + 4e^- \rightarrow 4OH^- (阴极) \tag{3-77}$$

$$4Fe^{2+} + O_2 + 10H_2O \rightarrow 4Fe(OH)_3 + 8H^+ (结瘤) \tag{3-78}$$

　　微生物引起的锰沉积也影响合金的腐蚀行为。纤毛菌属的生长可使不锈钢的开路电位正移到 $+375mV$，导致不锈钢的贵金属化。利用 X 射线光电子能谱（XPS）进一步分析试片表面的沉积物，证明产物为 MnO_2。MnO_2 也能够从金属的溶解接受两个电子而被还原为 Mn^{2+}，中间产物是 MnOOH。

　　（3）厌氧腐蚀　浸液环境中，材料的所有表面都覆盖有微生物及其胞外聚合物质层。在材料表面上的黏附为微生物的存活和繁衍提供了重要的途径，也为腐蚀创造了机会。在生物膜共生体内，细胞之间基因交换的频率很高。在生物膜的凝胶性基质中，存在着有氧区和无氧区，从而允许有氧过程和厌氧过程同时发生。对厌氧微生物（群落）来说，氧是毒性的。有氧过程消耗氧，因而厌氧微生物能从氧含量的降低中获益。无氧环境时，产甲烷菌、硫酸盐还原菌、产乙酸菌和发酵等厌氧细菌积极参与腐蚀过程。这些微生物物种间的相互作用使得它们能够共生于营养有限的条件下。

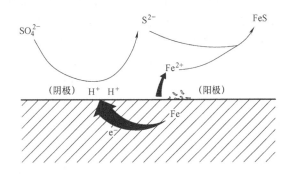

图 3-47　硫酸盐还原菌存在时厌氧条件下金属腐蚀的可能机理

　　在导致生物腐蚀的微生物种群中，对硫酸盐还原菌（SRB）研究得最深入，其过程如图3-47 所示。厌氧条件下，不存在可接受电子的氧，取而代之的是 SO_4^{2-} 或其他化合物被用作电子接受体。在新陈代谢历程中，每种类型的电子接受体都是独一无二的。腐蚀开始时，发生下列反应

$$4Fe \rightarrow 4Fe^{2+} + 8e^- (阳极反应) \tag{3-79}$$

$$8H_2O \rightarrow 8H^+ + 8OH^- (水解离) \tag{3-80}$$

$$8H^+ + 8e^- \rightarrow 8H (吸附) (阴极反应) \tag{3-81}$$

$$SO_4^{2-} + 8H \rightarrow S^{2-} + 4H_2O (细菌消耗) \tag{3-82}$$

$$Fe^{2+} + S^{2-} \rightarrow FeS \downarrow (腐蚀产物) \tag{3-83}$$

$$4Fe+SO_4^{2-}+4H_2O\rightarrow 3Fe(OH)_2\downarrow+FeS\downarrow+2OH^-（总反应）\qquad(3-84)$$

（4）有氧和厌氧交替条件　自然界或工业环境中很少有恒定的有氧或厌氧条件。更普遍的是二者交替，取决于特定环境中氧的浓度梯度和扩散能力。这种条件下的微生物腐蚀相当复杂，涉及两类不同的微生物和作为两种条件的过渡边界的界面。所得的腐蚀速度通常要高于在单一连续的有氧或者厌氧条件下的速度。微生物的活动降低了界面处的氧含量，有利于厌氧微生物的代谢。厌氧过程产生的腐蚀产物，如 FeS、FeS_2 和 S，在存在自由氧时又能被氧化。

在还原状态含硫化合物的氧化过程中，在厌氧条件下会产生腐蚀性更强的硫化，引起阴极反应。随着还原得到的 Fe^{2+} 和氧化得到的 FeS 浓度增加，腐蚀速度增加。阴极去极化过程也能产生自由 O_2，后者与金属表面上的极化氢发生反应。

材料的耐蚀性与材料的组成、纯度和表面处理有关。例如，由于能在表面生成钝化膜，不锈钢比软钢更耐腐蚀。不锈钢会发生点蚀，特别是在焊接和缝隙区域。304 和 316 不锈钢的腐蚀常见于海洋环境中。

（5）微生物体外聚合物导致的腐蚀　细菌产生大量的体外聚合物，这些体外聚合物是酸性的，含有可结合金属离子的官能团，表现出与腐蚀有关。体外聚合物有利于细菌向表面的黏附。在帮助无脊椎动物幼体在表面定居以及驱赶其离开表面方面，这些物质也起到重要的作用。它们主要由多糖和蛋白质组成，影响金属的电化学电位。利用 XPS 进行表面分析时发现，这些多功能材料能从表面络合金属离子，并将金属离子释放到水溶液中，其结果是引发了腐蚀过程。聚合物质中的蛋白质利用其丰富的二硫键来引起腐蚀。

阳离子影响细菌体外聚合物的产生。Mg、K 和 Ca 离子的存在刺激产气肠杆菌产生多糖。有毒金属离子（如 Cr）也增强多糖的产生，其合成与 Cr 浓度相关。

（6）微生物氢脆　细菌生长时，发酵过程会产生有机酸和氢分子。这种氢能吸附于材料表面产生极化。某些细菌，特别是产甲烷菌、产硫化物菌和产乙酸菌能够利用氢。在自然条件下常常能找到的混合微生物共生体中，氢的产生与消耗同时发生。微生物物种之间对于氢的竞争决定了氢向金属基体内渗入，从而引发裂纹的能力大小。材料失效中涉及的微生物氢可以用氢压理论和表面能量这两个截然不同的理论来解释。处于阴极充电状态下的软钢的氢脆动力学性质取决于扩散与塑性间的竞争。强度水平越高，合金越容易发生氢脆。然而，也有观点认为显微结构是材料氢脆敏感性的更关键的决定性因素。氢渗透会增加螺旋位错的移动性，但不会影响边缘位错的移动性。

（7）其他微生物代谢物引起的腐蚀　真菌能造成大量聚合物材料的劣化，其中包括电子工业用聚酰亚胺、包装用乙酸纤维素、环氧树脂、防护性涂料和混凝土。防护性涂料的降解有必要加以考虑，因为其下面的金属依赖于聚合物的保护性能。真菌能产生强腐蚀性的代谢物，包括大量的有机酸。这些酸会腐蚀燃料箱，它们能很好地生存于水-燃料界面处，作为碳源和能量源将燃料烃类化合物进行代谢。它们也能够产生腐蚀性氧化剂，包括过氧化氢。

4. 微生物腐蚀的预防对策

作为防止措施，氯气处理经常用来杀灭表面上的腐蚀性细菌。但这一处理产生的二次卤化副产物对环境不利。另外，生物膜阻碍扩散，防止杀菌剂的渗入。用于防止工业系统中细菌生长的有机杀菌剂可能会选择性地富集那些可通过细胞间基因转移而产生耐药能力的菌种。对这些问题，目前还没有合适的解决办法。然而，为环境所接受的新型杀菌剂逐渐得到应用。也许其中的某些杀菌剂或者能够防止生物膜的生成，或者能杀灭已经形成了的生物膜中的微生物。

3.5　流动诱导腐蚀

3.5.1　流体在管道中的流动特征

1. 层流和湍流

1883 年英国科学家雷诺（Reynolds）通过实验发现液体在流动中存在两种内部结构完全不同的流态：层流和湍流。当流体流速较小时，流体质点只沿流动方向做一维的运动，与其周围的流体间无宏观的混合，即分层流动，这种流动形态称为层流。流体流速增大到某个值后，流体质点除流动方向上的流动外，还向其他方向做随机的运动，即存在流体质点的不规则脉动，这种流体形态称为湍流。

在雷诺实验装置中，通过有色液体的质点运动，可以将两种流态的根本区别清晰地反映出来。在层流中，有色液体与水互不混掺，呈直线运动状态；在湍流中，有大小不等的涡体振荡于各流层之间，有色液体与水混掺。

圆管中恒定流动的流态转化取决于雷诺数 Re，Re 可由下式计算

$$Re = \frac{\rho u_b l}{\eta} \tag{3-85}$$

式中，ρ、u_b、η 分别为流体的密度、流速与黏性系数；l 为特征长度（如管道直径）。

雷诺数小意味着流动趋于稳定，雷诺数大意味着流动稳定性较差，容易发生湍流。圆管中恒定流动的流态发生转化时对应的雷诺数称为临界雷诺数，分为上临界雷诺数和下临界雷诺数。超过上临界雷诺数的流动必为湍流，它很不稳定，跨越一个较大的取值范围。有实际意义的是下临界雷诺数，表示低于此雷诺数的流体必为层流，有确定的取值，圆管定常流动取 $Re_c = 2000$。层流和湍流的关系如图 3-48 所示。

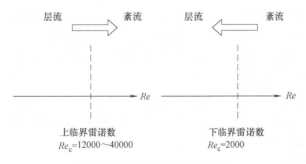

图 3-48　层流和湍流的关系

2. 扰流和涡体

流体管道的截面或流体的流动方向发生变化时，或者存在流体混合或分流时，会发生层流向湍流的变化，该现象称为扰流，其变化区域称为扰流区域。

涡体是在流体从层流状态发展到湍流状态过程中产生的一种形态结构。

流动诱导腐蚀失效在很多条件下均发生在平衡流型被打破的位置，即扰流区域。这些扰流的位置如：焊瘤的下游、管道接头的下游、管道连接和扰动处、预先存在的孔洞、阀门的下游、弯头和肘管处、热交换器的入口等。

图 3-49 所示为单向流体流过焊瘤时的示意图。图 3-50 所示为单向管管道界面突然变大时的形态。图 3-50a 所示为发展了的层流，显示了抛物线状的速度分布；图 3-50b 所示为发展了的湍流，显示了近壁处有较大梯度的对数速度分布（非扰流）；图 3-50c 所示为带有分流、回流和重新附着的扰动湍流，显示了复杂的流速场。

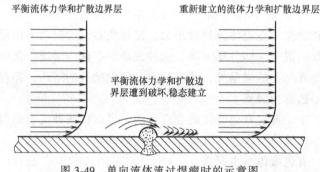

平衡流体力学和扩散边界层　　　　　　重新建立的流体力学和扩散边界层

平衡流体力学和扩散边界层遭到破坏，稳态建立

图 3-49　单向流体流过焊瘤时的示意图

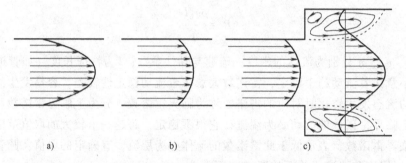

a)　　　　　　　　　b)　　　　　　　　　c)

图 3-50　单相管管道界面突然变大时的形态

扰流破坏了平衡态的流动边界层和扩散层边界层。扰流所造成的这种边界层被破坏所带来的影响是出现一种正常平衡态腐蚀反应难以维持的稳态腐蚀状况，并建立起动态的稳定条件。其结果是扰流部位的腐蚀增大，尽管管道主体部分的腐蚀速度很低。腐蚀形貌为大的蚀坑或腐蚀区域，并经常带有流动方向的痕迹。

有压管道恒定流遇到管道边界的局部突变时会发生以下变化：流动分离形成剪切层→剪切层流动不稳定，引起流动结构的重新调整，并产生旋涡→平均流动能量转化成脉动能量，造成不可逆的能量损耗。

3. 层流和湍流的区别

1）层流运动中，流体层与层之间互不混杂，无动量变化；湍流运动中，流体层与层之间相互混杂，动量变化强烈。

2）层流向湍流的过渡与涡体形成有关。

3）涡体的形成并不一定能形成湍流。

3.5.2　单相流和多相流中的冲刷腐蚀

冲刷腐蚀（或称冲蚀、磨损腐蚀）涵盖了流动诱导腐蚀的很大部分。流动的流体能破坏金属上的保护膜从而显著加速腐蚀。保护膜的破坏既可来自机械力，也可因为流动促进溶解，并且加速腐蚀可能伴随有膜下金属的冲蚀。冲刷和腐蚀的这种联合作用称为冲刷腐蚀。按照这种广义的冲刷腐蚀定义，液滴和固体颗粒的冲击膜磨蚀以及空蚀也包括在这里。实际上，加速腐蚀和冲蚀对金属全部损失的相对贡献，随冲刷腐蚀的类型和流体的力学强度而发生很大变化。

1. 冲刷腐蚀中的相关概念

（1）流体条件　冲刷腐蚀一般发生在湍流条件下。流动流体可以是单相的，如自来水管中室温条件下的水流；也可以是多相的，如含有气、水、油和砂等各种组合的多相流能造成油气生产系统的严重腐蚀。

最严重的冲刷腐蚀问题发生在流动系统的几何尺寸发生突然变化的扰动湍流条件下，如弯头、热交换器管的入口、孔板、阀门、管接头以及包括泵、压缩机、涡轮机和螺旋推进器的涡轮机械。

管道内流体容易发生湍流的位置如图 3-51 所示。

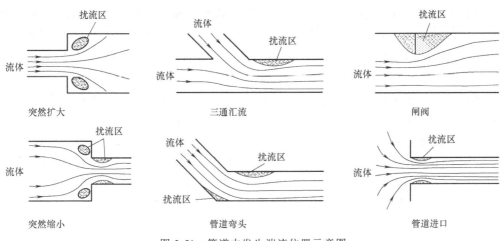

图 3-51　管道内发生湍流位置示意图

以小凸起或压坑形式存在的表面缺陷，如腐蚀坑、沉积物和焊瘤等能在很小范围内造成扰流，并足以引起冲刷腐蚀。在液相流动中存在悬浮的固体颗粒、气泡以及高速气流中的液滴危害尤为明显。

（2）膜　工业中所使用的大多数金属和合金均是由于形成和保留保护膜而耐蚀。保护膜可分为两类：

1）在碳钢（红锈）和铜（氧化亚铜）上形成的相对较厚的多孔扩散阻碍层。

2）不锈钢、镍基合金和其他钝性金属（如钛）上形成的看不见的薄钝化膜。

扩散阻碍层是由于阳极溶解和随后的沉积而形成的。钝化膜是因直接氧化而形成的一层非常薄的阻碍腐蚀的保护层。软而厚的扩散阻碍层比钝化膜更易遭到损坏而且修复更慢，钝化合金能承受更苛刻的服役条件。

（3）冲刷腐蚀速率　保护膜破坏对腐蚀速率的影响可用下面的例子加以说明。如输送水的碳钢管通常受到锈层膜的保护，这降低了溶解氧向管壁的传质速率，所引起的腐蚀速率通常低于 1mm/a。

当腐蚀是由溶解氧传质速率所控制时，腐蚀速率可以用已经很好建立起来的无量纲组合的传质关联来计算，一般为

$$Sh = \alpha Re^{\beta} Sc\gamma \tag{3-86}$$

式中，Sh 为舍武德数（对流传质和扩散传质的比值）；Re 为雷诺数（惯性力和黏性力的比值）；Sc 为施密特数（动量扩散和质量扩散的比值）；α、β、γ 为实验常数。

Sc 可按下式计算：

$$Sc = \mu/(\rho D)$$

式中，μ 为黏度（Pa·s）；ρ 为密度（kg/m³）；D 为扩散系数（m²/s）。

Berger-Hau 关联是被广泛接受的一种针对平滑管道中充分发展的湍流流动的传质关联，它给出 $\alpha = 0.0165$，$\beta = 0.86$ 和 $\gamma = 0.33$。以上述关联为基础，用溶解氧向无膜碳钢管壁传质速率来计算的腐蚀速率 CR（mm/a）：

$$CR = 4923C_{b}(D_{O_2}/d)Re^{0.86}Sc^{0.33} \tag{3-87}$$

式中，C_b 为主体氧浓度（mol/m³）；D_{O_2} 为氧在水中的扩散系数（m²/S）；d 为管道直径（m）。

这种计算是假设有 2/3 的达到壁面的氧用于把铁氧化成二价铁离子，而另 1/3 用于把靠近壁面的二价铁离子氧化为三价铁离子。在此基础上，输送溶解氧浓度为 $C_b = 0.25\text{mol/m}^3$；$D_{O_2} = 2×10^{-9}\text{m}^2/\text{s}$，流速为 2m/s 的充氧水溶液的 100mm 直径的管路将以 7mm/a 的速度腐蚀。

上述计算展示了冲刷腐蚀的破坏性，并且也显示出一旦保护膜被冲刷所损坏会造成高而不可接受的腐蚀速率。这里假设冲刷腐蚀是均匀的，传质是充分发展的。但实际上，冲刷腐蚀经常发生在局部区域的扰流条件下。

（4）冲蚀和腐蚀的相互关系　冲蚀加速腐蚀并伴随保护膜的损坏，也可能伴随膜下金属的冲蚀。在某些条件下，基体金属的冲蚀并不是主要因素。在有些条件下，冲蚀是控制因素。伴随保护膜损坏的腐蚀和冲蚀的相对关系为

$$冲蚀 + 腐蚀 \propto u_b^{\ y} \tag{3-88}$$

式中，u_b 为主体流速；y 为流速指数，其值取决于腐蚀和冲蚀对整个金属损失的相对贡献，见表 3-4。

表 3-4　腐蚀机制与流速指数

	金属腐蚀机制	流速指数 y		金属腐蚀机制	流速指数 y
腐蚀	液相传质控制	0.8~1	冲蚀	固体颗粒冲击	2~3
	电荷转移（活化）控制	0		高速气流中的液滴冲击	5~8
	混合（电荷/质量传递）控制	0~1		空蚀	5~8
	活化/再钝化（钝化膜）	1			

对于扰流而言，重要的是近壁区域的流动特性，而不是主体流速。实际上，表观流速是易于测量和控制的流动参数。

（5）湍流　冲刷腐蚀发生在单相湍流管中，管流中壁面切应力 τ_w 可用下面公式给出

$$\tau_w = \mu(\rho u_b^2/2) \tag{3-89}$$

式中，μ 是范宁（Fanning）摩擦因数。

一般情况下：

$$\mu = f(Re, \varepsilon/d, \hat{s}/d, m) \tag{3-90}$$

式中，ε 是对表面粗糙度投影尺寸的一种度量；$\hat{s}$ 是对表面粗糙度组元排列的一种度量；m 是取决于表面粗糙度组元形状的一种因素。

对于平滑管流：

$$\mu = 0.046 Re^{-0.2} \tag{3-91}$$

对于高雷诺数，它比 Blasius（柏拉修斯）方程 [沿程阻力系数 $\lambda = (0.3164)/Re^{0.25}$；适用范围 $Re = 3\times10^3 \sim 1\times10^5$] 更为有效。对于完全粗糙管流而言，$\mu$ 并不取决于 Re，而且

$$\tau_w \propto u_b^2 \tag{3-92}$$

表 3-5 中所示的临界流速（u_{cr}）是从临界切应力值计算得来的。设计换热器管的流速时不应该以充分发展的非扰动管流的临界切应力值为基础，因为管入口处的流动既是发展着的又是扰动的。实际上，在大多数工业系统中扰流均是允许存在的。

表 3-5　铜合金管在海水中的临界流动参数

合　　金	临界切应力 /N·m^{-2}	25mm 管的临界 流速/m·s^{-1}	以 50%τ_w 为基础的 设计流速/m·s^{-1}	可接受的最大设计 流速/m·s^{-1}
含铬铜镍合金	297	12.6	8.6	9
70-30 铜镍合金	48	4.6	3.1	4.5~4.6
90-10 铜镍合金	43	4.3	2.9	3~3.6
含砷铝黄铜	19	2.7	1.9	2.4
低硅青铜				0.9
磷脱氧铜	9.6	1.9	1.3	0.6~0.9

实际上，壁面处的切应力和压力均是波动的。单相液流中膜的去除与流动几何尺寸的宏观或微观突然改变所造成的扰流条件所产生的涡流相关。在确定临界切应力值的实验研究中，流动系统是很难避免不产生微小尺寸的磨损。钝化合金（如不锈钢）上的膜通常不会被单相液流破坏。室温下碳钢上的锈层要比铜上形成的保护膜有更高的力学稳定性。锈层（FeOOH）的密实性和保护性随流速而提高。高温水中碳钢上形成的磁铁矿膜和硫化物膜，在单相液流中有很高的力学稳定性。

2. 冲刷腐蚀机理

（1）冲刷腐蚀机械力的来源　参与流动系统壁面的保护膜和膜下金属冲蚀的各种机械力来源如图 3-52 所示，它们分别是：湍流、波动的剪切力和压力冲击，悬浮固体颗粒的冲击，高速气流中悬浮液滴的冲击，液流中悬浮气泡的冲击，汽化后气泡的剧烈爆裂。

流动促进膜溶解和减薄是化学形式的，保护膜冲蚀导致膜下金属的加速腐蚀。

（2）延性材料的微切削机制　微切削机制基本被 1958—1975 年该领域的所有研究者所接受。然而从那以后，某些明显的证据已显示，微切削机制并不是延性材料冲蚀的主要机制。

另一个被广泛接受的有关延性金属冲蚀的主要观点是靶材硬度和强度的影响，即硬度越

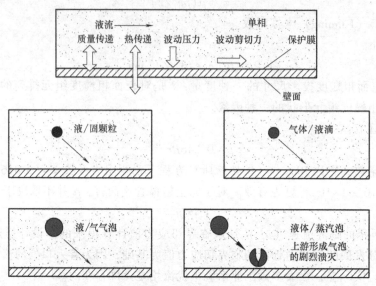

图 3-52　导致冲刷腐蚀的流动系统中流动流体和壁面间的相互作用

高，耐冲蚀性能越好，但该机制也存在一定的局限性。虽然在许多情况下，对于其他类型的磨损，即滑动磨损和磨粒磨损来说，更高的硬度的确导致更好的耐磨性。但除了退火态金属外，通常的情况是增加硬度对耐冲蚀性能没有影响，或有负面影响。

（3）延性材料的成片机制　通过观察发现，冲蚀表面上的金属流失主要以各种颗粒冲击角度下的"凸起-锻造"联合作用机制而发生。有证据表明，微观"小片"最初凸起于颗粒冲击所造成的浅弹坑。一旦形成，它们就被后续的颗粒冲击锻造，处于恶化的条件下。此时它们的全部或部分在后续颗粒冲击下易于从表面脱离。这种机制称为冲蚀的成片机制。

（4）金属上脆性膜的冲蚀机制　在大多数高温冲蚀条件下，受冲蚀的表面既承受腐蚀也承受冲蚀。因此，受冲蚀的表面区域是沉积的冲击颗粒、表面膜和基体金属的某种组合。

金属可以通过加热等工艺使其表面生成一层 $1\sim100\mu m$ 的表面薄膜。这层膜的结构可能是一致的，也可能是内层和外层存在差异，这主要取决于材料的种类和产生膜的工艺。

当造成弹坑的颗粒从表面反弹之后而引起区域卸载时，平面裂纹会沿着两层膜的界面形成。这会形成具有平坦顶部的圆锥体。这样，径向和平面裂纹均在冲蚀过程的早期形成，将表面破坏成水平和垂直的裂纹网络。

在此期间，冲蚀过程会产生临界期，此时膜即使有损失也非常小。临界期主要产生"小片"和金属中的亚表层硬化区，同时还造成外层膜开裂，形成平面裂纹并从内层分离出小片。所有这些作用都是用来将膜分割成镶嵌式的小裂纹区域，该区域能被随后的颗粒冲击而从表面去除。这种次序如同用冰铲在一大块冰上铲除一小片冰一样，经由孔洞开裂的内层随后会以更高的速度被冲蚀掉。

（5）钢的冲蚀和腐蚀　在有氧化发生的高温条件下，固体小颗粒对钢表面冲击的机制和流失速率是靶材成分和表面介质环境（即气体成分和温度、颗粒成分、形状、完整性、流速、攻角和浓度）的共同函数。与静态或动态气体中形成的腐蚀产物膜相比，这些介质环境参数对所形成腐蚀产物膜的影响表现在成分、形貌、生成和流失机制，以及相应的金属流失速率的改变上。

钢的冲蚀-腐蚀行为是随其铬含量及相应的表面环境条件差异而变化的。选择满足服役条件的最廉价合金必须对冲蚀-腐蚀行为有深层次的理解。

含铬的合金钢抵御如流化床燃烧器、先进的燃煤锅炉和煤气化器的能源生成系统中所出现的冲蚀-腐蚀共同作用下的表面损伤能力，是其设计中的重要方面。

1）在同时伴随有高温氧化时，固体小颗粒对钢表面的低速冲击显著改变所形成的膜层的特性。膜层的成分、形貌、生长速率和厚度均会受到影响，就像膜从表面的去除机制和速率一样。低颗粒速度冲蚀-腐蚀的主要特征是在金属表面上存在着受冲蚀的膜层而不是基体金属。

观察表明，在膜形成机制、形貌、力学行为和损失速率方面的主要差别是随冲击颗粒的攻角而改变的。倾斜度大的攻角对表面的影响显著不同于相对小的攻角。它们构成了对于碳钢和合金钢在固体颗粒燃烧环境（如煤）下，所有温度和颗粒流速下的冲蚀-腐蚀行为认识的基础。

起皮剥落被认为是由于高颗粒速度下所形成膜的有效热压的连续特性，此时并没有低颗粒速度下所形成膜的减缓开裂的应力。在汽轮机部件金属上使用保护性陶瓷涂层时，因为热疲劳寿命在沉积过程中得到延长，因此涂层中的裂纹减少，并可减缓起皮剥落。大量亚临界微裂纹的存在降低了弹性模量和穿越连续相的距离，这样就降低了在给定应变水平下涂层中能产生的应力，从而提高了应变容纳能力并减小了涂层的起皮剥落倾向。低攻角条件下存在不同的机制和材料流失速率，因为低攻角颗粒不能赋予足够的垂直方向力来使膜更牢固。

温度对所形成表面膜形貌的影响与颗粒速度相似。在低于流失机制的转变温度时，冲击颗粒以碎片的形式将膜从表面去除。在高于转变温度时，流失会以大片膜的形式定期剥离。由于冲击颗粒对软化膜的热压作用，膜会浓缩成一个连续层。

2）钢中铬含量的影响　铬的质量分数在 2% ~ 25% 范围内，钢中铬含量对其冲蚀-腐蚀行为的影响（用 Al_2O_3 做磨粒）与铬含量对静态氧化行为的影响基本相同。然而，所形成膜的形貌和成分以及质量改变的机制和速率却随冲击颗粒对膜的生长过程的影响而显著改变。发生动态腐蚀（气流中没有颗粒）的 2.25Cr 钢和 5Cr 钢会生成厚且呈分割状的膜。当冲击颗粒和腐蚀气体同时影响表面时，它们却生成光滑而多的加固膜。

当铬的质量分数高于 9% 时，动态氧化会导致生成一层很薄的 Cr_2O_3 膜，该层膜仍然保留基体金属的抛光线。当这些钢在发生氧化的同时也承受颗粒的冲击，膜的形貌、厚度以及成分会发生改变。膜的 X 射线衍射表明，9Cr-1Mo 钢形成氧化铁膜，而高铬含量钢生成 $FeCr_2O_4+Cr_2O_3$ 膜。随着铬含量的提高，膜的分割程度变得更高。

3. 冲刷腐蚀的形式

（1）固体颗粒冲击　带入流动液体里的固体颗粒的冲击能对两种类型的保护膜（厚的扩散障碍层和薄的钝化膜）产生损伤导致冲刷腐蚀。颗粒也可能同样会冲刷金属，增加整个金属的流失。

冲蚀速率 ER 是冲击颗粒的动能（正比于 u_b^2）和冲击频率（正比于 u_p）的函数，可做出一级近似：

$$ER \propto u_b^3 \tag{3-93}$$

颗粒的动能垂直于壁面，由冲击速度和攻角以及颗粒的密度和尺寸决定。砂浆对脆性材料的冲蚀随颗粒的攻角而增大，直到 90° 达到最大值。延性材料的冲蚀最大值发生在 15°~40°。水溶液砂浆中的小颗粒冲击可能会因系统壁面所存在的边界层而衰减。实际上，硬磨粒砂浆经常被磨细后用碳钢管输送。冲蚀因小的颗粒尺寸和维持颗粒悬浮所需要的低流速而得以减缓。

冲击速度和攻角均受扰流的强烈影响，扰流区域是实际中所发现的冲蚀最严重的地方。在非扰动的湍流管中，攻角<5°，而在扰流中则会遇到大范围的攻角。

固体颗粒在流体中的体积分数、颗粒的形状和颗粒表面的微观粗糙度以及冲击颗粒和流动系统的壁面的相对硬度均与冲蚀速率密切相关。油气生产系统中，固体颗粒在冲刷腐蚀中扮演主要角色。在低速时，加速腐蚀是重要因素；而在如阻气阀的高速条件下，冲蚀能导致一些部件的快速破坏。

（2）液滴冲击　在高速气流中所携带的液滴冲击所引起的冲蚀通常称为液滴冲击破坏。该种破坏涉及固体壁面受到液滴持续、离散的冲击，产生比稳态流动高得多的脉冲和破坏性的接触应力。冲击性冲蚀已成为处理湿蒸汽的低压汽轮机叶片以及飞机和直升机转子雨蚀的一个问题。无论是在机理上（多半是一种形变冲蚀），还是在破坏形貌上（离散边缘锐利蚀坑的连续深化，聚合成蜂窝状的形貌），液滴冲击破坏与空蚀之间有很多共同点。腐蚀及空蚀通常扮演次要角色，并随流体力学强度而变化。

（3）拔丝　拔丝是冲刷腐蚀的一种形式，可在流体中以非常高的流速流经小缝隙时看到。这种类型的损伤很难加以分类，以单个或多个光滑沟槽的形式存在（见图 3-53）。当这种损伤发生在逸出蒸汽的阀座时可以归入液滴冲击破坏，当它发生在单相流体系统时可以归入空蚀，流体可以是水溶液或非水溶液。

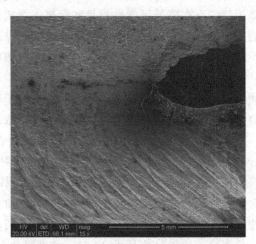

图 3-53　管壁面上的拔丝形貌

（4）流动促进膜溶解　流动促进膜溶解（包括减薄）是保护膜冲蚀的一种"化学"形式，并可引起腐蚀加剧。这种类型的冲刷腐蚀会导致火力发电厂和核电厂中运送热（100~250℃）的除氧水或蒸汽的碳钢管线（受磁铁矿膜的保护）出现某些严重的问题。这一问题发生在高传质速率的地方，对应于弯头以及泵、阀和管板下游的高湍流条件。在这些部位，膜溶解得更快，从而需要更高的阳极电流来更新保护膜。

在高速湿蒸汽中，有一种观点认为磁铁矿膜的对流溶解是由液滴冲击引起的氧化物疲劳来维持的。在弯头的外壁，液滴在二次流动和离心加速的影响下冲击磁铁矿膜，使其疲劳并被冲掉，使新鲜金属暴露于蒸汽中。在弯头的内壁，反向流动的层流点伴随非常高的传质系数而出现。

（5）金属在高温服役环境中的冲刷腐蚀　任何使用含有固体小颗粒的高温气流的工业操作系统都易于发生冲蚀-腐蚀联合作用。这些系统遍布于很多工业领域，其中包括发电、垃圾焚化、石油精炼、化工过程、水泥制造和整批运输。每个系统都有其特定的磨粒、反应气体和操作条件的组合。由于延性材料和脆性材料的冲蚀机制有根本性差别，因此对特定类型服役条件下所发生的冲蚀-腐蚀的理解有助于评估发生在其他服役环境下的材料流失。然而，材料和操作条件在细节上的差别导致流失速率有相当大的差别，尽管其基本机制相同或相似。

4. 力学性能对冲蚀的影响

冲蚀的成片机制改变了许多以前已被接受的延性金属的冲蚀行为与其物理和力学性能间的相互关系。延性、应变硬化、"（金属的）可锻性"和热性能变得更为重要，以前相关联的性能如硬度、韧性和强度的影响程度降低。更高的延性一般会造成更低的冲蚀速率，更高的强度和硬度却能导致更严重的冲蚀发生。已有证据表明，对于除高强度和高硬度合金以外的许多合金来说，高的耐冲蚀性均与其延性提高相关。这种行为可以与延性金属冲蚀的成片机制很好地关联。吸收来自冲蚀颗粒动能的冲击力使得所形成的金属"小片"上的局部断裂应力无法达到，这种塑性形变能力会造成更低的冲蚀速率。然而，这种影响是有极限的，延性增加耐冲蚀性是以牺牲强度为代价的。

除了凸起-锻造的成片机制外，还可观察到冲蚀的另一种机制。它主要发生在多相合金中，其中至少一相是由孤立的硬颗粒处于软基体的主相中。这种类型的冲蚀会产生相对大而厚的大块（与薄的"小片"相比），它们被后续颗粒从表面敲掉。该机制与冲蚀的成片机制共同发生。

5. 冲刷腐蚀破坏形式与特点

在设备或部件的某些特定部位，介质流速急剧增大形成湍流，冲刷腐蚀中存在由湍流导致的磨损腐蚀。例如化工设备中的变径管，离入口管端高出少许的部位，正好是流体从管径小转到管径大的过渡区间，此处便形成了湍流，磨损腐蚀严重。这是由于湍流不仅加大阴极去极化剂的供应量，而且又附加了一个流体对金属表面的切应力，这个切应力可使已形成的腐蚀产物膜剥离并随流体带走。如果流体中还含有气泡颗粒，还会使切应力的力矩增强，使金属表面磨损腐蚀更加严重。当流体进入管道后很快又恢复为层流，层流对金属的磨损腐蚀并不显著。除高流速外，有凸出物、缝隙、沉积物、突然流向变化的截面以及其他能破坏层流的障碍存在，都能发生冲刷腐蚀。

构成冲刷腐蚀的条件除流体速度较大外，不规则的构件形状也是引起湍流的一个重要条件。遭到冲刷腐蚀的金属表面，常常呈现深谷或马蹄形的凹槽，一般按流体的流动方向切入金属表面层，蚀坑光滑没有腐蚀产物积存。图 3-54 所示为管内壁冲刷腐蚀示意图。

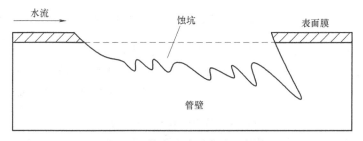

图 3-54　管内壁冲刷腐蚀示意图

在输送流体的管道内，管壁的腐蚀是均匀减薄的，但当流体突然改向时，如弯管、变径管等部位，管壁的腐蚀要比其他部位的腐蚀严重，甚至穿洞，最终产生冲刷腐蚀。它由高速流体或含颗粒、气泡的高速流体直接不断冲击金属表面引起磨损腐蚀。

采用透射扫描电镜观察冲刷腐蚀形貌时，在材料亚表面存在三个区域：第一区域是高度变形的晶粒层，第二区域是变形孪晶层，第三区域是位错网。第二区域与第三区域之间有一带状区域，这可能是强烈的切变形造成的边界隔开区，并且随着离开冲击点距离的增大位错密度在减少。当冲击角度为90°时，变形更加严重，但最突出的差别是，有更多的粒子嵌入到损伤的金属表面。

冲刷腐蚀的宏观表现形式为鱼鳞状、马蹄状、抛光表面、晶粒显现、流线状条纹和迎水侧边耗损等。

6. 金属的冲蚀-腐蚀分析举例

某核电站热交换器传热管材料为 TA2 钛管，其累计使用时间约四个月即发现泄漏。该传热管规格为 G19×0.7。使用时管内通海水，海水温度为 25℃ 左右，水压为 0.1~0.2MPa，流速为 1.1m/s；管外通淡水，水压为 0.4MPa，最高温度为 35℃。正常情况下传热管内外温差为 3~5℃。现场调查时发现，热交换器壳体内衬上的防护橡胶存在大量脱落，有的已被冲成条状并被冲入换热管中。泄漏的钛管中也发现有较多的泥沙沉积。

对失效件的理化试验结果表明，传热管化学成分符合技术要求，力学性能指标符合技术要求。泄漏钛管破口处光滑细腻，形状变化柔和，未见腐蚀性产物，破口大多呈马蹄状，存在沟槽和水波纹特征（见图 3-55），残留物主要为硅酸盐类、氧化物类和钠盐、钾盐等。破口处壁厚减薄按穿晶的方式进行，根据上述试验结果，分析认为该热交换器传热管失效性质为冲蚀磨损或磨蚀磨损。

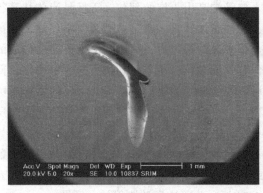 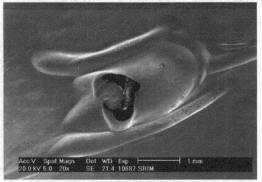

a) 沟槽   b) 马蹄状

图 3-55 换热管内壁的冲刷腐蚀形貌

该核电站地处长江与钱塘江入海交汇的杭州湾，其海水水质与标准海水不同，其大致成分见表 3-6。该区域海水盐分较低，导致含氧量上升，增加了腐蚀倾向，而江河入海时带来的泥沙，以及城市与工厂污染物，使得水中 COD、S^{2-}、NH_4^+ 增高，更加剧了腐蚀的危害。

表 3-6 杭州湾海水大致成分

项目	含量	项目	含量
含盐量（质量分数）	1.35%	钠离子的质量浓度	4143mg/L
氧的质量浓度	9.6mg/L	固体总量（质量分数）	2%
氯离子的质量浓度	7000~9000mg/L	悬浮物的质量浓度	10000mg/L

（续）

项目	含量	项目	含量
泥的质量浓度	$0.5kg/m^3$	铁离子的质量浓度	$10\sim70mg/L$
海水硬度	$300\sim325mg/L$	pH 值	$8\sim8.2$
游离氨的质量浓度	$0.3mg/L$	电阻率	$60.2\Omega\cdot cm$

　　该热交换器已投入使用近十个月，但其累计使用时间仅四个月左右，说明热交换器有较长的时间处于停用状态。在停用时，热交换器一直处于有水状态，含泥量较高的海水很容易在管内壁沉积泥沙，特别是在有防腐橡胶残片存在的情况下，沉积的泥沙很容易和橡胶碎片集结成一体，形成阻塞。越靠近管口，橡胶残片驻留的概率越高，形成阻塞的概率也就越高。一旦形成阻塞，在妨碍流动的阻塞物前后将产生较大的压差，使狭窄的流道通过高速的海水，在固体异物周围发生显著的湍流。

　　图 3-56 所示为流体通过阻塞物时方向变化情况。一旦阻塞物的后面产生旋涡，流体的运动方向将发生变化，管壁将受到明显的切应力。有资料介绍，高速海水流过闭塞部位所产生的切应力为非闭塞部位的 26 倍。

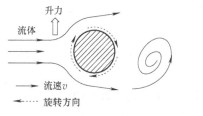

a) 通过单阻塞物时产生的湍流示意图　　　　　b) 通过多阻塞物时产生的湍流示意图

图 3-56　流体通过阻塞物时方向变化情况

　　冲蚀磨损是指固体表面和流体、多组元流体相互机械作用，或是受液体或固体粒子冲击的机械作用所造成的材料损耗现象。流体的流速是研究材料冲蚀性能的重要因素。在介质浓度不变，所含固体粒子的大小及攻角一定时，流速对冲蚀失重的影响关系为

$$W = kvn \tag{3-94}$$

式中，W 为冲蚀中材料的失重；k 为系数；v 为介质的流速；n 为速度指数。

　　磨蚀磨损是由于腐蚀性介质与金属表面做相对运动而引起的。磨蚀失效零件上往往有沟槽、水波纹和马蹄状特征。冲蚀实际上是磨蚀的一种，只是介质流速更高，冲击力更大。

7. 控制冲刷腐蚀的对策

　　控制冲刷腐蚀的主要前提是识别或确定加速腐蚀和冲蚀间的相互关系。只有正确识别以后才能采取合适的方法进行控制。

　　如果保护膜损坏以后加速腐蚀是主要问题，那么有两种选择：①采取适当措施，避免对表面膜的损伤；②接受膜的损伤，使用腐蚀控制方法。

　　如果膜下金属的冲蚀是主要因素，就要从设计和选择材料方面寻找解决方案。

　　识别冲刷腐蚀的类型有时是相对直接的。无论单相液流还是悬浮颗粒所引起的冲刷腐蚀均是以光滑沟槽、冲沟、浅的泪状蚀坑和经常带有明显流动方向性的马蹄状压入痕迹的存在为特征的。这种损伤的特性形貌经常开始于金属表面的某些孤立点，并且随后扩展为表面的

普遍粗糙化。对于空蚀和液滴冲击损伤而言，破坏以边缘锐利蚀坑的形式开始，随后合并成蜂窝状的结构。

对冲刷腐蚀的识别和控制的更深入了解，可参阅美国腐蚀工程师协会（NACE）的《腐蚀识别和控制手册》，其中包含有各种类型的冲刷腐蚀照片及大量案例，也包括其控制方法。

冲刷腐蚀的具体预防对策如下：

1）在设计中减小流体的压差。

2）用更耐蚀的材料。

3）降低表面粗糙度值。

4）贴上橡胶或塑料等弹性层，可有利于防止空化来减少气蚀。

5）管道表面做涂层处理，如涂覆碳化钨或陶瓷等，增加表面强度。

3.5.3 流体加速腐蚀

1. 流体加速腐蚀现象

2016 年 5 月，法国 EDF 举办的 FAC2016 国际会议中，美国 INPO 反馈，自 2006 年至今，美国核电站二回路发生的泄漏事件中，50%是由冲蚀引起的，另外 50%是由流体加速腐蚀（Flow Accelerated Corrosion，FAC）引起的。

流体加速腐蚀主要发生在高温高压管道及设备中的碳钢和低合金钢与流体相接触的部分，造成由内向外减薄，而且不易发现，易造成突发性事故。

核电厂主给水管线、凝结水管线、疏水管线、部分抽汽管线等主要是由碳钢制造的。在核电站运行过程中，与流体接触的碳钢管线不可避免地会发生腐蚀，而管内的流体会加剧这一过程，该现象称为流体加速腐蚀（FAC）。有段时间，流体加速腐蚀曾称为管道的冲蚀/腐蚀（Erosion/ Corrosion，简称 EC），但是这两个过程是不同的。冲蚀/腐蚀过程包括有机械作用（如流体中的固体颗粒、高速流体、液滴冲击等）引起的表面氧化膜剥离过程，而流体加速腐蚀过程则是纯电化学腐蚀过程（流体只是加速了这一过程）。

现在普遍认为，流体加速腐蚀只发生在有液相流体存在的管道内（如水管道和湿蒸汽管道），而在干蒸汽和过热蒸汽中则不会发生流体加速腐蚀。在核电厂中，由于工质的特点，比如由蒸汽发生器产生并进入汽轮机的主蒸汽为湿蒸汽，流动加速腐蚀现象就比较明显；另外，凝结水系统具有一定温度的水介质也容易导致流动加速腐蚀。

2. 流体加速腐蚀的特征

1）流体加速腐蚀的特征是大面积的壁厚减薄而非局部腐蚀。

2）肉眼观察到的流体加速腐蚀表面有多种形貌。在单相流体条件下，当腐蚀速率较高时，金属表面出现马蹄形、扇贝形、橘子瓣形的腐蚀形貌。在两相流条件下，管道的腐蚀形貌是"虎皮纹"，通常认为这种形貌是由高度紊乱和充满气泡的水冲刷造成的。

3）流体加速腐蚀主要发生在管形装置中有强烈湍流的部位，减薄区域在工作压力、水流突然冲击或启动加载等冲击力的作用下会发生破坏，对于大型装置可能发生突然爆裂。

3. 流体加速腐蚀的形成机理

在强还原性环境下，碳钢或低合金钢表面的保护性氧化膜溶解到水流或者湿蒸汽中，而管道内的流体流动会加剧这一过程的发生，因此称为流体加速腐蚀。通常认为，流体加速腐蚀是静止水中均匀腐蚀的一种扩展，其区别在于流体加速腐蚀的氧化膜/溶液界面存在流体运动。流体加速腐蚀一般发生在除氧水中，发生时金属表面呈均匀腐蚀状态，且其表面上有一层由运动条件与水化学工况决定的多孔氧化层。该氧化层及其金属基体的溶解、剥离是一个持续的、线性过程，条件一定时，只与时间相关。考虑到金属表面多孔铁磁相膜（Fe_3O_4）的存在，流体加速腐蚀可以分解为两个耦合过程，图 3-57 所示为流体加速腐蚀的机理简化示意图。

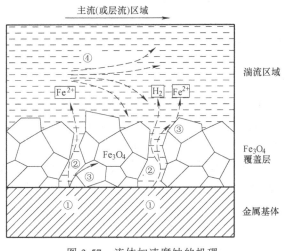

图 3-57　流体加速腐蚀的机理

钢管的内表面覆盖了一层 Fe_3O_4 保护膜，在远离保护膜区域的主流区的流体流速较快，靠近氧化膜流体边界层的流速较慢。如果主流区中溶解的铁离子未达到饱和，则边界层中已经溶解的铁离子会不断向主流区中迁移，因而在边界层中溶解的铁也处于不饱和状态，故氧化膜中的铁就会溶解到未饱和的边界层中，使 Fe_3O_4 氧化膜以一定的速率溶解。另外，氧化膜的孔隙内充填有水，金属基体腐蚀产生的铁离子可通过这个通道直接扩散到氧化膜外的边界层。这三个区域（主流区、边界层、氧化膜）不断发生溶解铁的迁移，而高速流动的水又将迁移于水中的溶解铁带走，从而导致钢铁表面的不断腐蚀。流动加速腐蚀的发生与管道内的介质特点密切相关。

如果没有流动的影响，腐蚀过程包括图 3-57 所示的①、②、③三个过程。

过程①包括如下两个化学反应［产生 Fe^{2+} 和 H_2，即式（3-95）和式（3-96），或式（3-96）和式（3-97）］：

$$Fe+2H_2O \longrightarrow Fe(OH)_2^{2-}+H_2 \uparrow \tag{3-95}$$

$$Fe(OH)_2 \rightleftharpoons Fe^{2+}+2OH^- \tag{3-96}$$

$$3Fe+4H_2O \rightleftharpoons Fe_3O_4+4H_2 \uparrow \tag{3-97}$$

过程②为式（3-96）中释放的 Fe^{2+} 融入水中的过程。过程③为式（3-97）中生成的 Fe_3O_4 逐渐沉积在金属表面形成覆盖层的过程。除 Fe_3O_4 自身疏松多孔的结构特点外，上述化学过程中产生的 H_2 也促成了该疏松多孔结构的形成。因此，水和金属一直存在直接接触的机会。由于流体在静止状态时，液固界面处被溶解物质的浓度较高，化学腐蚀的速率也很低，在一定时间内甚至可达到平衡。

正是由于流动的存在，即过程④不但使流体中被溶解物质（如 Fe^{2+}）的浓度不断地被稀释，而且当流速大到一定程度时，疏松的覆盖层随时都有可能被冲蚀，使更多的金属直接暴露在水中，化学反应的平衡被彻底打破，向着金属被"水解"的方向快速推进。

4. 影响流体加速腐蚀的因素

从流体加速腐蚀过程分析可知，凡是对上述四个过程产生影响的因素必然会对流体加速腐蚀过程产生影响，所以既要考虑腐蚀因素（材料的氧化、氧化层溶解、电荷转移等），又要考虑传质过程中各种因素对流体加速腐蚀过程产生的影响，概括起来可以将其分为三类。

（1）工质因素 包括工质温度、pH 值、还原剂、氧浓度、氧化-还原电位等。例如：在 $75 \sim 250 \text{℃}$ 温度范围内，均可能发生流体加速腐蚀。在 150℃ 时，Fe_3O_4 在水中的溶解度最大，腐蚀速率也达到了最大值。

提高 Fe^{2+} 含量和 pH 值（提高 OH^- 含量）可抑制金属的水解，减缓腐蚀，还可减缓 Fe_3O_4 的水解。当 pH 值超过 9.4 时，再通过提高 pH 值减缓流体加速腐蚀已作用不大，故工程中推荐减缓流体加速腐蚀的 pH 值为 $9.0 \sim 9.7$。

氧含量越低，工质水就越没有能量将 Fe^{2+} 氧化，故形成的氧化膜始终处于活性状态，甚至根本就不能形成氧化膜。当工质中氧的质量分数低于 $2 \times 10^{-6} \%$ 时，流体加速腐蚀速率极低。

（2）流体动力学因素 包括流体流速、管道表面粗糙度、管路几何形状、蒸汽质量或者双相流体中的气体百分比等。流体动力学因素主要通过影响腐蚀产物向主体溶液中的传质速率来起作用。当工质通过变截面区域时，其流动状态或流速会发生改变，因此也会影响流体加速腐蚀的发生。

（3）材料学因素 氧化膜的稳定性和溶解度受材料的化学成分和合金元素的含量控制。碳钢极易发生流体加速腐蚀。在碳钢中加入易钝化的 Cr、Ni、Mo 合金元素，这些金属自身不但容易形成结构致密耐蚀的氧化膜，还有助于碳钢表面形成结构致密的羟基氧化铁保护膜，因此在碳钢中加入部分易钝化合金对防止流体加速腐蚀十分有利。已经确定作用最有效的合金元素是 Cr，通常 1%（质量分数）的 Cr 含量就能使流体加速腐蚀速率降到很低。

5. 控制流体加速腐蚀的对策

1）合理设计管道结构，控制焊接质量，避免形成湍流。

2）降低管内壁的表面粗糙度值。

3）避免管道内壁产生锈垢。

4）控制介质 pH 值。

5）控制介质氧含量。

6）控制液相的流动速度。

7）选择合适的材料，如增加材料中的 Cr 含量到 1%（质量分数）左右就可有效控制流体加速腐蚀。

6. 流体加速腐蚀诊断举例

某核电厂疏水管道的阀管在使用过程中发生了泄漏。现场调查结果表明，阀管发现泄漏时已服役 10 年以上，其材质为 15CrMo，阀门为间断式工作，曾经有较长一段时间为非工作状态。正常情况下，阀门上端介质为净化水，温度为 260℃，压力为 4MPa，阀门下端为负压（近似 1 个大气压）。泄漏位置位于下水一端靠近阀的阀管体。

图 3-58　阀管失效泄漏位置

根据对阀管泄漏部位的理化分析结果可知，其化学成分符合技术要求，低倍组织未见异常。根据对阀管的拆解分析可知，阀芯上存在不对称的磨损痕迹，按照该磨损痕迹组装阀体后发现管上端的水会进入阀芯腔体。宏观观察发现，阀管的球面密封面上存在磨损沟槽，该区域的阀管内表面存在"喇叭状"冲刷痕迹，其延伸部分即为冲刷严重的泄漏部位（见图 3-58）。有限元模拟计算结果表明，水经过磨损沟槽后会产生回流，形成湍流，其形态和实际的冲刷凹坑比较吻合（见图 3-59）。

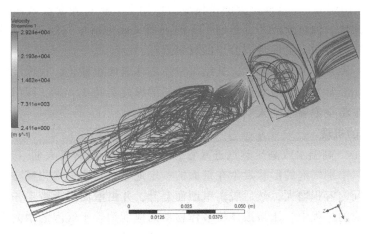

图 3-59　有限元模型

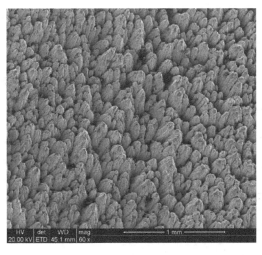

a) 表面

b) 剖面

图 3-60　流体加速腐蚀的损伤形貌

泄漏部位的表面异常粗糙，存在大量孔隙（见图3-60）。孔隙壁比较粗糙，其底部比较尖锐，存在腐蚀特征。由此可见，失效部位的壁面减薄主要是以腐蚀的方式进行的，液流（或气流）只是加速了该腐蚀进程。失效分析结果表明：流入阀芯腔体的水又经过阀管上球面密封上的磨损沟槽，形成速度较高的水射流，并在阀管壁面形成湍流，产生了流体加速腐蚀，导致阀管壁穿透而泄漏。

3.5.4 空泡腐蚀

1. 空泡腐蚀的定义

由于流动液体中气泡破裂形成的振动波而引起固体表面局部变形和被磨去的现象称为空泡腐蚀（简称空蚀，也称气蚀）。它是在液体与固体材料之间相对速度很高的情况下，由于气体在材料表面的局部区域（低压区）形成空穴或气泡，继而迅速破灭而造成的一种局部腐蚀。当发生空泡腐蚀时，由于材料表面空穴或气泡的形成和破灭极其迅速，有人估计，在一个微小的低压区，每秒钟可能有 2×10^6 个空穴或气泡破灭。在空穴破灭时，产生强烈的冲击波，压力可达410MPa，在这样巨大的机械应力作用下，材料表面金属耗损，表面保护膜遭到破坏，形成蚀坑。蚀坑形成后，粗糙不平的表面又成为新生气泡或空穴的核心。同时，已有的蚀坑产生应力集中，更促进表面层的材料损耗。

空泡腐蚀是一种常见的磨损形式，其结果常使固体表面粗糙化，很像浸蚀剂在材料表面引起的浸蚀效应。经常发生空泡腐蚀的构件如轮船的螺旋桨叶片、泵、阀门、浮筒、水轮机叶轮等。也有文献将空泡腐蚀纳入到冲蚀的范畴之中。

2. 空泡腐蚀的机理

（1）汽化核心　高温水或高压蒸汽进入管路中，气泡会在材料表面（或称放热面）上产生，往往气相以个别气泡的形状发生在壁面的一定地点上，称为汽化核心。核心附近生成的气泡在一定时间内容积增大，然后脱离壁面而上升，并由壁面附近带走一些液体，流入流体中。在气泡生成的过程中，压挤液体使液体移动的速度约等于气泡的增大速度。一旦气泡脱离后空出来的空间又被来流所占据，如果液体受到自身温度和压力的变化，又会有新的气泡形成。

气泡的运动往往是非线性的，对于非牛顿流体中，在忽略切应力和法向应力的条件下，可给出受到流体施加作用力生成气泡的体积预测方程：

$$V = C \left(\frac{v_b^2}{g} \right)^{\frac{3}{5}} \tag{3-98}$$

式中，V 为气泡体积；v_b 为气泡流速；g 为重力加速度；C 是无量纲系数。

对于生成气泡的尺寸，即气泡脱离壁面进入流体瞬间的大小由式（3-99）确定。

$$\frac{dR}{d\tau} = K \frac{\alpha}{R} I_S \tag{3-99}$$

式中，R 为气泡半径；τ 为时间变量；K 为取决于液体特性和气泡形状的系数，$K = 5 \sim 10$；α 为液体热导率；I_S 为 Jacobi 数（雅克比数），$I_S = \frac{c_p \Delta t}{\lambda} \frac{\rho_1}{\rho_b}$；$c_p$ 为定压下的液体比热容；λ 为比热容；ρ_1、ρ_b 分别为液体和气泡的密度。

（2）气泡的产生和溃灭　在一般情况下，水在一个标准大气压下（100℃）时会变成水蒸气，而水的沸点会随压力的降低而降低，当压力降到 2300Pa 左右时，水在常温下就会汽化，形成气泡。在实际运行过程中，承压设备内的压力远远大于一个标准大气压。当液体压力降低、速度增大或者温度升高等情况下，液体中会产生气泡。产生气泡的直接条件是流场内局部压力低于液体饱和蒸汽压力。根据压力系数的定义，物体表面的压力系数 C_p 按下式计算：

$$C_p = \frac{p_b - p_\infty}{\frac{1}{2}\rho_1 v_\infty^2} \tag{3-100}$$

式中，p_b 为物面压力；p_∞ 为无穷远处流体压力；ρ_1 为液体的密度；v_∞ 为无穷远处流体速度。

由式（3-100），当物面压力小于某一临界压力点（$C_p < 0$）时，流体流速会增加，压力不断减少，最终达到 $(p_b)_{min} = p_v$（p_v 为饱和蒸汽压）。此时，最小压力点附近流体的连续性遭到破坏，产生大量的水蒸气和含有气体的气泡，这些气泡和流体以相同的速度流动，气泡的直径大小随周围流体的压力变化而变化。当气泡进入高压区后，气泡内的水蒸气将发生凝聚，气体将被溶解，气泡瞬间溃灭，同时产生极高的压力冲击，有时会伴有高温、振动、化学反应等现象，这些气泡在临近固体壁面时，材料表面会受到剥蚀或蚀坑，甚至会破坏（见图 3-61）。

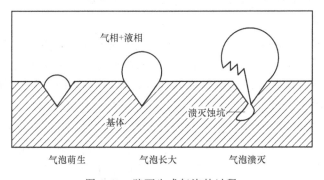

图 3-61 壁面生成气泡的过程

（3）气泡对壁面碰撞 气泡随着液体流动，进入超过临界压力或者碰撞材料表面时，气泡溃灭（见图 3-62）。溃灭的过程是极短的，对壁面产生液压冲击、机械力并伴有高温，长期作用使壁面形成破坏区，一旦流体中存在腐蚀介质，材料将发生加速腐蚀。

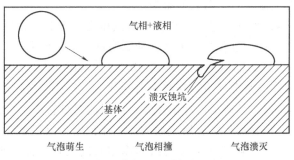

图 3-62 气泡冲击壁面瞬间的破坏过程

气泡颗粒对材料的腐蚀有关的物理量包括气泡大小、形状、溃灭特性、气相浓度、体积分数等。气泡的冲击会造成材料表面出现凹凸不平的溃灭点坑，是材料腐蚀的起始诱因。

气泡膨胀理论可以给出气泡颗粒之间的相互影响，解决气泡与连续相、气泡与壁面之间的相互作用问题。当材料表面受到连续不断由气泡溃灭产生的冲击作用时，将会导致材料疲劳失效，而流体的流动会冲刷材料表面的保护膜，形成一系列点蚀坑。

3. 空泡腐蚀机理的理论基础

造成空泡腐蚀破坏的机理主要有如下理论基础：

（1）冲击波理论　该理论认为空泡腐蚀是由于流体在气泡溃灭时所形成的冲击波将其所产生的巨大压力作用到材料壁面，从而造成腐蚀破坏。冲击波传递到壁面会产生脉冲应力，产生局部塑性变形失效，经气泡的连续冲击最终导致材料破坏。

（2）微射流理论　基于试验观察，靠近固体表面的气泡，在受到压力收缩溃灭时，在气泡的爆破点处，将推动一束液体流冲向表面，形成高速（$10^2 \sim 10^3$ m/s）射流。该射流的直径大约是气泡直径的 1/10，而气泡的尺寸一般为微米到毫米级左右，即产生所谓的微射流。微射流冲击材料表面，引起金属表面膜的破坏和金属的塑性变形。当冲击强度超过材料的破断强度时，会以极快的变形速度发生变形，形成微孔，使材料在很短的时间内受到损伤。另外，在气泡溃灭的瞬间，具有很高的压力和温度。研究表明，在爆破前的瞬间被压缩气泡中心的温度和压力分别达到 6700K（相当于 6427℃）和 84.8MPa，而这样高的温度和压力仅存在 2μs。在空泡爆破过程中产生高温高压，其爆破中心处产生的冲击波能直接破坏材料表面，使其熔化。

微射流理论为当今很多学者所接受，认为气泡溃灭瞬间产生高压高速微射流后，作用于材料表面使之破坏。气泡与壁面的距离和流速是影响破坏程度的重要因素，流速直接影响气泡对壁面的冲击力。当气泡以颗粒群集聚并共同作用时，单个气泡溃灭的能量传递临近气泡，发生链式作用使能量叠加，产生的腐蚀破坏程度会大大增加。

（3）流体动力学因素对腐蚀的作用　大量的腐蚀研究通常是在静态溶液中进行的，所以在腐蚀动力学的分析中经常忽略了流体动力学因素。然而实际生产中的设备，大多在动态条件下，甚至是在高速下工作，所以实际的腐蚀破坏要比静态中严重得多。

流体的流动对腐蚀有两种作用：质量传递效应和表面切应力效应。特别是在多相流中，影响就更为强烈。研究表明：流速较低时，腐蚀速度主要有去极化剂的传质过程控制。流速较高时，电化学因素与流体动力学因素的协同效应强化，流体对材料表面的切应力加大，可使表面膜破坏，导致腐蚀进一步加剧。流体中的传质过程不受材料表面层的组分、结构的影响，而在很大的程度上受流体力学参数的影响。

1）对于流动的液体，当其压力降低到临界蒸汽压力以下时，会引起液体内溶解气体的析出、形成气泡并长大，这个过程会产生气泡冲刷腐蚀，应力增大时，气泡被压缩，直到爆破（溃灭）。爆破时产生巨大的压力（一般为 $10^3 \sim 10^5$ atm，1atm = 101.325kPa），使靠近的材料表面受到冲击，液体中所含气泡对材料表面的冲击，是在很高的形变速率下进行的，可达 10^4 in/s（1in = 25.4mm），具有很高冲击速度的微射流对材料产生大的破坏作用。

2）在冲刷过程中，在受损伤的金属表面的任一体积内，都积蓄有很高的应变能。

3）在冲刷过程中，冲击粒子与金属表面的作用时间极短，大约为 10^{-5} s，没有时间把变形所产生的热量扩散到周围金属内部中，因此这是一种绝热切变形。这一重要特点表明可能使表面金属熔化，特别是在流速高的情况下和对于导热不好的材料。

4. 空泡腐蚀的一般规律

1）空泡腐蚀随着时间的变化规律如图3-63所示。图中Ⅰ为潜伏区，材料没发生可监测的失重现象；Ⅱ为失重增长区，失重加速；Ⅲ是失重下降区；Ⅳ为持续状态区。前三者归于表面状态，工程实际中常常发生；后者作为评价材料抗空蚀能力的比较依据。

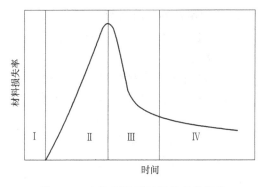

图 3-63　空泡腐蚀随时间的变化规律

在Ⅰ区，材料行为主要是位错滑移、变形和沿晶界形成裂纹等；在Ⅱ区产生了裂纹扩展，材料的冷作硬化及随后的脱落，某些相的脱落等，造成材料失重加速；在Ⅲ区，蚀坑加深，气泡的爆破被水或空气隔开而下降，空蚀速率减慢。

材料不同，失重的曲线也不同，有些材料会存在两个持续期，有的会存在两个失重峰等，这种现象与材料的组织状态和晶体的结构特征有关。

2）空泡破裂冲击波使金属表面损伤。如果冲击波反复作用，从金属表面开始逐层剥落，首先剥落的是挤出棱，其次是小凹坑，反复作用，使管壁不断减薄直到穿孔。这个过程是因为机械力作用，而不是化学或电化学腐蚀所致。

3）只有机械切向力的作用，才能使表层发生断裂现象。气泡破裂冲击波有切向力，流体的湍流是切向力。当然表面有轻微的化学腐蚀特征，因为表层断裂所产生的新表面活性大，容易受到化学腐蚀。但只是轻微的腐蚀，不会掩盖准解理和解理特征。空泡腐蚀和湍流腐蚀、电化学选择性腐蚀都有密切关系。

4）空泡腐蚀是多种腐蚀复合作用的结果。因电化学腐蚀使金属管子内表面粗糙，有利于气泡的聚集和破裂，气泡破裂产生冲击波，使金属表面塑性变形、硬化和开裂，湍流和气泡破裂冲击波都产生切向力，使表面剥落。湍流易产生在管子转弯处，如法兰、三通管、喇叭管，这些地方都常见气泡腐蚀。判断金属管是否受到气泡腐蚀，不仅要从宏观上做出判断，还要从微观上得到证据。

5. 空泡腐蚀的诊断依据

1）当液相和工件之间处于相对高速运动，流体压力分布不均匀，压力变化较大的情况下，工件表面容易发生空泡腐蚀。

2）空泡腐蚀的表观形貌类似于点蚀，但蚀坑的分布比点蚀坑密集得多，且表面往往变得十分粗糙，呈蜂窝状或海绵状。

3）空泡腐蚀的宏观特征可归纳为五点，即外形轮廓似马蹄或动物头骨，腐蚀坑内部形如盆地，穿孔在盆地底部且孔很小，斜面上布满挤出棱，腐蚀坑表面无明显腐蚀覆盖物。

4）空泡腐蚀的微观特征可归纳为四点，即变形流线、变形孪晶、变形硬化和腐蚀坑表面具有断裂特征。例如，304（美国牌号，相当于06Cr19Ni10）不锈钢管内壁发生空泡腐蚀的SEM形貌如图3-64所示，由该图可见"鱼鳞"和滑移线特征，以及晶界上析出相特征。

6. 空泡腐蚀的预防对策

1）改进结构设计，尽量避免管道内径的突然变化。

2）提高管道的焊接质量，避免焊接下塌过高或出现焊瘤、未焊透等焊接缺陷。

3）降低工件的表面粗糙度值。

4）提高材料的强度或硬度。

5）管道表面做涂层处理，如涂覆碳化钨或陶瓷等。

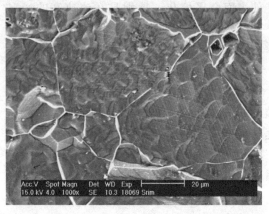

图 3-64　304 不锈钢管内壁发生空泡腐蚀的 SEM 形貌

7. 空泡腐蚀诊断举例

某核电厂常规岛疏水阀蒸汽管线出现多处泄漏，泄漏发生于不同的管线，出现泄漏的时间长短不一。经事故调查：发生泄漏的阀后管道材质为 304 不锈钢，规格为 $\phi57mm×3mm$；弯头材质为 304L（美国牌号，相当于 022Cr19Ni10）不锈钢，规格为 $\phi57mm×3mm$。

泄漏位置有弯管部位，有直管部位，有焊缝和直管交界处，有焊缝和弯管的交界处，也有焊缝区域。由此可见，该蒸汽管线的开裂泄漏具有普遍性和随机性，在靠近焊缝弯管内表面的气蚀坑中也发现了裂纹。

失效分析结果表明：①蒸汽管线材料质量均符合技术要求；②管线因裂纹穿透了管壁而导致泄漏，其开裂性质相同，均为腐蚀疲劳开裂；③管线发生腐蚀疲劳开裂的主要原因和焊接质量有关。

焊接下塌过高会形成应力集中诱发裂纹源；流体经过焊接下塌时也会在其附近形成负压区导致空泡腐蚀（见图 3-65）；空泡腐蚀产生的凹坑形成应力集中点，诱发疲劳裂纹源；空泡爆破时产生的巨大冲击应力造成管线振动，引发腐蚀疲劳破裂。

空泡爆破会破坏不锈钢表面的钝化膜，使得金属基体直接和水环境接触，并和水中的溶解氧产生氧化腐蚀。腐蚀产物的形成又阻止了介质和基体的直接接触，相当于材料表面形成了新的"保护膜"。第二次发生空泡爆破，新形成的"保护膜"又遭到破坏，裸露出新鲜的基体，发生氧化腐蚀，又产生新的"保护膜"……该过程反复进行，便形成了密集的、呈海绵状的空泡腐蚀坑。腐蚀产物的形成过程为：因材料表面钝化膜的破裂，水中的溶解氧首先和活性较高的基体中的 Fe 元素发生反应，生成 FeO，分布于刚萌生的裂纹或者裂纹尖端。因疲劳裂纹的反复张开和闭合，先形成的 FeO 从裂纹中逸出，和水中的溶解氧发生进一步氧化反应形成 Fe_2O_3，其颜色呈砖红色。Fe_2O_3 随着流体转移到裂纹的下游，或者因流体泄漏被带到管外壁。管内的 Fe_2O_3 会在高温、高压的管内"水-水蒸气"环境中进一步氧化形成比较稳定的 Fe_3O_4 附着于管内壁，其颜色呈深蓝色（Fe_3O_4 中混合有 Fe_2O_3）。该反应过程同样也会在空泡腐蚀过程中发生。开裂程度越严重，或者空泡腐蚀产生的凹坑越多、越深，这个反应过程就越明显，其附近的管内壁颜色也就越红。另外，在此过程中裂纹中形成的氧化物以及进入裂纹中的水，在裂纹开口被封闭时还会像楔子一样促进疲劳裂纹的扩展。

核电厂依据该试验报告的结论，加强了管线焊接质量控制，特别是对焊接下塌做了严格的控制，改变了管子的规格（相当于改变了其固有频率），从而有效地避免了该泄漏事故的

a) 位于焊缝一侧

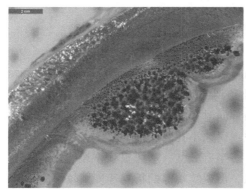

b) 宏观形貌

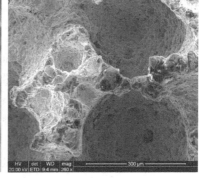

c) 微观形貌

图 3-65　空泡腐蚀形貌

再次发生。

3.5.5　冲刷腐蚀、流体加速腐蚀和空泡腐蚀的异同点

（1）冲刷腐蚀　流体经形状尺寸发生变化处，产生湍流，发生于液相（也可发生于气相，此时称其为磨蚀，如飞机发动机高速旋转的叶片容易受到空气中的沙尘磨蚀），湍流可加速冲刷腐蚀的速度。

（2）流体加速腐蚀　流体及时带走阳极反应产物，加速了阳极反应。不需要气泡和固体颗粒，发生于液相，液体的流动速度对流体加速腐蚀具有直接的影响。

（3）空泡腐蚀　压力或温度变化产生气泡，气泡溃灭时使壁面产生蚀坑；不需要固体颗粒，发生于气液两相，湍流可加速空泡腐蚀的速度。

在气液两相系统中，气泡的生成、运动和溃灭等基本规律与液体性质、气液相速率和压力等有着密切关系，气泡的基本规律直接反映在对空泡腐蚀的影响上。

冲刷腐蚀、流体加速腐蚀和空泡腐蚀的异同点见表 3-7，湍流均可加速它们的腐蚀速度。

表 3-7　冲刷腐蚀、流体加速腐蚀和空泡腐蚀的异同点

类型	机理	介质	是否需要气泡或固体颗粒	主要特征
冲刷腐蚀	固体颗粒对壁面产生机械磨损	液相	需要固体颗粒	鱼鳞状、马蹄状、水波纹等

（续）

类型	机理	介质	是否需要气泡或固体颗粒	主要特征
流体加速腐蚀	流体及时带走阳极反应产物，加速了阳极反应	液相	不需要	有方向的，笋状、鱼鳞状等
空泡腐蚀	气泡溃灭时的冲击作用	气相+液相	需要气泡	蜂窝状或海绵状

3.6 应力腐蚀开裂

3.6.1 应力腐蚀开裂定义

金属具有应力腐蚀开裂（Stress Corrosion Cracking，简称 SCC）的敏感性，与容易引起腐蚀的介质、受到拉应力腐蚀开裂的材料及受到的拉应力大小有关，并超过该金属-介质系统的应力腐蚀开裂的临界应力值，在上述条件同时存在时才发生应力腐蚀开裂，金属出现腐蚀裂纹或断裂。裂纹的起源点往往是点腐蚀或腐蚀小孔的底部。裂纹扩展有沿晶、穿晶或混合型三种。主裂纹通常垂直于主应力方向，多半有分支、呈树根状，裂纹端部比较尖锐。裂纹内壁及金属外表面的腐蚀程度通常较轻微，但裂纹端部的扩展速度则较快，断口具有脆性断裂特征。图 3-66 为 304 不锈钢应力腐蚀裂纹形态，裂纹形貌犹如自然界黑夜里的闪电（见图 3-67）。应力腐蚀裂纹扩展速度介于机械断裂和一般腐蚀速度之间，视其应力的大小而定。出现应力腐蚀时，钢构件的均匀腐蚀很少，在力学特征上表现出一个临界应力，高于此应力值时，方可发生应力腐蚀开裂。

图 3-66 应力腐蚀裂纹

图 3-67 黑夜里的闪电

3.6.2 应力腐蚀开裂发生的条件

应力腐蚀属于环境促进破裂（Environmentally Assisted Cracking，EAC）的一种形式，通常在满足三个特定条件下发生，即恒定的拉伸应力、特定的腐蚀环境和敏感材料，三个条件缺一不可，如图 3-68 所示。不管在正常条件下是脆性材料还是韧性材料都有可能出现应力腐蚀开裂。

1. 恒定的拉伸应力

应力腐蚀的应力来源主要有以下三种：

1）生产过程中产生的残余拉应力。

① 加工制造过程中若加工工艺不当，如切削加工时的单次进刀量过大、加工余量过大，磨削加工过程中进刀量过大、冷却不充分或砂轮变钝等均会导致被加工表面产生残余拉应力。

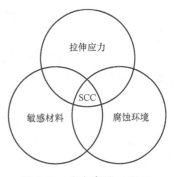

图 3-68　应力腐蚀（SCC）
发生的条件

② 装配过程由于多零件的相互制约，或装配位置发生偏移，也会导致某些构件产生附加的残余拉应力，如管线之间的装配连接很难像机械零部件那样有较高的位置精度和配合精度。管线之间的位置偏移往往是通过管接头相互"拉扯"进行调整，这便人为地给管线施加一个装配残余拉应力。

在机械装备的失效分析中，焊接残余应力是应力腐蚀重要的应力来源。焊接残余应力可以达到母材的 $(0.6\sim0.8)\sigma_S$，有时甚至能够达到其屈服极限。失效分析过程中曾发现由于焊接残余应力造成了厚度为 20mm 的钢板从中心产生了分层。

③ 焊接残余应力大小与焊接输入热有关。焊接残余应力分布在靠近焊缝局部地区为拉应力，离焊缝一定距离处为压应力。产生焊接残余应力的原因主要为在焊接过程中温度分布不均匀，焊接时焊缝附近温度较高，其膨胀时会受到附近区域的材料约束而产生压应力；在焊接后冷却时又受到周围材料的反向约束，由于得不到自由收缩而产生局部拉应力，在较远处产生压应力（见图 3-69）。

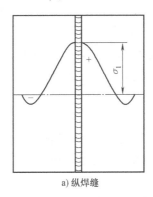
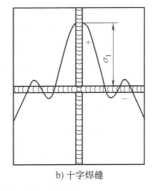

a) 纵焊缝　　　　　　　　　　　b) 十字焊缝

图 3-69　焊接残余应力分布示意图

注：图中"+"表示拉应力，"-"表示压应力。

图 3-70 是实际失效分析中观察到的靠近环焊缝的应力腐蚀裂纹，裂纹区域举例焊缝熔合线 7.85mm。

2）服役中产生的应力。

① 热应力。服役过程中构件之间可能会产生相对运动，会产生摩擦热，某些化学反应也会放热，其结果都会造成温度升高，会导致热应力的产生；各

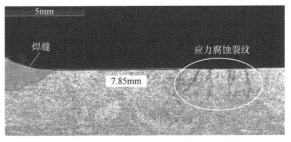

图 3-70　靠近环焊缝的应力腐蚀裂纹

种存在热源的构件（如传热管线、发动机引擎等），构件壁厚方向会因温度梯度而产生热应力。

② 工作应力。有些构件设计时就要承受拉应力，如紧固件，桥梁上的拉索；压力容器的罐壁和管壁会因内部的压力而使外壁近表面处承受拉应力；还有的构件会因自重而导致较大的拉应力，悬臂梁结构的钢结构件在支点附件尤为明显，还有传输电缆等。

③ 腐蚀产物膨胀产生的附加应力。裂纹中的腐蚀产物中因腐蚀性元素的加入而使其质量分数增加，同时化学反应也会使其结构发生变化，引起体积增大，导致裂纹尖端产生较大的拉应力。

应力是材料形变和断裂的必要条件，各种应力同时施加于构件时，它们可以代数叠加，净应力便是应力腐蚀断裂过程的推动力。若应力不是恒定的，而是重复交变的，则为腐蚀疲劳。

2. 特定的腐蚀环境

对于某一合金来说，应力腐蚀的发生需要特定的腐蚀介质，应力腐蚀裂纹源通常发生在与环境介质接触的表面，然后沿纵深方向发展，宏观上很难观察到明显的塑性变形，最后在毫无征兆的情况下发生材料的脆性断裂，造成危害性事故。

1）特定的腐蚀性介质。发生应力腐蚀必须要有特定的腐蚀性介质，材料和状态与腐蚀性介质的种类和浓度密切相关。在应力腐蚀失效中，有些金属或合金会在某些介质中显得尤为脆弱。如锅炉钢的"碱脆"，低碳钢的"硝脆"，奥氏体不锈钢的"氯脆"，黄铜的"氨脆"，还有超高强度钢的"氢脆"等。有时整体介质的腐蚀性元素含量虽然不高，但局部位置的浓缩作用却可使介质条件发生变化，例如 $pH=7$ 的含 Cl^- 的水溶液中，凹坑底部或裂纹尖端 pH 值可达 $1\sim3$，因而会促使应力腐蚀。高温水中百万分之几的 Cl^- 浓度即可引起应力腐蚀，雨水中 Cl^- 浓缩后也会导致应力腐蚀。

2）能使金属钝化的介质。应力腐蚀属于局部腐蚀的一种，金属表面必须要有钝化膜，腐蚀性介质和应力因素导致局部的钝化膜破裂，才可能会导致应力腐蚀，否则金属将发生全面腐蚀。

3）具有一定的电位范围和活化-钝化转变区。

4）具有一定的温度界限或范围，如 60℃ 以下的奥氏体不锈钢应力腐蚀很少发生，而低碳钢碱脆通常发生在 $50\sim80℃$，奥氏体不锈钢碱脆发生在 $105\sim205℃$。

3. 敏感材料

一般认为，只有合金才发生应力腐蚀，纯金属对应力腐蚀是免疫的。但金属中难免会存在一定数量的杂质元素，所以理论上没有绝对的纯金属。事实上，纯金属的应力腐蚀案例也有报道。

发生应力腐蚀的材料一般遵循以下规律：

1）合金比纯金属更容易产生应力腐蚀。

2）不同组织具有不同的应力腐蚀敏感性。

3）奥氏体不锈钢比铁素体不锈钢更容易发生氯脆，双相钢具有较好的耐蚀性。

3.6.3 应力腐蚀产生的特点

1）应力腐蚀必须有拉伸应力和腐蚀性介质共同作用时才可能发生。

2）一般情况下，合金在引起应力腐蚀的环境中几乎不产生化学腐蚀。

3）不同的合金系，产生应力腐蚀的介质也不同，仅仅在合金与环境的一定组合下才能发生应力腐蚀。

4）产生应力腐蚀的环境中腐蚀剂的浓度不需要很高便可发生。

5）在大多数情况下，应力腐蚀都存在一个临界应力或临界应力强度因子，当应力或应力强度因子低于此界线时，材料就不会产生应力腐蚀。

6）应力腐蚀机制可以是沿晶的，也可以是穿晶的，这主要取决于合金的化学成分和腐蚀环境的特征。

7）应力腐蚀的敏感性随晶粒尺寸的减小而降低。

3.6.4　应力腐蚀的形成机理

大多数应力腐蚀是由介质溶液条件下的电化学腐蚀引起的，关于应力腐蚀机理目前有多种理论模型存在，主要有：

1）电化学阳极溶解机理。

2）氢脆机理。

3）钝化膜解理机理。

4）裂纹尖端表面原子移动机理。

这四种理论模型如图 3-71 所示，其中比较成熟的是电化学阳极溶解机理和氢脆机理。

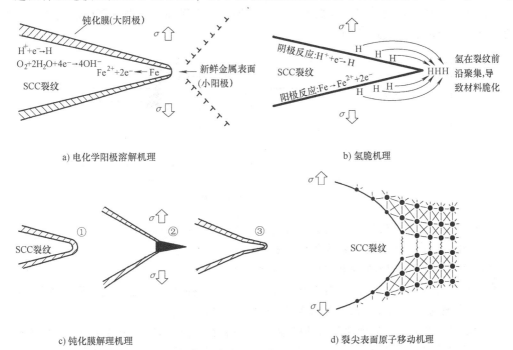

a) 电化学阳极溶解机理　　　　　　　　b) 氢脆机理

c) 钝化膜解理机理　　　　　　　　d) 裂尖表面原子移动机理

图 3-71　各种应力腐蚀机理示意图

由于应力腐蚀的影响因素多，过程比较复杂，因此对不锈钢应力腐蚀的机理认识尚未统一。

对于高强度不锈钢，如马氏体不锈钢的应力腐蚀，许多人认为氢脆起主导作用；也有人为在中性水溶液中，是阳极溶解的作用。对于奥氏体不锈钢，目前倾向于用滑移-溶解-断裂模型来解释。至于 Cr-Ni 奥氏体不锈钢的沿晶应力腐蚀，目前的主要见解有：

1）在应力作用下，晶界贫铬区的选择性溶解。

2）在应力作用下，钢中杂质沿晶界偏聚而引起的优先溶解。

3）在应力作用下，晶界沉淀相本身的溶解等。

如不锈钢的沿晶应力腐蚀是由于晶界贫铬使得晶界处优先发生膜破裂和溶解所致，该模型也指出阳极金属溶解造成的点腐蚀对金属表面应力场造成破坏，引起局部应力集中，加速了金属的溶解，同时受到拉应力的作用，点蚀坑不断扩大，逐渐形成微小裂纹，进一步引发应力腐蚀的发生。

1. 电化学阳极溶解机理

（1）滑移-溶解模型阳极溶解机理　电化学阳极溶解机理的过程是材料在环境和力学因素的综合作用下，裂纹尖端处于大阴极下的小阳极状态，发生快速溶解导致裂纹向前扩展，最终导致金属发生断裂失效。该理论下的滑移-溶解模型认为裂纹扩展是通过滑移-膜破裂-金属溶解-再钝化过程不断重复而形成的（见图 3-72）。具体地说，是钢在应力的作用下产生滑移，使表面钝化膜破裂，露出活泼的新鲜金属表面，滑移也使位错密集和位错增加，促使某些元素或杂质在滑移带偏析，这都导致了活性阳极的形成。在腐蚀介质作用下发生阳极溶解，在这溶解过程中又产生阳极极化，极化区周围钝化，蚀坑周边重新生成钝化膜，随后在应力的继续作用下，蚀坑底部的应力集中使钝化膜再次破裂，这时产生新的活性阳极区继续溶解、钝化、滑移、破裂，周而复始循环下去，导致应力腐蚀不断向开裂前沿发展，造成纵深的裂纹，直至断裂，其过程如下：

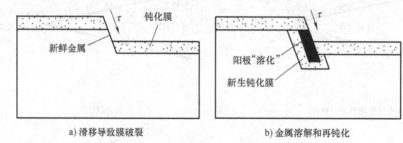

a) 滑移导致膜破裂　　　　　　b) 金属溶解和再钝化

图 3-72　滑移-溶解模型

① 在应力作用下，滑移台阶露头且钝化膜破裂（在表面或裂纹面）。

② 电化学腐蚀：新鲜的金属为阳极，有钝化面的金属为阴极。

③ 应力集中，使阳极电极电位降低，加大腐蚀。

④ 若应力集中始终存在，则微电池反应不断进行，钝化膜不能修复。则裂纹逐步向纵深扩展。（该理论只能较好的解释沿晶型应力腐蚀开裂）。

（2）阳极溶解为基础的钝化膜破坏模型　阳极溶解为基础的钝化膜破坏模型主要依据为：

① 金属表面化学成分不均匀，组织不均匀、物理状态不均匀和表现钝化膜不完整。

② 金属（金属与腐蚀介质接触）内部有电位不同的点。

③ 电位不同的点形成微观腐蚀电池的阴阳极。

④ 在微观腐蚀电池中，若阳极溶解是断裂的控制过程，则称阳极溶解机理。

阳极溶解为基础的钝化膜破坏模型（见图 3-73），应力腐蚀破裂过程如下：

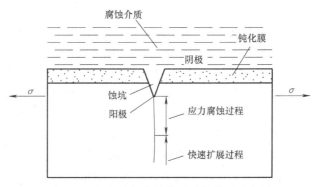

图 3-73　阳极溶解的钝化膜破坏模型示意图

① 裂纹扩展是由于阳极溶解造成的。

② 应力又促进了扩展。

③ 若无应力作用，溶解后表面形成保护膜。

④ 力学作用使保护膜展开，继续发生阳极溶解。

⑤ 裂纹不断扩展。

在应力腐蚀过程中，恒量腐蚀速率的腐蚀电流可以用下式表示

$$I = \frac{V_c - V_a}{R} \tag{3-101}$$

式中，R 为微电池中的电阻；V_c，V_a 为电池两极的电位。

由式（3-101）可见，应力腐蚀是由金属与化学介质相互间性质的配合作用决定的。

如果在介质中的极化过程不强，则式（3-101）中（$V_c - V_a$）将变小，腐蚀过程就大受抑制。极端的情况是阳极金属表面形成了完整的钝化膜，金属进入钝化状态，腐蚀停止。

如果介质中极化过程很强，则（$V_c - V_a$）很大，腐蚀电流增大，致使金属表面受到强烈而全面的腐蚀，表面不能形成钝化膜。在这种情况下，即使金属承受拉应力也不可能产生应力腐蚀，而是主要产生损伤。所以应力腐蚀现象只有金属在介质中生成略具钝化膜的条件下，即金属和介质处于某种程度的钝化与活化过渡区域的情况下才最易发生。

2. 氢脆理论

若阴极析出的氢进入金属后，对断裂起了主要作用，则称氢致开裂机理。如硫化氢溶液有毒化作用（阻止氢原子逸出），这样氢原子就会聚集到裂纹尖端，导致裂纹扩展致使金属断裂，这就叫氢致开裂机理。

[H] 原子具有一个重要的特性，就是具有在应力集中区域富集的特性。裂纹尖端往往承受三向拉伸应力，是应力高度集中的区域。阴极反应产生的 [H] 以及材料内部固溶的 [H]，以及驻留在材料缺陷处的 [H] 均会向裂纹尖端聚集，氢原子结合成氢分子时，会形成 10^7 的大气压。高的压力会使钢材表面出现氢鼓泡，或使内部产生裂纹。

超高强度钢的应力腐蚀断裂的主要机理是氢脆。俄歇分析揭示出，Cr-Ni 合金系列的中碳钢在淬火或低温回火马氏体的超高强度状态下，原始奥氏体晶界上均存在着一个用扫描电镜也难以观察到的碳化物薄层，它应该是这类超高强度钢在应力腐蚀环境中容易发生低应力沿晶脆断的主要原因。因为已经证实碳化物与基体的界面是钢中与氢结合力最强的陷阱，它应是钢中氢脆断裂裂纹优先的萌生地和扩散路径。在淬火态或低温回火态，晶粒内部析出的

碳化物很少，而晶界上存在着一个碳化物薄层，使得氢的强陷阱主要分布在晶界上，应力腐蚀环境中进入钢内的氢主要富集于晶界，使其显著脆化。另外一方面由于晶界上富集有许多第二相而成为阳极溶解剧烈发生的场所，促使阳极溶解局部化。这些作用导致出现沿晶断裂和很低的 K_{ISCC} 值。较高温度回火后，晶界上碳化物聚集粗化，对晶界的覆盖程度减小。另一方面，晶内碳化物大量析出，这两方面变化使得氢在钢中的分布较为均匀，不易出现严重脆化的连续断裂路径。因而钢的断裂韧度 K_{ISCC} 值显著升高，沿晶断裂倾向性减小。

从两种主要的理论模型可以看出，电化学过程在应力腐蚀中起到非常重要的作用，电位常常对材料应力腐蚀产生重大影响，具体的材料和环境介质组合下发生应力腐蚀存在一定的电位区间，对以阳极溶解机理为失效形式的多数金属，通常随电位的升高材料的应力腐蚀敏感性增加，也可能存在临界电位，有些则发生在活化-钝化过渡区或钝化-过钝化区。

3.6.5 应力腐蚀过程

应力腐蚀导致结构失效的过程一般分为三个阶段：裂纹萌生阶段，即诱导期；裂纹扩展阶段，即诱导期后扩展到接近过载断裂的临界尺寸的过程；过载断裂，裂纹主要在纯力学条件下的快速扩展，直到发生断裂失效（见图 3-74）。

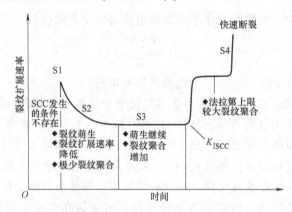

图 3-74 应力腐蚀裂纹扩展速率随时间变化的关系曲线示意图

3.6.6 应力腐蚀裂纹与断口特征

1. 宏观特征

1）几乎无宏观塑性变形，断口多呈脆性断裂。

2）腐蚀区往往呈树枝状裂纹，裂纹常呈龟裂和风干木材状，其他部位腐蚀较轻，甚至保持金属光泽。

3）主裂纹与拉应力方向垂直，裂纹的走向与所受应力，特别是残余应力有关。

4）某些材料（如奥氏体不锈钢）裂纹和断口形态与应力大小有关。应力小则裂纹为直裂纹，断口撕裂棱较薄；应力中等，裂纹呈分枝状，断面撕裂棱较厚，撕裂棱壁也较光滑；应力大，裂纹呈网络状，撕裂棱更厚，棱壁更不光滑。

5）断面一般失去金属光泽，往往有腐蚀痕迹。

2. 微观特征

1）氯化物应力腐蚀微观形貌多为穿晶型，硫化物应力腐蚀微观形貌多为沿晶型，同时有硫和氯共同参与时，也可能产生穿晶+沿晶混合型。

2）裂纹的宽度较小，而扩展较深，裂纹的纵深常较其宽度大几个数量级。

3）裂纹既有主干，又有分支。

4）典型的应力腐蚀裂纹多貌似落叶后的树枝，裂纹尖端锐利。

5）穿晶型断口多为准解理断裂，常见河流、扇形、鱼骨、羽毛等花样。沿晶型多为冰糖块状花样。也有穿晶和沿晶混合的断口。

3.6.7　应力腐蚀的常见形式

应力腐蚀属于局部腐蚀，易造成突发事故。对石化设备，应力腐蚀犹如迸发的癌症，严重威胁安全生产。因而企管人员与专家学者均给予特别关注。正如肖纪美院士指出：对应力腐蚀"按介质类型分为碱脆、氢脆、氯脆、氨脆和硝脆等，便于针对化学环境而选材"，这当然也便于有的放矢地提出防范措施。

应力腐蚀的一般有以下三种分类方式：

1）按材料分类：碳钢、合金钢、不锈钢和有色金属等。

2）按介质类型分类：碱脆、氢脆、氨脆、氯脆、氢脆和硝脆等。

3）按机理分类：阳极溶解型、氢致开裂型。

易于发生应力腐蚀的材料及介质见表 3-8。

表 3-8　易于发生应力腐蚀的材料及介质

材　　料	敏感介质
碳钢及低合金钢	氢氧化钠溶液,硫化氢水溶液,碳酸盐、硝酸盐或氰酸碳酸盐和重碳酸盐水溶液,海水,液氨,湿的一氧化碳-二氧化碳空气,硫酸-硝酸混合液,热的三氯化铁水溶液,乙酸水溶液,海洋大气
奥氏体不锈钢	氯化物水溶液,海水-海洋大气,热氯化钠,高温碱液（NaOH、Ca(OH)$_2$等）,浓缩锅炉水,高温高压含氧高纯水,亚硫酸和连多硫酸,湿的氯化镁绝缘物,硫化氢水溶液
钛合金	发烟硝酸,四氧化二氮,干燥的热氯化物盐,高温氯气（290~425℃）,甲醇、甲醇蒸气,氟利昂,海水,盐酸,潮湿的空气,汞
铝合金	氯化钠水溶液,氯化物水溶液及其他卤族化合物水溶液,海水,过氧化氢,含二氧化硫的大气,含氯离子的大气,汞
铜合金	氨蒸气及氨水溶液,含氨大气,含胺溶液,汞,硝酸银

1. 氯化物应力腐蚀开裂（ClSCC）

（1）炼油加工中的氯脆　石化企业几乎所有装置均有可能接触含氯介质。炼油加工中的氯，主要来自原油中的无机盐，如 NaCl、CaCl$_2$ 和 MgCl$_2$，虽经深度脱盐，去除了绝大部分，但无法脱除原油中的有机氯。有机氯是在开采与输送过程中加入的，包括降黏降凝剂、清蜡剂、解堵剂等，常用的有二氯乙烷、二氯丙烷、三氯甲烷和四氯化碳等，这些有机氯高温时发生反应：$R-Cl+H_2O = R-OH+HCl$，不仅在一次加工的蒸馏装置中，而且在二次加工的加氯反应时均会生成 HCl。常减压三顶及其冷凝冷却系统，以及催化重整预加氢部分设备，主要形成低温 HCl-H$_2$S-H$_2$O 型循环腐蚀环境：

$$Fe+2HCl = FeCl_2+H_2 \tag{3-102}$$

$$FeCl_2+H_2S = FeS+2HCl \tag{3-103}$$

$$Fe+H_2S = FeS+H_2 \tag{3-104}$$

其中 HCl 含量是主要因素，但也不能忽略 H$_2$S 分压的影响。

（2）冷却水氯脆　生产中的冷却器多使用循环水、水质处理常用氯作杀生剂：$Cl_2+H_2O=$ $HCl+HClO$。水解生成的盐酸和次氯酸会造成不锈钢点蚀与应力腐蚀。循环水中 Cl^- 多在 1000mg/L 以上，有时尽管水冷器中的水含 Cl^- 量不高，但由于结构与工艺因素，如采用立式或水走壳程，会造成干湿交替或结垢，使 Cl^- 浓缩，垢下浓缩 Cl^- 多在数千毫克每升，腐蚀产物中氯化物可达 10% 以上。不锈钢在冷却水中产生氯脆，以 $50\sim200℃$ 温度范围的比例较大，如在 70℃ 以上，18-8 不锈钢不需要很高的 Cl^- 浓度就可以引起应力腐蚀。

（3）化学清洗氯脆　在不锈钢设备制造与检修过程中常需酸洗钝化，目前常用 HNO_3+ HF 溶液，酸洗后用高 Cl^- 的工业水冲洗，钢表面常附有 Cl^-、F^-，压力容器需做水压试验，如用一般水试验，水未排尽，由于蒸发 Cl^- 会浓缩，均有可能引起氯脆。

石化生产中为了清除料垢、中和防腐或催化剂再生等原因需进行系统碱洗。采用的苛性碱总含有少量 Cl^-，由于冲洗不彻底，残留 Cl^- 附在设备内壁，为随后开机生产埋下氯脆隐患。

（4）腐蚀机理　奥氏体不锈钢的氯化物应力腐蚀开裂发生在含有氯化物的水环境中，对氯化物应力腐蚀的机理目前有多种假说，其中一种认为 Cl 原子吸附在材料裂纹尖端，造成材料原子间的结合力下降，导致裂纹扩展。

（5）影响因素

1）介质的影响。介质中阳离子影响的递减顺序为：Mg^{2+}，Ca^{2+}，Na^+，Li^+。一般 Cl^- 浓度增大，应力腐蚀随之增大，而水中 Cl^- 浓度减小，应力腐蚀也增大。

2）温度的影响。一般情况下，温度升高，应力腐蚀随之增大。

3）pH 值的影响。一般情况下，pH 值降低，应力腐蚀增大。

4）应力的影响。一般情况下，拉应力增大，应力腐蚀随之增大。

5）晶体结构的影响。奥氏体钢较铁素体钢更容易发生应力腐蚀，一些对稳定铁素体组织有利的元素（Cr、W、Mo、V、Al 等）对抑制应力腐蚀有利。

（6）防护及选材　防护对策及选材方法如下：

1）焊后热处理，降低焊接残余应力。

2）喷丸等表面处理，改变表面应力状态。

3）降低 Cl^- 和 O_2 含量。

4）加缓蚀剂。

5）合理选材。用高镍奥氏体不锈钢，在奥氏体不锈钢或双相不锈钢中加入 Si，采用双相不锈钢或高纯铁素体不锈钢。

6）涂层，例如镀 Zn 层。

（7）氯化物应力腐蚀应用举例　某生产乙二醇的化工企业长期受困于生产线主要设备——真空塔的泄漏事故。真空塔的用材为防腐蚀性能较好的 304 不锈钢，发生泄漏的位置均位于真空塔的上段。由于泄漏，企业几乎每年都更换上段塔体而被迫停产，给正常生产带来较大影响。

经现场勘查，该化工企业所在地原来为海边滩涂，经过填海改造后修建，厂区和大海仅隔一条马路，现场勘查期间突有东南风刮起，真空塔的上部分顿时被一团水蒸气笼罩，寻找水蒸气的出处，是附近一个换热器冷却塔中温度较高的循环水蒸腾所致。

塔体上的裂纹起源于表面的点蚀坑，呈枯树根状，穿晶扩展（见图 3-75）。对裂纹表面起源处的腐蚀坑以及裂纹内的腐蚀产物，采用 EDS 能谱仪对该腐蚀产物做元素的定性和半定量能谱分析，主要元素有氧、铝、硅、硫、氯、铬、锰、铁、镍和钙等，其中氧的质量分数为 9.3%，硫的质量分数为 1.8%，氯的质量分数为 5.7%。

 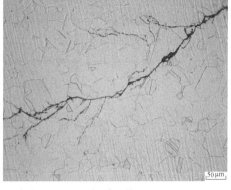

a) 从点蚀坑起源　　　　　　　　　　　　　　b) 穿晶扩展

图 3-75　应力腐蚀裂纹

失效分析结果表明塔体发生了应力腐蚀开裂导致泄漏。裂纹起源于塔体外表面，向内扩展穿透塔壁造成泄漏，腐蚀性元素主要为硫和氯。虽然该企业从原料到产品接触的物质中均不含有这些元素，但从真空塔附近飘来的水雾中溶解有海风携带的硫和氯元素，形成腐蚀性环境。现场勘查找出了导致真空塔泄漏的腐蚀性介质的来源，消除了该企业技术人员多年的困扰。后来该企业通过抬高附近换热器冷却塔的位置，避免水蒸气与塔体接触，从而大大延长了真空塔的使用寿命。

2. 硫化物应力腐蚀（硫脆）

（1）钢在湿的 H_2S 环境的开裂现象

1）钢在湿的 H_2S 环境开裂的主要形式。钢暴露于湿的 H_2S 环境时，涉及四种主要环境产生的开裂现象如下：

① 氢鼓泡（HB）。鼓泡的形成发生在非金属夹杂物处。

② 氢致开裂［HIC，也称为阶梯开裂（SWC）］。定义为在金属内的不同平面上连续相邻的氢鼓泡在内部或金属表面上的阶梯状裂纹。氢致开裂并不需要外部的外加应力。

③ 应力定向的氢致开裂（SOHIC）。定义为许多细小的气泡堆积在一起，排成阵列，氢诱导裂纹平行于阵列方向。因高度集中的拉应力的作用，裂纹的方向是横穿母材厚度的。应力定向的氢致开裂是氢致开裂的一种特殊的形式。

④ 硫化物应力腐蚀（SSCC）。

发生于高强度或高硬度钢中的一种延迟性脆性开裂。

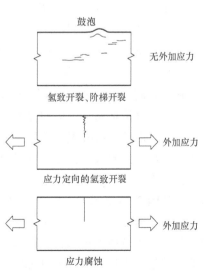

图 3-76　钢中各种氢致开裂的示意图

这四种氢损伤形式如图 3-76 所示。其中任何一种情况的发生，都需要有腐蚀环境和开裂敏感的材料的共同作用。应力可以是外加应力（或残余应力），如应力定向的氢致开裂和应力腐蚀的情况；也可以是由氢的内压产生的内部应力，如在氢致破裂和氢鼓泡的情况。

2）钢在湿的 H_2S 环境中的开裂机理。湿 H_2S 腐蚀过程中，生成氢渗入钢中造成氢裂，包括硫化物应力腐蚀（SSCC）和氢致开裂（HIC）。阴极反应生成的氢原子聚集于钢表面，由于 HS^- 的作用加速向钢中渗透。在钢材的缺陷（气孔等）处结合形成氢分子，体积膨胀，形成鼓泡。鼓泡连续就引起金属内部分层或裂纹。反应过程如下

$$H_2S \Longrightarrow H^+ + HS^- \tag{3-105}$$
$$\quad\quad\quad \longrightarrow H^+ + S^{2-}$$

$$阳极反应：Fe \longrightarrow Fe^{2+} + 2e^- \tag{3-106}$$

$$二次过程：Fe^{2+} + S^{2-} \longrightarrow FeS \tag{3-107}$$

$$或：Fe^{2+} + HS^- \longrightarrow FeS + H^+ \tag{3-108}$$

$$阴极过程：2H^+ + 2e^- \longrightarrow 2H \rightarrow H_2\uparrow \tag{3-109}$$
$$\quad\quad\quad\quad \longrightarrow 2H(渗透)$$

其中 S^{2-} 是有效的毒化剂，使阴极反应析出的氢原子不易合成氢分子逸出，而在钢表面富集，渗入钢中引起开裂。

① 氢鼓泡（HB）。氢鼓泡是氢渗透入金属的结果，它使金属局部变形，在极端的情况下造成容器失效。氢可来自腐蚀或阴极保护、电镀等，结果在钢构件的内表面上发生析氢反应。

② 氢致开裂（HIC）。氢致开裂是由氢鼓包形成的压力造成的，能引起暴露于酸性环境的管道和压力容器的失效，这些环境包括酸性气体、酸性原油和其他含有 H_2S 的介质。

氢致开裂的发生分为三个步骤：

a. 氢原子在钢表面的形成和从表面进入。

b. 氢原子在钢基体中的扩散。

c. 氢原子在陷阱处的富集。如钢基体中夹杂物周围的孔洞处的氢富集会导致内部压力的增加，使裂纹萌生和扩展。

开裂的条件是氢原子（H^0）在钢表面的产生。在含 H_2S 的水溶液中，发生如下反应

$$H_2S + Fe^{2+} \rightarrow FeS + 2H^+（反应必须有水的参与） \tag{3-110}$$

在钢表面产生的氢原子可以形成无害的氢分子，然而，在硫化物或氰化物出现时，氢原子之间的结合被抑制，生成的氢原子会进入到钢中而不是在表面结合形成氢分子。

应力定向的氢致开裂是氢致开裂的一种，它也能引起断裂。在钢表面反应生成的氢能以原子形式被基体吸收，经由扩散进入陷阱，如围绕非金属夹杂物的空洞，如图 3-77 所示。在空洞周围，氢原子能结合生成氢分子，引起内部压力增加，达到使裂纹可以萌生和扩展的水平，如图 3-78 所示。在应力定向的氢致开裂发生时，层状裂纹垂直于表面平行排列。

进入金属晶格并通过金属扩散的氢原子引起服役环境下构件的脆化和失效。一般可以看到，如果有大量的氢进入，会引起材料的延性损失。如果大量的氢聚集在局部区域，会发生内部氢鼓泡。少量的溶解氢也可以与合金中的微观缺陷作用使材料在远低于屈服强度的应力下失效。所有这些现象统称为氢脆。能加速氢损伤的化学物质包括：硫化氢（H_2S）、二氧

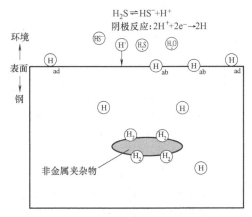

图 3-77　氢进入空洞机理

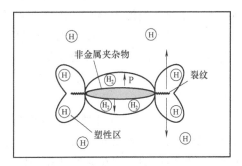

图 3-78　应力定向的氢致开裂机理示意图

化碳（CO_2）、氯化物（Cl^-）、氰化物（CN^-）和铵离子（NH_4^+）。这些物质可以促进钢制设备的严重充氢并导致氢致开裂和应力定向的氢致开裂，氢致开裂和应力定向的氢致开裂均能造成设备失效。为了改变苛刻环境和选择具有合适抗裂能力的材料，确定环境对开裂影响的严重程度是十分重要的。

　　一般认为，钢的性能受下列因素影响：材料条件（成分、加工历史、微观结构和力学性能）、加工方法（焊接与连接）、总应力（外加应力加残余应力）和环境影响（腐蚀、氢致开裂、应力腐蚀等）。

　　服役环境中的特殊化学物质可以导致材料性能退化，这种退化是时间、温度和其他环境参数的函数。由于工程系统的动态本质，在一些过程中，环境参数的影响是不易确定的，因而使影响变得复杂化。例如，炼油设备中的焊接结构包含化学成分的变化、非均匀的微观结构以及残余应力的变化等。这些影响和环境因素的影响叠加，使设备材料所处的环境更加复杂。对服役历史的仔细评估、工厂试验中失效的评价和实验室研究都是很重要的，它们能提供有用的对服役能力至关重要的参数信息。

　　③ 氢鼓泡与氢致开裂。

　　开始形成的氢原子在钢中扩散并在陷阱处（典型的如非金属夹杂物周围的空洞）积累可以导致氢鼓泡的发生。当氢原子遇到氢陷阱并结合时，它们在陷阱处形成氢分子。随着更多氢分子形成，压力增加，引起氢致开裂和鼓泡的形成。鼓泡主要是在低强度钢中形成（<80ksi 或 551.6MPa 的屈服强度），在作为管线钢使用时，鼓泡优先沿着拉长的非金属夹杂物或片层形成。

　　鼓泡裂纹的形成与钢中非金属夹杂物的类型有关。拉长的 Ⅱ 型硫化锰夹杂物和平面排列的其他夹杂物是开裂的重要起始位置。由于夹杂物是拉长的或沿轧向分布的，所以裂纹沿纵向即轧制方向扩展。

　　对于这种开裂最敏感的钢是具有高含量的硫和锰，它们在焊接时形成的 MnS 夹杂物。轧制使这些夹杂物拉长，导致氢陷阱的面积增大。然而，低硫钢并非一定是抗氢致开裂的，这是因为夹杂物形状的控制、减少中心线的偏析、减少氮化物和氧化物也是必要的。此外，高硫钢也不一定对氢致开裂敏感，微偏析和夹杂物形状、硫的体含量更重要。

　　氢致开裂是氢鼓泡的一种形式，这里平行于钢表面的层状裂纹在厚度方向上相连接，如

图 3-79 所示。这种由个体缺陷连接引起的损伤能导致沿壁厚方向的迅速穿透。

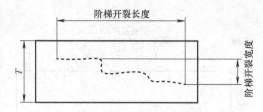

图 3-79　阶梯开裂的长度和范围图示意图
T——平板或管材样品的厚度。

氢致开裂可以以直线或阶梯方式扩展。在有高水平锰和磷偏析或存在马氏体或贝氏体相变结构的情况下，有铁素体和珠光体结构的钢发生直的裂纹扩展。在直线裂纹周围，锰含量可以是钢基体中的两倍，而磷含量可以增加 10 倍。

图 3-80 示出了阶梯开裂的示意模型，它是对以空洞内氢积累引起的开裂进行应力分析为基础得到的。与氢致开裂相像，应力定向的氢致开裂是由钢中溶解的氢原子不可逆的结合成氢分子所引起的。像在氢致开裂一样，分子氢聚集在金属中的缺陷位置。然而，由于外加应力或残余应力，捕集的氢分子导致微裂纹的产生。虽然应力定向的氢致开裂裂纹能从氢致开裂和应力腐蚀引起的鼓泡以及预先存在的焊接缺陷处扩展，但氢致开裂和应力腐蚀并不是应力定向的氢致开裂的先决条件。像氢致开裂一样，应力定向的氢致开裂可能由钢表面湿酸性气体腐蚀产生的原子氢引起。

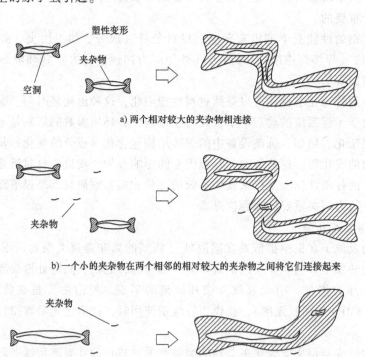

a) 两个相对较大的夹杂物相连接

b) 一个小的夹杂物在两个相邻的相对较大的夹杂物之间将它们连接起来

c) 几个小夹杂物连接到相邻的大夹杂物上

图 3-80　阶梯裂纹扩展示意图

应力定向的氢致开裂倾向于发生在管钢和平板钢与硬焊接接头相邻的基体金属中，裂纹可由氢致开裂萌生。应力定向的氢致开裂的特点是垂直于应力方向，由非金属夹杂物确定的平面内取向的微观裂纹相互连接。应力定向的氢致开裂是应力腐蚀裂纹扩展过程，它能够在被认为是抗应力腐蚀的相对低强度的钢（洛氏硬度小于 22HRC）中发生。

3）影响因素。

① 环境因素。图 3-81 所示为普通碳钢和含铜钢的 pH 值与氢浓度之间的关系。如果氢的浓度超过 C_{Hth}（氢浓度门槛值大约为 0.8mL/100g）就能发生氢致破裂。所以对普通碳钢来说在 pH 值<5.8 时氢致开裂就能发生，而对于含铜钢来说，只有当 pH 值<4 时才能发生氢致开裂。在 pH 值为 4~6 的含 H_2S 的介质中，以铜作合金元素可以提高钢的氢致开裂抗力。

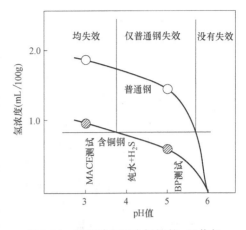

图 3-81　普通碳钢和含铜钢的 pH 值与氢浓度之间的关系

氯离子促进 H_2S 环境中的氢致开裂。在酸性油井中，CO_2 经常伴随 H_2S 一同出现，两者结合倾向于增加表面氢浓度和氢致开裂的发生。水对氢致开裂是必需的，这是因为氢从阴极反应而来并渗入钢中。当没有水时，腐蚀不能发生，也不会有阴极反应和氢的渗入，因而不发生氢致开裂。

② 材料因素。钢锭尺寸越大，氢致开裂敏感性就越高。锭心的敏感性归因于那里的成分偏析。由于钢锭边缘的冷却速度快，成分偏析低，导致氢致开裂敏感性降低；钢锭上部的氢致开裂敏感性比下部要高。由于敏感性取决于非金属夹杂物和磷、硫偏析导致的非正常结构，所以，通过降低硫含量来减少非金属夹杂物的比例或通过添加钙来控制偏析形貌，均可使氢致开裂得到减缓。回火对于消除低温非正常结构是有效的，添加铜（质量分数>0.2%）也是有效的。热轧带钢比热轧钢板要更敏感。

4）预防和控制。氢鼓泡（HB）可以通过下列中五种方法进行防止：

① 使用镇静钢。

② 使用涂层。

③ 使用缓蚀剂。

④ 除去催化毒，如硫化砷、氰化物和磷酸离子等。

⑤ 代用低氢扩散系数的钢或合金，如镍或镍基合金。

氢致开裂（HIC）可以采用以下两种方法抑制：

一是降低氢陷阱的浓度，二是防止氢渗到钢中。使用质量分数超过 0.2% 的 Cu 能够抑制氢致开裂。此外，Co，Cu+Co，Cu+W 也被证明是有效的。当 S 的质量分数为 0.002%~0.005% 时，可以减少非金属夹杂物，如 MnS，从而抑制氢致开裂。Ca 和稀土金属可以通过改变夹杂物形貌来抑制氢致开裂。如果 Mn 的质量分数高于 1%，回火对于消除 Mn 和 P 的偏析也是有效的。回火降低夹杂物周围的硬度，从而降低氢致开裂敏感性。在酸性天然气管道使用的低 S、Mn 含量的钢中加入 Ca 能改进其氢致开裂抗力。

另外，向溶液中加缓蚀剂能够产生保护膜，或者使 pH 值提高。使用油漆或衬里使钢绝缘也可以抑制氢渗透和氢致开裂的发生。

5）硫化氢应力腐蚀性能试验方法。美国腐蚀工程师协会规定了四种标准方法：

① 恒负荷实验法——描述膜应力状态。

② 三点弯曲实验法——描述弯曲及应力集中等状态。

③ 慢应变拉伸实验法——加速实验方法。

④ 断裂力学实验法——描述有缺陷的状态。

（2）硫酸溶液应力腐蚀　硫酸溶液对于奥氏体不锈钢也会引起应力腐蚀，但必须含有一定量的 Cl^-。如某石化企业维纶生产缩醛化处理中醛化机淋洗盘，由 SUS316JIL（00Cr18Ni14Mo2Cu2）制作、工作于 70℃ 醛化液中，其组成为 H_2SO_4 浓度为 235g/L，Na_2SO_4 浓度为 70g/L，含 Cl^- 浓度为 800～1600mg/L，曾发生过严重的应力腐蚀。又如加氢裂化两台反应硫化物/减压柴油换热器，管材为 18-8Ti 钢，因沉积焦油垢采用 98% 浓硫酸清洗，后在开车试压时泄漏，经检测发现是由 $H_2SO_4+Cl^-$ 引发的应力腐蚀。

（3）连多硫酸应力腐蚀开裂（PSCC）　炼厂由于采用含硫原油，总存在硫化物腐蚀开裂环境，包括蒸馏、催化、焦化、加氢、脱硫、酸性水处理、气体处理及储运等生产过程。连多硫酸是加工含硫原油的装置在停车期间，设备表面的硫化铁遇水与氧反应生成：$FeS+H_2O+O_2 \rightarrow Fe_2O_3+H_2S_xO_6$（$x$：3～6），连多硫酸应力腐蚀主要发生在加氢裂化、加氢精制、催化裂化、脱硫等装置中敏化的奥氏体不锈钢制的容器内衬或复层，换热器及炉管等。操作或焊接过程中长期在 400～815℃ 温度区间停留，或是在制作冷加工产生的马氏体没有消除均会造成敏化。如预加氢反应器不锈钢复合层，由于停工次数太多，又无合理的保护措施，会造成 $H_2S_xO_6$ 与 Cl^- 联合作用引发应力腐蚀。连多硫酸开裂存在突发性，如停车时敏化的 18-8 不锈钢焊缝临近部位发生晶间裂纹，可以在数分钟至数小时迅速扩展穿透管子或容器壁厚。

1）机理。在高温含硫化氢环境，钢表面生成硫化铁，运转停止时同外部来的水分和氧接触，通过化学反应，生成连多硫酸。在酸性环境加上处于敏感或焊接状态条件下的敏感建造材料，导致迅速的沿晶腐蚀和开裂，就是连多硫酸应力腐蚀开裂。典型反应为

$$8FeS+2H_2O+11O_2 \rightarrow 4Fe_2O_3+2H_2S_4O_6 \tag{3-111}$$

2）影响因素。影响连多硫酸应力腐蚀开裂的敏感性因素：材质、热处理状态和酸。

3）选材及防护。预防连多硫酸应力腐蚀开裂的方法有以下几种：

① 采取干燥氮气吹扫和封闭工艺设备，使之与空气隔绝（干燥含氨氮气、露点＜-15℃的空气、碱洗、封闭或保持热态）。

② 适当质量分数的碱液（质量分数为 2%纯碱+0.2%表面活性剂+0.4%硝酸钠）清洗设备表现，中和可能生成的连多硫酸（注意：任何时候金属表面必须有碱液保护）。

③ 设备材料选用带稳定性元素并经稳定化热处理的不锈钢，如 321、347 不锈钢等。

（4）硫化物应力腐蚀开裂（SSCC）　硫化物应力腐蚀开裂是氢脆的一种，主要发生在高强钢的情况和敏感材料的局部焊接硬化区。在接近焊点的热影响区中，经常出现具有高张应力的硬化区，原子氢溶入该区并达到一定含量时会使材料变脆导致开裂。硫化物应力腐蚀开裂直接与金属晶格中溶入的原子氢量有关，并通常发生于 90℃ 以下的温度，开裂还依赖于钢的成分、微观组织、强度和总应力（残余应力与外加应力之和）。为防止应力腐蚀，美国腐蚀工程师协会（NACE）推荐了一个实践中比较成功的方法，就是对钢热处理使其硬度小于 22HRC。虽然钢管基体具有低于该值的正常硬度水平，服役失效还会发生在焊接热影响区的高硬度区。因而普遍地将 22HRC（等价于维氏硬度 248HV）的限制标准应用于焊接接头和热影响区。

奥氏体不锈钢处于高温和含有湿 H_2S 的环境中，在设备运行期间，钢表面形成硫化铁，

当设备在这种状态下停止运行并冷却到室温时，硫化铁就与水和空气相接触，生成连多硫酸 $H_2S_xO_6$（$x=3$，4，5），即发生下列反应

$$8FeS+11O_2+2H_2O \rightarrow 4Fe_2O_3+2H_2S_4O_6 \qquad (3-112)$$

可以认为，这一反应是发生硫化物应力腐蚀的原因。发生硫化物应力腐蚀时，裂纹面一般都是沿晶开裂的。

不锈钢发生沿晶应力腐蚀开裂的首要一条是经过敏化处理。沿晶应力腐蚀的机理是由贫 Cr 区阳极溶解而引起的，阴极反应是连多硫酸的还原。在钢刚浸泡于连多硫酸中时，腐蚀电位处于活化区域。随着硫化物膜的形成，维钝电流密度下降，基体与贫 Cr 区之间的阳极电流密度之差形成了应力腐蚀的驱动力。

不锈钢在连多硫酸中产生的应力腐蚀裂纹一般都是沿晶型，但也有穿晶型和沿晶型共存的情况。

湿硫化氢型应力腐蚀裂纹（简称硫裂）较粗，分枝较少，多为穿晶型，也有沿晶型或混合型。发生硫裂所需的硫化氢浓度很低，只要略超过 10^{-6}，甚至在小于 10^{-6} 的浓度下也会发生，发生硫裂所需的时间一般随硫化氢浓度增加而缩短。

对于奥氏体不锈钢的硫裂，氯离子和氧起促进作用，304L 和 316L（美国牌号，相当于我国的 022Cr17Ni12Mo2）不锈钢对硫裂的敏感性有如下关系

$$H_2S+H_2O < H_2S+H_2O+Cl^- < H_2S+H_2O+Cl^-+O_2 \qquad (3-113)$$

钢的硬度越高，越容易发生硫裂。

（5）氢致开裂和硫化物应力腐蚀的比较　氢致开裂的方向取决于显微结构和非金属夹杂物的形状，而硫化物应力腐蚀方向垂直于应力；硫化物应力腐蚀仅在一般应力条件下发生，而氢致开裂可在无外加应力条件下发生。硫化物应力腐蚀常发生于高强度钢的情况，而氢致开裂也有发生在低强度钢的情况。氢致开裂的发生取决于非金属夹杂物，所以钢的制造过程和在钢锭中的位置是重要的。在轻微腐蚀条件下，钢仅吸收少量的氢，虽然这时高强度钢可以发生硫化物应力腐蚀开裂，但能够通过淬火和回火热处理来提高其应力腐蚀抗力。另外，低强度钢在严重的腐蚀环境下发生氢致开裂，这时钢表面通过阴极反应形成可观数量的氢并被钢吸收。氢致开裂和硫化物应力腐蚀的开裂特点比较见表 3-9。

表 3-9　氢致开裂和硫化物应力腐蚀开裂特点比较

项　目	氢致开裂	硫化物应力腐蚀
裂纹方向	取决于微观结构	垂直于应力
外加应力	依赖性小	依赖性大
材料强度	主要发生于低强度钢中	主要发生于高强度钢中
钢锭位置	锭芯	从表面开始的任何位置
微观结构	纯度、非金属夹杂物有重要影响	结构敏感，淬火和回火处理可增加开裂抗力
环境	吸收一定量的氢之后发生	可在一般性腐蚀介质中发生

（6）硫化物应力腐蚀（硫脆）分析举例　某火车站屋顶连接钢结构梁用抱箍材料为 304 不锈钢，于 2006 年竣工后开始服役，2014 年安全检查时发现多处开裂（初步统计结果：总共安装抱箍 10000 个，已开裂 1000 个），其中抱箍圆弧部分与"耳部"通过焊接相连，焊接后未进行后续的除应力措施。

通过对开裂的抱箍进行失效分析，发现裂纹呈现明显的树根状，裂纹沿晶扩展（见图 3-82）。金相组织观察可见颗粒状碳化物沿晶界分布（见图 3-83）。碳化物沿晶界分布会降低晶界附近的 Cr 含量，使其耐腐蚀性变差，容易产生沿晶腐蚀；抱箍焊接后未进行合适的热处理，存在焊接残余内应力，协同空气中存在水蒸气，以及对不锈钢危害较大的 SO_2、SO_3 和含 Cl 元素的腐蚀性介质，导致抱箍发生了应力腐蚀破裂。

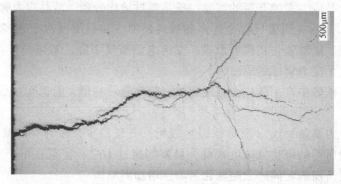

图 3-82　应力腐蚀裂纹形貌

3. 碱脆

碱脆是金属材料在存在碱性的液态介质（如 NaOH）中，以及拉应力和适当温度的条件下产生的开裂。碱脆裂纹主要产生在晶界，在钢的表面主要表现为细小的网状裂纹，有些碱脆开裂在几天内就可以发生，而更多的碱脆开裂需要几年的时间才暴露出来。

采用碱液的浓度、金属的温度以及拉应力水平来确定碱腐蚀开裂的敏感性，增加碱溶液浓度或金属温度可加速开裂速度。

在较高浓度的苛性碱中，钢的保护膜会被溶解，裸露的基体将与碱反应

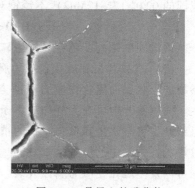

图 3-83　晶界上的碳化物

$$4NaOH+Fe_3O_4 = Na_2FeO_2+2NaFeO_2+2H_2O \tag{3-114}$$

$$2NaOH+Fe = Na_2FeO_2+H_2\uparrow \tag{3-115}$$

碳钢和不锈钢均可发生碱脆，碳钢碱脆发生在 50~80℃，奥氏体不锈钢碱脆发生在 105~205℃，均与碱浓度有关。

在实际生产中，碳钢发生碱性应力腐蚀的案例远高于不锈钢。

（1）碱性应力腐蚀的机理

1）碱性应力腐蚀是环境氢脆和电化学应力腐蚀开裂共同作用的结果。碳钢在碱溶液中，由于铁处于低电位，因此要发生阳极溶解

$$Fe+3OH^- = HFeO_2^-+H_2O+2e^- \tag{3-116}$$

$$Fe+2H_2O = HFeO_2^-+3H^++2e^- \tag{3-117}$$

$$3HFeO_2^-+H^+ = Fe_3O_4+2H_2O+2e^- \tag{3-118}$$

但是，也有人认为"尽管金属在碱液中的阳极和阴极的电化学反应过程均有氢原子产

生，但碱脆主要是碱起作用，氢的作用处于次要地位"。一是碱和晶界处无保护的铁原子作用生成氧化物，由于体积增大，产生固体腐蚀产物的楔入作用，使该处的应力增高；二是碱溶解晶界杂质，削弱和松散了金属的组织结构。

2）应力腐蚀断裂解理属于沿晶阳极溶解型。低碳钢的阳极极化曲线及应力腐蚀电位区如图 3-84 所示，断裂电位位于活化钝化转变的范围内。必须有垂直于裂纹的应力存在，才能使膜破裂而使裂纹尖端位于活化区。

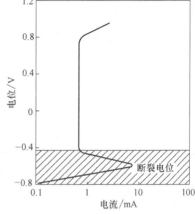

图 3-84　低碳钢的阳极极化曲线及应力腐蚀电位区

注：在 80℃，35% 的 NaOH 溶液中。

低碳钢虽然已存在活化区，但在无应力的热浓硝酸中，沿晶腐蚀深度 1~2mm 即停止；只有施加应力或阳极极化，沿晶开裂才能继续进行，前者破坏膜，后者阻止腐蚀产物的沉淀，说明应力和沿晶腐蚀的协同作用导致了应力腐蚀开裂或者断裂。晶界活化区是由于碳、氮和其他有害杂质，如硫、磷、砷等在晶界偏聚引起的，而不是由于晶界沉淀 Fe_3C 引起的。一方面，相对于基体，Fe_3C 是阴极相；另一方面，裂纹是沿基体与 Fe_3C 的界面扩展的。

（2）影响因素

1）应力。低碳钢在碱性介质中的脆化破裂，在实际构件中焊接残余应力是造成碱脆破坏的重要原因。

2）成分和组织。对于低碳钢来说，碳含量越高，抗碱脆破裂的性能越好，碳的质量分数上限约为 0.2%。低碳钢经 Ac_3 和 Ac_1 之间加热，保持 1h，空冷热处理后，由于晶界上析出的微细碳化物发生球化，这可以增加对碱脆破裂的抵抗力。碳含量越低，热处理时晶界析出碳化物的倾向越小，发生球化的碳化物也越少。例如，碳的质量分数极低（0.05%~0.009%）的碳钢经过 780℃ 热处理后也不能改变其抗碱脆破裂的性能。

对于低碳钢在氢氧化物水溶液中的破裂是沿晶型还是穿晶型，主要取决于含碳量及介质温度。对于碳的质量分数为 0.07%~0.11% 的碳钢，大多发生沿晶型裂纹。这主要是因为晶界上有碳化物析出和非金属夹杂物存在的缘故。碳的质量分数低于 0.03% 的低碳钢大多是穿晶型。碳的质量分数在 0.03%~0.07% 之间以混合型开裂为多。

3）浓度。NaOH 的浓度低于 5% 时一般不发生碳钢的碱脆。

4）温度。介质温度越高越容易产生碱脆破裂，当溶液温度接近或大于介质的沸点时，最容易产生碱脆破裂。美国 NACE 的调查报告证实了这一点，它们认为，对于低碳钢或低合金，只有在介质温度大于 65℃ 时，才会发生碱脆破裂。微碱性、高温、高压水引起的碱脆破裂通常发生在 150~300℃ 之间，100℃ 以下和 300℃ 以上很少发生。温度越高，越容易发生沿晶型破裂，穿晶型破裂一般只发生在低温。

（3）预防措施

1）对于非常稀的碱溶液，例如锅炉水，发生碱脆破裂的主要原因是由于碱溶液局部浓缩的结果。对于这一类情况，防止碱脆破裂的主要措施是防止碱的局部浓缩，消除会引起碱的局部浓缩的内表面缺陷，例如用硫酸盐进行水处理，生成硫酸钠，在碱沉积之前先沉积在钢的表面，这样可以防止浓缩碱直接与钢接触；或者进行水处理，使沉积的碱及时中和。

2）对于焊接或冷加工的容器，残余应力对碱脆的影响很大，因此，焊后或冷加工后，采用去应力退火处理是防止碱脆破裂的有效途径。焊后去应力退火温度不应低于 650℃。

3）表面做涂层处理。

4）加缓蚀剂是防止碱脆的又一个重要措施。如硫酸钠可以防止锅炉水的碱脆破裂，硫酸钠与锅炉水总的碱度对于防止碱脆的最佳比例为

$$\frac{\mathrm{Na_2SO_4}}{总的碱度（如\ \mathrm{Na_2CO_3}, \mathrm{NaOH}\ 等）} = 3 \tag{3-119}$$

碳钢在金属温度小于 46℃ 时不会出现腐蚀性开裂。在 46℃ 以上，开裂敏感性是碱液浓度的函数。对于所有浓度超过 5% 的情况开裂具有高度的可能性。尽管碱脆开裂敏感性在浓度小于 5% 时非常低，但是存在高温情况下（接近沸点）会产生局部的浓缩而增加开裂的敏感性。采用 621℃，按每英寸厚度至少保温 1h 的消除应力热处理工艺，可以有效地防止碱腐蚀开裂。

碳钢在氢氧化钠水溶液中的使用范围（见图 3-85）。

5）选材。炼油厂通常使用碱中和硫化氢，储罐和管线采用碳钢材料。由于发生碱腐蚀场合主要是在设备内温度较高和碱液浓缩处，因此，应对结构设计和制造做特别的要求，同时精心操作可避免腐蚀。

（4）碱脆分析举例　某化工厂换热器汽包于 1996 年投入使用，于 2005 年上半年维护检修时发现渗漏，经去除外面保温材料后，检查发现汽包封头的盖板角焊缝位置出现裂纹，裂纹为穿透型，起源于汽包封头内表面（见图 3-86）。换热器外形尺寸为 $\phi 1632\mathrm{mm} \times 9423\mathrm{mm}$，汽包封头外形尺寸为 $\phi 1632\mathrm{mm} \times 400\mathrm{mm}$，汽包封头材料为 16MnR 钢。正常情况下汽包水平放置，其下半部分为水，上半部分为过热蒸汽，温度约为 200℃ 左右，内部压力约为 0.8MPa。汽包内水质技术要求 pH 值为 9~11，实际测试 pH 为 11 左右，pH 主要采用添加烧碱来调整。此环境正好是低碳钢发生应力腐蚀的理想状态。

从裂纹的宏观形貌来看，裂纹均起源于汽包内表面焊接热影响区，裂纹开裂处腐蚀严

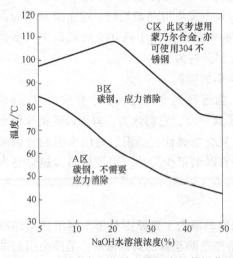

图 3-85　碳钢在氢氧化钠水溶液中的使用范围

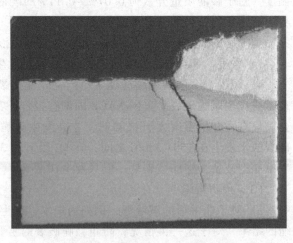

图 3-86　汽包封头上的裂纹形貌

重；裂纹附近的母材成分符合技术要求；主裂纹旁均分出一些细小裂纹，形貌如同枯树根，裂纹侧面和裂纹尖端存在大量灰色氧化物；裂纹起源于焊接热影响区的焊接熔合线处，裂纹起源处金相组织为低碳马氏体+贝氏体，沿晶扩展，焊缝和母材组织正常，母材组织晶粒细小；裂纹附近的焊接热影响区硬度高于焊缝和母材；裂纹内部的腐蚀产物中含有较高水平的钠、钙等碱性元素和硫、氯、氧等强腐蚀性元素。

焊接时焊缝热影响区存在焊接残余应力，这种应力有时可高达材料的屈服强度 σ_s，在苛性钠腐蚀环境中很容易出现应力腐蚀。

4. 硝脆

（1）低碳钢的硝脆现象　低碳钢在硝酸盐溶液中发生的腐蚀破裂是典型的电化学应力腐蚀开裂，而且只有低碳钢在硝酸盐中才会发生这种破裂。早在 1912 年就有关于在硝酸盐生产中的储罐及蒸发器发生腐蚀破裂的报道。著名的美国俄亥俄河吊桥吊索的破坏就属于硝脆破裂。

硝脆破裂一般在焊接热影响区（HAZ）起裂，沿焊缝或垂直于焊缝穿晶扩展。

炼油厂凡和烟气接触的设备，只要在冷凝温度下有水的存在，都有可能出现硝酸盐应力腐蚀开裂。硝酸根可能来自原料中的氮化物或高温下燃烧生成的 NO_x，加热炉、锅炉、FCC（催化裂化）装置再生器系统、硫黄回收装置的焚烧炉等炉壁，热回收系统都处于这种环境。

（2）机理　低碳钢硝脆破裂基本上属于阳极开裂型的应力腐蚀开裂。pH 值在 2~12 均会发生，产生应力腐蚀的电极电位非常宽，可达到 2000mV。

低碳钢在硝酸盐溶液中会发生阳极溶解腐蚀，虽形成保护膜，但在高温与拉应力作用下，会产生沿晶应力腐蚀，其反应式为

$$10Fe+6NO_3^-+3H_2O = 5Fe_2O_3+6OH^-+3N_2 \uparrow \qquad (3-120)$$
$$2Fe+NO_3^- = Fe_2O_3+0.5N_2 \uparrow +e^- \qquad (3-121)$$

发生硝脆断裂（开裂）后，断口表面腐蚀产物呈酸性，氮含量较高，为 NO_3^- 引起的应力腐蚀所致。

（3）影响因素

1）化学成分。钢中的碳对硝脆破裂有很大的影响。硝脆断裂时间随含碳量的减少而增加。但碳的质量分数小于 0.01% 时不发生硝脆开裂。

加入能形成不溶性铁盐的阴离子，如磷酸根可抑制硝脆。

Cr 的质量分数大于 2% 的钢可抗硝酸盐腐蚀开裂。

低碳钢在沸腾的硝酸铵溶液中应力腐蚀断裂时间（见图 3-87）。

2）淬火+回火处理。925℃ 固溶处理使碳化物及氮化物全部溶解，碳及氮原子偏析在奥氏体及随后的铁素体晶界，淬火后仍保持这种状态，因而具有高度的硝脆敏感性。随后的回火将发生晶界及晶内的碳化物及氮化物沉淀析出。由于碳化物本身对于应力腐蚀开裂没有直接影响，晶内析出碳化物（或氮化物），使晶内的碳（或氮）浓度下降，晶界平衡的碳（或氮）浓度将随着下降，境界多余的碳（或氮）将扩散进入晶内，使硝脆敏感性降低。但在 443~550℃ 长期回火时，由于初期晶内固溶的碳又会析出，故其硝脆敏感性又增强。

冷轧态没有硝脆敏感性，但在 590℃ 或更高的温度回火 30min，则具有高度的硝脆敏感性。碳、氮晶界偏析引起硝脆的观点可较好的解释上述宏观现象。

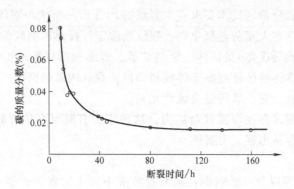

图 3-87　低碳钢在沸腾的硝酸铵溶液中应力腐蚀断裂时间

3）冷加工+回火处理。冷加工使碳化物或氮化物沿滑移线沉淀，降低了钢中晶内及晶界的碳化物，而晶粒又已严重畸变，其晶界已无断裂连续扩展的途径，故硝脆的敏感性很低。

回火再结晶发生碳化物析出，重新显示硝脆敏感性。

5. 其他元素的腐蚀脆裂

（1）氢氟酸环境下的氢致开裂/应力定向氢致开裂（HIC/SOHIC-HF）。

1）机理。氢氟酸环境下的氢致开裂/应力定向的氢致开裂存在于氢氟酸法烷基化装置，反应过程如下

$$Fe^{2+}+2HF \rightarrow FeF_2+2H^+ \tag{3-122}$$

腐蚀反应生成的氢原子对钢材有很强的渗透力，且随着温度升高而加强。

2）影响因素。影响开裂敏感性：介质 pH 值，钢中硫含量，焊缝硬度，其他介质影响（如氰化物促进开裂发生）。

3）选材及防护。氢氟酸环境中的碳钢和蒙乃尔合金都会产生氢致开裂及应力定向的氢致开裂，避免或消除的办法是焊后热处理和采用抗氢致开裂钢（S 的质量分数≤0.002%、P 的质量分数≤0.01%）等。

（2）氢氟酸环境下的氢应力开裂（HSC-HF）

1）机理。氢致应力开裂（HSC）在产生氢的反应的环境下，对所产生的氢扩散在母材内与拉应力联合作用产生的开裂。开裂通常发生在高强度（高硬度）钢中，或发生在低强度钢的硬质焊接熔敷金属或硬质热影响区。腐蚀的产生主要因为氢氟酸产生的氢原子渗透到钢的内部，溶解于晶格中导致材料脆化所致。

基本反应式如下

$$HF \rightleftharpoons H^+ + F^- \tag{3-123}$$

2）影响因素。影响开裂敏感性：介质 pH 值，钢中硫含量，焊缝硬度，其他介质影响（如：氰化物促进开裂发生）。

3）选材及防护。氢氟酸的水溶液浓度 96%～99%，温度低于 66℃，可以选择一种镇静低碳钢。

在受严格限制的地方，而温度在 66～177℃时使用蒙乃尔 400 合金。

（3）氰脆　很少有报道氢氰酸水溶液会引起碳钢的应力腐蚀。但在较高浓度（＞10%）HCN 溶液中，CN^- 与 Fe 生成络合离子：$6HCN+Fe^{2+} \rightarrow [Fe(CN)_6]^{4-}+6H^+$ 造成表面膜缺陷，

在一定拉应力下会引起开裂。例如，某石化企业的丙烯腈装置脱氢氰酸塔约 400m 长的碳钢管道曾发生多次氰脆开裂。

PTA 装置由于采用四溴乙烷或氢溴酸做氧化反应促进剂，因而在后续的奥氏体不锈钢设备常会发生由 Br⁻ 引起的应力腐蚀，称溴脆。如干燥机内壁与传热管表面由于物料垢下 Br⁻ 浓缩开裂。

（4）碳酸盐腐蚀开裂　碳酸盐腐蚀开裂是在含碱性的含有高浓度碳酸盐的酸水、拉应力和腐蚀性介质的共同作用下导致的开裂。裂纹主要产生在晶间，较典型情况是出现在焊接制造产品上，裂纹呈非常细的网状分布，而且裂纹中充满氧化物。碳酸盐腐蚀开裂普遍出现在催化裂化装置分馏塔的上部冷凝回收系统、下游的富气压缩系统和酸水系统中。

（5）高温氢腐蚀（HTHA）

1）机理。高温氢腐蚀（HTHA）发生在暴露于高温下（大于 204℃）的氢的高分压下的碳钢和低合金钢中。它是氢原子扩散到钢中并与微观组织中的碳化物发生反应的结果。

第一步：氢分子（H_2）分解成可在钢中扩散的氢原子 [H]

$$H_2 \Longleftrightarrow 2H（氢分解） \qquad (3-124)$$

当温度和氢分压都增大时，发生高温氢腐蚀的驱动力会增加。

第二步：反应发生在氢原子和金属碳化物之间

$$4H + MC \Longleftrightarrow CH_4 + M \qquad (3-125)$$

高温氢腐蚀对钢材的破坏有两种形式：因甲烷气体在碳化物基体界面上聚集而产生内部脱碳和裂缝；由氢原子和钢材表面或邻近表面的碳化物发生反应产生的表面脱碳，在该表面甲烷气体可逸出而不会形成裂缝。

2）影响因素。

a. 氢分压：材料中氢浓度的增加会使其抗拉强度的阈值下降。

b. 温度：一般认为钢在 300~330℃ 的温度范围内高温氢腐蚀的敏感性最高。

c. 应变速率：材料的高温氢腐蚀敏感性一般随着应变速率的降低而增加。

d. 材料的自身状况：钢材的强度愈高，对高温氢腐蚀的敏感性也就愈大。

e. pH 值：介质 pH 值越低，材料发生高温氢腐蚀的倾向越大。

f. 合金元素：一般认为，P、As、Sb、Te 和 Bi 是属于毒化剂元素，它们都会促进钢的高温氢腐蚀。而 Al、Ti、V 和 B 等合金元素的存在则有利于提高低合金钢的抗高温氢腐蚀能力。

3）选材及防护材料选择。

a. 防止氢腐蚀的常用方法有降低设备材质的含碳量、降低氢气的压力和降低温度，在材料中增加合金元素如 Cr、Mo 等。

b. 可根据纳尔逊曲线选择抗氢腐蚀的材料。停工时不能立即将反应器的温度降到 135℃以下，也可降低氢的腐蚀。

c. 增加钢材的合金含量可提高抗高温氢腐蚀的性能，例如 Cr-Mo 合金钢和不锈钢。

3.6.8　防止或减轻应力腐蚀的对策

应力腐蚀是钢材破裂敏感性、应力和介质腐蚀性三者同时作用时发生的现象，如三者缺一就不会发生破裂。作为应力腐蚀的防止对策，应根据实际情况和有关设计规范与标准，吸收国内外成功的经验，采取行之有效、经济合理的综合防护方法。

防止或减轻应力腐蚀的途径可从环境、应力、冶金三个方面进行行控制。具体措施有：

1) 降低设计应力，将应力控制在临界应力之下。

2) 合理设计与加工，减少应力集中。

3) 采用合理的热处理方法消除残余应力，或改善合金的组织结构，以降低对 SCC 的敏感性。

4) 其他方法，如合理选材、去除介质中有害成分、工艺防腐等。

5) 电化学保护。

6) 使用缓蚀剂。

7) 使受力件和承受腐蚀件从结构设计上给予分开。

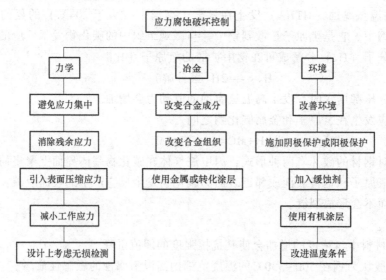

图 3-88　应力腐蚀开裂的影响因素

因为应力腐蚀的发生需要敏感合金，在某一限度值以上受力并暴露于特定的环境中，因此可以通过巧妙地处理这三个参数之一或全部来控制应力腐蚀问题。理想的防治措施应从选择应力腐蚀抗力强的合金开始，这是最常用的方法，然后考虑对应力或环境做可能的改进，图 3-88 简要的示意出了这三个主题。可是，有时在现有工厂里发生应力腐蚀，在其他设计阶段没有预测到这些，或由于其他考虑必须使用敏感材料，因此防止措施受到限制。无论采用什么措施，需要根据经验或实验室测试数据，重要的是要认识到合金的敏感性不仅仅是合金成分或组织结构的函数，而且还与环境条件有关。

表 3-10 和表 3-11 分别列举了"不同介质条件下的选材原则"和"各种腐蚀环境下防止应力腐蚀开裂的对策"，在实际工程应用中也可根据自己的实际情况进行参考。

表 3-10　不同介质条件下的选材原则

介质条件				可考虑选用的不锈钢
种类	温度/℃	Cl^- 和 OH^- 情况	浓缩或富集	合金类型
高浓氯化物	沸腾	高浓度 Cl^-	无	高硅 Cr-Ni 不锈钢，铁素体不锈钢 高镍不锈钢和合金

（续）

介质条件				可考虑选用的不锈钢
种类	温度℃	Cl⁻ 和 OH⁻ 情况	浓缩或富集	合金类型
含 Cl⁻ 水溶液	<60	低浓度 Cl⁻	无	普通 18-8,18-12-2 不锈钢 019Cr19Mo2NbTi 铁素体不锈钢,18-5Mo 双相不锈钢
		低浓度 Cl⁻	有	019Cr19Mo2NbTi 铁素体不锈钢,18-5Mo 双相不锈钢
		高浓度 Cl⁻	有	00Cr26Mo1 等铁素体不锈钢 Cr 的质量分数为 22%～25%的含 Mo 双相不锈钢 高 Cr、Mo 的高镍不锈钢(如 00Cr20Ni25Mo4.5Cu)
	60～150	低浓度 Cl⁻	有	019Cr19Mo2NbTi,00Cr26Mo1 等铁素体不锈钢 18-5,22-5,25-5 型双相钢 高 Cr、Mo 的高镍不锈钢(如 00Cr20Ni25Mo4.5Cu)
	150～200	低浓度 Cl⁻	有	同上 Cr20Ni32Fe 等铁-镍基合金
	200～350	低浓度 Cl⁻	有	Cr20Ni32Fe 等铁-镍基合金 Cr30Ni60Fe10 等镍基合金
$H_2S_xO_6$	室温	无 Cl⁻	无	含 Ti、Nb 的 18-8 不锈钢并经稳定化处理
		有 Cl⁻	有	Cr26Ni32Fe 等铁-镍基合金
含 H_2S 水溶液	<60	无	无	18-12 型不锈钢
		低浓度 Cl⁻	有	18-5Mo、22-5Mo、22-5Mo-N 型等双相不锈钢 00Cr20Ni25Mo4.5Cu 高镍钢
		高浓度 Cl⁻	有	00Cr20Ni25Mo4.5Cu 高镍钢
含 NaOH 水溶液	<120	20%NaOH 无 Cl⁻	无	18-8、18-2 不锈钢
	85	50%NaOH 12.5%NaCl	—	超低碳 18-8、00Cr26Mo1、25-20 不锈钢
		15%～25%NaOH 10%～15%NaCl	—	同上
	140	45%NaOH 15%NaCl	—	00Cr26Mo1、008Cr30Mo2
	300～350	NaOH 的浓度<10% 无 Cl⁻	—	Cr26Ni32Fe 等铁-镍基合金
		NaOH 的浓度>10% 无 Cl⁻	有	Cr30Ni60Fe10 等合金

表 3-11　各种腐蚀环境下防止应力腐蚀开裂的对策

环境	材料控制	应力控制	环境控制
H_2S+H_2O	提高碳钢质量,Mn 的质量分数<1.5%,S、P 的质量分数<0.01%,碳当量<0.43,选用 06Cr13(Al),控制焊缝化学成分,避免合金成分超高;冷却器:涂层-牺牲阳极	焊后热处理限制焊缝硬度<HB200;焊缝 100%无损探伤	控制 H_2S 浓度<50×10⁻⁶ 氰化物<20×10⁻⁶

（续）

环境	材料控制	应力控制	环境控制
$HCl+H_2S+H_2O$	不宜采用 18-8 不锈钢，采用 2205 或 06Cr13；冷却器：涂层+牺牲阳极、Ni-P（保证质量）	焊后热处理	深度电脱盐 注缓蚀剂，注中和剂（有机胺） 注水，脱后含盐<5mg/L pH 值 5.5~7 三级冷凝水 Fe^{2+}>1mg/L
$HCN+H_2S+H_2O$	用 12Cr2AlMoV 与 08（09）Cr2AlMo(Re)，不宜采用奥氏体钢焊条焊接碳钢或 CrMo 钢；冷却器：涂层+牺牲阳极，Ni-P（保证质量）	焊后热处理限制焊缝硬度<200HB	注缓蚀剂，注水
$CO_2+H_2S+H_2O$	不宜用 18-8 不锈钢与 Cr13，用 12Cr2AlMoV 与 08（09）Cr2AlMo(Re)，不宜用奥氏体钢焊条焊接碳钢或 CrMo 钢冷却器：涂层+牺牲阳极，Ni-P（保证质量）	焊后热处理限制焊缝硬度<200HB	控制 pH>7
$RNH_3+CO_2+H_2S+H_2O$	用 18-8Ti 钢	焊后热处理	注复合缓蚀剂，防空气进入胺液，除去污染
$H_2S_4O_6$	用超低碳钢或 Ti+Nb 稳定化的 18-8 不锈钢，在制作或操作时，减少敏化倾向	热处理消除应力	停工后按 NACE—RP—01—70 要求进行中和碱洗，充氮，隔绝空气
冷却水+Cl^-	不选用 18-8 不锈钢，宜用双向不锈钢或用涂层+牺牲阳极	对 18-8 钢焊后局部热处理	定期清洗，合理设计，加强水质处理
$NaOH+H_2O$	用碳的质量分数为 0.2%的镇静钢，不用 16Mn	避免铆接，采用焊接后消除应力退火	加入缓蚀剂，避免气液交替局部减浓缩
NO_3+H_2O	用碳的质量分数为 0.2%的镇静钢	消除应力退火	加入缓蚀剂，提高容器壁温度在露点以上
$HCN+H_2O$	不宜用碳钢，选用 18-8 不锈钢	焊后消除应力退火，降低安装时的应力	控制 HCN 不超出设计允许值，避免结垢
保温层+Cl^-+H_2O	选用少氧的绝热料	—	外包严密，钢表面涂层

3.7　腐蚀疲劳

3.7.1　腐蚀疲劳定义

腐蚀疲劳（Corrosion Fatigue，简称 CF）是金属受到腐蚀介质和交变应力或脉动应力的联合作用而发生的破损。腐蚀疲劳经常发生在服役温度较高且存在循环应力的构件，如飞机发动机、叶轮增压器中的叶片。另外，在腐蚀性环境中服役，同时又存在交变载荷的构件，如油田中钻杆、矿山凿岩机、海上或矿山用的钢缆索、深井泵的轴汽轮机的叶片、甲铵泵的泵体开裂、化工企业的一些管道（内部的流体可能会造成振动）等也经常发生腐蚀疲劳失效。事实上，在自然环境中也存在腐蚀疲劳的失效案例。

3.7.2　腐蚀疲劳的特点

1）腐蚀疲劳不需要特定的腐蚀系统，它在不含任何特定腐蚀离子的蒸馏水中也能发生。

2）任何金属材料均可能发生腐蚀疲劳，即使是纯金属也能产生腐蚀疲劳。

3）金属出现腐蚀裂纹甚至断裂，裂纹常在点腐蚀或腐蚀小坑的底部萌生，呈多源开裂，裂纹多半穿晶或沿晶扩展、很少分叉，断口大部分被腐蚀产物所覆盖。

4）材料的腐蚀疲劳不存在疲劳极限。即金属材料在任何给定的应力条件下，经无限次循环作用后终将导致腐蚀疲劳破坏，如图 3-89 所示。

5）由于腐蚀介质的影响，使 σ-N 曲线明显地向低值方向推移，即材料的疲劳强度显著降低，疲劳初始裂纹形成的孕育期显著缩短。

6）腐蚀疲劳初始裂纹的扩展受应力循环周次的控制，不循环时裂纹不扩展。低应力频率和低负荷交互作用时，裂纹扩展速率加大。

7）腐蚀环境能加速裂纹扩展，腐蚀疲劳引起的损伤几乎总是大于由腐蚀和疲劳分别作用引起的损伤之和，阴极极化可以恢复钢的疲劳性能。

8）温度升高加速腐蚀疲劳裂纹扩展。

9）一般腐蚀介质的浓度越高，则腐蚀疲劳越激烈，图 3-90 为 7075-76 铝合金在不同浓度的水蒸气中腐蚀疲劳裂纹扩展速率，可见介质浓度越高，裂纹扩展速率越大。

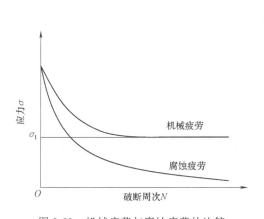

图 3-89　机械疲劳与腐蚀疲劳的比较

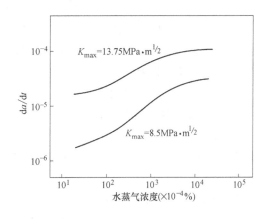

图 3-90　铝合金腐蚀疲劳裂纹扩展速率与环境水蒸气浓度的关系

3.7.3　腐蚀疲劳的机理

像应力腐蚀一样，腐蚀疲劳取决于材料、环境、化学与电化学参数、力学条件之间的交互作用。

延性合金的开裂现象包含塑性变形，由于循环载荷的作用，这种塑性变形是局部化的，这引起疲劳失效发生在远低于材料屈服强度的应力水平之下。有两个联系于腐蚀损伤的主要过程，即阳极溶解和阴极还原（经常是氢还原）。在腐蚀介质影响下，材料疲劳抗力的降低可以被看成是这些过程的交互增强的结果。

腐蚀疲劳机理主要有两类：阳极滑移溶解和氢脆（见图3-91）。滑移溶解导致的裂纹扩展归因于活性物质（例如水分子和卤素离子）造成裂纹尖端处、滑移台阶处、以及应变集中的裂纹尾部尖端处和裂纹面间的微动接触处的保护性氧化膜开裂，使新暴露表面溶解，氧化物在裸表面上形核和发展（见图3-91a）。

对于另一个水溶液介质中的机理氢脆的基本步骤（见图3-91b），包括水分子或氢离子向裂纹尖端的扩散，吸附在裂尖的氢离子的还原，吸附的氢原子通过表面扩散到达有利的位置，氢原子进入基体并扩散到敏感位置（如晶界、裂纹尖端的三向应力区或孔洞）。

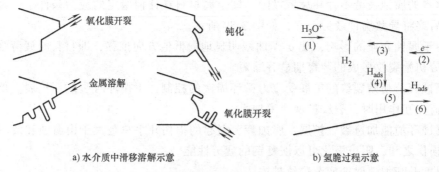

a) 水介质中滑移溶解示意　　　　b) 氢脆过程示意

图 3-91　腐蚀疲劳机理示意图

图3-91b中，（1）液体扩散；（2）放电与还原；（3）吸附氢原子的重新组合；（4）吸附原子表面扩散；（5）氢在金属中吸收；（6）吸收氢的扩散

在循环载荷作用下，两个自由面间的微动接触、裂纹壁对裂尖的液体泵吸、由循环载荷引起的裂纹的连续钝化和再活化都能影响到溶解速率。因而，循环频率和加载波型都强烈影响腐蚀疲劳裂纹的扩展，而对纯疲劳来说，它们通常没有明显作用。

疲劳损伤可分为下列四个阶段。

1. 预裂纹的循环变形阶段

重复的机械损伤在一些局部区域积累；位错和其他亚结构发展：驻留滑移带（PSBs），循环形变时在表面形成的滑移带，在表面抛光后，进一步的循环形变导致在相同位置再出现引起的挤出、挤入形成。

2. 裂纹萌生和第Ⅰ阶段扩展

裂纹萌生是挤入加深的结果；裂纹在这一阶段的扩展发生在高切应力面内。

3. 第Ⅱ阶段扩展

明显的裂纹在高拉伸应力面上和垂直于最大拉伸应力的方向上的扩展。

4. 延性断裂阶段

当裂纹达到足够长度时，所余截面积不足以承受外加载荷，发生延性断裂。

各个阶段的循环数占断裂总循环数的比例取决于力学加载条件和材料种类。对于确定像裂纹的表面特征何时应被称为裂纹来说是相当模糊的。一般来讲，与高循环条件相比，在低循环条件下，在第Ⅱ阶段裂纹扩展中消耗的循环数占总断裂循环数的比例要高些。而对低应力高周疲劳来说，裂纹萌生和第Ⅰ阶段裂纹扩展占了循环数的绝大部分。材料的表面条件也影响各阶段所占总疲劳寿命的比例。像尖锐缺口、非金属夹杂物这样的表面不连续能够大幅度地减少裂纹萌生和早期裂纹扩展所需要的循环数。

除最终延性断裂阶段外，腐蚀环境能够影响裂纹萌生与扩展的各个过程，也能影响各阶段的循环数占总循环数的相对比例。

3.7.4　腐蚀疲劳裂纹萌生

1. 非金属夹杂物的作用

对于低应力高周疲劳，裂纹萌生占了总寿命的大部分。商用合金中的疲劳裂纹萌生发生于表面或近表面，通常与表面缺陷有关，特别是非金属夹杂物。对作为潜在疲劳裂纹源的非金属夹杂物来说，要满足两个条件，夹杂物应该有一个临界尺寸以及一个低的变形能力。这与在疲劳温度下的膨胀系数相关。对钢来讲，危险的夹杂物包括单晶氧化铝（Al_2O_3）、尖晶石和钙铝化合物，它们的临界尺寸不小于 $10\mu m$。最常见的拉长的硫化物夹杂（MnS）看起来没什么害处。表面不连续能够引起局部应力集中，但是减小材料疲劳抗力的原因是夹杂物周围的塑性变形的高度局部化。

承受循环载荷的构件或结构在服役期间暴露于腐蚀介质时，环境对特殊表面位置的择优侵蚀可以提供裂纹萌生的最佳位置。对于暴露于氯化钠溶液的高强度钢来说，发现硫化物夹杂提供了点蚀坑的位置，进而成为裂纹萌生的位置。而尖角形的钙铝化合物，是空气中的疲劳裂纹萌生源，但对腐蚀疲劳没有影响。夹杂物的化学或电化学相对活性决定了它是否被择优溶解。点蚀坑引起的应力集中和坑内局部环境（该环境与整体溶液环境显著不同），都可以对开裂过程产生很大影响。硫化物夹杂及其围绕夹杂物的临近区域对钢基体来讲是阳极。由硫化物溶解形成的硫化氢（H_2S）和 HS^- 对腐蚀坑的发展具有很大的影响。溶液中产生的 H_2S 和 HS^- 能够催化铁从基体上的阳极溶解和阻碍氢的阴极放电。由铁离子和亚铁离子水解导致的局部酸化也加速硫化物夹杂的溶解，HS^- 的积累有利于继续局部侵蚀，使微孔产生。在循环应力条件下，夹杂物和基体界面处的腐蚀比在无应力条件下发展更快。

对于高强度钢而言，发现在氯化钠溶液中的疲劳寿命降低主要来自于裂纹萌生时间的缩短，虽然裂纹扩展速率也被加速。对空气中的疲劳，80%以上的寿命消耗于长度为 $100\mu m$ 以下的裂纹萌生和扩展。腐蚀环境降低疲劳寿命和裂纹萌生所占的时间比例，所以，这时的疲劳寿命主要由裂纹扩展控制。

2. 临界腐蚀速率

在对钢的研究中，Uhlig 及其合作者发现，在水溶液中起始光滑试样的疲劳寿命只有在临界溶解速率被超过时才会降低。然而，阴极极化可以消除阳极溶解，但它却可以加速带有预裂纹试样的疲劳裂纹扩展。后来发现，高强度钢的疲劳寿命主要由裂纹萌生控制，环境对疲劳寿命的影响是源于点蚀坑使萌生时间缩短的结果，蚀坑由 MnS 夹杂物的选择溶解而来。阴极极化降低溶解速率并防止点蚀坑的形成，使裂纹萌生所需时间延长，并使疲劳寿命恢复。阴极极化下裂纹扩展速率的增加被归因于氢的影响。

腐蚀速率对腐蚀疲劳行为的影响也与力学加载条件有关。对于将 X65 管线钢暴露于模拟地下水环境的稀溶液中的情况，当所加应力比为 0.6 或以下时，pH5.6 的介质与 pH6.9 的相比，有更多更长的裂纹产生。在应力比为 0.8 时，开裂发生在 pH6.9，而不是 pH5.6 的介质中。这个行为上的差别被归因于腐蚀速率和力学加载程度之间的平衡。对这一钢-环境系统，不出现可以防止裂纹侧壁溶解的钝化现象，只有循环加载保持裂纹尖锐。当足够的疲劳损伤被同时引入时，高腐蚀速率使腐蚀疲劳加速。

腐蚀疲劳裂纹倾向于在表面不连续处萌生，例如缺口和点蚀坑的位置。然而裂纹萌生是一个竞争过程，首先会发生于最有利的位置。消除一种萌生位置只能使疲劳寿命得到延长，但不能避免腐蚀疲劳的发生。喷丸可以推迟腐蚀疲劳裂纹的萌生，这种有益作用被归因于表面层产生的压应力。

3. 腐蚀环境的作用

根据表面条件可将材料和腐蚀环境分为三组：活性溶解条件、电化学钝化条件和整体表面膜条件（如三维氧化膜）。

在活性溶解条件下，表面驻留滑移带被优先溶解，导致自由表面的非稳定性，从而形成更宽的驻留滑移带，使腐蚀局部化，导致裂纹萌生。在电化学钝化条件下，钝化膜的周期性断裂和再形成的相对速率控制材料的疲劳抗力。当表面有三维氧化膜形成时，驻留滑移带会使膜断裂，从而导致新鲜金属表面的择优溶解。

3.7.5 腐蚀疲劳裂纹扩展

经常使用断裂力学来描述明确的腐蚀疲劳裂纹扩展行为，这里将每循环一次对应的平均裂纹扩展量（da/dN）描述为外加应力强度因子范围（$\Delta K = K_{max} - K_{min}$）的函数。在循环应力作用下，即使最大应力强度因子低于应力腐蚀开裂的门槛值，腐蚀疲劳裂纹也能扩展。当腐蚀环境出现时，裂纹扩展速率能被显著提高。疲劳裂纹扩展速率，即每次循环导致的裂纹长度增量，对于风险评估和剩余寿命预测是重要的。

通过比较纯机械疲劳和应力腐蚀条件下测得的裂纹扩展速率的不同组合情况，可以方便地描述疲劳对裂纹扩展速率的影响。图 3-92a 示意地给出了在纯机械循环加载条件下的疲劳裂纹扩展率随应力强度因子的变化规律（双对数坐标下呈 S 形）。在应力腐蚀的环境和持续加载条件下，金属材料的裂纹扩展速率 da/dt 随外加应力强度因子 K 的典型变化情况示于图 3-92b 中（双对数坐标下）。如该图所示，在 I 型应力腐蚀开裂情况下（拉开型），在应力强度因子小于门槛值 K_{ISCC} 时，环境对破裂行为是没有影响的。在 K_{ISCC} 以上时，裂纹扩展速率随应力强度因子的增加而急剧增加（I 区）。在接下来的 II 区扩展中，单位时间内的裂纹扩展量基本上不受外加应力强度因子影响。当应力强度因子接近材料的断裂韧性 K_{IC} 时（III 区），裂纹扩展速率迅速增加。

腐蚀疲劳裂纹扩展可示意性地表述为三种方式。图 3-92c 示出的是 A 型真腐蚀疲劳扩展行为，循环塑性形变和环境间的协同交互作用产生由循环周次和时间共同决定的裂纹扩展速率。甚至在疲劳中的应力强度因子最大值 $K_{max} < K_{ISCC}$ 的情况下，真腐蚀疲劳也对疲劳断裂发生影响。循环载荷的形式是重要的。图 3-92d 展示的是 B 型腐蚀疲劳扩展行为，即应力腐蚀疲劳过程，它是单纯时间确定的疲劳裂纹扩展，来自于机械疲劳（见图 3-92a）和应力腐蚀（见图 3-92b）的简单叠加。应力腐蚀仅发生在 $K_{max} > K_{ISCC}$ 的情况下。在这一模型中，载荷的循环特点是不重要的。真腐蚀疲劳和应力腐蚀疲劳的结合导致 C 型扩展，这是腐蚀疲劳裂纹扩展最一般的形式（见图 3-92e），它包括在应力强度因子低于 K_{ISCC} 时的由循环和时间共同确定的加速裂纹扩展和在应力强度因子高于 K_{ISCC} 时的由时间确定的加速裂纹扩展。

一些交互作用参量影响腐蚀疲劳裂纹扩展速率和应力强度之间的关系。可以影响扩展速

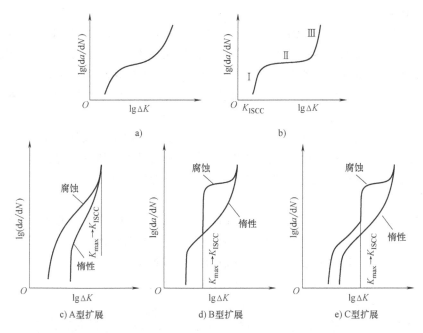

图 3-92　纯机械疲劳与腐蚀加速裂纹扩展联合作用示意图

率的因素有：环境化学参量，如温度、气体压力、杂质含量、溶液 pH 值、电位、导电性、离子含量；力学参量，如 ΔK、平均应力、频率、波形和过载；冶金参量，包括杂质和微观结构，以及循环变形方式，时间和加载频率也是重要的。

通过利用抗腐蚀疲劳高性能合金可以预防腐蚀疲劳。但对于大多数工程应用来讲，由于实用性和成本的原因，这种方法是不实际的。一般情况下，减小腐蚀速率和降低循环损伤对于消除腐蚀疲劳损伤是有益的。而施加涂层和添加缓蚀剂能够延缓腐蚀疲劳裂纹的萌生，表面条件的改善也是有用的。与降低最大应力水平相比，减小应力变动的幅度经常是更有益和更经济的。

3.7.6　腐蚀疲劳断裂的断口特征

1. 腐蚀疲劳断口的组成

腐蚀疲劳为脆性破坏之一，钢构件的腐蚀疲劳断口通常具有两部分：

1）带有腐蚀产物的粗糙表面的腐蚀疲劳部分。

2）快速机械断裂部分。

两部分的大小和循环应力值 P_{max} 相关，P_{max} 愈大，腐蚀疲劳断裂面积愈小。

腐蚀疲劳是在腐蚀介质和交变应力联合作用下引起的疲劳破坏，腐蚀疲劳断裂的断口兼有机械疲劳与腐蚀断口的双重特征。除一般的机械疲劳断口特征外，在分析时要注意腐蚀疲劳的断口特征。

2. 腐蚀疲劳断口形貌

1）脆性断裂，断口附近无塑性变形。断口上也有纯机械疲劳断口的宏观特征，但疲劳源区一般不明显。断裂多源自表面缺陷或腐蚀坑底部。

2）微观断口可见疲劳辉纹，但由于腐蚀介质的作用而模糊不清；二次裂纹较多（见图

2-121），有时断口上可见泥滩花样。

3）属于多源疲劳，裂纹的走向可以是穿晶型的也可能是沿晶型的，以穿晶裂纹比较常见。碳钢、铜合金的腐蚀疲劳断裂多为沿晶分离；奥氏体不锈钢和镁合金等多为穿晶断裂；Ni-Cr-Mo 钢在空气中多为穿晶断裂，而在氢气和 H_2S 气氛中多为沿晶或混晶断裂。加载频率低时，腐蚀疲劳易出现沿晶分离断裂，而且裂纹通常是成群的。在单纯机械疲劳的情况下，多源疲劳的各条裂纹通常分布在同一个平面（或等应力面）上不同的部位，然后向内扩展，相互连接直至断裂。而在腐蚀疲劳情况下，一条主裂纹附近往往出现多条次裂纹，它们分布于靠近主裂纹的不同截面上，大致平行，各自向内扩展，达到一定长度之后便停止下来，而只有主裂纹继续扩展直至断裂。因此，主裂纹附近出现多条次裂纹的现象，是腐蚀疲劳失效的表面特征之一。

4）断口上的腐蚀产物与环境中的腐蚀介质相一致。利用扫描电镜或电子探针对断口表面的腐蚀产物进行分析，以确定腐蚀介质成分，是失效分析常用的方法。但腐蚀产物也给分析工作带来很大不便，许多断裂的细节特征被覆盖，需要仔细清洗断口。

图 3-93 为实际观察到的腐蚀疲劳裂纹和断口形貌。

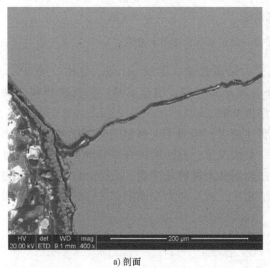 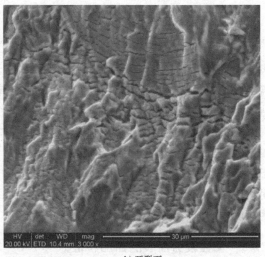

a) 剖面   b) 开裂面

图 3-93　腐蚀疲劳裂纹形貌

当断口上既有疲劳特征又有腐蚀疲劳痕迹时，显然可判断为腐蚀疲劳破坏。但是，当断口未见明显宏观腐蚀迹象，而又无腐蚀产物时，也不能认为，此种断裂就一定是机械疲劳。因为不锈钢在活化态的腐蚀疲劳的确受到严重的腐蚀，但在钝化态的腐蚀疲劳，通常并看不到明显的腐蚀产物，而后者在不锈钢工程事故中却是经常可以遇到的。

由于影响腐蚀疲劳的因素较多，且在很多情况下，腐蚀疲劳与应力腐蚀的断口有许多相似之处，因此，希望单凭断口特征来判断腐蚀疲劳是不够的，必须综合分析各种因素的作用，才能做出准确的判断。

3.7.7　腐蚀疲劳的防护对策

1）降低钢构件的工作应力。

2）表面喷丸处理或滚压处理。

3）加缓蚀剂。

4）镀层或涂层，如渗氮、渗铝等。

5）电化学保护。

3.8　应力腐蚀和腐蚀疲劳的关系

从历史上看，在研究应力腐蚀和腐蚀疲劳的初期，是分别由两部分科学工作者各自独立进行的，都不考虑另一种机制的影响。

应力腐蚀很长一段时间都是研究在敏感介质中，材料在静拉应力（指表观应力而不是裂纹前沿应力）作用下的行为，积累了大量实验数据，并提出了许多假说或理论。但是，实际工程构件承受恒定不变的静拉应力的情况是个很少的，因而近年来材料工作者们又进行了材料在动应力下的破坏行为研究。动应力可分为两类：一类是单调变化的应力（如各种恒应变应力腐蚀试验）；另一种则是交变应力。如有人建议把在静拉应力基础上叠加有小振幅、高频率应力的情形称为动态应力腐蚀（Dynamic SCC）；把大振幅、低频率的情形称为交变应力腐蚀（Cyclic SCC），如图 3-94 所示。

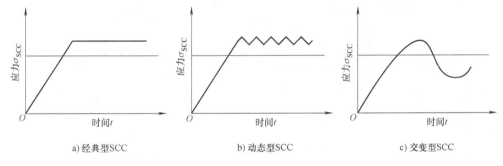

a) 经典型SCC　　　　　b) 动态型SCC　　　　　c) 交变型SCC

图 3-94　应力腐蚀时应力 σ 和时间 t 的关系示意图

有人还进一步研究了交变应力在整个应力中占比大小对裂纹萌生和扩展难易程度的影响，用动态应力腐蚀临界应力强度因子 K_{DSCC} 表示，见表 3-12。图 3-95 为应力比 R 的示意图，K_{ISCC} 和 K_{DSCC} 分别是静态应力腐蚀和动态应力腐蚀时的临界应力强度因子。

表 3-12　ZK141 铝合金动态应力腐蚀的临界应力强度因子

应力比 R	K_{DSCC}/MPa·m$^{1/2}$	K_{DSCC}/K_{ISCC}	应力比 R	K_{DSCC}/MPa·m$^{1/2}$	K_{DSCC}/K_{ISCC}
1.00	K_{ISCC}：28.8	—	0.95	17.2	0.60
0.98	28.5	1.00	0.90	13.3	0.46
0.96	23.0	0.80	0.85	12.4	0.43

由表 3-12 可以看出，当存在交变应力时（$R<1$），裂纹的萌生和扩展要比仅存在静拉应力时容易得多，且这影响十分明显，从应力腐蚀裂纹扩展的滑移、溶解机制来看，交变应力将加速钝化膜的破裂，因此是容易理解的。这样一来，应力腐蚀的研究范围就由静拉伸应力（$R=1$）扩展到交变应力（$R<1$）的情形，即考虑到了疲劳对应力腐蚀过程的影响。

另一方面，研究腐蚀疲劳的科学工作者近些年来，也认识到应力腐蚀可以对腐蚀疲劳裂纹扩展起加速作用,因此提出了应力腐蚀疲劳这一概念。

随着科学的发展,应力腐蚀和腐蚀疲劳的研究领域逐步扩大,这两种原先被认为是彼此无关的研究领域出现了相互重叠、交叉的现象。对同一现象,就出现了不同领域工作者分别给予不同命名的情况,如图 3-96 所示,图中实心圆为静态应力腐蚀及纯腐蚀疲劳,阴影区分别被称为动态应力腐蚀及应力腐蚀疲劳。

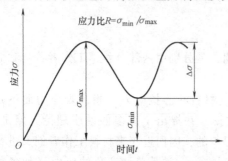

图 3-95 应力比 R 示意图

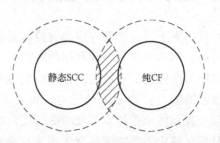

图 3-96 应力腐蚀(SCC)和腐蚀疲劳(CF)的研究领域扩大后造成相互渗透示意图

看来经典的应力腐蚀和腐蚀疲劳之间,还存在一个界限不很分明的中间状态。最近,对如何进行分类的问题有人还进行过设想,如图 3-97 所示。当交变应力频率很低时,虽然不是静拉应力,但也可认为是应力腐蚀,由此来看,当实际工程构件在较复杂的条件下(如介质条件对应力腐蚀或腐蚀疲劳都是允许,且存在交变应力)断裂时,要准确判定开裂性质或应力腐蚀及腐蚀疲劳各自起了多大作用是十分困难的。

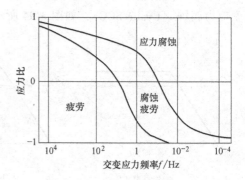

图 3-97 疲劳、腐蚀疲劳和应力腐蚀应力条件的界限示意

从设计、使用和失效分析的角度来说,当裂纹及断口形态和经典的($R=1$)应力腐蚀特征相近时,尽管存在交变应力的影响,最好仍判为应力腐蚀。同样,当裂纹和断口形态和经典的腐蚀疲劳特征相近时,虽然应力腐蚀有影响,甚至存在应力腐蚀的个别特征,仍以判为腐蚀疲劳较为合适。这样较有利于采取针对性的改进措施。只有对应力腐蚀和腐蚀疲劳时裂纹萌生和扩展的微观过程有更清楚的了解后才有可能对他们进行更科学、更准确的分类并评价各自起的作用,从而更有针对性的采取改进措施。

典型的应力腐蚀和腐蚀疲劳的裂纹及断口形态特征等见表 3-13。

表 3-13 奥氏体不锈钢在含氯离子介质中发生应力腐蚀和腐蚀疲劳的条件及特征

	应力腐蚀(SCC)	腐蚀疲劳(CF)
应力条件	持续应力(Sustained Stress)一般特指静拉应力(Static tensile Stress),且必须大于 σ_{SCC} 或 K_{ISCC}	交变应力,且必须大于 (σ_R) CF 或 (ΔK_{th}) CF,但平均应力不一定为零
介质条件	介质范围较窄,如一定浓度的氯、氧含量,温度、pH 值等	介质范围较宽,对材料有某种形式的腐蚀即可

（续）

	应力腐蚀（SCC）	腐蚀疲劳（CF）
断裂源位置	常在表面点蚀坑、划痕、尖角等应力集中处，但这不是必要条件	几乎总是起源于表面点蚀坑
宏观断口特征	脆性，较平坦，颜色比瞬断区深，且越靠近断裂源，颜色越深	脆性，有时呈阶梯状、较平坦、颜色比瞬断区深，有时可看到贝壳花样，断裂源区较细腻
显微断口特征	若未敏化，为穿晶断口，且一般有羽毛（Feather-like）、解理状（Cleavage-like），河流状（River-like）等特征形貌。在极个别情况下，靠近瞬断区有和裂纹扩展方向平行或垂直的平行辉纹（Striations）	大多为穿晶断口。若经敏化，或裂纹扩展速率很低或频率很低时，也可为沿晶断口。根据 ΔK 值、应力波形、频率和介质条件等的不同，可能出现疲劳辉纹，也可能不出现
裂纹形貌（金相）	若未敏化，裂纹为穿晶。在大多数情况下，随着应力强度因子的增加，单根裂纹会继续出现显微分叉和宏观分叉现象	大多数为穿晶，裂纹数量多、有成群出现、同时扩展的特点。在绝大多数情况下，裂纹平直或有少量显微分叉，很少有宏观分叉现象
其他	断口上一般不覆盖大量腐蚀产物。断口上有氯等腐蚀性元素富集现象	断口上一定覆盖有黑色腐蚀产物，且他们是在开裂过程中形成的。断口上有氯等腐蚀性元素富集现象

参 考 文 献

[1] 鄢国强. 材料质量检测与分析技术 [M]. 北京：中国计量出版社，2005.

[2] 魏宝明. 金属腐蚀理论及应用 [M]. 北京：化学工业出版社，1984.

[3] R·温斯顿·里维，尤利格腐蚀手册 [M]. 杨武，等译. 北京：化学工业出版社，2005.

[4] 张忠铧，郭金宝. CO$_2$ 对油气管材的腐蚀规律及国内外研究进展 [J]. 宝钢技术，2000（4）：54-58.

[5] 罗鹏，张一玲，蔡陪陪，等. 长输天然气管道内腐蚀事故调查分析与对策 [J]. 石油与天然气，2010（6）：16-21.

[6] 林学强，柳伟，张晶. 含 O$_2$ 高温高压 CO$_2$ 环境中 3Cr 钢腐蚀产物膜特征 [J]. 物理化学学报，2013，29（11）：2405-2414.

[7] 张学元，邱超，雷良才. 二氧化碳腐蚀与控制 [M]. 北京：化学工业出版社，2000.

[8] 金玉婷. 两种不锈钢在模拟海洋环境中局部腐蚀行为的研究 [D]. 北京：机械科学研究总院，2017-5.

[9] 孙涛. 典型不锈钢耐局部腐蚀性能改善的研究 [D]. 上海：复旦大学，2012.

[10] 胡世炎，等. 机械失效分析手册 [M]. 成都：四川科学出版社，1987.

[11] 曹楚南. 腐蚀电化学原理 [M]. 北京：化学工业出版社，2004.

[12] 王荣. 发电厂给水泵阀门泄露原因分析 [J]. 腐蚀与防护. 2008，29（4）：223-225.

[13] 王金山，矫良田. 氧化铁垢下腐蚀 [J]. 中国锅炉压力容器安全，1996，12（5）：49-50.

[14] 张学元，邱超，雷良才. 二氧化碳腐蚀与控制 [M]. 北京：化学工业出版社，2000.

[15] 李洋，姜勇，巩建鸣. 10#钢换热管泄漏原因分析 [J]. 腐蚀与防护，2019，40（5）：332-335.

[16] 钟明生，王浩，倪雪辉. 铜管蚁巢腐蚀机制及其预防措施 [J]. 制冷与空调，2013，13（11）：70-72.

[17] 马宗理. 空调制冷铜管的蚁巢腐蚀（上）[J]. 制冷与空调，2005，5（1）：1-5.

[18] 马宗理. 空调制冷铜管的蚁巢腐蚀（下）[J]. 制冷与空调，2005，5（2）：6-10.

[19] 张智强. 纯铜焊接脆化原因分析 [J]. 材料开发与应用，2005，20（5）：37-39.

[20] 张智强，等. T2 纯铜工艺品热变形脆裂分析 [J]. 理化检验，2000，36（5）：226-227.

[21] B M 丘尔辛. 铜和铜合金熔炼 [J]. 铜加工（专辑），1990：24.

[22] 王荣. 机械装备的失效分析（续前） 第 8 讲 失效诊断与预防技术 [J]. 理化检验（物理分册），2018，54（6）：402-410.

[23] 王荣. 失效分析应用技术 [M]. 北京：机械工业出版社. 2019.

[24] 余存烨. 海水凝汽器传热管的选材与防护 [J]. 腐蚀与防护，1997（3）：12-15.

[25] 王荣. 钛制热交换器传热管泄漏原因分析 [J]. 物理测试，2007，25（4）：44-46.

[26] 董超芳, 肖葵, 刘智勇. 核电环境下流体加速腐蚀行为及其机理研究进展 [J]. 科技导报, 2010, 28 (10): 96-100.

[27] 王荣. 机械装备的失效分析 (续前) 第 6 讲 X 射线分析技术 [J]. 理化检验 (物理分册), 2017, 53 (8): 562-572.

[28] 周顺深. 钢脆性和工程结构脆性断裂 [M]. 上海: 上海科学技术出版社, 1983.

[29] 黄永昌, 张建旗. 现代材料腐蚀与防护 [M]. 上海: 上海交通大学出版社, 2012.

[30] 李光福, 雷廷权. 低合金超高强度钢的晶界性质对应力腐蚀断裂行为的影响 [J]. 宇航学报, 1996, 17 (3): 58-63.

[31] 余存烨. 石化设备应力腐蚀破裂环境评价 [J]. 腐蚀与防护, 2007, 28 (1): 23-28.

[32] 王荣. 机械装备的失效分析 (待续) 第 1 讲 现场勘查技术 [J]. 理化检验 (物理分册), 2016, 52 (6): 361-369.

[33] 小若正化. 金属的腐蚀破坏与防护技术 [M]. 北京: 化学工业出版社, 1988.

[34] 沈松泉, 黄振仁, 顾章成. 压力管道安全技术 [M]. 南京: 东南大学出版社, 1994.

[35] 王荣. 机械装备的失效分析 (续前) 第 5 讲 定量分析技术 [J]. 理化检验 (物理分册), 2017, 53 (6): 413-421.

[36] 王荣. 换热器气包封头泄漏原因分析 [J]. 理化检验 (物理分册), 2006, 42 (11): 580-582.

[37] 于斐. 压力容器的应力腐蚀及控制 [J]. 管道技术与设备, 2005 (2): P34-35.

[38] 王荣. 高层建筑避雷杆体断裂失效分析 [J]. 理化检验 (物理分册). 2013, 49 (增刊 2): 66-72.

[39] 佛罗斯特, 马什, 普克. 金属疲劳 [M]. 汪一麟, 邵本述, 译. 北京: 冶金工业出版社, 1984.

[40] 曾祥华. 奥氏体不锈钢在含氯离子介质中应力腐蚀和腐蚀疲劳的鉴别 [J]. 中国机械工程学会全国第二次机械装备失效分析会议论文集, 1998: 111-117.

[41] 李成涛. 电站管道的流动加速腐蚀和冲蚀案例分析和缓解措施 [R]. 上海: 2019 管道腐蚀防护与可靠性评价研讨会, [2019-8-8].

第 4 章

磨损失效机理分析与对策

4.1　引言

任何机械装备在运转时，机件之间总要发生相对运动。当两个相互接触的机件表面做相对运动（滑动、滚动，或滚动+滑动）时就会产生摩擦，有摩擦就必有磨损。磨损可导致机器和工具的效率和精度降低，严重时可导致其失效报废，也是造成金属材料损耗和能源消耗的重要原因之一。据不完全统计，摩擦磨损消耗总能源的 $1/3 \sim 1/2$，大约 80% 的机件失效是由磨损引起的。磨损是机械零部件失效的一种基本类型。因此，研究磨损规律，提高机件耐磨性，对机械装备的失效分析与预防具有重要的意义。

4.2　润滑与摩擦

润滑与摩擦密切相关。采用合适的润滑剂和润滑方式可有效地降低摩擦因数，减少磨损，从而可大大延长构件的使用寿命。

机械装备的润滑包括：轴承、齿轮、导轨和顶尖的润滑。

机械润滑剂包括：液压油、液压导轨油和润滑油（脂），不同的机械种类及工况对润滑剂的性能有不同的要求。

4.2.1　机械构件的润滑形式

图 4-1 示意了三种不同的润滑方式，分别为液体润滑（全膜润滑）、半液体润滑（薄膜润滑）和边界润滑。

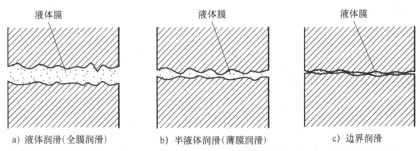

a) 液体润滑（全膜润滑）　　　　b) 半液体润滑（薄膜润滑）　　　　c) 边界润滑

图 4-1　液体、半液体和边界润滑条件下，表面光洁度与膜厚的关系示意图

1. 液体润滑（全膜润滑）（Liquid Lubrication）

润滑剂中所含的表面极性分子在范德华力的作用下吸附到工件表面上，形成定向排列的

单分子层或多分子层的吸附膜（见图 4-1a）。除个别的粗糙峰点之外，吸附膜将两摩擦表面隔开，提供了一个低切阻力的界面，因此降低了摩擦因数，并避免发生表面黏着。这种类型的润滑机理得到了广泛的应用，主要作用是减少摩擦中的黏着效应，适用于轻载荷或中载荷、常温或中温的工况条件。当表面温度较高时，吸附膜将会脱附，随之也会发生化学变化。

2. 边界润滑（Boundary Lubrication）

边界润滑是由液体摩擦过渡到干摩擦（摩擦副表面直接接触）过程之前的临界状态，是不光滑表面之间发生部分表面接触的润滑状况（见图 4-1c），此时润滑剂的总体黏度特性没有发挥作用。这时决定摩擦表面之间摩擦学性质的是润滑剂和表面之间的相互作用及所生成的边界膜的性质。

边界润滑是一种重要的润滑方式，当摩擦副负荷增大、转速加快或润滑材料黏度减小的情况下，易产生边界润滑。这时，摩擦面上存在一层与介质性质不同的薄膜，厚度在 $0.1\mu m$ 以下，不能防止摩擦面微凸体的接触，但有良好的润滑性能，可减少摩擦面间的摩擦和磨损。

3. 半液体润滑（Semi-liquid Lubrication）

半液体润滑是传递载荷的液体润滑材料部分地隔开相对运动摩擦表面的润滑（见图 4-1b）。

边界润滑和半液体润滑虽然都存在有润滑剂，但由于载荷重、速度低、接触表面的不利形状或润滑剂数量过少，或由于接触的滑动表面未能完全隔离开，在半液体润滑的情况下，由于表面粗糙而穿透润滑剂油膜，结果流体动力学的润滑（通过有利的表面形状，适宜的润滑剂黏度以及采用特殊的工艺方法而获得的一种润滑形式）只能支撑部分载荷，其余载荷由固体间相互支撑。半液体润滑是一种中间状态，在这种情况下，流体动力学润滑的法则已不适应，只有当接触应力足够高和滑动速度足够低，使流体动力学的作用完全消失时，才会出现真正的边界润滑，这时全部载荷由几个分子厚的极薄润滑剂层所支撑。此外，边界润滑剂通常还包括不存在流体动力学作用的其他一些类似的润滑剂，诸如化学涂层、表面膜及石墨一类的层片固体物质。

在同一机械装置运转过程的不同阶段，也能产生由一种润滑状态到另一种润滑状态的变化。例如，按流体动力学正常设计的润滑运转的套筒轴承，在启动或停车期间，或者在轴反转通过零速时，以及在重载或高温运转条件下，都可能产生边界润滑或半液体润滑。

4.2.2 轴承的润滑

轴承是机械装备中支撑传动零件、传递动力、功耗最小、启动最容易的构件之一。磨损是轴承最重要的失效形式，润滑效果对轴承的使用寿命至关重要。

1. 轴承的种类及其润滑形式

轴承一般包括滑动轴承和滚动轴承。轴承润滑剂的种类很多，有碳氢化合物、水和油的乳化剂、肥皂、油脂、空气以及石墨或二硫化钼等固体类物质。

（1）滑动轴承的润滑　滑动轴承是常用的传动方式，润滑剂不仅要起到润滑的作用，还要起到冷却的作用，因此需要用润滑性能良好的低黏度的润滑剂，同时需要具备良好的抗氧化、抗磨损、防锈蚀及抗泡沫性。

滑动轴承的运转是在被润滑剂膜理想的分离开的元件处于相对滑动的条件下进行的。滑动轴承包括各种形式的轴颈轴承或套筒轴承，用于轴或传动件的定向、定位；包括各种类型的推力轴承，它们一般用于防止轴做轴向运动；也包括用作各种直线运动的导轨衬套。

（2）滚动轴承的润滑　滚动轴承由于具有摩擦因数小，运转时噪音低等优点，因而在机械行业应用较为广泛。内径不超过 25mm，转速在 30000r/min 以下时，可用封入高速脂润滑。转速超过 30000r/min 时，则应用强制润滑或喷雾润滑。滚动轴承除大型、粗糙的特殊情况，一般不能使用含固体润滑剂的油脂。

2. 润滑和表面粗糙度

当两个滑动表面由润滑剂隔开，其厚度足以防止金属与金属之间的直接接触时，轴承处于最佳的润滑状态，这意味着润滑剂膜的最小厚度必须比轴承零件表面不平度大几倍（润滑剂膜的最小厚度可查阅相关手册）。厚度远远超过表面不平度的润滑剂膜，可利用外部加压的油供应轴承润滑系统（流体静力学润滑），或通过有利的表面形状，适宜的润滑剂黏度以及采用大得足以产生液体润滑（流体动力学润滑）的轴承特性数来形成。最不理想的润滑情况是由于重载荷、低速度或高温造成的润滑不足。这些因素均能导致金属的干摩擦、高温损坏性磨损或咬合。上述各种情况都可通过在滑动表面上形成一层金属氧化物或其他物质形式的自然保护层来部分地加以减轻。在干摩擦和液体润滑这两种情况之间，可以识别出其他两种明显不同的润滑状态：边界润滑和半液体润滑。

3. 轴承特性数

轴承特性数是滑动轴承运转特性的度量标准。现在通用的有数个轴承特性数，每一个都是根据工作条件下的数据由计算导出的。广泛使用的是 Sommerfeld 数（S），它可由式（4-1）计算

$$S = (D^2/C^2)(DL/W)\mu N = (D^2/C^2)(\mu N/P) \tag{4-1}$$

式中，D 是轴承直径（in）；C 是轴与轴承径向间隙（in）；L 是轴承的表面长度（in）；W 是轴承载荷（lb）；N 是轴的转速 r/min；P 是轴座压强 lbf/ft^2；μ 是在运动温度和压力下润滑剂黏度（lbf·s/in^2），当黏度系数采用其他单位时，要加换算系数。

流体动力学润滑剂膜的厚度是 Sommerfeld 数的函数，它通常随着 Sommerfeld 数的增加而增加。Sommerfeld 数与轴承长度、润滑剂黏度、转速等及轴承直径的二次方成正比，而与轴承的载荷和径向间隙的二次方成反比。转速与载荷是补偿因素，因此，当载荷与速度成正比变化时，只要润滑剂的黏度基本不变，轴承可以在很大的转速范围和载荷范围内运转。

因为轴的径向间隙是方程式的分母，且是平方关系，所以间隙的变化能造成轴承运动的重大变

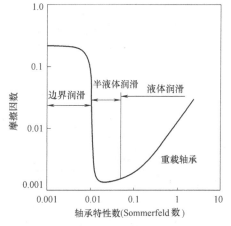

图 4-2　摩擦因数与轴承特性数
（Sommerfeld 数）之间的近似关系

化，如果由于磨损或轴承膨胀而增大了径向间隙，那么膜的厚度就会减小。

从边界润滑到半液体润滑再到液体润滑是逐渐过渡的，而且发现轴承的摩擦和滑动情况

在很大范围内存在一些混合的润滑状态。轴承所承受的总载荷，一部分由压入润滑剂的各个承载凹穴支持，其余部分由边界润滑的薄膜支撑，对应 Sommerfeld 数的不稳定膜润滑和液体润滑（流体动力学润滑）所涉及的范围。图 4-2 表示轴承长度和直径之比在一定范围内时轴承的摩擦因数与 Sommerfeld 数之间的近似关系。

由于运动温度的变化引起润滑剂黏度发生变化，或使用黏度不同的润滑剂，均能改变轴承的特性数，因而影响轴承的运转情况。

4.3 磨损与磨损失效

4.3.1 磨损

机件表面相接触并做相对运动时，其表面逐渐有微小颗粒分离出来形成磨屑（松散的尺寸与形状不相同的碎屑），使表面材料逐渐流失，导致零部件几何尺寸（体积）变小或产生残余变形的现象即为磨损。磨损特性不是材料的固有特性，主要依赖于其较多的影响因素。磨损主要是力学作用引起的，但磨损并非单一的力学过程。引起磨损的原因既有力学作用，也有物理和化学的作用，因此，摩擦副材料、润滑条件、加载方式及其大小，相对运动特性（方式和速度）以及工作温度等诸多因素均会影响磨损量的大小，所以，磨损是一个复杂的系统过程。

影响磨损特性的因素很多，且又相互影响和依赖，以往，在概括的表明磨损特性的重要影响因素方面存在很大困难，Czichos 首先运用系统分析方法来描述磨损过程，并将有关的各种影响因素进行概括和分类，归纳到磨损分析中去。磨损系统如图 4-3 所示。运转时间虽是系统输入参数之一，但与其他输入工作参数不同，无论在何给定输入条件下，它总是一个变量，因此，应当作为系统的独立参数。

由图 4-3 可以看出，这是一个开式、离散、动态的系统，并具有三个突出的特征，即：①空间特征；②配副特征；③时间特征。

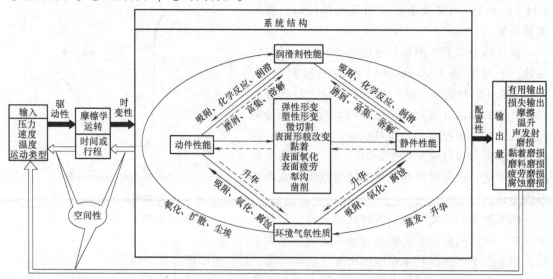

图 4-3　磨损系统示意图

在磨损过程中，磨屑的形成也是一个变形和断裂的过程。静强度中的基本理论和概念也可以用来分析磨损过程，但宏观上的变形和断裂是指机件整体变形和断裂机制，而磨损是发生在机件表面的过程，两者是有区别的。在整体加载时，塑性变形集中在材料一定体积内，在这些部位产生应力集中并导致裂纹形成；而在表面加载时，塑性变形和断裂发生在表面，由于接触区应力分布比较复杂，沿接触表面上任何一点都有可能塑性变形和断裂，反而使应力集中程度降低。在磨损过程中，塑性变形和断裂是反复进行的，一旦磨屑形成后又会开始下一个循环，所以整个过程具有动态特征。这种动态特征标志着表层组织变化也具有动态特征，即每次循环，材料总要转变到新的状态，加上磨损本身的一些特点，造成由普通力学性能试样所得到的材料力学性能数据并不一定能反映材料耐磨性能的优劣。

机件正常运行的磨损过程一般分为三个阶段，如图 4-4 所示。

（1）跑合阶段（磨合阶段）　如图 4-4 中的 Oa 段。在此阶段无论摩擦副两者硬度如何，摩擦表面都会逐渐被磨平，实际接触面积增大，故磨损速度减小。跑合阶段磨损速度减小还和表面应变硬化及表面形成牢固的氧化膜有关。

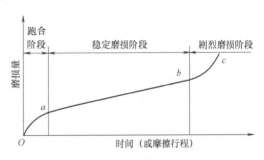

图 4-4　磨损过程示意图（磨损曲线）

（2）稳定磨损阶段　如图 4-4 中的 ab 段。这是磨损速度稳定的阶段，线段的斜率就是磨损速率。大多数机械零件均在此阶段内服役，实验室磨损试验也要进行到这一阶段。通常根据这一阶段的时间、磨损速率或磨损量来评定不同材料或不同工艺的耐磨性能。在跑合阶段跑合的越好，稳定磨损阶段的磨损损失速率就越低。

（3）剧烈磨损阶段　如图 4-4 中的 bc 段，是随着机器工作时间的增加，摩擦副接触表面之间的间隙增大，机件表面质量下降，润滑膜被破坏，引起剧烈振动，磨损重新加剧，此时机件很快失效。

上述磨损曲线因工况条件不同可能有很大差异，如摩擦条件恶劣、跑合不良时，在跑合过程中就可能产生强烈的黏着，而使机件无法正常运行，此时只有剧烈磨损阶段；反之，如跑合的较好，那么稳定磨损期也会较长，且磨损量也较小。

气缸是发动机的主要组成部分，气缸套和活塞环之间的摩擦磨损问题往往决定着发动机的使用寿命。为了提高气缸套的耐磨性，设计时采用精珩磨的方法在气缸套的内壁加工出一些网纹，其目的是充分保证缸套表面的润滑效果，提高缸筒表面抗磨能力。珩磨的网纹主要参数有 R_{pk}、R_k、R_{vk}（见图 4-5）。当发动机开始运转时，R_{pk} 部分将很快被磨损掉，当磨合完成后，缸套工作在 R_k 区间内，该部分是缸套长期工作表面，它影响着缸套的使用寿命。R_{vk} 指从 R_k 下线到轮廓谷的平均深度，这些深入表面的深沟槽在活塞相对缸套运动时，形成附着性能很好的润滑膜，提高缸套的耐磨性。

4.3.2　耐磨性

耐磨性是材料抵抗磨损的性能，为系统属性。迄今为止，还没有一个统一的、意义明确的耐磨性指标。通常是根据磨损量来表示材料的耐磨性。磨损量越小，表示耐磨性越高。磨

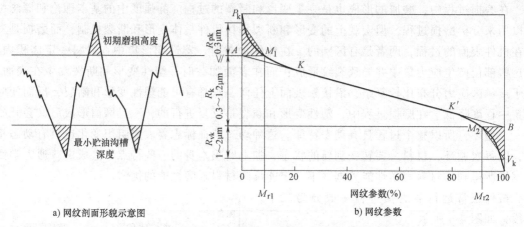

a) 网纹剖面形貌示意图　　　　　b) 网纹参数

图 4-5　气缸套耐磨性能示意图

损量既可用试样摩擦表面法线方向的尺寸减小来表示，也可用试样体积或质量损失来表示。前者称为线磨损，后者称为体积磨损或质量磨损。若测量单位摩擦距离和单位压力下的磨损量等，则称为比磨损量。为了与通常的概念一致，有时还用磨损量的倒数来表征材料的耐磨性。此外，还广泛使用相对耐磨性的概念。

相对耐磨性 ε 用下式表示

$$\varepsilon = \frac{\text{标准试样的磨损量}}{\text{被测试样的磨损量}} \qquad (4-2)$$

4.3.3　磨损失效

机械零件因磨损导致尺寸减小和表面状态改变，并最终丧失其使用功能的现象称为磨损失效。

磨损失效具有以下特点：

1）磨损失效是个逐步发展、渐变的过程，不像断裂失效事故那样突然。磨损失效过程短则几小时，长则几年。

2）磨损有时会造成构件的断裂失效。

3）在腐蚀介质中，磨损也会加速腐蚀过程。

4）磨损是个动态过程，磨损机理是可以转化的。

磨损与断裂、腐蚀并称为金属构件失效的三种基本形式，其危害是十分惊人的。除由于磨损造成巨大的经济损失外，磨损还可能导致构件断裂或其他事故，甚至造成重大的人身伤亡事故。

4.4　磨损失效的分类

磨损的分类方法很多。由于构件磨损是一个复杂的过程，每一起磨损都可能存在性质不同、互不相关的机理，涉及的接触表面、环境介质、相对运动特性、载荷特性等也有所不同，这就造成分类上的交叉现象。到目前为止，对磨损失效的分类尚未统一。

按照磨损的破裂机理，磨损主要可分为：

1）黏着磨损。

2）磨粒磨损。

3）腐蚀磨损。

4）微动磨损。

5）冲蚀和气蚀。

6）疲劳磨损（接触疲劳）。

实际分析中往往会有多种磨损失效形式同时存在，但一般只有一种是主要的。据统计，在工业领域各类磨损造成的经济损失中，以磨粒磨损所占比例最高，达 50%；黏着磨损占 15%；冲蚀磨损和微动磨损各占 8%；腐蚀磨损占 5%。这些比例上的差别显然是和各类磨损产生的条件和环境相关联的。

4.5　磨损失效的机理

4.5.1　黏着磨损

1. 黏着磨损现象

黏着磨损（Adhesive Wear）是相对运动的物体接触面发生了固体黏着，使材料从一个面转移到另一个面的现象，是一种严重的磨损形式，有时也称冷焊、磨伤、擦伤、咬合和结疤。

按照金属构件表面的损坏程度，通常把黏着磨损损伤程度分为五类，见表 4-1。

表 4-1　黏着磨损的损伤程度分类

损伤类型	破坏现象	破坏原因
轻微磨损	剪切破坏发生在黏着结合面上，表面转移的材料极轻微	黏着结合强度比两基体金属都弱
涂抹	剪切破坏发生在离黏着结合面不远的软金属层内，软金属涂抹在硬金属表面	黏着结合强度大于较软金属的剪切强度
擦伤	剪切破坏发生在较软金属的亚表层内，有时硬金属表面也有划痕	黏着结合强度比两基体金属都高，转移到硬面上的黏着物又拉削软金属表面
撕脱	剪切破坏发生在摩擦副一方或两方金属较深处	黏着结合强度比两基体金属都高，剪切应力高于黏着结合强度
咬死	摩擦副之间咬死，不能相对运动	黏着强度高于任一基体金属的剪切强度，黏着区域大，剪切应力低于黏着强度

2. 黏着磨损机理

摩擦副表面即使经过了极仔细的抛光，实际上还是高低不平的，如图 4-6 所示，表面的波浪形轮廓称为表面纹理，工程上一般采用表面粗糙度 Ra（或 Rz）对其评定。所以当两物体接触时，总是只有局部的接触。因此，真实接触面积比名义接触面积要小得多，甚至在载荷不大时，真实接触面积上也承受着大压力。在这种很大的压力下，即使是硬而韧的金属在微凸峰接触处也将发生塑性变形，结果使这部分表面上的润滑剂膜、氧化膜被挤破，两物体的金属面直接接触而发生黏着，随后在相对滑动时黏着点又被剪切而断掉，黏着点的形成和破坏就造成了黏着磨损，如图 4-7 所示，A 摩擦体和 B 摩擦体做相对滑动，A 摩擦体上一个突起的结合点受到 B 摩擦体上较大的凸体的冲击作用所剪断，从而形成一个宽度为 a 的磨屑粒子。

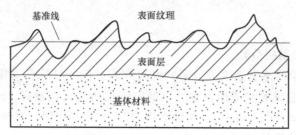

图 4-6　表面层结构示意图

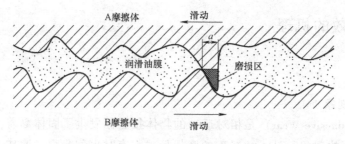

图 4-7　黏着磨损简单示意图

注：A、B 为不同的材料。

　　根据磨损试验后对摩擦面进行金相检验发现，迁移的金属往往呈颗粒状黏附在表面。这是反复的滑动摩擦，使黏着点扩大并在切应力作用下在黏着点后根部断裂，进而形成磨粒的结果，这就是黏着磨损过程。由于黏着点与两边材料力学性能有差别，当黏着部分分离时，可以出现两种情况：若黏着点的强度低于摩擦副两边的强度时，黏着从接触面分开，这时基体内部变形小，摩擦面也显得较光滑，只有轻微的擦伤，这种情况称为外部黏着磨损；与此相反，若黏着点的强度比两边材料中的一方强度高时，这时分离面发生在较弱的金属内部，摩擦面较为粗糙，有明显的撕裂痕迹，称为内部黏着磨损。相对而言，内部黏着磨损出现得更为普遍，危害也更严重。

　　黏着习惯上称为冷焊，而实际上，磨损热的影响是不容忽视的。从磨损试验中得知，当线速度为 0.2m/s，名义接触应力为 2MPa 时，磨损表面温度可达 600～700℃。在一般情况下，设计名义接触应力也远大于 2MPa，则其磨损表面温度更高。黏着点被剪切的部分实际上受到局部高温和应变强化的作用，产生的黏着块的强度一般高于摩擦副的强度。因此，黏着磨损的典型特征是接触点局部的高温使摩擦副材料发生相互转移，但对整个摩擦副，它在一定程度上能够保持摩擦副材料的质量总和不变。

3. 黏着磨损的特点

黏着磨损具有如下特点：

1）摩擦副相对运动时产生大量摩擦热导致高温（对于慢速滑动轴承只上升几摄氏度，但对于高速的切削刀具则可能达到 1000℃ 以上），部分材料发生迁移。

2）黏着块受到局部高温和应变强化，产生黏着块的强度一般高于摩擦副的强度。

3）凸起和转移处有相对的撕脱，接触面比较粗糙，具有延性破坏的凹坑特征，宏观或微观形貌可观察到黏着痕迹。

4）任何摩擦副都有可能产生黏着，尤其是高速滑动时，但对整个摩擦副而言，其质量总和不变。

5）可产生松散的磨损粒子，造成磨粒磨损。

6）滑块在切向应力作用下划过机械表面，接触点之间由于发生局部剪切断裂，而留下的切断形貌和材料转移，产生黏着痕迹。

4. 黏着磨损的影响因素

黏着磨损的影响因素如下：

1）同类摩擦副材料比异类材料容易黏着。

2）采用表面处理（如热处理、喷镀、化学处理等）可以减少黏着磨损。

3）脆性材料比塑性材料抗黏着能力高。

4）材料表面粗糙度值越小，抗黏着能力越强。

5）控制摩擦表面温度，采用润滑剂等可减轻黏着磨损。

5. 黏着磨损的选材

为减少黏着磨损，合理选择摩擦副材料非常重要。当摩擦副是由容易产生黏着的材料组成时，则磨损量大。试验证明，"亲缘关系"越远的材料之间黏着磨损的倾向越小，否则，黏着磨损的倾向越大。例如两种互溶性大的材料（相同金属或晶格类型、晶格间距、电子密度、电化学性质相近的金属）所组成的摩擦副，黏着倾向大，容易引发黏着磨损；熔点高、再结晶温度高的金属抗黏着性好；从结构上看，多相合金比单相合金黏着性小；生成的金属化合物为脆性化合物时，黏着的界面易剪断分离，则使磨损减轻；当金属与某些聚合物材料配对时具有较好的抗黏着能力。表 4-2 为常用纯金属与钢铁摩擦副的黏着磨损性能。

表 4-2　常用纯金属与钢铁摩擦副的黏着磨损性能

金属	与 Fe 的互溶性（%）	与钢的抗黏着性	与铁的抗黏着性
Be	>0.05	差	差
C	1.7	良	良
Mg	0.026	可	优
Al[①]	0.03	可	良
Si[①]	4~5	差	差
Ca	不溶	差	良
Ti	6.5	差	可
Cr	100	差	差
Fe	100	差	可
Co	100	差	差
Ni	100	差	差
Cu	4	良或可	良
Zn[①]	0.009~0.0028	可	良
Ge	化合物	优	差
Ag[①]	0.0004~0.0006	优	优

（续）

金属	与 Fe 的互溶性（%）	与钢的抗黏着性	与铁的抗黏着性
Cd[①]	0.0002~0.0004	优或可	良
Sn	化合物	优	优
Sb	化合物	优	优
Te	化合物	良	优
Ta	7	差	可
W	32.5	可	差
Au[①]	34	差	优

① B 族元素。

4.5.2 磨粒磨损

1. 磨粒磨损现象

一个表面同它匹配的表面上存在坚硬凸起物，或同相对磨损表面运动的硬粒子接触时造成的材料转移称为磨粒磨损（Abrasive Wear），也称为磨料磨损或研磨磨损，其显著特点是在接触面上有显著的"犁沟"痕迹，这是磨粒对基体的"耕犁"作用留下的痕迹。

磨粒磨损现象较多。在机械加工时，工具对材料的切削和磨削，冶金矿山机械、农业机械和工程机械的执行机构零件工作时和矿物、泥沙等的接触造成的磨损，污染物或微颗粒进入摩擦系统，当微颗粒具有足够高的硬度时，在滑动和滚动条件下，也会引起磨粒磨损。另外，黏着磨损和腐蚀磨损产生的磨粒也可能造成磨粒磨损等等。但归纳起来，磨损主要有两种基本形式：一种为机械加工型磨损；另一种为磨粒运动型磨损，如图 4-8 所示。

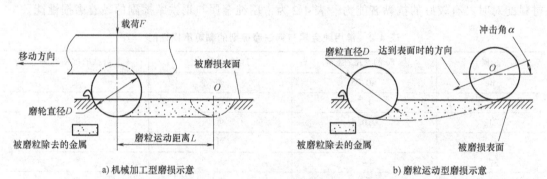

a) 机械加工型磨损示意　　　　b) 磨粒运动型磨损示意

图 4-8　磨粒磨损的形式

第一种是在工业生产中常常遇到的，为磨粒机械加工产生的磨损，主要是采用砂轮、砂纸以及抛光盘（轮）等对零件进行磨削加工或表面抛光，如切削和磨削加工。磨粒可嵌在基体上，如磨粒嵌埋在树脂中的砂轮用来磨削金属表面。每个磨粒在被磨金属表面切割出一条沟槽，将金属从表面切除。磨削加工工艺不当时，容易产生磨削开裂，磨削裂纹一般和磨削方向（磨痕或犁沟）垂直。通常，磨粒材料具有高强度。工业上常用的磨粒材料是碳化硅，它具有极高的硬度、强度和高弹性模量，大多数金属都容易被碳化硅切削。当磨粒和金属表面是干摩擦时，从金属表面被切削的颗粒呈直削片或卷曲状削片；当表面被有效润滑时，磨粒被钝化后，金属表面主要发生变形而不是被切削。在一般的装置中，这两种过程都会发生。黏着磨损中，磨粒磨损也起一定作用。当磨粒和洁净的金属表面接触时，会发生向磨粒表面的金属迁移，这样便减缓了磨粒磨损的进程。具有高强度的颗粒，如二氧化硅、氧化铝和碳化硅，它们进入两个摩擦面之间，使两个摩擦面都被切割成沟槽。用氧化铝，氧化镁抛光金属表面就是这种类型的磨损。通常，在磨粒磨损过程中，磨粒愈来愈小。当然，磨削加工和抛光都是有益的磨损，但是有些磨粒磨损却十分有害，如磨粒进入啮合的齿面，将使齿面磨损并导致失效。机场附近的风沙会对飞机发动机叶片产生严重的磨损，如磨粒进入轴承摩擦面，将使轴承元件磨损而导致轴承失效。

第二种是利用磨粒的运动实现对材料的迁移。磨粒的运动需要一定的载体，如各种液体或气体携带磨粒做高速运动时，大量磨粒以不同的角度冲向材料表面，每一颗磨粒都会在一个微小的范围内，对材料基体产生较大的切应力，使他们与基体脱离。例如：生产中的喷砂可以去除零件表面的氧化皮，添加了特殊磨粒的"水刀"是近些年发展较快的一种无公害切割技术。当水被加压至很高的压力并且从特制的喷嘴小开孔（其直径为 0.1 ~ 0.5mm）通过时，可产生一道每秒达近千米（约音速的三倍）的水箭（或称刺漏），此高速水箭可切割各种软质材料，而当少量的砂被加入水中与其混合时，实际上可切割任何硬质材料。

2. 磨粒磨损机理

磨粒磨损的机理有多种，还有一些争论。各种机理都可以解释部分磨损特征，或有某些实验支持，但均不能解释所有磨料磨损现象，所以磨料磨损过程可能是几种机理综合作用的反映，而以某一机理的损伤为主。主要的几种磨粒磨损机理有：

（1）微观切削磨损机理　磨粒在材料表面的作用力可以分解为法向分力和切向分力。法向分力使磨粒刺入材料表面，切向分力使磨粒沿平行于表面的方向滑动。如果磨粒棱角锐利，又具有合适的角度，就可以对表面切削，形成切削屑，表面则留下犁沟（见图 4-9a）。这种切削的宽度和深度都很小，切屑也很小，在显微镜下观察，可见具有机床切屑的特点，所以称为微观切削。微观切削类型的磨损虽然经常可见，但并非所有的磨粒都可以产生切削。在一个磨损面上，切削的分量并不多。

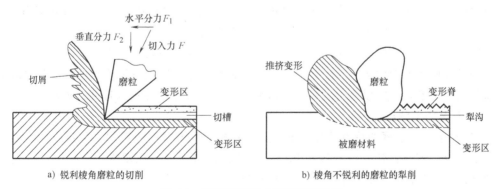

a) 锐利棱角磨粒的切削　　　　b) 棱角不锐利的磨粒的犁削

图 4-9　不同磨粒形成磨削痕迹示意

（2）多次塑变磨损机理　如果磨粒的棱角不适合切削，只能在被磨金属表面滑行，将金属推向磨粒运动的前方或两侧，产生堆积，这些堆积物没有脱离母体，但使表面产生很大塑性变形（见图 4-9b）。这种不产生切削的犁沟称为犁皱。随后在受磨粒作用时，有可能把堆积物重新压平，也有可能使已变形的沟底材料遭受再次犁皱变形，如此反复塑变，导致材料上产生加工硬化或其他强化作用，会剥落而成为磨屑。当不同硬度的钢遭受磨料磨损后，表面可以观察到反复塑变和碾压后的层状折痕以及一些台阶、压坑及二次裂纹；亚表层有硬化现象；多次塑变后被磨损的磨屑呈块状或片状。

（3）微观断裂磨损机理　对于脆性材料，在压痕试验中，可以观察到材料表面压痕伴有明显的裂纹，裂纹从压痕的四角出发向材料内部伸展，裂纹平面垂直于表面，呈辐射状态，压痕附近还有另一类横向的无出口裂纹，断裂韧度低的材料裂纹较长。根据上述实验现象，微观断裂磨损机理认为，脆性材料在磨料磨损时会使横向裂纹相互交叉或扩散到表面，造成材料剥落。

还有疲劳磨损机理，一般认为疲劳磨损机理在磨料磨损中起主导作用。

为了定量化研究磨料磨损，一般采用图 4-10 所示的 Rabinolwicz（拉宾诺维奇）提出的简化模型，根据此模型导出磨损量的定量计算公式

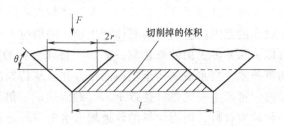

$$V = K \cdot \frac{Fl}{H} \tag{4-3}$$

θ—压力角　r—压入磨损面半径　l—滑动距离

图 4-10　磨料磨损的简化模型

式中，V 为磨损量（体积）；F 为每个磨粒承受的载荷；l 为磨粒在工件表面滑动的距离；H 为金属构件的硬度；K 为磨损系数，包括常数 π、磨粒几何因数 $\tan\theta$ 以及受压工件屈服强度与硬度 H 的比值。

在一些试验中发现磨损系数 K 并不是常数，而是与磨粒硬度（H_α）和被磨材料的硬度（H_m）的相对大小有关，一般分为 3 个区：

低磨损区在 $H_m > 1.25H_\alpha$ 的范围内，磨损系数 $K \propto H_m^{-6}$。

过渡磨损区在 $0.8H_\alpha < H_m \leqslant 1.25H_\alpha$ 的范围内，磨损系数 $K \propto H_m^{-2.5}$。

高磨损区在 $H_m \leqslant 0.8H_\alpha$ 的范围内，磨损系数 K 基本保持恒定。

由此可见，磨料磨损不仅决定于材料的硬度 H_m，更主要是决定于材料的硬度 H_m 与磨粒硬度 H_α 的比值。当 H_m/H_α 超过一定值后，磨损量会迅速降低。

研究还发现，磨粒尺寸存在一个临界值，当磨粒的大小在临界值以下，体积磨损量随磨粒尺寸的增大而按比例增加；当磨粒的大小超过临界尺寸，磨损体积增加的幅度明显降低。

磨粒的几何形状对磨损率也有较大的影响，特别是磨粒为尖锐角时更为明显。

3. 磨粒磨损的特点

1）磨粒磨损最显著的特点就是接触面上有明显的磨削痕迹：犁沟、犁皱或压痕及由压痕起始的裂纹。若磨料带有锐利棱角和合适攻角，在磨面上形成犁沟。如果磨粒棱角不锐利，或者没有合适的攻角，则在磨面上形成犁皱。

2）在切削的情况下，材料就像被车刀切削一样从磨粒前方被去处，在磨损表面留下明显的切槽，在磨削面也会留有切削痕迹，但磨削的底部会有明显的剪切皱褶。

3）磨粒磨损除在表面产生犁沟磨痕外，也会产生一定的残余应力，可能会导致其他类型的失效，如磨削开裂和氢脆型延迟断裂等。在磨削过程中，若砂轮比较锋利，磨削工艺比较合适时，磨削表面均为压应力，离表面的距离增加时，压应力向拉应力过渡，0.02mm 附近拉应力达到最大，如图 4-11a 所示。当磨削工艺不当时，离表面 0.05mm 左右的拉应力最

大，随后拉应力逐渐过渡到压应力，如图 4-11b 所示。可见不管磨削工艺如何，在离磨削表面某一距离的范围均存在一个拉应力区域，该区域大约在离磨削表面 0.02~0.05mm 范围内。磨削加工表面的残余应力实际上是由热处理残余应力和磨削应力两部分组成。热处理残余应力主要包括热处理中的热应力和相变应力。磨削应力则由磨削加工应力和磨削热应力组成。磨削加工应力主要是指磨削过程中的热应力和塑性变形引起的残余应力，与磨削温度和磨削力有关。磨削表面层的残余应力是多种因素综合作用的结果。导致磨削开裂的实际应力是磨削表面热处理残余应力和磨削残余应力叠加的结果。磨削残余应力是热作用、机械作用和相变三方面因素综合作用的结果。磨削残余应力是导致磨削裂纹产生的主要因素之一。

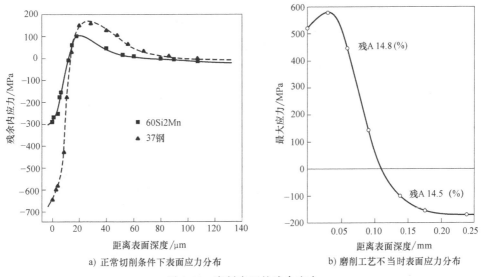

a) 正常切削条件下表面应力分布　　　　b) 磨削工艺不当时表面应力分布

图 4-11　磨削表面的残余应力

4. 磨粒磨损的影响因素

影响磨粒磨损的主要因素如下：

1）基体硬度越高，耐磨性越好。

2）磨损量随磨损磨粒平均尺寸的增加而增大。

3）磨损量随磨粒硬度的增大而加大。

5. 磨粒磨损选材

一般来说，提高材料硬度可以增加其耐磨性。若在重载条件下，则首先要注意材料的韧性，再考虑材料的硬度，以防折断。退火状态的工业纯金属和退火钢的相对耐磨性随硬度的提高，其耐磨性提高；经过热处理的钢，其耐磨性随硬度的增加而增加。材料的显微组织对于材料的耐磨性有非常重要的影响。成分相同的钢，如果其基体组织不同，其性能也各不相同。耐磨性按铁素体、珠光体、贝氏体和马氏体顺序递增。钢中碳化物是最重要的第二相，高硬度的碳化物可以起阻止磨料的磨损作用。

此外，还要考虑工作环境、磨料数量、速度、运动状态及材料的耐磨料磨损特性等因素。

表 4-3 所列为常用的抗磨粒磨损材料。

表 4-3　常用抗磨粒磨损材料

材料类型	典型材料名称	特　点
铸铁	镍硬化马氏体白口铸铁 高铬马氏体白口铸铁 合金球墨铸铁 各种合金白口铸铁 各种合金铸铁	改善合金元素含量能得到不同性能的材料,制造容易,能得到综合性能,调整韧性和硬度的关系,也可制成烧结及堆焊的原材料
铸钢	ZGMn13 奥氏体铸钢 3.5Cu-Mo 合金铸钢 1.5Cu-Mo 合金铸钢	
钢材	低合金钢板 中碳钢 热处理提高硬度的材料	
表面硬化	堆焊与喷焊耐磨合金	
陶瓷	铸造铝矾土-氧化锆-二氧化硅 铸造炉渣周瓷 铸石 耐酸陶瓷砖 玻璃板 石板砖	硬度高,韧性差,易破碎,适于低应力条件及磨料磨损条件下使用
混凝土	水泥	价格低廉,成形好,但维护困难,易破损
橡胶	各种橡胶	主要优点是有弹性,密度小,适于在冲刷条件下低应力或凿削式磨料磨损,应注意与基体金属的黏结强度
其他塑料及合成树脂	聚四氟乙烯,尼龙,酚醛树脂或环氧树脂	低摩擦因数,好的抗胶黏性能,适于低应力磨料磨损条件下使用

　　油田钻铤的头部经常会碰到坚硬的石头或矿物质,会发生磨粒磨损,需要较高的耐磨性,同时还要求钻铤具有一定的韧性。工程上是在调质结构钢（如 42CrMo）的基体上堆焊耐磨性材料。为了保证堆焊层的硬度和与基体之间的结合力,采用了双层堆焊,如图 4-12 和图 4-13 所示。

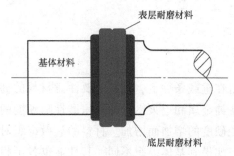

图 4-12　堆焊结构示意图

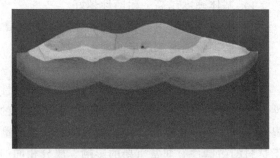

图 4-13　堆焊层的剖面形貌

　　表层堆焊层的显微组织为莱氏体型碳化物+马氏体+少量残奥（见图 4-14）,其硬度为 62~64HRC;底层堆焊层的显微组织为马氏体+碳化物+少量残奥,其硬度为 60~62HRC;基体母材的显微组织为回火索氏体+少量铁素体,其硬度为 31~35HRC（见图 4-15）。
　　高倍金相显微分析结果表明,底层堆焊层和基体母材之间,以及表层堆焊层和底层堆焊

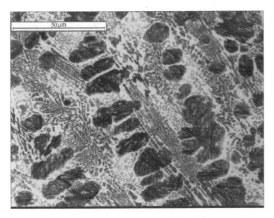

图 4-14　表层堆焊层金相组织

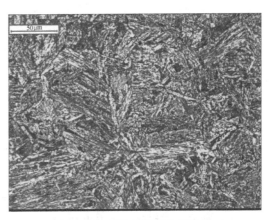

图 4-15　基体母材的金相组织

层之间结合良好，表层堆焊层的高硬度以及较厚的堆焊层保证了钻铤具有较好的耐磨性，中间堆焊层（底层）起过渡作用，有效地将表层堆焊层和基体母材良好地结合起来，保证了钻铤良好的耐磨性。

4.5.3　腐蚀磨损

1. 腐蚀磨损现象

腐蚀磨损（Corrosive Wear）是由于外界环境引起金属表层的腐蚀产物（主要是氧化物）剥落，与金属磨面之间的机械磨损（磨粒磨损与黏着磨损）相结合而出现的损伤，又称腐蚀机械磨损。

氧化磨损是腐蚀磨损最典型的代表。在摩擦副中，金属表面被氧化、氧化膜被切削剥落、新露出的金属表面又被氧化、新形成的氧化膜又再被切削剥落，如此反复的过程称为氧化磨损。氧化磨损是最广泛的一种磨损状态，不管在何种摩擦条件下均会发生，是一种无法避免的磨损。

2. 腐蚀磨损的机理

当一对摩擦副在一定的环境中发生摩擦时，在摩擦面上便发生与环境介质的反应并形成反应产物，这些反应产物将影响滑动和滚动过程中表面摩擦特性。环境介质和摩擦面的交互作用有许多机制。活性或腐蚀性介质的摩擦面反应后产生的腐蚀产物和表面的结合性能一般都较差，进一步摩擦后，这些腐蚀产物就会被磨去，如图 4-16 所示。Horst Czihos 把腐蚀磨损过程表述如下：这种交互作用是循环和逐步的，在第一阶段是两个摩擦表面和环境发生反应，反应结果是在两个摩擦表面形成反应产物，在第二阶段是两个摩擦表面相互接触的过程中，由于反应产物被摩擦和形成裂纹，结果反应产物就被磨去。一旦反应产物被磨去，就暴露出未反应表面，那么就又开始了腐蚀磨损的第一阶段。在磨损与腐蚀的双重作用下，其磨损率比单独磨损或单独腐蚀要高得多。有时一些介质对材料的腐蚀作用极弱，甚至可以忽略，但在有磨损的条件下，可促使腐蚀变得严重。如水对黄铜或青铜并非腐蚀性介质，因为其表面的钝化膜能防止腐蚀，然而在磨损条件下这层钝化膜极易磨去，表面再次暴露，受到水的腐蚀。同样，对于表面能形成钝化膜的钢构件，在磨损条件下由于钝化膜破裂在原先不发生腐蚀的介质中会引起失效。

3. 腐蚀磨损的特点

1）腐蚀磨损常见于化工、制药、造纸等机器中的搅拌器、泵、阀、管道等。

254

a) 氧化膜形成　　　　　　　　b) 氧化膜被磨去　　　　　　　c) 氧化膜再生成

图 4-16　腐蚀磨损过程示意图　（a→b→c）

2）往复滑动的速度小，磨损缓慢。

3）振幅小，且为往复性的相对摩擦运动，磨屑很难逸出。

4）属于表面损伤，涉及范围很小。

5）各种不同种类的金属或合金，它们的腐蚀磨损产物具有不同的颜色特征。例如，铁基金属的腐蚀磨损产物为棕红色粉末，铝和铝合金的腐蚀磨损产物为黑色粉末，铜、镁、镍等金属的磨屑多为黑色氧化物粉末。

4. 腐蚀磨损的影响因素

1）取决于所形成的氧化膜的性质和氧化膜与基体的结合力，以及金属表面的塑性变形抗力。

2）致密而非脆性的氧化膜能显著提高零件的磨损抗力。

3）氧化膜与基体的结合强度取决于它们之间的硬度差，硬度差越小，结合力越好，越不易剥落，其抗氧化磨损的能力越强。

5. 腐蚀磨损选材

耐腐蚀性较好的材料，尤其是在其表面形成的氧化膜能与基体牢固结合，氧化膜韧性好，而且致密的材料，具有优越的耐腐蚀磨损能力，通常用含 Ni 和含 Cr 的材料。而含 W 与含 Mo 的材料能在 500℃ 以上的高温条件下生成保护膜，并降低摩擦因数，因此可以作为高温耐腐蚀磨损材料。WC 及 TiC 等硬质合金有很好的耐腐蚀磨损能力。

4.5.4　微动磨损

1. 微动磨损现象

两个名义上属于相对静配合的表面之间由于一微小的振幅而不断往复"滑动"引起的磨损称为微动磨损（Fretting Wear），常发生在铆钉、螺钉、销钉、紧固螺栓等的连接处，钢丝绳的绳股、钢丝之间，包括牙齿咀嚼运动均会导致微动磨损。装配好的轴承在运输过程中，滚珠和滚道之间的微动磨损会使滚道面上产生一个个圆形的"伪布氏压痕"。

微动磨损与一般磨损的区别在于引起磨损的往复滑动距离不同，其切向的相对运动量很小，即微动磨损的滑动距离很小，而且难以测定，一般在几十微米以下。

2. 微动磨损的机理

微动磨损可按以下机理解释。微动磨损初始阶段，材料流失机制主要是黏着和转移，其次是凸峰点的切削作用，对于较软材料可出现严重塑性变形，由挤压直接撕裂材料，这个阶段磨损率较高。当产生的磨屑足以覆盖表面后，黏着减弱，逐步进入稳态阶段。这时，磨损率明显降低，磨损量和循环数呈线性关系。由于微动的反复切应力作用，造成亚表面裂纹萌生，形成脱层损伤，材料以薄片形式脱离母体。刚脱离母体的材料主要是金属形态。它们在二次微动中变得越来越细，并吸收足够的机械能，以致具有极大的化学活性，在接触空气瞬间即完成氧化过程，成为氧化物。氧化磨屑既可作为磨料加速表面损伤，又可分开两表面，减少金属间接触，起缓冲垫作用，大部分情况下，后者作用更显著，即磨屑的主要作用是减轻表面损伤。

普通碳钢和铸铁在空气中发生微动磨损，其磨屑为呈棕红色的 Fe_2O_3，在中心区可能因氧供给不充分而形成黑色的 Fe_3O_4。微动磨损区在宏观上可观察到凹坑，凹坑附近为应力集中点可能成为疲劳裂纹的萌生点。在微动磨损条件下，疲劳裂纹往往在非常低的应力下就萌生了，大大低于一般的疲劳极限。

3. 微动磨损的特点

微动磨损的主要特点如下：

1）振幅小、相对滑动速度低。微动磨损时，构件处在高频、小振幅的振动环境中，运动速度和方向不断地改变，始终在零与以最大速度之间反复。但其最大速度也相当有限，基本上属于慢速运动。在大多数情况下，"滑移"仅发生在相互接触部分，根据许多微动过程的实例可知，"滑移"的幅值约为 $2 \sim 20 \mu m$ 之间，相对切向运动是不规则的。但是在许多试验研究中，切向振动是受迫的，振幅也较大，并且具有往复磨损的特征。

2）重复概率高。由于振幅小（一般不大于 $300 \mu m$），有时反复性的相对摩擦运动，所以微动表面接触状态的重复概率相对较高，因此磨屑逸出的机会很少；磨粒与金属表面产生极高的接触应力，往往超过磨粒的压溃强度，使韧性金属的摩擦表面产生塑性变形或疲劳，使脆性金属的摩擦表面产生脆裂或剥落。

3）损伤深度浅。微动磨损引起的损伤是一种表面损伤，这不仅是指损伤是由表面接触引起，而且是指损伤涉及的范围（深度）基本上是与微动的幅度处于同一量级，但随后会疲劳扩展。

4）有磨损产物，均为金属氧化物的粉末。

5）当外加应力较大，而且又无良好的润滑时，微动磨损往往还会引发黏着磨损，导致摩擦表面温度大幅度升高，甚至达到组织转变温度，因金属基体良好的导热性而"淬火"，产生硬而脆的马氏体组织，在表面摩擦力的作用下产生微裂纹，引发疲劳开裂。

4. 微动磨损的影响因素

影响微动磨损的主要因素是微动磨损过程中配合表面之间的法向夹紧压应力、相对运动幅度、摩擦力、内应力、周围介质、相匹配的材料等。微动磨损一般随夹紧压应力的增加而降低，当夹紧压应力达到一定值后，再增加夹紧压应力已对微动磨损影响不大。

5. 微动磨损选材

微动磨损是一种复合磨损形式，目前对付它的措施还不很完备，但一般说来，适合于抗黏着磨损的材料匹配也适合于微动磨损。实际上能在微动磨损整个过程中的任何一个环节起抑制作用的材料匹配都是可取的。表 4-4 列出了各种材料配对的抗微动磨损能力。

表 4-4　**各种材料配对的抗微动磨损能力**（在无润滑、空气中进行试验）

良好	中等	不好
铸铁与铸铁	铸铁与铸铁：包括光滑、粗糙和未加工的表面	铁铸铁与带虫胶覆盖层的铸铁与铬覆盖层

（续）

良好	中等	不好
铸铁与铸铁	铸铁与铜覆盖面	铸铁与锡覆盖层
带磷酸盐覆盖层	铸铁与汞铜覆盖面	淬火工具钢与不锈钢
带橡胶衬垫	铸铁与银覆盖面	铝与不锈钢
带橡皮黏合物	铜与铸铁	铝与铸铁
带硫化钨	黄铜与铸铁	锰与铸铁
带二硫化钼粉末铸铁与不锈钢	锌与铸铁	电木与铸铁
带二硫化钼粉末冷轧钢与冷轧钢	镁与铜覆盖层	薄层塑料与铸铁
淬火工具钢与工具钢	锆与锆	金覆盖层与金覆盖层
薄层塑料与金覆盖物	锌与钢	铬覆盖层与铬覆盖层
银覆盖层与钢	镉与钢	钢与钢
磷覆盖层的钢与钢	铝与钢	镍与钢
银覆盖层与铝覆盖层	铜合金与钢	铝与铝
	锌与铝	
	铜覆盖层与铝	

6. 腐蚀磨损和微动磨损之间的关系

从严格意义上来讲，腐蚀磨损和微动磨损之间并无太明显的界限，也有资料将微动磨损纳入到腐蚀磨损的范畴，即腐蚀磨损包含了氧化磨损和微动磨损。但氧化磨损和微动磨损也各有其重点，氧化磨损偏重于腐蚀，较多的强调腐蚀产物要素；而微动磨损偏重于小位移范围的机械运动，经常会有黏着磨损的特征出现，若摩擦副为钢，则在磨损区经常会出现马氏体白亮层。

4.5.5 冲蚀和气蚀磨损

冲蚀（Erosion）有咬蚀的含意，一般是指由外部机械力作用下使用材料被破坏和磨去的现象。本书已将冲蚀（冲刷腐蚀）和气蚀（空泡腐蚀）划入到流体诱导腐蚀的范畴。相关内容可参见 3.5.3 流动加速腐蚀中的内容。

4.5.6 疲劳磨损

1. 疲劳磨损现象

两接触表面做滚动或滑动，或两者的复合摩擦状态，在交变接触应力作用下，使材料表面疲劳而产生物质流失的过程称为表面疲劳磨损或接触疲劳磨损（Fatigue Wear）。表面疲劳磨损是一种界于疲劳和磨损之间的破坏形式，相当于周期脉动压缩加载情况，有疲劳裂纹起源、扩展和剥落的过程；也有疲劳极限等，这时它类似于一般的疲劳。但它存在表面摩擦现象，表面有塑性变形、氧化磨损和润滑介质作用等情况，这是它不同于疲劳而磨损相似的地方。

2. 接触应力

在机械工程中，常遇到两个曲面物体互相接触以传递动力的情况。例如滚动轴承中滚珠与轴承圈的接触，两个齿轮在齿面上的啮合接触，凸轮机构中凸轮与传动件的接触，链传动及滚动螺旋（如涡轮、蜗杆机构）等通用零件，以及车轮与钢轨的接触等。这种接触在加载前都是点接触（如滚珠与轴承圈、车轮与钢轨的接触）或线接触（如两齿轮齿面的啮合）。而在加载后，由于材料的弹性变形，接触点或线就发展为接触面。

机械产品都是由许多零部件组装而成的，零件之间的接触一般都较小。因此在接触面及其附近的压力很大。以半径为 1mm 的钢球置于同径的钢球上为例，由自重引起的最大应力可达到 150N/mm²。但是由于接触点附近的材料处于三向受压状态，其压力很大，材料往往仍处于弹性状态。同时，接触应力存在于非常小的局部区域，即使它的计算应力值达到了材料的屈服极限，也只不过是在这局部区域内发生塑性变形。

（1）圆球的赫兹接触 1881 年，赫兹首先用数学弹性力学方法导出接触问题的计算公式，其假设条件为：材料是均匀的、各向同性、完全弹性的，接触表面的摩擦阻力可忽略不计，并将其看成是理想的光滑表面；接触面与接触物体间无润滑剂，不考虑流体的动力效应。

设两圆球的半径分别为 R_1，R_2。开始时在公切面上的 O 点互相接触（见图 4-17a）。这时在两球的子午面截线上，与轴 Z_1 和 Z_2 相距很近距离 r 处的两点 M 和 N 的坐标 Z_1 和 Z_2可以近似的表示为

$$Z_1 = \frac{r^2}{2R_1}, \ Z_2 = \frac{r^2}{2R_2} \tag{4-4}$$

而 M 和 N 两点间的距离为

$$Z_1 + Z_2 = \frac{r^2}{2}\left(\frac{1}{R_1} + \frac{1}{R_2}\right) = \frac{r^2(R_1 + R_2)}{2R_1 R_2} \tag{4-5}$$

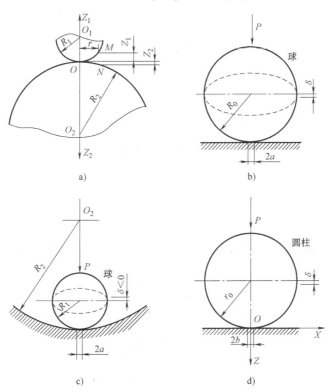

a)　　　　　　　b)

c)　　　　　　　d)

图 4-17　圆球的赫兹接触

当两球体受到力 P 的作用而沿着 O 点的法向互相压紧时，在接触处发生局部变形，而形成一个小的圆形接触面。假设两球的半径分别为 R_1 和 R_2，远比接触面的半径为大，则在

研究这部分的局部变形时，可以把球看作是半空间，而应用弹性半空间轴对称问题的结果。

设 ω_1 表示球体"1"面上点 M 由于局部变形所产生的沿 Z_1 轴方向的向下位移，ω_2 表示球体"2"面上点 N 由于局部变形所产生的沿 Z_2 轴方向的向上位移，两球的中心 O_1O_2 彼此接近的距离为 δ。如果由于局部变形使 M 和 N 点落到接触面的内部，则得

$$\delta = Z_1 + Z_2 + \omega_1 + \omega_2 \tag{4-6}$$

或

$$\omega_1 + \omega_2 = \delta - (Z_1 + Z_2) = \delta + \beta r^2 \tag{4-7}$$

式中，β 是由两表面的相对曲率半径所确定的系数，$\beta = \dfrac{R_1 + R_2}{2R_1 R_2}$。

由于对称性，由接触产生的压应力 q 和位移 ω 对于接触中心 O 都是轴对称的。接触应力按半球形分布。

设 q_0 为接触面中心 O 处的压应力（具有最大值），根据变形连续条件和静力平衡，可以求得

$$\begin{cases} q_0 = \dfrac{3P}{2\pi a^2} \\[3mm] a = \sqrt[3]{\dfrac{3}{4} \cdot \dfrac{P(K_1 + K_2)R_1 R_2}{(R_1 + R_2)}} \\[3mm] \delta = \sqrt[3]{\dfrac{9}{16} \cdot \dfrac{P^2(K_1 + K_2)^2(R_1 + R_2)}{R_1 R_2}} \end{cases} \tag{4-8}$$

式中，$K_1 = \dfrac{1 - \mu_1^2}{E_1}$；$K_2 = \dfrac{1 - \mu_2^2}{E_2}$。

当弹性模量 $E_1 = E_2 = E$，泊松比 $\mu_1 = \mu_2 = 0.3$ 时（即材料相同），得

$$\begin{cases} a = 1.109 \sqrt[3]{\dfrac{PR_1 R_2}{E(R_1 + R_2)}} \\[3mm] \delta = 1.231 \sqrt[3]{\dfrac{P^2(R_1 + R_2)}{E^2 R_1 R_2}} \end{cases} \tag{4-9}$$

当圆球与平面接触时（见图 4-17b），则上式结果中的 $R_1 = R_0$，$R_2 = \infty$，可得

$$\begin{cases} a = 1.109 \sqrt[3]{\dfrac{PR_0}{E}} \\[3mm] \delta = 1.231 \sqrt[3]{\dfrac{P^2}{E^2 R_0}} \\[3mm] q_0 = 0.388 \sqrt[3]{\dfrac{PE^2}{R_0^2}} \end{cases} \tag{4-10}$$

又当圆球面与凹球面接触时（见图 4-17c），以 $-R_2$ 代替两圆球接触公式中的 R_2，则可得

$$\begin{cases} a = 1.\,109 \sqrt[3]{\dfrac{PR_1R_2}{E(R_2-R_1)}} \\[3mm] \delta = 1.\,231 \sqrt[3]{\dfrac{P^2(R_1+R_2)}{E^2R_1R_2}} \\[3mm] q_0 = 0.\,388 \sqrt[3]{PE^2\left(\dfrac{R_2-R_1}{R_2R_1}\right)^2} \end{cases} \tag{4-11}$$

由以上公式可见，最大接触压应力与载荷不是呈线性关系，而是与载荷的立方根成正比，这是因为随着载荷的增加，接触面积也在增大，其结果使接触面积上的最大压应力的增长比载荷的增长慢。应力与载荷成非线性关系是接触应力的重要特征之一。接触应力的另一特征是应力与材料的弹性模量 E 及泊松比 μ 有关，这是因为接触面积的大小与接触物体的弹性变形有关的缘故。

以上三种情况下的最大接触压应力如下：

在接触面的中心，即 $r=Z=0$ 处

$$(\sigma_z)_{max} = -q_0 \tag{4-12}$$

最大拉应力为

$$(\sigma_r)_{max} = \frac{1-2\mu}{3}\times q_0 (\sigma_r)_{ax} = -q_0 \tag{4-13}$$

当 $\mu=0.3$ 时，$(\sigma_r)_{max}=0.133q_0$（在 $r=a$，$Z=0$ 处，发生在接触面的圆周边界，沿半径方向作用）。

最大切应力为

$$\tau_{max} = 0.\,31q_0 \tag{4-14}$$

在 $r=a$，$Z=0.47a$ 处，发生在材料内部，深度约等于接触圆半径的一半，其值为最大压应力的 0.31 倍。

（2）圆柱的接触应力　圆柱与平面的接触（见图 4-17d）。

设圆柱的半径为 r_0

$$\begin{cases} b^2 = \dfrac{4}{\pi}r_0\left(\dfrac{1-\mu_1^2}{E_1}+\dfrac{1-\mu_2^2}{E_2}\right)p \\[3mm] q = \dfrac{p}{\pi r_0}\cdot\dfrac{1}{\dfrac{1-\mu_1^2}{E_1}+\dfrac{1-\mu_2^2}{E_2}} \end{cases} \tag{4-15}$$

式中，q 为单位长度上的载荷。

当 $E_1=E_2=E$，$\mu_1=\mu_2=0.3$ 时，

$$\begin{cases} b = 1.\,522\sqrt{\dfrac{pr_0}{E}} \\[3mm] q_0 = 0.\,418\sqrt{\dfrac{pE}{r_0}} \end{cases} \tag{4-16}$$

最大剪切应力

$$\tau_{\max} = 0.301q_0 \quad (在 Z = 0.786b, X = 0 处) \tag{4-17}$$

（3）影响接触应力的主要因素　对接触区应力的大小和分布状况有影响的因素很多，其中主要有：

1）残余应力。往往在不太大的法向载荷下，接触区中某些点上的应力就已经达到材料的屈服极限，因而发生局部塑性变形，引起残余应力。

2）热应力。两接触面相对滑动时要产生摩擦，使接触区局部温度瞬时升高，其数值可到数百摄氏度。接触应力影响区体积是很小的，例如接触面半宽度 b 的尺寸，通常均为十分之几到百分之几毫米，因此即使是不太大的摩擦热，就足以使此微小体积的局部温度升高，从而引起热应力。

3）润滑。在相对滑动的两接触面间通常是有润滑的，润滑状况首先影响摩擦因数的大小，因而也影响了热应力及切向载荷。此外，在接触区间还可能产生动压润滑剂膜，润滑剂膜的存在使接触区的大小、形状及压力的分布也要发生变化。

4）接触面的几何形状。接触表面的微观不平整度使得接触表面几何形状变得复杂化。接触应力、热应力与润滑剂膜压力也会使接触表面的形状与理想状态发生偏差。

以上几种因素的单独或综合作用，使得实际零件的接触区的应力大小和分布与接触应力公式计算出来的结果不同。

3. 疲劳磨损机理

具有润滑滚动的元件，如滚动轴承、齿轮和凸轮，在滚动接触过程中，由于交变接触应力的作用而产生表面接触疲劳，在材料表面出现麻点和脱落，造成材料表面的物质转移或质量损失，所以接触疲劳也被纳入到磨损的范畴，接触疲劳也被称为疲劳磨损。表面出现麻点和脱落往往是构件工作一段时间后发生的，并且逐渐发展，甚至会出现断裂。通常这种损伤经历两个阶段：第一阶段是材料表面或表层裂纹的萌生，第二阶段是裂纹的扩展。

从理论上讲，滞弹性滚动元件相互接触可认为是点接触或线接触。但是，实际上滚动元件之间的接触总有一定程度的弹性变性，直到形成的接触区能有效承载为止。滚动元件在压应力下产生弹性变形，同时又滚动，导致材料的滚动摩擦，这和通常理论上的滚动现象是有区别的。

目前，一般认为疲劳裂纹的萌生是塑性变形的结果，但是这种塑性变形仅仅出现在亚微观范围内。在滚动元件中产生塑性变形主要是由于材料表面或表层的不完整性。在滚动元件的表面，即使加工的非常光滑，也存在着显微凹凸，显微凸起端部开始接触承压时，也只需要很小的载荷就会产生塑性变形，这种变形对滚动元件的运行性能几乎没有什么影响，但是塑性变形功对引起表面疲劳是重要的。

当摩擦材料表面的微体积受到一定的接触循环交变应力的作用时，在次表面将萌生微裂纹，由于裂纹逐渐扩展到表面，导致表面产生片状或颗粒状磨屑。

在接触过程中，较软表面的微凸体变形，形成较平滑的表面，于是转变成微凸体-平面接触；当较硬表面的微凸体在其上犁削时，软表面受到循环载荷的作用；硬的微凸体的摩擦导致软表面产生切向塑性变形，随着循环载荷的作用增加，变形逐渐累积；随着软表面的变形增加，在表面下面开始裂纹形核，在非常靠近表面的裂纹受到接触区下的三轴压应力的阻挡；进一步的循环载荷则促进生成平行于表面的裂纹；当裂纹最终扩展到表面，于是薄的磨损片分层剥落而生成片状磨屑。

图 4-18 是在轴承的疲劳磨损中观察到的起始于次表面的裂纹，由于剧烈的接触应力造成裂纹区域产生高温并发生了组织转变，形成白亮的马氏体。

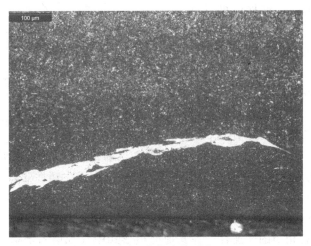

图 4-18　接触疲劳裂纹

轴承的滚珠硬度往往会略高于内、外滚道面，当滚珠滚动时，迎面的滚道面会产生一个微小的拱起，如图 4-19a 所示。数字模拟计算结果显示在滚珠接触点后方和接触点的次表面存在一定的拉应力，如图 4-19b 所示。滚珠反复作用导致的拉应力会在这两个区域产生微裂纹。这些微裂纹在反复接触应力的作用下，会进一步扩展并连通，最后会从表面脱落形成凹坑。

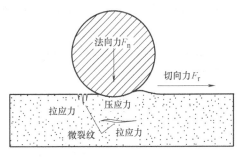

a) 应力状态和微裂纹的形成示意图

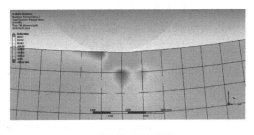

b) 数字模拟计算结果

图 4-19　轴承滚珠和轨道面接触处的应力示意

采用喷丸等加工工艺可在轴承滚道面的次表层形成压应力状态，其深度可达到 0.3mm，在轴承工作过程中可以抵消一部分导致疲劳破坏的拉应力，从而延缓轴承发生接触疲劳失效的时间，提高轴承的使用寿命。

齿轮或在运转中由产生疲劳源而导致的麻点剥落还必须有外加条件，这就是润滑剂的作用。在齿轮高速运转过程中，疲劳微裂纹迎向由于接触压应力而产生的高压油波（见图 4-20），油波高速的进入裂纹，对裂纹壁产生强有力的液体冲击，同时，上面的接触面又将裂缝口堵住，裂纹内的油压更进一步增高，这使得裂纹向纵深发展。裂纹的缝隙越大，作用在裂缝侧壁上的压力也越大。裂纹与表面层之间的小块金属承受的弯曲应力，当其根部强度不够时，就会折断，也就是形成了麻点剥落。

采用喷丸等加工工艺可在轴承滚道面的次表层形成压应力状态，其深度可达到0.3mm，在轴承工作过程中可以抵消一部分导致疲劳破坏的拉应力，从而延缓轴承发生接触疲劳失效的时间，提高轴承的使用寿命。

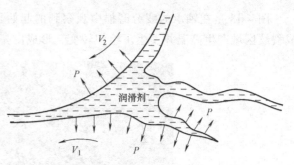

图4-20　接触表面微裂纹中润滑剂的作用示意

4. 疲劳磨损的特点

1）疲劳磨损（也常称接触疲劳）是介于疲劳与磨损之间的破坏方式。它相当于周期脉动压缩加载情况下，疲劳裂纹起始和逐渐扩展，并最后形成剥落的过程，这是与一般疲劳相似的地方。但是还存在表面摩擦现象，表面发生塑性变形、存在氧化磨损以及受润滑介质的作用等情况，而且疲劳磨损尚未发现疲劳极限，疲劳磨损的构件寿命波动很大，这些是不同于疲劳而相似于磨损的地方。

2）疲劳磨损具有相当的普遍性，在其他磨损形式中（如磨料磨损、微动磨损、冲击磨损等）也都不同程度地存在着疲劳过程。只不过是有些情况下它是主导机制，而在另一些情况下它是次要机制。

3）疲劳磨损最常发生在滚动接触的构件表面，如滚动轴承、齿轮、车轮、轧辊等，其典型特征是零件表面出现深浅不同、大小不一的痘斑状凹坑，或较大面积的表面剥落，简称点蚀及剥落。点蚀裂纹一般都从表面开始，向内倾斜扩展（与表面成10°～30°），最后二次裂纹折向表面，裂纹以上的材料折断脱落下来即成点蚀，因此单个的点蚀坑的表面形貌常表现为扇形。当点蚀充分发展后，这种形貌特征难于辨别。剥落的裂纹一般起源于亚表层内部较深的层次（可达几百微米）。

4）滚动疲劳磨损一般经历两个阶段，即裂纹的萌生阶段和裂纹扩展至剥落阶段。纯滚动接触时，裂纹发生在亚表层最大切应力处，裂纹发展慢，经历时间比裂纹萌生长，裂纹断口颜色比较光亮。对剥落表面进行扫描电镜观察，可以看到剥落坑两端的韧窝断口及坑底部的疲劳条纹特征。滚动加滑动的疲劳磨损，因存在切应力和压应力，易在表面上产生微裂纹，它的萌生经历时间往往大于扩展经历时间，断口较暗。对于经过表面强化处理的构件，裂纹起源于表面硬化层和心部的交界处，裂纹的发展一般先平行于表面，待扩展一段后再垂直或倾斜向外发展。

5. 疲劳磨损的影响因素

影响疲劳的主要因素有：应力条件（载荷、相对运动速度、摩擦力、接触表面状态、润滑及其他环境条件等），材料的成分，组织结构，冶金质量，力学性能及其匹配关系等。

材料的显微组织，如表面及表层中存在导致应力集中的夹杂物或冶金缺陷，将大幅度降低材料的疲劳磨损性能。

采用表面强化工艺可以提高其疲劳磨损抗力。改善材料的显微组织对其疲劳磨损能影响很大，大量的研究结果证明，对于易形成磨损疲劳的钢轨钢，具有细小层片间距的珠光体比贝氏体和马氏体具有较高的接触疲劳抗力。

6. 疲劳磨损选材

疲劳磨损是由于循环切应力使表面或表层内裂纹萌生和扩展的过程。材料的弹性模量增加，磨损程度也要增加，对于脆性材料则随弹性模量增加而磨损减少。材料的抗断裂强度越大，则磨损微粒分离所需要的疲劳循环次数也越多，可以提高材料的耐磨性。硬度与抗疲劳磨损大体成正比。因此，提高表面硬度，一般有利于减轻疲劳磨损，但硬度过高、太脆，则抗疲劳磨损能力会下降。如轴承钢 62HRC 时抗疲劳磨损能力最好。

7. 轴承零件疲劳磨损失效特点

接触疲劳是轴承最主要的失效形式。钢中的非金属夹杂物很容易引发疲劳磨损，气体元素 O 的含量也对其疲劳性能有较大的影响。为控制钢中初始裂纹及非金属夹杂物（尤其是脆性夹杂），材料应严格控制冶炼和轧制过程。因此，轴承钢常采用电炉冶炼，甚至真空重熔、电渣重熔等技术。

轴承钢夹杂物与接触疲劳裂纹萌生之间存在极为重要的影响。也可以说夹杂物是疲劳裂纹萌生的主要策源地。用电子显微镜观察往往可以找到由夹杂物引起疲劳裂纹萌生的痕迹。对于轴承钢，能萌生裂纹的夹杂物尺寸多数在 $2 \sim 6 \mu m$ 之间。

大量实测结果表明萌生裂纹的夹杂物位置多数萌生于表面下 $0.03 \sim 0.06mm$ 范围之内。绝大多数的裂纹萌生深度范围处于最大正交切应力和最大 45° 切应力之间。

轴承钢接触疲劳裂纹都起源于夹杂物，而且是多源、先后不一的萌生，其扩展长大过程往往是通过两个或两个以上微裂纹同时扩展互相连接而进行的，最终扩展至表面导致剥落。可见夹杂物密度对裂纹扩展速度有一定的影响。有关分析结果表明，萌生裂纹的夹杂物主要是硅酸盐（Mg_2SiO_2），尖晶石型氧化物及少量单纯氧化物（$SiO_2 \cdot AlO_3$）和硫化物（MnS）。

从一些资料来看，通过改变金相组织及硬度来进一步延长轴承寿命，其效果是有限的。而进一步减小夹杂物尺寸，改善夹杂物形状都能延长裂纹萌生期，以此用来延长轴承寿命是有很大潜力的。

4.6　磨损失效的基本特征

磨损是一种表面损伤行为。发生相互作用的摩擦副在作用过程中，其表面的形貌、成分、结构和性能等都随时间的延长而发生变化，次表面由于载荷和摩擦热的作用，其组织也会发生变化，同时，不断的摩擦使零件表面磨损增加并产生磨屑。因此，磨损失效主要有以下特征。

1. 表面形貌

磨损零件的表面形貌是磨损失效分析中的第一个直接资料。它代表了零件在一定工况条件下，设备运转的状态，也代表了磨损的发生发展过程。

（1）宏观分析　可以通过放大镜观察，实物显微镜观察等，得到磨损表面的宏观特征，初步判定失效的模式。

（2）微观分析　利用扫描电子显微镜对磨损表面形貌进行微观分析，可以观察到许多宏观分析所不能观察到的细节，对确定磨损发生过程和磨屑形成过程十分重要。

2. 亚表层金相组织

磨损表面下相当厚的一层金属，在磨损过程中会发生重要变化，这就成为判断磨损发生过程的重要依据之一。

在磨损过程中，磨损零件亚表层发生的变化主要有下列三方面：

1）冷加工变形硬化，且硬化程度比常规的冷作硬化要强烈得多。

2）由于摩擦热、变形热等的影响，亚表层可观察到金属组织的回火、回复再结晶、相变、非晶态层等。

3）可以观察到裂纹的形成部位，裂纹的增殖、扩展情况及磨损碎片的产生和剥落过程，为磨损理论研究提供重要的实验依据。

3. 磨屑

磨屑是磨损的产物，是磨损失效分析的一个重要依据。若磨屑颗粒小，说明磨损缓和；若磨屑颗粒大，说明磨损严重，可能发生严重的黏着磨损或磨料磨损。如出现卷曲状磨屑，说明有磨料磨损（韧性材料）。磨损产物如果是氧化铁等腐蚀产物，则有可能受到严重的腐蚀。钢铁零件如出现棕红色的磨屑，或铝（铝合金）零件如出现黑色的磨屑，说明是微动磨损所引起的。

磨屑一般可分为两类。一类是从磨损失效件的服役系统中回收的，或残留在磨损件表面上的磨屑，这对判断磨损过程和预告设备检修，是一个非常有价值的信息。另一类磨屑是从模拟磨损零件服役工况条件的实验室试验装置上得到的，具有原始形貌的磨屑。当第一类磨屑不易得到时，就用第二类磨屑研究磨损的发生过程。

磨屑分析是航空公司对飞机航空发动机进行实时监控的最为有效的措施，是通过对航空发动机循环油路的过滤，将其中可能存在的金属屑滤出并实施定性、定量分析，然后判断金属屑的来源，从而有针对性地对发动机部件进行检查与维护，可有效地避免航空飞行事故。

轴承和齿轮是航空发动机中的主要零件，油滤出物大多为齿轮或轴承的早期疲劳剥落碎屑。但金属屑在形成过程中其表面的成分会发生变化，如图4-21所示，即和A接触的磨屑表面会有A的成分。形成的磨屑若再经过旋转体挤压，如图4-22所示，此时其表面的成分又会发生改变，即和C接触的磨屑表面会有C的成分，和D接触的磨屑表面会有D的成分。这就造成基体为B的磨屑一面的成分为A+B+C，一面的成分为B+D。

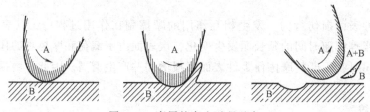

图 4-21　磨屑的产生过程示意

对发动机油滤出物进行成分分析时，由于飞机在机场等待起飞，所以都要求快速出结果，国内外比价流行的分析方法是采用能谱仪（EDS）。由于能谱分析结果为表面或次表面的化学成分，所以为了能够准确地获得磨屑的真实成分，可采取以下两种方法。

1）采用等离子清洗，去除磨屑表面的污染层，然后实施能谱分析，如图4-23所示。

2）对磨屑进行仔细的扫面电镜观察，若磨屑上

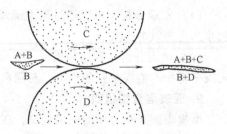

图 4-22　磨屑表面成分的变化示意

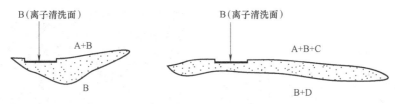

图 4-23　分析表现的处理情况示意

存在韧窝区域，说明该区域未受到二次机械污染，该区域的成分应代表磨屑的真实成分。

近些年来，一些汽车和船舶生产企业也借鉴了航空公司的做法，即对汽车引擎或舰船发动机的油滤出物进行成分分析，从而对发动机的运行状况进行实时监控，一旦发现早期磨损的征兆，即对其进行必要的维护或更换零部件，从而可有效地避免重大事故的发生。

4.7　磨损失效模式的判断依据

各种不同的磨损过程都是由其特殊机制所决定的，并表现为相应的磨损失效模式。因此，进行磨损失效分析，找出基本影响因素，并进而提出对策的关键就在于确定具体分析对象的失效模式。

磨损失效模式的判断，主要根据磨损部位的形貌特征，按照此形貌的形成机制及具体条件来进行。

1. 黏着磨损失效

黏着磨损的特征是磨损表面有细的划痕，沿滑动方向可能形成交替的裂口、凹穴。最突出的特征是摩擦副之间有金属转移，表层金相组织和化学成分均有明显变化，磨损产物多为片状或小颗粒。

可根据上述特征及表 4-1 所列现象，推断黏着磨损及其分类。

黏着程度不同，磨损严重程度也不同。黏合处强度进一步增加，使剪切断裂面深入到金属内表面，并且由于磨损加剧及局部温升，在以后的滑动过程中拉削较软金属表面形成犁沟痕迹，严重时犁沟宽而且深，此称为拉伤的损伤。

当黏着区域较大，外加切应力低于黏着结合强度时，摩擦副还会产生"咬死"而不能相对运动，如不锈钢螺栓与不锈钢螺母在拧紧过程中就常常发生这种现象。

当外加压应力增加，润滑膜严重破坏时，表面温度升高，产生表面焊合，此时的剪切破坏深入到金属内部，形成较深的坑，磨损表面有严重的烧伤痕迹。

当摩擦副表面发生黏合后，如果黏合处的结合强度大于基体的强度，剪切撕脱将发生在相对强度较低的金属亚表层，造成软金属黏着在相对较硬的金属表面上，形成细长条状、不均匀、不连续的条痕，存在高温氧化色，而在较软金属表面上则形成凹坑或凹槽。采用扫描电子显微镜观察时，可以看到黏附在较硬金属面上的黏屑和撕脱痕迹（见图 4-24 和图 4-25）；黏着磨损面的剖面金相组织往往能看到严重的组织变形和冷焊特征（见图 4-26），这与强烈的摩擦和摩擦热有关。对于高、中碳钢，磨损表面往往会出现马氏体白亮层组织（见图 4-27），这与磨损表面的二次淬火有关。由于马氏体硬而脆，在随后的摩擦中因受到较大的表面拉应力或者冲击而产生微裂纹，可进一步引发疲劳断裂。

图 4-24　内壁的黏屑形貌

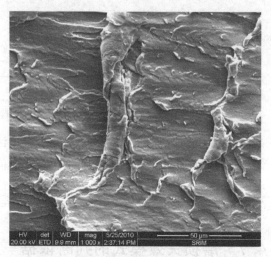

图 4-25　表面撕脱形貌

图 4-26　表面冷焊特征

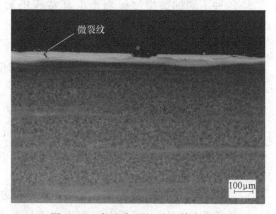

图 4-27　内壁表面的马氏体白亮层

2. 磨粒磨损失效

磨粒磨损失效的主要形貌特征是，表面存在与滑动方向或硬质点运动方向相一致的沟槽及划痕。

在磨料硬而尖锐的条件下，如果材料的韧性较好，此时磨损表面的沟槽清晰、规则，沟边产生毛刺；如果材料的韧性较差时，则磨损产生的沟槽比较光滑，如正常的磨削加工表面。

如果磨料不够锐利，材料的韧性较好，则不能有效地切削金属，只能将金属推挤向磨料运动方向的两侧或前方，使表面形成沟槽，沟槽前方材料隆起，变形严重。此时，被加工表面将产生较大的残余拉应力，将造成变形或开裂。

材料的韧性很差或材料的硬质点与基体的结合力较弱，在磨粒磨损时，则会出现脆性相断裂或硬质点脱落，在材料表面形成坑或孔洞。

在有些工况条件下，硬磨粒被多次压入金属表面，使材料发生多次塑性变形。如此反复作用，材料亚表层或表面层出现裂纹，裂纹扩展形成碎片，在表面上留下坑或断口。图 4-28 所示为磨削裂纹和磨削痕迹（犁沟）。

3. 疲劳磨损失效

疲劳磨损引起表面金属小片状脱落，在金属表面形成一个个麻坑，麻坑的深度多在几微米到几十微米之间。当麻坑比较小时，在以后的多次应力循环时，可以被磨平；但当尺寸较大时，麻坑为下凹的舌状，或成椭圆形。麻坑附近有明显的塑性变形痕迹，塑性变形中金属流动的方向与摩擦力的方向一致。在麻坑的前沿和根部，还有多处没有明显发展的表面疲劳裂纹和二次裂纹。接触疲劳主要产生于滚动接触的机器零件，如滚动轴承、齿轮、凸轮、车轮等的表面。宏观上有剥落特征，微观上有辉纹、准解理等特征，引起接触疲劳的原因主要是接触应力较高。接触面上的麻点、凹坑和局部剥落是接触疲劳的典型宏观形态。

接触疲劳断口上的疲劳辉纹因摩擦而呈现断续状和不清晰特征。图 4-29 所示为某轴承轨道面的接触疲劳形貌。

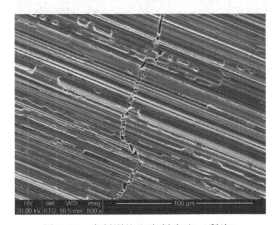

图 4-28　磨削裂纹和磨削痕迹（犁沟）

图 4-29　轴承轨道面的接触疲劳形貌

4. 腐蚀磨损失效

腐蚀磨损的主要特征是在表面形成一层松脆的化合物，当配合表面接触运动时，化合物层破碎、剥落或者被磨损掉，重新裸露出新鲜表面，露出的表层很快又产生腐蚀磨损，如此反复，腐蚀加速磨损，磨损促进腐蚀，在钢材表面生成一层红褐色氧化物（Fe_2O_3）或黑色氧化物（Fe_3O_4）。当摩擦表面在酸性介质中工作时，材料中的某些元素易与酸反应，在摩擦表面生成海绵状空洞，并在与摩擦面相对运动时，引起表面金属剥落。

某型号的轿车发动机气缸盖材料为 ZL101A 铝合金铸件。当发动机进行台架试验 100h 左右时，发现所有的气门弹簧座端平面均出现局部凹陷，下陷面比较光滑、平整，下陷区域内、外边缘存在肉眼可见的凹陷台阶，轮廓比较分明，经测量其下沉量为 0.1～0.2mm。磨损部位的剖面形貌如图 4-30 所示，下沉部位存在黑色泥状不明物。

从弹簧座下沉的区域和形状分析，下陷区域应和弹簧垫片有关。下陷面光滑平整，剖面金相组织无明显塑性变形痕迹，存在较多的材料损失，说明弹簧座下沉主要原因为磨损，为弹簧垫片和缸盖本体做反复的相对运动所致。磨损还导致了材料中硬而细小的共晶硅脱出，如图 4-31 中箭头所示，因其化学性能较为稳定而不易腐蚀，因而也充当了细小的磨料分布于弹簧垫片和弹簧座基体之间，加速了弹簧座的磨损速度。另外，气缸盖受到弹簧垫片反复的冲击作用造成部分材料挤出也会引起弹簧座一定程度的下沉，如图 4-31 中椭圆形标识所示。

铝（或铝合金）的活性较高，在空气中其表面就会形成一层致密的氧化膜。若有腐蚀

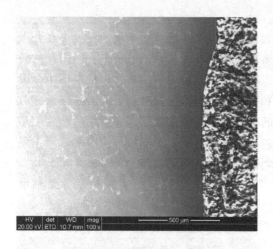

图 4-30　磨损部位的剖面形貌

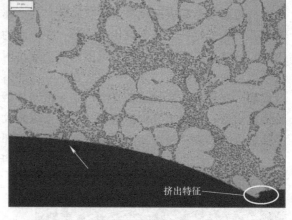

挤出特征

图 4-31　凹陷处的金相组织

性介质参与，其表面更容易遭受腐蚀和钝化。弹簧垫片和弹簧座之间反复做相对运动，并在介质中的一些杂质颗粒和从弹簧座本体脱落下来的一些硬质共晶硅颗粒的作用下，造成了铝表面氧化膜的不断脱落。

　　根据该失效分析结论，建议企业在气缸盖铸造生产时，将弹簧垫片和基体设计成为一个整体进行铸造，使弹簧垫片和弹簧座之间不能产生相对运动，从而避免弹簧垫片和弹簧座之间发生相对运动和腐蚀磨损。生产企业接受了该建议，随后生产的气缸盖再也没有出现气门弹簧座下沉失效事故。

5. 冲蚀磨损失效

　　冲蚀磨损兼有磨粒磨损、腐蚀磨损、疲劳磨损等多种磨损形式及脆性剥落的形貌特征。

　　由于粒子的冲刷，形成短程沟槽，这是磨料切削和金属变形的结果。磨损表面宏观上比较粗糙。当有粒子压嵌在金属表面上时，其形貌是"浮雕"状的。有时粒子会冲击出许多小坑，金属有一定的变形层，变形层中有裂纹产生，甚至出现局部熔化。

　　冲蚀磨损失效分析举例可参见 3.5.3 流动加速腐蚀中的举例。

6. 微动磨损失效

　　钢的微动磨损表面通常黏附有一层红棕色粉末，此为磨损脱落下来的金属氧化物颗粒。当将其除去后，可出现许多小麻坑。

　　微动磨损初期常可看到因形成冷焊点和材料转移而产生的不规则凸起。如果微动磨损引起表面硬度变化，则表面可产生硬结斑痕，其厚度可达 $100\mu m$。

　　微动区域中可发现大量表面裂纹，它们大都垂直于滑动方向，而且常起源于滑动与未滑动的交界处。裂纹有时被表面磨屑或塑性变形层掩盖，须经抛光方才发现。

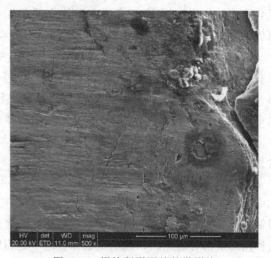

图 4-32　螺栓断裂源处的微裂纹

某化工厂合成车间的压缩机连杆螺栓在使用中发生了断裂，断裂性质为疲劳断裂，断裂是微动疲劳所致。从图 4-32 中可以看到，断裂源处有大量平行于断裂面的微裂纹。

4.8　磨损失效的预防对策

1. 改进结构设计及制造工艺

摩擦副正确的结构设计是减少磨损和提高耐磨性的重要条件。为此，结构要有利于摩擦副间表面保持膜的形成和恢复、压力的均匀分布、摩擦热的散失和磨屑的排出，以及防止外界磨料、灰尘的进入等。

2. 改进使用条件，提高维护质量

使用不当往往是造成磨损的重要原因。在使用润滑剂的情况下，润滑冷却条件不好时，很容易造成磨损失效。其原因主要有油路堵塞、漏油、润滑剂变质等。此外，使用过程中如出现超速、超载、超温、振动过大等均会加剧磨损。例如，正常情况下轴在滑动轴承中运转，是一种液体润滑情况，轴颈和轴承间被一楔形润滑剂膜隔开，这时其摩擦和磨损是很小的。但当机器起动或停车、换向以及载荷运转不稳定时，或者润滑条件不好时，轴和轴承之间就不可避免地发生局部的直接接触，处于边界润滑或干摩擦的工作状态，这时轴承易产生黏着磨损。

新产品在正式投产前应经过试用跑合。因为新加工金属表面的凸凹不平现象易造成快速磨损，磨损脱落下来的磨屑易造成磨粒磨损或堵塞油路。为此在跑合后应清洗油路，更换润滑剂，有时需要反复数次才可投入正常使用。

零件产生磨损后应及时进行维修。如轴心不正、间隙过大或过小，若不及时修正会造成工作状态的严重恶化，从而加速磨损失效。

3. 工艺措施

工艺问题主要可以分为冶炼和热处理两个方面。冶炼时的成分控制、夹杂物和气体含量都影响材料的性能，如韧性、强度，这些性能在某些工况条件下与零件的耐磨性有密切关系。热处理工艺决定了零件的最终组织，而多种多样的工况条件要求不同的组织。因此，各种零件要提高耐磨性都要选择最合适的热处理工艺。

4. 材料选择

正确选择摩擦副材料是提高机器零件耐磨性的关键。材料的磨损特性与材料的强度等力学性能不同，它是一个与磨损工况条件密切相关的系统特性。因此，耐磨材料的选择必须结合其实际使用条件来考虑。世界上没有一种万能的耐磨材料，而只有最适合于某种工况条件下具有最佳效果的耐磨材料。这种准确的判断和选择来自于对磨损零件的失效分析、正确的思路以及丰富的材料科学知识，应该根据零件失效的不同模式选择适合该工况条件的最佳材料。

5. 表面处理

提高材料耐磨性的表面处理方法大致上可以分为以下四类：

（1）机械强化及表面淬火　机械强化是在常温下通过滚压工具（如球、滚子、金刚石滚锥等）对工件表面施加一定压力或冲击力，把一些易发生黏着的较高微凸体压平，使表面变得平整光滑，从而增加真实的接触面积，减少摩擦因数。强化过程引起表面层塑性变

形，可产生加工硬化效果，形成有较高硬度的冷作硬化层，并产生对疲劳磨损和磨粒磨损有利的残余压应力，因而提高耐磨性。

表面淬火是利用快速加热使零件表面迅速奥氏体化，然后快速冷却获得马氏体组织，使零件的表面获得高硬度及良好耐磨性，而内部仍为韧性较高的原始组织。

（2）化学热处理　化学热处理是将工件放在某种活性介质中，加热到预定的温度，保温到预定的时间，使一种或几种元素渗入工件表面，通过改变工件表面的化学成分和组织，提高工件表面的硬度、耐磨性、耐蚀性等性能，而内部仍保持原有的成分。这样可以使同一材料制作的零件，表面和内部具有不同的组织和性能。

目前比较常用的化学热处理方法有：渗碳、渗氮、碳氮共渗、渗硼、渗金属和多元共渗等。

（3）TD（Toyota Diffusion）法　TD法即热反应沉积和扩散表面覆层法，是用熔盐浸镀法、电解法及粉末法进行扩散表面硬化处理方法的总称。用TD法处理获得碳化物层的硬度会明显高于淬火硬度、镀铬层或渗氮层的硬度。例如，NbC 的硬度约为 2500HV，VC 和 TiC 的硬度为 2980~3800HV。TD法主要应用于模具行业，在板材冲压，管、线材加工，锻造，橡胶、塑料、玻璃、粉末成形等加工方法中，使用的各种模具都已广泛采用 TD 法处理，可使冷作模具寿命提高数倍到数十倍。此外，TD法也在机械加工工具和机械零件上得到了广泛应用。

（4）表面镀覆及表面冶金强化　表面镀覆技术是将具有一定物理、化学和力学性能的材料，转移到价格便宜的材料上制作零件表面的表面处理技术。应用较为普遍的表面镀覆技术有电镀、化学镀与复合镀、电刷镀、化学气相沉积、物理气相沉积、离子注入等。

表面冶金强化是利用熔化与随后的凝固过程，使工件表面得到强化的一种工艺。目前应用较多的方法是使用电弧、火焰、等离子弧、激光束、电子束等热源加热，使工件表面或合金材料迅速熔化，冷却后工件表面获得具有特殊性能的合金组织，如热喷涂、喷焊、堆焊等技术。

参 考 文 献

[1]　美国金属学会. 金属手册：第 10 卷　失效分析与预防 [M]. 北京：机械工业出版社，1986.
[2]　桂立丰，吴民达，赵源. 机械工程材料测试手册：腐蚀与摩擦卷 [M]. 沈阳：辽宁科学技术文献出版社，2002.
[3]　鄢国强. 质量检测与分析技术 [M]. 北京：中国计量出版社，2005.
[4]　王荣. 机械装备的失效分析（续前）　第 2 讲　宏观分析技术 [J]. 理化检验（物理分册），2016，52（8）：534-541.
[5]　池震宇. 磨削加工和模具的选择 [M]. 北京：兵器工业出版社. 1990.
[6]　关成君，陈再良. 机械产品的磨损-磨料磨损失效分析 [J]. 理化检验（物理分册），2006，42（1），50-54.
[7]　马素媛，徐建辉，贺笑春，等. 硬状态钢铁材料磨削影响层硬化的表征 [J]. 金属学报，2003，39（2）：168-171.
[8]　任敬心，康仁科，史兴宽，等. 难加工材料的磨削 [M]. 北京：国防工业出版社. 1999.
[9]　张栋，钟培道，陶春虎. 失效分析 [M]. 北京：国防工业出版社，2004.
[10]　王荣. 机械装备的失效分析（续前）　第 8 讲　失效诊断与预防技术（1）[J]. 理化检验（物理分册），2017，53（12）：849-858.
[11]　孙智，江利，应鹏展. 失效分析——基础与应用 [M]. 北京：机械工业出版社，2012.
[12]　任颂赞，叶俭，陈德华. 金相分析原理及技术 [M]. 上海：上海科学技术文献出版社，2012.
[13]　王荣. 失效分析应用技术 [M]. 北京：机械工业出版社. 2019.
[14]　郝和生. 摩擦与磨损 [M]. 北京：煤炭工业出版社，1993.